城市综合数字防灾：地震及次生灾害情景仿真与韧性评估

许镇　著

中国建筑工业出版社

图书在版编目（CIP）数据

城市综合数字防灾：地震及次生灾害情景仿真与韧
性评估 / 许镇著. —北京：中国建筑工业出版社，
2021.2（2022.3重印）
ISBN 978-7-112-25692-1

Ⅰ. ①城… Ⅱ. ①许… Ⅲ. ①地震灾害-灾害防治-
研究 Ⅳ. ①P315.9

中国版本图书馆 CIP 数据核字（2020）第 243103 号

　　"城市综合数字防灾"是指利用先进的信息技术，建立真实城市的数字孪生模型，模拟数字孪生城市在多种灾害下的情景，进而开展城市灾害韧性评估、应急演练、决策论证等防灾应用，为城市防灾减灾提供合理的、量化的、多方位的技术支持。"城市综合数字防灾"正随着信息技术的高速发展而日益完善，成为防灾减灾领域的新趋势。

　　本书在"城市综合数字防灾"的新理念下，系统阐述了城市地震及次生灾害情景仿真与韧性评估的研究，为城市防震减灾提供了一套"数字防灾"方案，同时也结合信息技术对国际防灾领域关注的"多灾害""地震韧性"等热点问题进行了新探索。全书共包括11章，分别为：绪论；城市建筑数据获取；城市震害情景仿真高性能计算；城市地震次生火灾情景仿真；城市地震次生坠物情景仿真；城市震害情景高真实感可视化；城市地震损失评估；人员避难与疏散安全评估；城市建筑与道路功能地震影响评估；城市震后灾情评估；总结与展望。

　　本书可供广大土木工程、地震工程、城市规划、安全工程等专业的科研技术人员在城市防灾减灾研究和工程实践中参考，也可为从事智慧城市、数字孪生城市、BIM 等信息领域的工作人员在扩展城市防灾减灾应用方面提供技术参考。

责任编辑：李天虹
责任校对：焦　乐

城市综合数字防灾：地震及次生灾害情景仿真与韧性评估
许镇　著
*
中国建筑工业出版社出版、发行（北京海淀三里河路 9 号）
各地新华书店、建筑书店经销
北京鸿文瀚海文化传媒有限公司制版
北京建筑工业印刷厂印刷
*
开本：787 毫米×1092 毫米　1/16　印张：22½　字数：560 千字
2021 年 1 月第一版　　2022 年 3 月第二次印刷
定价：**86.00** 元
ISBN 978-7-112-25692-1
（36443）

前 言

我国是自然灾害大国。随着我国"新型城镇化"战略的实施，城市在人口和财富不断聚集的同时，也面临着巨大的自然灾害风险。但是，城市是一个庞大、复杂的"系统的系统"，无法开展灾害过程的物理试验。利用先进的信息技术，建立真实城市的数字孪生模型，模拟数字孪生城市在多种灾害下的情景，进而开展城市灾害韧性评估、应急演练、决策论证等防灾应用，为城市防灾减灾提供合理、量化、多方位的技术支持。这种技术路线可以称为"城市综合数字防灾"，随着信息技术的高速发展而日益完善，成为防灾减灾领域的新趋势。

"城市综合数字防灾"是一个很大的研究领域，本书仅介绍了作者在"城市地震及次生灾害情景仿真与韧性评估"方面的初步研究。全书共 11 章，重点阐述了"城市地震及次生灾害情景仿真与韧性评估"中数据获取、高性能计算、次生火灾分析、次生坠物分析、真实感可视化、损失评估、人员安全评估、功能影响评估以及震后灾情评估等内容，为城市防震减灾提供了一套"数字防灾"方案，同时也结合信息技术对国际防灾领域关注的"多灾害""地震韧性"等热点问题进行了新探索。

本书具有三大特点：（1）系统化的数字防灾方案：本书提供了从数据获取、建模、情景仿真、可视化到韧性评估的系统化数字防灾方案，对解决城市抗震防灾问题的具有现实参考意义；（2）考虑多灾害的综合防灾：本书在考虑地震灾害的同时还涵盖了地震次生火灾和次生坠物灾害，可以反映多灾害对城市的影响，更加全面、综合；（3）充分结合先进信息技术：本书借助机器学习、大数据挖掘、倾斜摄影测量、BIM、虚拟现实等新进信息技术解决了城市及次生灾害情景仿真和韧性评估的关键问题，充分体现了"数字防灾"的特点。

在本书的编写过程中，清华大学陆新征教授给予了精心的指导，陆教授课题组曾翔、韩博、熊琛等人也提供了大量帮助，北京科技大学硕士研究生吴元、靳伟、薛巧蕊、张芙蓉、齐明珠、杨雅钧等人协助完成了大量编辑工作，在此向他们一并表示衷心的感谢！

感谢国家重点研发计划项目（2018YFC0809900）、中央高校基本科研业务费（FRF-DF-20-01）、北京市科技新星计划（Z191100001119115）和国家自然科学基金面上项目（51978049）对本教材编写提供的资源与支持。

同时，在编写过程中参阅了许多学者的著作，汲取了他们的学术营养，作者在此向他们表示深深的敬仰与谢意。大部分被引用的书名或论文名已在本书每一章后列出。但是由于本书内容繁多，有些参考资料可能在使用过程中没有被列出，敬请谅解。

由于作者水平有限，本书内容只是相关领域诸多研究成果中的沧海一粟，一定存在很多不足之处，衷心希望有关专家和读者批评指正。

作者
2020 年 7 月 7 日
北京

目　录

第1章　绪论

1.1　城市抗震韧性需求

1.1.1　城市是人们生产和生活的重要载体

城市是人们生产和生活的重要载体[1]。据国家统计局最新数据[2] 显示，经过过去多年的城市化进程，到 2018 年底我国城镇人口数量达到了 83137 万，约占总人口数的 60%，如图 1.1-1 所示。照此趋势，预计到 2030 年，我国城镇人口数量将突破 10 亿，城镇人口比例将达到 70% 以上。联合国也预测到 2050 年，全球城市人口将占到 66%[3]。

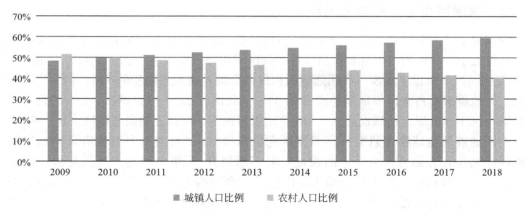

图 1.1-1　中国过去十年城市化进程

随着城市的不断发展，城市人口和社会财富呈现出高度聚集的状态。以我国为例，京津冀、长江三角洲、珠江三角洲三大城市群，以 2.8% 的国土面积集聚了 18% 的人口，创造了 36% 的国内生产总值[4]。美国旧金山湾区（San Francisco Bay Area）城市群是世界著名的高科技研发基地硅谷所在地，2017 年旧金山湾区总 GDP 超过 7800 亿美元，相当于 GDP 世界排名第 18 名的国家。日本东京都市圈总面积占全国面积的 3.5%，人口则多达 3700 多万人，占全国人口的 1/3 以上，GDP 更是占到日本全国的 70%。

城市是一个复杂的"系统的系统"，是一个"生长的有机体"。城市不仅包括交通、供水、供电、供热、供气、通信等众多子系统，而且系统间也是高度协调，相互嵌套。以城市道路为例，道路系统与上水、下水、热力、煤气、电信等管网系统路面交通系统都有很强业务交叉。进行道路改造时，上水、下水、煤气等相关部门需要协同道路施工部门进行施工。而且，城市规模也在不断增长。以我国首都北京为例，从城区面积增长量来看，

1990 年北京市辖区城区面积仅为 427.55km^2，2013 年达到 986.75km^2，共扩展 559.20km^2，达到 1990 年的 2 倍多[5]。

由于城市人口和财物的不断聚集，规模和组成功能的不断提升，城市在国民社会发展中的地位也越来越重要。早在 2014 年，我国就制定了《国家新型城镇化规划（2014—2020 年）》，该规划指出"城镇化是伴随工业化发展，非农产业在城镇集聚、农村人口向城镇集中的自然历史过程，是人类社会发展的客观趋势，是国家现代化的重要标志。按照建设中国特色社会主义五位一体总体布局，顺应发展规律，因势利导，趋利避害，积极稳妥扎实有序推进城镇化，对全面建成小康社会、加快社会主义现代化建设进程、实现中华民族伟大复兴的中国梦，具有重大现实意义和深远历史意义。"由此可见，"新型城镇化"已经成为我国的国家战略。

同时，《国家新型城镇化规划（2014—2020 年）》也指出"必须深刻认识城镇化对经济社会发展的重大意义，牢牢把握城镇化蕴含的巨大机遇，准确研判城镇化发展的新趋势新特点，妥善应对城镇化面临的风险挑战。"城市的发展和建设是城镇化的具体形式，如何提升城市的防灾减灾能力，确保城市安全，这也是我国"新型城镇化"战略面临的重要问题之一。

1.1.2 我国城市面临高地震风险

我国位于环太平洋地震带与欧亚地震带之间，是世界上地震灾害最为严重的国家之一。根据近 100 年来的历史地震资料统计，我国平均每 5 年发生 1 次 7.5 级以上地震，每 10 年发生一次 8 级以上地震。我国陆地面积仅占全世界陆地总面积的 7%，但发生在我国陆地上的地震次数占全世界地震总次数的 33%。我国有 23 个省会城市、2/3 的百万以上人口城市位于 6 度以上地震设防区，178 个地级市位于 7 度以上的高烈度区[6]。

中国地震局地球物理研究所高孟潭研究员指出[7]："我国集中型地震风险和广布型地震风险突出，并随着社会经济的快速发展不断飙升。"集中型地震风险是指一次地震中造成大量人员伤亡、重大经济损失和广泛的社会影响的风险。我国许多大城市和城市群位于易发生大地震的大型活动断裂带附近，其中包括 12 个省会城市[8]。改革开放以来，大量的人口、资产和重大设施快速向这些城市集中，导致集中型地震风险飙升。广布型地震风险是指发生频次较高的中小地震相关风险。城市中危房和城中村房屋建筑抗震能力也非常低下，房屋违章加层现象非常普遍，小震大灾、中震巨灾风险正在迅速扩散。

城市的人口、建筑密集，经济高度发达，一旦发生地震会造成难以估计的巨大经济损失和惨重的人员伤亡。在世界范围内，大城市遭遇地震灾害后，都造成严重的经济损失。例如，1995 年，日本神户和大阪两大城市发生里氏 7.3 级大地震，造成 6000 多人死亡，39 万栋建筑损坏，经济损失高达 10 万亿日元（当时折合的人民币约 8400 亿元），相当于日本当年 GDP 的 2.5%[9]。对于大型城市，即使地震震级不是很高，但其导致的经济损失会非常严重。例如，1994 年美国发生了北岭地震，虽然这次地震只有 6.6 级，但对美国第二大城市洛杉矶造成了高达 300 亿美元的经济损失[10]。由于城市人口高度密集，地震往往造成严重的人员伤亡，如 1976 年唐山大地震造成 20 多万人死亡，2008 年汶川地震造成 8 万余人死亡和失踪。

城市遭遇强烈地震将严重阻碍国家社会经济发展，甚至改变国家命运。葡萄牙首都里斯本曾经是欧洲四大最繁华的城市之一。1755 年 11 月 1 日大西洋底发生了 8.9 级大地震，地震引发的强烈地震动、海啸和火灾，造成里斯本大量房屋建筑破坏，人员死亡 4 万～10 万人（里斯本当时人口总数为 27 万），经济损失高达葡萄牙当年 GDP 的 38％～42％[7]。

城市的高地震风险威胁着我国"新型城镇化"战略的实施。我国建设规范的更新周期长，且基础研究存在不足，导致即便是按照我国最新的抗震规范建设的建筑，也无法充分满足对于功能、损失、伤亡的新抗震需求。此外，由于我国近代长期贫穷落后的历史，留下了大量低设防水平的既有建筑和基础设施，也成为实现地震韧性的主要软肋。大城市一旦遭受强烈地震的袭击，会在瞬间失去原来稳定的状态从而丧失城市功能。因此，我国目前城市抵御地震的能力还远不能适应经济社会的发展，严重威胁着我国"新型城镇化"战略的实施。

1.1.3　韧性成为城市抗震的新需求

"韧性"是城市地震安全的新思路和新目标。2011 年发生在新西兰克赖斯特彻奇（Christchurch）的 6.2 级地震，导致整个克赖斯特彻奇市中心城区 70％以上的建筑要拆除重建，总损失高达 150 亿美元，需要 50～100 年才能彻底恢复[11]。一座有着上千年历史的大型城市从此成了"站立的废墟"，陷入了漫长的重建过程。克赖斯特彻奇地震引发了学术界对城市地震韧性的关注。

"韧性"一词源自英文"resilience"，也称作可恢复性，在灾害领域，一般指某一系统在承受灾害后其功能的可恢复能力[12]，如图 1.1-2 所示。在韧性理念下，不仅要关注城市遭受地震后的直接损失，更要关注城市各项功能的恢复能力。因此，城市地震韧性不同于传统的防灾减灾，而是要从灾中抵抗、灾后恢复和长期适应的全过程提升城市的地震应对能力。

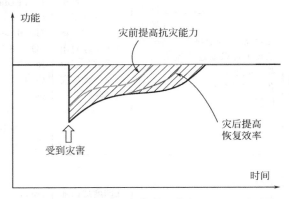

图 1.1-2　灾害韧性的概念

一些超大城市不仅仅是人们生活和生产的载体，而且还承担着国家发展的重要战略功能。以我国为例，北京、上海、广州和深圳四个超大城市分别承担了国家重要功能：北京是我国首都，是全国政治中心、文化中心、国际交往中心、科技创新中心；上海是我国国际经济、金融、贸易、航运、科技创新中心；广州是我国重要的中心城市、国际商贸中心和综合交通枢纽；深圳是我国重要的高新技术研发和制造基地。如果这四个超大城市地震韧性不足，在遭受地震打击后其城市功能较长时间难以恢复，势必影响国家战略，后果不堪设想。城市，特别是特大、超大城市，其地震安全事关国家大计，迫切需要开展地震韧性的相关研究。

当前，许多国际超大城市都提出了韧性城市的提升策略。英国伦敦早在2002年就建立了伦敦韧性论坛，用来研讨韧性策略[13]。美国纽约在2013年发布了《一个更强大更有韧性的纽约》规划[14]，给出一系列详细的韧性提升策略。北京在2017年发布了《北京城市总体规划（2016年—2035年）》[15]，其中第90条明确提出"加强城市防灾减灾能力，提高城市韧性"，并从防灾格局、防灾体系、监控体系和重点管理四个方面提出了相应策略。

针对城市韧性建设的强烈需求，国内外不少机构都提出了韧性的指标体系。本章对当前主流韧性指标体系进行了总结，如表1.1-1所示。可以看出，联合国减灾战略署、国际标准组织公共安全与韧性标准化技术委员会等国际性组织，洛克菲勒、奥雅纳公司等国际公司，美国技术标准局、我国住房和城乡建设部等政府部门，以及美国土木工程师学会等行业协会都发布了灾害韧性的指标体系或标准，这充分反映出国内外社会各界对灾害韧性的强烈关注和深切期望。

国内外主流韧性指标体系
表1.1-1

序号	发布单位	韧性指标体系	主要特征	应用情况	文献来源
1	联合国减灾战略署	韧性城市指标体系	制定了SFDRR仙台框架，该框架确定了四个行动重点、七个目标、十三项原则和建议的行动，更加强调健康和气候变化，反映了基于科学证据制定的政策可以通过确定灾难风险，从而发现预防、减轻、准备、应对灾难以及从灾难中恢复	已在仙台框架全球监测系统方面开展了广泛的工作，促进了全球对山体滑坡的了解和减少滑坡灾害风险	《Analyzing the Sendai Framework for Disaster Risk Reduction》《The Sendai Framework for Disaster Risk Reduction：Renewing the Global Commitment to People's Resilience，Health，and Well-being》《United Nations Office for Disaster Risk Reduction (UNISDR)—UNISDR's Contribution to Science and Technology for Disaster Risk Reduction and the Role of the International Consortium on Landslides (ICL)》
			制定了Hyogo框架，是一项旨在减少与自然灾害相关的脆弱性的准则，其提出了制定国家和社区韧性，提出五个优先领域作为抗灾的优先重点	在印度尼西亚的减灾领域得到进一步的发展	《Building resilience to natural hazards in Indonesia：progress and challenges in implementing the Hyogo Framework for Action》《Hyogo Framework for Action 2005—2015》

续表

序号	发布单位	韧性指标体系	主要特征	应用情况	文献来源
2	国际标准组织公共安全与韧性标准化技术委员会	安全与韧性标准	已开展了韧性相关标准制修订工作。其中 ISO/TC292 WG2 持续性与组织机构韧性工作组和 ISO/TC292 WG5 社区韧性工作组已开展有关韧性标准的制修订工作。韧性标准制定工作组主要对口 ISO/TC292 有关韧性标准的国家标准制修订和 ISO TC292 系列韧性标准的国家标准转化工作	已在相关领域得到广泛应用	《ISO-ISO/TC 292-Security and resilience》
3	洛克菲勒基金会、奥雅纳公司	CRI 韧性指标体系	提出城市韧性指数(CRI),关注城市在时间尺度上纵向的表现水平,而非城市间的横向对比。包含 4 个维度、12 个方面、52 个指标及 156 个问题,结合 7 个韧性特性,为城市提供定性和定量的韧性测评依据	在世界范围推行"100 韧性城市"项目,致力于协助世界各地的城市增强韧性,以应对 21 世纪越来越严重的自然、社会和经济挑战	《City Resilience Index》
4	旧金山湾区规划和城市研究协会	SPUR 韧性城市框架	制定湾区抗震策略,从灾前规划到灾时应对再到灾后重建,提出了比较具体的措施和方案	在旧金山、奥克兰和圣胡塞设立办公室,服务于当地城市建设	《The Resilient City:Creating a new framework for disaster planning》
5	美国技术标准局	NIST 韧性社区规划导则	提出了韧性社区建设的目标、评估方法等,同时也提出了建筑和基础设施的韧性建设策略	在韧性社区建设方面有初步应用	《NIST-Community Resilience Planning Guide for Buildings and Infrastructure Systems》
6	美国土木工程师学会结构、基础设施和社区灾害韧性委员会,都灵理工大学	PEOPLES 韧性框架	提出 PEOPLES 韧性框架,主要服务于地方和区域的基层社区组织单元,主要从 7 个维度来评估社区韧性	在一些基础设施(天然气网络,供水网络,医疗保健设施等)中得到部分应用	《PEOPLES:A Framework for Evaluating Resilience》

序号	发布单位	韧性指标体系	主要特征	应用情况	文献来源
7	美国地震工程多学科研究中心	MCEER地震韧性评估框架	提出一种使用既适合技术问题又适合组织问题的分析功能对复原力进行定量定义的框架	在医疗保健上得到应用	《Quantification of Disaster Resilience of Health Care Facilities》
			提出了一个定义社区抗震能力的概念框架以及抗震能力的定量测量方法	从生命线和建设系统到提供关键服务的组织都受到了广泛应用	《A Framework to Quantitatively Assess and Enhance the Seismic Resilience of Communities》
			提出了地震复原能力框架，以及说明了为急诊护理设施制定和量化地震复原能力的方法	给学术界在提高急诊护理设施的抗震能力方面提供了理论方法	《Exploring the Concept of Seismic Resilience for Acute Care Facilities》
8	住房和城乡建设部	建筑抗震韧性评价标准	制订了给定地震水准下房屋建筑损伤状态、修复费用、修复时间和人员损失的评估方法，规定了房屋建筑抗震韧性的评价方法和分级标准	在建筑单体韧性评估方面有一定应用	《建筑抗震韧性评价标准（征求意见稿)》

然而，目前距离真正的灾害韧性城市还很远。从表 1.1-1 中应用情况可以看出，韧性相关应用还很有限。就地震而言，现有的城市抗震韧性及防灾减灾理论、方法还不能支撑建设抗震韧性城市的客观需求，迫切需要解决城市抗震韧性背后的核心科学问题。城市抗震韧性的研究涉及地震学、土木工程、人工智能、遥感技术、社会学、经济学、管理学等多个学科，是一项极具挑战性的课题。城市抗震韧性的研究必将助推我国土木工程由单一基础设施灾害安全迈向综合基础设施集群系统的灾害安全和功能韧性等创新和发展。

1.1.4 建设抗震韧性城市挑战巨大

建设地震韧性城市已经成果国内外抗震减灾领域的共识和奋斗目标。清华大学陆新征教授曾经在《建设地震韧性城市所面临的挑战》一文中指出[16]，实现地震韧性城市现阶段面临来自新建和既有建筑方面的诸多挑战。

对于新建建筑，即使城市内所有建筑都依据目前最新版的抗震规范进行设计建造，并满足上述三水准设防要求，仍然难以保证足够的地震韧性。具体表现在：

1. 小震很难不坏

"小震不坏"是我国抗震规范的设计目标之一，即在遭遇重现期 50 年左右水平的地震作用时，建筑物应基本保持完好，一般不需要修理就可以正常使用。相应的，城市的功能应保持完好，人民生活不应受到重大影响。

然而，小震作用下高层建筑楼面加速度引起的非结构构件的破坏问题。高层建筑已经成为我国城市建筑的主要组成部分。地震引起的加速度响应往往会沿着建筑高度不断放大，进而导致高层建筑顶层加速度可能远大于地面加速度。强烈的楼面加速度作用会导致建筑内部的空调、电梯等设备和非结构构件发生破坏。

而且，小震作用下建筑楼面加速度引起的人员恐慌问题。建筑的加速度响应除了会引起非结构构件破坏外，还可能引起楼内人群的恐慌。研究表明，当加速度达到 $0.015g\sim0.05g$ 时，人就会出现不适感。在人口密度很高的中心城区，大量人群因恐慌在短时间内迅速逃离建筑物可能造成严重后果。例如在上海陆家嘴核心区，高峰时期人群密度超过每平方千米 5.4 万人。大量人员集中同时离开建筑会造成地面人口密度骤增，室外空间可能根本无法容纳如此高密度的人群，会导致严重的拥挤与踩踏。从这一角度来看，即使是小震，也可能给城市区域带来远超预期的人员伤亡和社会问题。

2. 中震也很难可修

我国抗震设计规范的第二水准是"中震可修"，它要求建筑在遭遇设防地震（重现期475 年）作用下，可以通过对震损进行修理而重新使用。但是，现行规范对"中震可修"的规定可操作性不够强，且仅仅达到"可修"并不能满足地震韧性城市的目标，因为除了"可修"以外，地震韧性城市还需要回答"是否值得修？""需要花费多少时间去修？"等问题。

建筑震后修复的代价是非常高的，特别是我国建筑多采用混凝土结构或砌体结构，其变形能力差，修复难度大。曾翔等人对北京市清华大学校区的 619 栋建筑进行了分析[17]。研究结果表明，在遭受中震作用后，地震损失高达 72.3 亿元。其中 60% 以上的损失是因为部分建筑震后的残余变形太大，以至于修复成本太高，拆除重建反而比维修更经济（图 1.1-3）。也就是说，按照现行的抗震规范设计的建筑，有相当比例的建筑在中震后即使技术上是可以修复的，经济上也是不经济的。而重建这些建筑物造成的经济成本和社会冲击也显然超出了抗震韧性城市的要求。

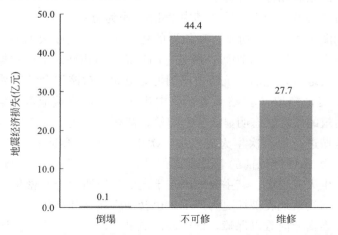

图 1.1-3　中震下清华大学校园不同类型地震经济损失的中位值

即便是中震后修复在经济上和技术上都是可行的，修复的时间仍然难以满足地震韧性城市的要求。以一个43层的钢筋混凝土框架-核心筒高层住宅为例，在遭遇中震水平地震作用后，建筑修复工日（1个工人1个工作日的劳动量）达3000工日以上[18]。如果一个城市成千上万的建筑物里面的居民都要异地安置数个月，那么城市的功能势必会受到严重影响。

3. 大震后的韧性问题更突出

根据抗震规范设计的建筑一般可以满足"大震不倒"的设计目标。然而，按照地震韧性城市的要求，遭遇大震或超大震时，城市应急功能应保持完好，人群可以顺利避难。而现行抗震规范也不能充分满足上述要求。

一方面，重要建筑的功能会丧失。医院急诊部门、救灾指挥中心等应急部门应在地震后保持其功能。然而按照现行抗震规范实际上无法充分满足应急部门大震后的维持功能需求。我国现行抗震规范将救灾应急部门列入抗震设防的"重点设防类"，从工程设计上主要通过提高构造要求（主要是改善结构的变形能力），并适当提高地震作用来提升其抗震性能。然而，如前所述，这些仅考虑结构性能的改进措施虽然可以有效提高结构的抗震安全性，但却难以满足应急部门震后可用功能的需求。

另一方面，应急避难场所和避难通道也面临坠物次生灾害问题。在地震中，建筑物外围非结构构件破坏引起的坠物次生灾害是导致人员受伤的主要原因之一。例如在美国北岭地震中，超过一半以上的人员受伤都是由于坠物撞击造成的。地震韧性城市要求在地震发生后人群可以及时安全避难。应急避难场所和避难通道应尽量位于坠物影响区以外，避免坠物造成伤害。然而由于现阶段对坠物次生灾害研究严重不足，导致避难场所设计缺乏依据。

对于既有建筑，老旧建筑和设施则使实现地震韧性变得更加困难，主要体现在：

1. 大量老旧建筑的抗震隐患

城市中的老旧建筑通常具有几个特点：（1）结构性能退化；（2）抗震能力低下，甚至没有经过抗震设计；（3）建设缺少科学规划（如城市棚户区），建筑间距较小。这些特点导致这些老旧建筑的地震韧性十分脆弱。

以某省会城市中心城区为例，选择其中26km²作为分析区域，共考虑44152栋建筑。分析区域三维图如图1.1-4（a）所示，建筑群的建设年代组成如图1.1-4（b）所示，1980年以前的建筑占整个中心城区的70%，可见老旧建筑在城市建筑群中占据着很大比例。对于非中心城区或村镇地区，老旧建筑所占比例可能更大。对该省会城市采用城市地震动力弹塑性分析进行了震害模拟[19]，结果表明：中震作用下，建筑地震破坏状态如图1.1-5（a）所示。老旧建筑的破坏状态明显重于新建筑，甚至在中震下就有部分老旧建筑发生倒塌。进一步对该区域进行地震次生火灾模拟，次生火灾可能会造成5.5%建筑物被焚毁，94%的被焚毁建筑为1980年以前的老旧建筑（图1.1-5b），反映出老旧建筑区相对于新建建筑存在更高的次生火灾隐患。其主要原因在于老旧建筑通常分布密集，易导致火灾大面积蔓延；此外，老旧建筑地震破坏更为严重，也会加剧起火和蔓延。不解决老旧建筑的抗震问题，城市的地震安全尚难以保障，地震韧性更是难以实现。而在全国范围内，完成如此大规模的城市老旧建筑更新换代谈何容易！

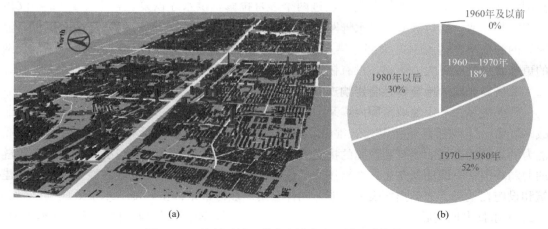

(a)　　　　　　　　　　　　(b)

图 1.1-4　分析区域：某省会城市中心城区建筑物

(a) 三维图；(b) 建设年代组成

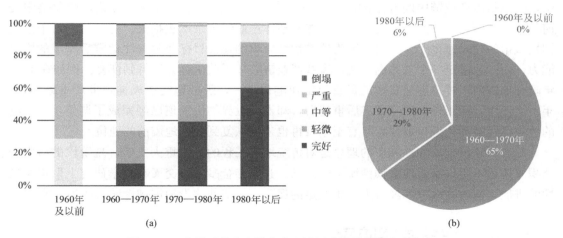

(a)　　　　　　　　　　　　(b)

图 1.1-5　中震下某省会城市中心城区建筑震害及次生火灾

(a) 建筑地震破坏状态；(b) 遭受次生火灾的建筑的建设年代组成

2. 城市地下老旧生命线管网韧性问题突出

城市地下生命线管网是城市正常运行的命脉。相对城市建筑而言，城市地下生命线管网的信息更不明晰。不同时期铺设的给水排水网、燃气网、地下电缆、通信网络等埋于地表之下，错综复杂。地下生命线管网难于直接观察，因此其信息基本来自设计、施工时期的相关资料。对于铺设年代较久的生命线，很可能存在资料丢失或不齐全的问题，导致城市生命线的抗震韧性难以预测，震后的维修也十分困难。而一旦地震作用下供水、电力、通信等设施的功能受损，对城市抗震韧性将产生严重影响。例如 1906 年旧金山地震，城市给水管道遭到破坏，消防水源中断，致使地震次生火灾难以控制，其造成的损失是地震直接损失的 3 倍[20]。1975 年辽宁海城地震，海城县部分给水管网使用超过 60 年，管道腐蚀严重，地震导致平均破坏率达 10.0 处每千米[21]。1995 年日本阪神地震，神户市断水率达 89.2％，周边的芦屋和伊丹市甚至完全断水；由于管道破坏处太多，而神户市水道局大楼倒塌又导致管道图纸资料散失，经过两个多月抢修，供水才恢复正常[22]。2008 年汶川地震，都江堰、绵竹等城市供水管网严重破坏，例如都江堰一个半月后恢复全面供水，但因管网漏损率高达 45%，大部分供水未及用户就已泄漏[23]。与城市建筑相比，地下管网的更新维护难度更大。然而，没有韧性的地下生命线管网，也难以建成地震韧性城市。

3. 既有建筑的地震韧性会影响产业链

产业链是在一定地域范围内，某一行业中相关企业以产品为纽带联结成的链网式企业战略联盟[24]。城市区域新老建筑混合，一个产业链中也会包含不同建设年代、不同抗震能力的建筑物。老旧建筑和设施的抗震问题比新建建筑更为严重，它们事实上成了产业链的薄弱环节——即使新建建筑严格按照抗震规范设计且具有良好的抗震韧性，一旦老旧建筑和设施在地震下遭到损坏丧失功能，同样会给产业链带来冲击，即"木桶效应"。例如，2011 年东日本地震后，灾区汽车零部件工厂遭到破坏，零部件供应受阻，导致日本丰田、本田等成品车厂家停工或减产——即使这些成品车生产工厂并未受到地震影响，甚至连位于美国的成品车厂也不得不停产[25]。事实上，研究表明 2011 东日本地震造成的经济损失中，90% 是由产业链中断导致的间接经济损失[26]。根据"木桶效应"理论，产业链中任何一个抗震薄弱环节的功能丧失，都可能对整体产业链带来严重损失。这一问题对于地震韧性城市的建设显得尤为突出，因为地震韧性城市的建设目标非常关注地震后城市的恢复能力，而产业链是一个动态的系统，有些产业链破坏后就永远无法得到恢复。例如在 1995 年阪神地震前，神户港是日本的最重要工业港口之一，阪神地震造成神户港严重破坏，2 年不能使用。而当神户港完成灾后重建后，却发现世界物流渠道已经完成了调整，神户港的地位已经被周边港口取代，且直至今日再也未能恢复到阪神地震前的地位[27]。

总之，建设地震韧性城市的理念是对传统地震工程的一次重大发展，现阶段的科学研究积累还远不足以满足地震韧性城市的需求。必须结合多学科交叉在科学研究上取得突破性的进展，同时在政策和经济上给予充足的保障，才能使建设地震韧性城市成为可能。

1.2　城市综合数字防灾

1.2.1　数字化是城市发展的重要趋势

当今世界，信息技术创新日新月异，以数字化、网络化、智能化为特征的信息化浪潮蓬勃兴起。2016 年 7 月 27 日，中共中央办公厅、国务院办公厅印发了《国家信息化发展战略纲要》。该纲要指出"人类社会经历了农业革命、工业革命，正在经历信息革命。当前，以信息技术为代表的新一轮科技革命方兴未艾，互联网日益成为创新驱动发展的先导力量。……加快信息化发展，建设数字国家已经成为全球共识。"

城市作为国家发展和社会进步的重要载体，数字化城市是建设数字中国、智慧社会的重要内容，也是重要的发展趋势。随着全球信息化信息革命的深入，城市发展也在逐渐数字化、信息化、智能化。特别在城市基础设施方面，为城市深度数字化提供了重要实施条件。中国信息通信研究院发布的《新型智慧城市发展研究报告（2019 年）》[28]指出，城市 5G、物联网、泛在计算等智能设施方面发展迅速，具体包括：

1. 5G 商用

中央经济工作会议明确将加快 5G 商用步伐作为 2019 年的重点工作，全国各地为抢占 5G 发展先机，陆续发布 5G 行动计划和相关支持政策，2019 年底计划建设 5G 基站超过 1 万的城市达到 7 个，包括北京、上海、广州、深圳、重庆、成都、杭州，其中深圳和上海在 2020 年将率先实现 5G 全覆盖。

2. 城市物联网

物联网感知设施从业务驱动单点部署向统筹规划、专网专用发展。截至 2019 年 6 月底，国家层面已经设立江苏无锡、浙江杭州、福建福州、重庆南岸区、江西鹰潭 5 个物联网特色的新型工业化产业示范基地。城市物联网感知设施统筹部署已成为城市规划和建设的重点和必要内容，物联网感知设施以及从垂直领域"独立部署、分散运维"发展到"统筹规划、共建共享、统一管理、集中运维"的阶段。上海等部分发达城市制定了物联网建设的标准规范体系，全市按统一的标准进行感知终端、数据传输、平台架构、综合应用等方面的建设。

3. 云边协同的泛在计算

国家和地方数据中心激励政策密集发布。数据中心行业政策环境发展持续向好，数据中心纳入国家新型工业化产业示范基地创建的支持范畴。很多城市开展边缘计算等新型计算试点布局。中国移动成立边缘计算开放实验室，打造智慧建造、柔性制造、CDN、云游戏和车联网等试验床场景。"上海计算"增效行动率先提出边缘计算资源池节点规划布局，建设 30 个集内容、网络、存储、计算为一体的边缘计算资源池节点，部署面向人工智能的计算加速资源。兰州、合肥、南京多地建设城市先进计算中心，为智慧城市、智能制造等应用提供高性能计算、深度学习等先进计算技术服务。

在这样的背景下，2020 年 3 月 4 日，中共中央政治局常务委员会召开会议，指出要加快 5G 网络、数据中心等新型基础设施建设进度。新基建主要包含：5G 基建、特高压、城际高速铁路和城际轨道交通、新能源汽车充电桩、大数据中心、人工智能、工业互联网七大领域。新基建正在成为推动中国经济全面战略转型的新支点、新引擎。

随着"新基建"战略的实施，5G、大数据中心、人工智能、工业互联网等将进一步提升城市的数字化水平，促进智慧城市、数字孪生城市等高速发展。其中，数字孪生理论和技术就入选了中国科协发布的 2020 十大前沿科学问题，数字化已经成为城市发展的重要趋势。如何结合这一趋势，提升城市的防灾能力，建设灾害韧性城市是防灾减灾研究者的一个重要使命。

1.2.2　城市综合数字防灾是提升抗震韧性的新手段

"城市综合数字防灾"是指利用先进的信息技术，建立真实城市的数字孪生模型，模拟数字孪生城市在多种灾害下的情景，进而开展城市灾害韧性评估、应急演练、决策论证等防灾应用，为城市防灾减灾提供合理的、量化的、多方位的技术支持。"城市综合数字防灾"正随着信息技术的高速发展而日益完善，成为防灾减灾领域的新趋势。

在"城市综合数字防灾"方面，国际上一个代表性项目就是美国科学基金委（NSF）支持的重点项目 SimCenter[29]。如图 1.2-1 所示为 SimCenter 计划官方网站。美国科学基金委在 2015 年启动了为期 5 年的 NHERI (Natural hazards engineering research infrastructure）计划，预期投资 6200 万美元。重点支持 8 个物理实验平台及一个计算模拟平台的建设和研究。其中，美国加州伯克利大学（UC Berkeley）获得了 NHERI 的计算、建模和模拟中心（Computational Modeling and Simulation Center，简称 SimCenter）资助，经费 1100 万美元。

图 1.2-1　SimCenter 计划官方网站

　　SimCenter 正在建立一个集成多种建模和仿真工具的开源框架，以应对地震、风暴和海啸、风暴潮等相关自然灾害，提高考虑不确定性时自然灾害下的社区韧性，并提供促进包括科学家、工程师、建筑师、城市规划师等多方合作的韧性建设生态系统。SimCenter 以城市社区或区域为研究对象，面向多种灾害，通过建模和仿真手段，提升城市灾害韧性，这是非常典型的"城市综合数字防灾"思想的体现。目前，SimCenter 借助清华大学陆新征教授的城市抗震弹塑性时程分析方法[19]，已经实现了旧金山湾区 184 万栋建筑的震害情景模拟，如图 1.2-2 所示。未来 SimCenter 还会开发城市飓风、洪涝等方面的模拟研究，进一步带动"城市综合数字防灾"方向的发展。

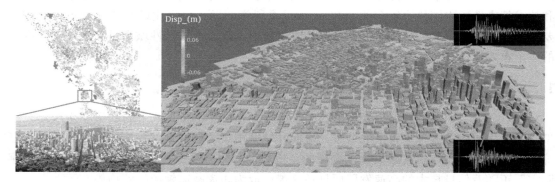

图 1.2-2　SimCenter 实现的美国旧金山湾区（184 万栋建筑）震害仿真

　　在国内，清华大学、北京师范大学等在"城市综合数字防灾"方向开展了大量代表性的创新研究，促进了该方向的快速发展。

清华大学江见鲸、任爱珠教授在 1999 年就获批承担了国家自然科学基金重点项目"基于 GIS 的城市综合减灾评估与对策研究"。该项目以汕头市为研究对象，收集了汕头市的基础资料，建立了汕头市在地震、台风、滑坡、洪水等多种灾害下的综合防灾系统，研究了汕头市地震灾害风险和地震灾害链的演化，开发了基于 GIS 的地震灾害风险分析和评估方法。清华大学防灾减灾工程研究所在 2003 年成立了"数字减灾与虚拟工程实验室"，旨在通过数字技术提升城市综合防灾减灾能力。在"十一五"期间，承担了国家"十一五"科技支撑计划，研究了台风、地震、滑坡及其引发次生灾害以及建筑和工程设施破坏的综合预测预警技术，开发了基于 GIS 的台风、地震、滑坡灾害风险预测预警和智能决策系统，已在国务院应急平台和多个省市应急部门得到应用。在"十二五""十三五"期间，也承担了国家科技支撑计划课题"基于并行计算与地理信息技术的城市建筑震害仿真技术"、国家重点研发计划课题"城市地震巨灾情景构建技术"等，高度结合信息技术和建筑抗震领域最新成果，开展了一系列"城市综合数字"防灾的创新研究，为提升城市灾害韧性提供了关键技术支持。

北京师范大学在 2006 年由民政部和教育部批准建立"减灾与应急管理研究院"，现由应急管理部和教育部共同主管。该研究院设有"系统仿真与灾害模拟研究中心"，在"城市综合数字防灾"方面开展了大量前沿和基础应用研究，参与汶川地震、玉树地震、芦山地震、鲁甸地震等重点自然灾害的综合评估工作，为国家减灾救灾关键决策发挥了重要支撑作用。

因此，"城市综合数字防灾"是提升城市抗震韧性的新手段，具有旺盛的生命力。

1.2.3 城市综合数字防灾面临机遇与挑战

当前，"城市综合数字防灾"相关研究，特别是城市抗震方面的研究，符合我国的国家战略，面临重大的发展机遇，具体包括：

1. 推进城市安全发展，促进韧性城市建设

目前，我国已印发《关于推进城市安全发展的意见》，旨在建立城市安全发展体系。同时，北京、上海、雄安等重要城市也将城市抗震韧性作为未来城市建设的重要工作内容之一。地震安全作为城市安全发展体系和韧性城市建设的重要部分，相关研究将促进安全城市和韧性城市的发展。

2. 为国家"新型城镇化"战略提供"数字防灾"方案

目前，我国大城市一旦遭受强烈地震的袭击，会在瞬间失去原来稳定的状态从而丧失城市功能，严重威胁着我国"新型城镇化"战略。城市综合数字防灾相关研究可为国家"新型城镇化"战略提供"数字防灾"方案。

3. 符合国家信息化发展、大数据、智慧城市等国家战略

我国已经制定了《关于促进智慧城市健康发展的指导意见》等国家战略，信息化是未来的发展趋势，"城市综合数字防灾"符合这一发展趋势，相关知识需求强烈。

然而，"城市综合数字防灾"作为一种新兴的研究方向，其发展也存在诸多挑战。本书列举关键问题如下：

1. 数据获取

开展"城市综合数字防灾"需要获取相应的城市基础数据，但这一过程面临很多困难。首先，城市数据量庞大且在不断动态变化，建立详细、全面且实时更新的城市基础数据平台本身工作量和技术难度就很大。其次，既有城市平台数据不可能完全满足"城市综合数字防灾"的要求，需要额外获取一些专业数据。然而，"城市综合数字防灾"所需的海量数据来源多样、尺度多维，不同来源、不同尺度的数据具有不同的格式规范、侧重角度、详细程度等，例如微观尺度的图纸和监测仪器数据、宏观尺度的 GIS 数据和高低空遥感数据；上述复杂数据的获取、融合和校验中，可能面临部分所需数据无法获取或详细程度不足、数据之间彼此交叉乃至彼此冲突等难题。最后，城市是时变的有机体，相应的数据也具有显著的时变性，例如白天和夜间的人口分布情况、工作日与休息日的交通状况等有显著差异，准确获取灾害应急时的实时数据进一步提升了对数据存储、管理任务的挑战。

2. 城市尺度的灾变模型

我国城市化进程的一个突出特点就是，城市范围内的建筑物不仅数量庞大，而且种类众多，形体各异。与国外相比，我国城市建筑物有着非常显著的自身特点：首先是高层建筑数量特别多，已经成为目前城市建筑物最主要的组成部分。其次是除了多层、高层建筑外，还有大量的大跨（体育场、剧院、商场）、异形建筑。在结构体系上，除了常见的砌体结构、混凝土结构和钢结构以外，组合结构等新型高性能结构体系也在城市建筑中大量出现。对于这些高层、大跨、异形、组合结构，现阶段既缺乏足够的自然灾害经验，也缺乏适当的可用于城市尺度的灾变模型。以地震灾害为例，无论是美国 HAZUS 的 AEBM 模型，还是日本 IES 的多弹簧模型，都无法准确反映高层建筑振型参与数量多、整体弯曲变形成分显著的特点，也就严重制约了城市高层建筑震害预测精度的提高。对于复杂的城市建筑，如何针对不同灾害特点，开发适合城市尺度的、高精细度、准确的灾变分析物理模型是"城市综合数字防灾"关键科学问题，也是城市防灾减灾研究的核心目标。

3. 高性能计算

"城市综合数字防灾"总的发展趋势是向精细化方向发展，而精细化模拟带来的一个必然挑战就是计算量的极大增加。虽然大型超级计算机是解决这一矛盾的途径之一〔例如日本先进计算科学研究所（AICS）采用超级计算机"京"来开展相关研究工作〕，但是其高昂的使用成本（每天高达数十万人民币）使得其难以推广应用。而"云计算"虽然概念很好，但是由于其虚拟机性能的局限，也难以满足"城市综合数字防灾"的专门计算需求。一个可供考虑的手段是引入分布异构计算手段，它可以利用高速网络将计算机连接成集群，动态调用计算资源以适应不同的计算规模。可以充分利用 CPU 并行、GPU 并行、GPU/CPU 协同计算等多种平台的优点，根据不同计算问题的需求，灵活采用最为合适的计算平台和平台规模，取得最佳的成本效益比。然而，现阶段尚缺乏适用于"城市综合数字防灾"的分布异构计算方法。

4. 可视化

"城市综合数字防灾"可视化面临科学、真实感、高效三方面挑战。在科学可视化方面，需要针对城市灾变过程建立与其适应的坠物动态可视化机制，以准确展示灾害分析的结果；在真实感方面，现阶段城市"城市综合数字防灾"的可视化，还是根据 2D-GIS 建筑信息，采用竖向拉伸方法得到的"2.5D"模型，其真实感还有待进一步提高。目前很多企业（如 Google Earth），已经可以提供整个城市的精细化 3D 模型，并可以免费下载。如果能够将该 3D 模型与建筑震害结果相关联，将极大提高区域震害预测的真实感，从而促进城市震害模拟结果的综合利用。在高效可视化方面，"城市综合数字防灾"承灾体数量庞大，运动过程复杂，必然造成极高的渲染负载，导致可视化过程极为缓慢，甚至崩溃。

5. 韧性评估

"城市综合数字防灾"应为建设灾害韧性城市提供支持，因此需要开展城市层面的灾害韧性评估。然而，城市韧性评估要比城市灾变分析复杂很多，包含经济损失、人员伤亡、城市系统功能等，是一个多系统、多环节的依赖性与耦合性问题，导致全过程模拟中结果的不确定性十分显著，定量化韧性评估困难。首先，多系统之间相互依赖。城市多系统之间，特别是在系统的功能损失与恢复方面，存在复杂的耦合关系，包括外部耦合性与内部耦合性。外部耦合性主要表现在城市核心区对城市整体生命线系统（供水、供电等）的依赖；内部耦合性主要表现在核心区建筑与立体交通系统的灾变与恢复过程的相互影响、相互制约。其次，灾害链各个环节相互耦联。例如，在 1994 年美国北岭地震、2017 年九寨沟地震等案例中，非结构构件倒塌与坠落已经成为造成人员伤亡的主要原因。目前，关于次生坠物灾害、人员疏散的研究远少于直接震害。

针对以上问题，本书从城市地震及次生灾害情景仿真与韧性评估方面进行了尝试，也希望能为"城市综合数字防灾"方向其他灾害方面的研究提供参考。

1.3 本书架构

本书在"城市综合数字防灾"的新理念下，系统阐述了城市地震及次生灾害情景仿真与韧性评估的研究，为城市防震减灾提供了一套"数字防灾"方案，同时也结合信息技术对国际防灾领域关注的"多灾害""地震韧性"等热点问题进行了新探索。

全书共包括 11 章，分别为：第 1 章绪论；第 2 章城市建筑数据获取；第 3 章城市震害情景仿真高性能计算；第 4 章城市地震次生火灾情景仿真；第 5 章城市地震次生坠物情景仿真；第 6 章城市震害情景高真实感可视化；第 7 章城市地震损失评估；第 8 章人员避难与疏散安全评估；第 9 章城市建筑与道路功能地震影响评估；第 10 章城市震后灾情评估；第 11 章总结与展望。

本书具有三大特点：（1）系统化的数字防灾方案：本书提供了从数据获取、建模、情景仿真、可视化到韧性评估的系统化数字防灾方案，对解决城市抗震防灾问题的具有现实参考意义；（2）考虑多灾害的综合防灾：本书在考虑地震灾害的同时还涵盖了地震次生火灾和次生坠物灾害，可以反映多灾害对城市的影响，更加全面、综合；（3）充分结合先进信息技术：本书借助机器学习、大数据挖掘、倾斜摄影测量、BIM、虚拟现实等新进信息技术解决了城市及次生灾害情景仿真和韧性评估的关键问题，充分体现了"数字防灾"的特点。

参考文献

[1] 方东平，李在上，李楠，等. 城市韧性——基于"三度空间下系统的系统"的思考 [J]. 土木工程学报，2017，50（07）：1-7.

[2] 国家统计局 [EB/OL]. (2019-05-03) [2019-06-12]. http：//www. stats. gov. cn/.

[3] Nations U. World urbanization prospects：The 2014 revision [M]. New York，2015.

[4] 中国政府网 [EB/OL]. (2019-06-01) [2019-06-12]. http：//www. gov. cn/zhuanti/xxczh/.

[5] 杜军，宁晓刚，刘纪平，等. 基于遥感监测的北京市城市空间扩展格局与形态特征分析 [J]. 地域研究与开发，2019，38 (02)：73-78.

[6] 杨静，李大鹏，翟长海，等. 城市抗震韧性的研究现状及关键科学问题 [J]. 中国科学基金，2019，33 (05)：525-532.

[7] 高孟潭. 新一代国家地震区划图与国家社会经济发展 [J]. 城市与减灾，2016 (03)：1-5.

[8] 国家标准化管理委员会. GB 18306—2015 中国地震动参数区划图 [S]. 北京：中国标准出版社，2015.

[9] Wikipedia. Great Hanshin earthquake [EB/OL]. (2015) [2020-06-21]. https：//en. wikipedia. org/wiki/Great_Hanshin_earthquake.

[10] DAVIS M. Ecology of fear：Los Angeles and the imagination of disaster [M]. Ontario：Fitzhenry & Whiteside Ltd. ，1998.

[11] PONSERRE S，GUHA-SAPIR D，VOS F，et al. Annual disaster statistical review 2011：the numbers and trends [R]. Brussel：CRED，2011.

[12] CIMELLARO GP. Urban resilience for emergency response and recovery-fundamental concepts and applications [M]. Zurich：Switzerland，2016.

[13] London Authority. London Resilience Forum [EB/OL]. (2012-02-04) [2018-01-20]. https：//www. london. gov. uk/about-us/organisations-we-work/london-prepared/london-resilience-forum.

[14] City of New York. A stronger，more resilient New York [R/OL]. (2013-02-01) [2018-01-20]. http：//www. nyc. gov/html/sirr/html/report/report. shtml.

[15] 北京市人民政府. 北京城市总体规划 (2016 年—2035 年) [R/OL]. (2017-09-29) [2018-01-20]. http：//zhengwu. beijing. gov. cn/gh/dt/t1494703. htm.

[16] 陆新征，曾翔，许镇，等. 建设地震韧性城市所面临的挑战 [J]. 城市与减灾，2017 (04)：29-34.

[17] ZENG X，LU X Z，YANG T Y，et al. Application of the FEMA-P58 methodology for regional earthquake loss prediction [J]. Nat Hazards，2016，83 (1)：177-192.

[18] TIAN Y，LU X，LU X Z，et al. Quantifying the seismic resilience of two tall buildings designed using Chinese and US codes [J]. Earthq Struct，2016，11 (6)：925-942.

[19] LU X Z，GUAN H. Earthquake disaster simulation of civil infrastructures：From tall buildings to urban areas [M]. Singapore：Springer，2017.

[20] ARIMAN T，MULESKI G E. A review of the response of buried pipelines under seismic excitations [J]. Earthquake Engineering & Structural Dynamics，1981，9 (2)：133-152.

[21] 韩阳. 城市地下管网系统的地震可靠性研究 [D]. 大连：大连理工大学，2002.

［22］ 孙绍平. 阪神地震中给水管道震害及其分析［J］. 特种结构，1997（2）：51-55.

［23］ 孙路. 基于典型生命线工程震害评定地震烈度的研究［D］. 哈尔滨：中国地震局工程
力学研究所，2015.

［24］ 刘贵富，赵英才. 产业链：内涵，特性及其表现形式［J］. 财经理论与实践，2006，
27（3）：114-117.

［25］ TODO Y，NAKAJIMA K，MATOUS P. How do supply chain networks affect the
resilience of firms to natural disasters? Evidence from the Great East Japan Earth-
quake［J］. Journal of Regional Science，2015，55（2）：209-229.

［26］ HENRIET F，HALLEGATTE S，TABOURIER L. Firm-network characteristics
and economic robustness to natural disasters［J］. Journal of Economic Dynamics and
Control，2012，36（1）：150-167.

［27］ DUPONT W I V，NOY I，OKUYAMA Y，et al. The long-run socio-economic con-
sequences of a large disaster：The 1995 earthquake in Kobe［J］. PLoS ONE，10
（10e0138714）. DOI：10. 1371/journal. pone. 0138714，2015.

［28］ 中国信息通信研究院. 新型智慧城市发展研究报告（2019 年）［R/OL］.（2019-11-04）
［2019-12-13］. http：//www. caict. ac. cn/kxyj/qwfb/bps/201911/t20191101_268661. htm.

［29］ Computational Modeling and Simulation Center［EB/OL］.（2015-09-04）［2019-12-
13］. https：//simcenter. designsafe-ci. org/.

第 2 章　城市建筑数据获取

2.1　概述

城市区域建筑震害仿真是城市降低地震损失的重要支撑技术。

对于城市区域中几十万或上百万的建筑而言，由于建模和计算量巨大，通过建立所有建筑的精细化有限元模型来预测建筑震害的方法是难以实现的。为了解决这一问题，清华大学陆新征教授提出了多自由度层（MDOF）模型[1]，来模拟区域建筑的非线性动力响应特性，如图 2.1-1 和图 2.1-2 所示。该模型参数需求小，且效率高、计算结果可靠准确，适用于城市级别的震害仿真问题。

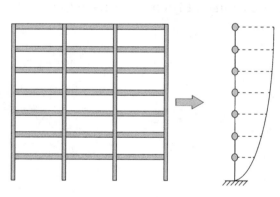

图 2.1-1　多自由度剪切模型

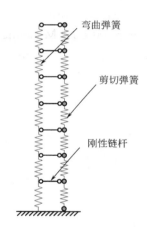

图 2.1-2　多自由度弯剪模型

多自由度层模型采用如下假定：（1）结构的力学行为通过多自由度层模型进行模拟，每层均定义了对应的三线性层间骨架线模型和滞回模型，用于描述层间非线性特性；（2）对于中低层建筑，假定层间变形为剪切型，采用多自由度剪切模型进行模拟，并根据层间位移角判断建筑的震害程度；而对于高层建筑，其弯曲变形不可忽略，采用多自由度弯剪模型进行模拟[2,3]。

模拟建筑各层弯曲弹簧和剪切弹簧的弹塑性行为首先需要确定其层间力和位移的关系。由于三线性骨架线模型和结构实际的非线性行为非常接近（图 2.1-3），并且模型参数较少，标定简单，因此可以采用三线性骨架线模型模拟高层建筑层间弹塑性行为。由于建筑属性数据有限，因此采用较为简单且易于标定的单参数滞回模型，如图 2.1-4 所示。该模型只有捏拢关键点一个参数，参数取值可以根据不同结构类型确定。

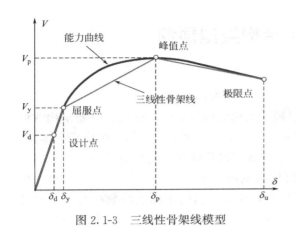

图 2.1-3　三线性骨架线模型

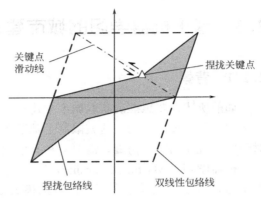

图 2.1-4　单参数滞回模型

根据这种简化模型，仅需根据建筑的层数、高度、建设年代、结构类型、占地面积等建筑基本数据，就能确定建筑的层间骨架线和滞回参数，从而建立力学模型，进行非线性时程分析，得到建筑地震响应和震害结果。由于现代建筑的设计都遵循设计规范的规定，它们的结构行为也受到设计规范的控制。因此，在确定多自由度层模型的计算参数时，充分利用了设计规范中的约束条件。

但是，由于城市区域建筑数量多、结构类型多样，上述方法中涉及的五个建筑物参数也并不都是容易得到的。如何高效地获取相关的建筑数据，是城市震害仿真所面临的一个关键问题。

在这五个参数中，相对容易获取的是建筑物的占地面积，它可以通过建筑物底面轮廓直接计算得出。目前，城市建筑物的底面轮廓获取途径很多。最直接的方法就是由测量人员对建筑物进行实地测绘，这种方法虽然准确，但工作量巨大。随着卫星遥感、人工智能等技术的发展和成熟，采用分割算法等图像处理技术[4] 或是卷积神经网络[5]、生成对抗网络[6] 等更先进的方法处理高分辨率卫星图片，成为获取建筑轮廓的重要途径。此外，一些在线地图供应商及数据服务单位也可以提供建筑轮廓数据。

对于建筑层数和高度，由于绝大多数建筑的层高都在 3m 左右，因此建筑的层数和高度这两个参数可以一同考虑。目前已有一些研究通过高分辨率卫星图片中建筑物的阴影推测建筑物的高度[7,8]，可以根据这种方法快速确定建筑物的高度和层数。对于建筑年代，除了调取这些建筑物在建造时留下的信息记录外，还可以通过对比历史卫星图片的方式推算。

然而，结构类型数据是最难获取的，一般房建数据库也很少包括这一数据。由于建筑物外立面装修方法五花八门，从外观上很难准确判断一栋建筑物究竟是什么结构。一般只能通过查阅建筑图纸或是进入建筑内部实地调研才能确定建筑的结构类型，这导致了巨大的工作量。

为了解决城市区域建筑的数据获取问题，本章将重点介绍基于机器学习的城市建筑结构类型预测方法。通过已有的建筑数据，确定了适合结构类型预测的多分类决策森林模型，提出了基于抽样数据的半监督自训练过程，实现了基于少量抽样数据对城市区域全部建筑结构类型的高效、合理预测。

2.2　基于机器学习的城市建筑结构类型预测

2.2.1　背景

如前所述，要想准确获取城市中建筑物准确的结构类型（如砌体结构、框架结构或框剪结构）是比较困难的，这就限制了基于 MDOF 模型的城市区域震害仿真的应用。因此，对于城市规模的震害仿真，需要一种有效的方法来预测城市建筑群的结构类型。

机器学习（Machine Learning，ML）[9] 可用预测城市中建筑物的结构类型。通过机器学习，可以找到大量数据中潜在的模式或规律，从而为新的未标注的数据给予正确的分类结果。如，可以通过机器学习识别建筑物的结构类型与其他属性（如占地面积、层数、层高、建造年代等）之间的规律，并利用这种规律预测城市中每栋建筑物的结构类型。

在建筑领域，机器学习主要用于自动化设计和图片检测[10-14]。如，Krijnen 等人提出了一种基于 BIM（Building Information Modeling，建筑信息模型）的自学习算法，利用建筑的 BIM 数据推断结构类型[10]；Dornaika 等人提出了一个通用的框架，该框架利用图像分割和区域特征描述提取这两个研究领域的最新成果，自动且准确地识别正射航空影像中的建筑物[11]；Yuan 等人设计了一种结构简单的深度卷积神经网络，将多个激活层整合起来实现像素化的预测；此外，Yuan 等人还训练该网络从航拍图像中提取建筑物[12,13]；Bassier 等人针对三维激光扫描创建的点云模型，提出了基于机器学习的自动化建筑物识别方法[14]。然而，目前基于机器学习的建筑物结构类型预测研究还比较少。

本节提出了一种基于机器学习的建筑物结构类型预测方法[15]。具体而言，利用 T 市 230683 栋建筑物数据作为训练集，提出了基于人工神经网络模型或决策森林的有监督机器学习预测方法，并分别讨论了这些方法的规模敏感性以及区域适用性。结果表明，有监督机器学习预测方法可以在不同尺度下保持较高的预测准确率。但是，它仅适用于与样本数据城市相似度较高的其他城市。为了使机器学习预测方法广泛适用于不同的城市，在抽样调查和自训练的基础上，提出了一种半监督的机器学习预测方法。选取某市 D 区作为案例，对提出的半监督机器学习预测方法进行研究，结果表明，用该方法预测 D 区新城和 T 区结构类型的准确率可分别达到 94.8％和 99.5％，这一精度对于城市震害仿真而言是可以接受的。根据预测的结构类型结果，还对这两个地区的地震震害分布情况进行了仿真。本节为城市规模的地震震害仿真提供了一种高效、智能的结构类型获取方法。

2.2.2　研究架构

本节研究框架如图 2.2-1 所示，包括训练数据、有监督机器学习、半监督机器学习以及案例研究四个部分。

训练数据：包括建筑物结构类型、建造年代、层数、层高和占地面积五个属性字段。本节使用了我国两个城市的建筑物数据：T 市 230683 栋建筑的数据以及 Y 市 31154 栋建筑的数据。这些数据是由地方政府的城市规划部门提供的。

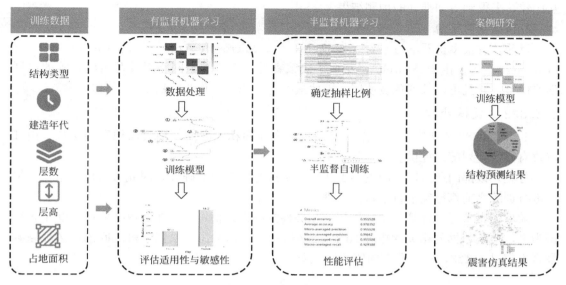

图 2.2-1 本节研究框架

有监督机器学习：选择合适的机器学习平台和模型，通过比较不同模型之间的精度来确定最终使用的结构类型预测模型。此外，还对数据规模的敏感性以及所提出的方法的适用性进行了讨论。

半监督机器学习：首先，根据上述有监督的机器学习解决方案确定建筑物调查的抽样比例。随后，基于样本数据设计了半监督自训练过程。最后，评估这种方法的性能。

案例研究：以某市 D 区新城（69180 栋建筑）和 Z 区（34763 栋建筑）为例，利用设计的半监督机器学习对 D 区新城和 Z 区的建筑物结构类型进行了预测。

2.2.3 有监督学习预测方法

2.2.3.1 确定预测模型和平台

目前存在许多机器学习模型和实现平台，每种模型都有其自身的优缺点。因此，必须确定适当的城市建筑群结构类型预测的模型和平台。

1. 机器学习模型

本节研究的主要目的是通过建筑物的其他属性信息来预测建筑物的结构类型。建筑的结构类型包括砌体结构、框架结构、剪力墙结构等。对于结构类型的预测，属于机器学习中的多分类问题。

针对多分类问题，可以选择人工神经网络[16]、决策森林[17]、支持向量机[18]、逻辑回归[19] 等方法解决。模拟大脑突触连接的人工神经网络模型包含大量的神经元和连接；决策森林相当于加强版的决策树模型，它由许多决策树组成，并且每个决策树之间相互独立，决策森林在分类时将选择所有决策树中精度最高的预测结果作为最终的结果；当因变量为二元或多元时，可以使用逻辑回归描述并解释一个因变量与一个或多个自变量之间的关系；支持向量机主要用于二分类问题，不适用于本节所述的多分类问题。

本节采用人工神经网络、决策森林和逻辑回归三个模型，将这三个模型的预测结果相互比较，来得到更加准确的预测结果。

2. 机器学习平台

目前，有很多机器学习平台，如 BigML[20]、Microsoft Azure[21] 或 Amazon Machine Learning[22] 等。由于 Azure 已经集成了决策森林、人工神经网络以及逻辑回归等的机器学习模型，并且可以长期免费使用，因此最终选用 Azure 作为机器学习平台。

2.2.3.2 数据处理

T 市 230683 栋建筑物的数据（即建筑物占地面积、高度、楼层面积和楼层数）由 T 市政府城市规划部门提供。

首先，该部门通过广泛的测绘工作验证了这些数据的准确性，因此可以认为这些数据在进行训练之前都已经进行了数据清理。

随后，本节通过计算建筑物数据的相关性矩阵以评估可能存在的数据依赖。以 T 市数据为例，建筑数据的相关性矩阵如图 2.2-2 所示。可以看出，数据字段之间的相关性系数最多不超过 0.123，建筑数据的依赖性较弱。

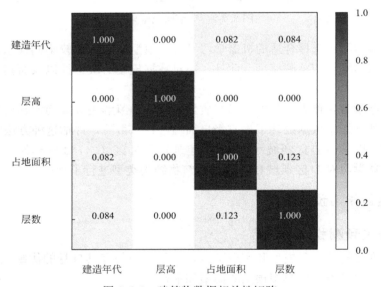

图 2.2-2　建筑物数据相关性矩阵

最后，由于建筑物属性数据的取值范围通常集中在一定区间内，因此使用 Min-Max 方法对所有建筑物数据进行归一化。如，T 市大多数建筑物层数都在 1~6 层之间，通过 Min-Max 归一化，可以避免由于数据取值范围不同而对预测结果产生可能的不利影响。

需要注意的是，由于本节中只是用建筑物的四个参数预测其结构类型，因此需要仔细检查建筑物数据，以避免可能出现的错误或缺漏。实际上，由于预测建筑物结构类型的目的在于支持城市抗震规划，城市规划部门提供了这些建筑物的数据，保证了这些数据具有较高的准确性。

2.2.3.3 训练模型

用 T 市 230683 栋建筑物的数据训练人工神经网络、决策森林和逻辑回归模型。Azure 将训练模型的每个操作封装为直观的组件，可以通过可视化编程的方式进行定义和组织。

预测方法可以通过这些组件高效地实现。以决策森林模型为例，使用 Azure 提供的组件搭建了有监督机器学习预测模型，如图 2.2-3 所示。

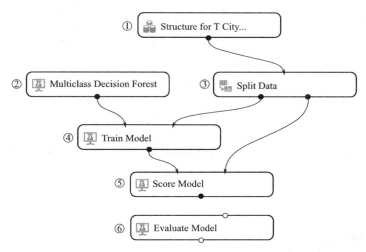

图 2.2-3　搭建的有监督机器学习预测模型

图 2.2-3 中各个组件的功能如下：

组件①（Select Data）：选择上传的源数据，此处为有标记数据 T 市建筑数据；

组件②（Select Model）：选择机器学习算法，在本次训练中选择有监督学习的"决策森林算法（Multiclass Decision Forest）"；

组件③（Split Data）：按照设定比例将数据进行分割，此处将数据的 80％用于模型训练，20％用于模型评估；

组件④（Train Model）：根据输入的算法和训练数据进行预测模型训练；

组件⑤（Score Model）：使用评估数据对预测模型进行评分；

组件⑥（Evaluate Model）：对预测进行全面评估，并输出评估结果。

使用上述预测模型对结构类型进行预测，结果如图 2.2-4 所示。其中决策森林的准确率最高，达到了 98.3％。人工神经网络和逻辑回归模型的准确率分别为 98.0％和 97％。可见使用决策森林进行有监督机器学习可以准确地预测城市中建筑物的结构类型。

此外，表 2.2-1 根据准确率（Accuracy）和召回率（Recall），分别计算了三个模型的宏观和微观 F1 得分，用来评价不同机器学习模型的性能特点。F1 得分是将精确度和召回率这两个指标结合起来的评价指标。决策森林模型的宏观和微观 F1 得分最高，而逻辑模型和逻辑回归则相对较低。另外，决策森林模型的准确性也最高，而逻辑回归的准确性最低。因此，尽管人工神经网络和逻辑回归模型也具有较高的准确率，但由于上述三种模型的性能表现差异，本节还是建议将决策森林模型用于结构类型的预测。

2.2.3.4　预测模型规模敏感性分析

在实际的应用场景中，需要预测的建筑物的规模是不确定的。为了评估预测模型的规模敏感性，本节采用不同规模的建筑物分别尝试进行预测。这些预测中的所有建筑数据都是从 T 市的建筑数据中随机抽取的。最终结果如图 2.2-5 所示。

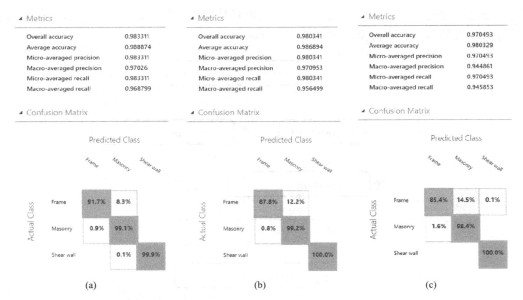

图 2.2-4　使用不同模型预测结果准确性及相应的混淆矩阵

（a）多分类决策森林模型；（b）多分类神经网络模型；（c）逻辑回归模型

不同方法的 F1 得分情况　　　　　　　　　　　　　　表 2.2-1

机器学习方法	宏观 F1 得分	微观 F1 得分
决策森林	96.9%	98.3%
人工神经网络	96.3%	98.0%
逻辑回归	94.6%	97.0%

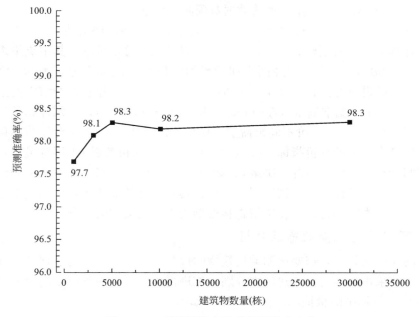

图 2.2-5　不同规模建筑群的预测准确率

当测试建筑物数量分别为 1000 栋、3000 栋、5000 栋、10000 栋、30000 栋时，对应的预测准确率分别为 97.7%、98.1%、98.3%、98.2%、98.3%。测试结果表明，建筑群规模的变化对模型的预测准确率无较大影响，该预测模型对建筑群规模敏感性较低。因此，提出的有监督机器学习预测方法可以准确预测不同规模的建筑群结构类型。

2.2.3.5　区域适用性评估

不同地域的建筑物结构类型差异很大。因此，当使用某个城市的数据训练模型后，用得到的模型预测其他地区的建筑结构时，准确性可能会有所降低。

为了评估模型是否能准确预测不同地区的建筑物的结构类型，本节利用 T 市数据训练的模型来预测 Y 市市区 31154 座建筑物的结构类型。预测的结果如图 2.2-6 所示，使用 T 市的样本数据预测 Y 市建筑结构类型的预测准确率为 90.6%，而该模型预测 T 市建筑结构类型预测准确率为 98.3%。

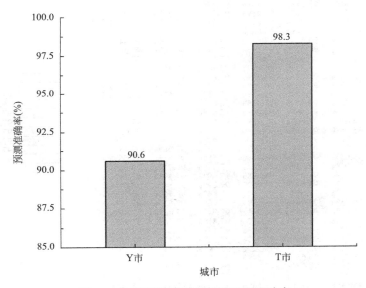

图 2.2-6　不同区域建筑群的预测准确率

Y 市和 T 市是中国典型的北方城市，具有一定的相似性。但是，如果预测的对象是南方的某个城市，预测准确率可能就不会很高。因此，建议将设计的监督式机器学习解决方案应用于与样本城市相似的城市。此外，还可以通过后文的半监督预测模型以提高区域适用性。

2.2.4　半监督学习预测方法

2.2.4.1　抽样方案确定

本节提出的半监督机器学习预测方法是基于被预测城市的建筑结构类型抽样调查。在对目标城市的建筑物进行抽样调查时，随机选取城市中的建筑物，而后通过查阅城市档案管理部门的相关施工图纸的方式，确定相应建筑物的结构类型，使调查结果更准确。在抽样调查时，如果采集的有标记数据过少，则可能导致最后的预测结果精度不够；如果采集的有标记数据过多，则数据采集工作量大，数据采集成本过高。因此，首先需要确定合适的数据采集规模，以保证通过采集尽量少的样本数据来获取高的预测准确率。

本节根据 Y 市和 T 市两个城市的建筑数据，分别进行不同比例抽样的试验，以确定最为可行的抽样比例。分别采用 0.05％、0.1％、0.5％、1％、5％、10％六种比例进行抽样。使用本节推荐的决策森林模型。而除了样本数据外，其余的城市建筑物数据都被用于评估模型的准确性。

对于 Y 市和 T 市两组数据，每组抽样比例都随机抽样 50 次，并根据抽样建筑进行 50 次结构类型预测，验证其准确率，预测的准确率如图 2.2-7 和图 2.2-8 所示，预测精度和方差随抽样比例的变化曲线如图 2.2-9、图 2.2-10 所示。

No.	0.05%	0.1%	0.5%	1%	5%	10%
1	91.45%	85.64%	98.00%	97.50%	97.54%	97.61%
2	93.72%	98.04%	96.26%	96.82%	97.52%	97.38%
3	81.34%	82.19%	97.17%	97.69%	97.76%	97.45%
4	98.04%	98.04%	97.73%	97.72%	97.39%	97.39%
5	93.72%	95.38%	97.48%	97.77%	97.55%	97.60%
6	91.09%	93.72%	97.61%	96.81%	97.37%	97.62%
7	98.04%	98.04%	98.03%	97.93%	97.73%	97.34%
8	93.72%	96.52%	97.53%	97.65%	97.17%	97.44%
9	90.66%	98.04%	97.25%	97.11%	97.56%	97.60%
10	92.16%	97.98%	98.01%	97.53%	97.56%	97.57%
11	93.72%	93.72%	98.04%	97.84%	97.46%	97.53%
12	98.04%	95.02%	97.86%	97.87%	97.79%	97.58%
13	93.72%	90.66%	96.26%	97.27%	97.54%	97.59%
14	93.72%	90.49%	96.45%	97.57%	97.57%	97.70%
15	93.72%	93.34%	97.42%	98.03%	97.55%	97.70%
16	93.72%	90.66%	98.00%	97.93%	97.41%	97.50%
17	94.61%	94.60%	97.46%	97.62%	97.02%	97.54%
18	85.05%	98.04%	98.03%	97.49%	97.35%	97.62%
19	93.72%	95.02%	97.94%	97.60%	97.67%	97.67%
20	93.72%	93.71%	98.04%	97.75%	97.68%	97.53%
21	98.04%	98.04%	98.03%	97.58%	97.58%	97.56%
22	98.04%	98.04%	97.68%	97.03%	97.71%	97.80%
23	85.51%	91.95%	96.70%	97.99%	97.49%	97.54%
24	93.72%	98.04%	97.87%	97.29%	97.54%	97.66%
25	95.26%	94.09%	97.12%	97.64%	97.76%	97.73%
26	76.33%	98.03%	98.04%	97.90%	97.51%	97.55%
27	95.03%	98.04%	98.04%	97.94%	97.62%	97.48%
28	93.11%	91.75%	96.65%	97.51%	97.56%	97.39%
29	93.72%	93.71%	97.39%	97.17%	97.54%	97.21%
30	89.94%	98.04%	97.57%	97.52%	97.46%	97.58%
31	95.02%	95.02%	97.92%	97.99%	97.38%	97.56%
32	93.72%	90.66%	97.54%	97.79%	97.00%	97.36%
33	85.15%	98.04%	97.86%	96.67%	97.55%	97.30%
34	90.95%	92.39%	97.76%	97.63%	97.25%	97.56%
35	98.04%	93.77%	97.13%	97.04%	97.43%	97.66%
36	95.27%	98.04%	97.32%	97.66%	97.58%	97.38%
37	98.04%	98.04%	95.34%	96.26%	97.35%	97.16%
38	93.72%	98.04%	96.77%	97.31%	97.61%	97.64%
39	98.04%	95.50%	96.85%	96.65%	97.61%	97.79%
40	95.36%	97.69%	97.92%	97.84%	97.10%	97.30%
41	90.66%	85.86%	97.39%	96.78%	97.42%	97.38%
42	92.06%	93.72%	97.84%	97.61%	97.72%	97.72%
43	93.72%	94.60%	97.64%	98.04%	97.34%	97.62%
44	93.72%	93.71%	97.81%	97.76%	97.28%	97.55%
45	98.04%	98.04%	98.03%	97.92%	97.66%	97.49%
46	87.14%	98.04%	96.08%	97.92%	97.79%	97.53%
47	93.72%	95.02%	97.68%	97.80%	97.24%	97.47%
48	93.72%	93.72%	96.75%	97.40%	97.82%	97.71%
49	93.72%	98.04%	98.03%	97.12%	97.52%	97.42%
50	98.04%	98.04%	97.62%	98.01%	97.62%	97.64%

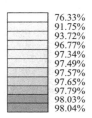

	76.33%
	91.75%
	93.72%
	96.77%
	97.34%
	97.49%
	97.57%
	97.65%
	97.79%
	98.03%
	98.04%

图 2.2-7　Y 市不同抽样比例随机预测准确率结果（深色表示高准确率）

通过上述两个案例可以看出，当抽样比例大于等于 1％时，也就是当只抽取 1％及以上数据的建筑作为有标记数据进行训练后，在进行结构类型的预测时，其预测准确率都可以达到 97％以上，同时准确率的方差明显下降。因此，对于城市建筑结构类型预测，本节推荐采用以 1％的比例对城市中的建筑物结构类型进行抽样调查。

No.	0.05%	0.1%	0.5%	1%	5%	10%
1	90.47%	96.20%	97.11%	97.24%	97.96%	97.96%
2	94.60%	95.71%	97.50%	97.34%	97.88%	97.96%
3	96.60%	95.66%	96.89%	97.03%	97.93%	98.13%
4	95.32%	95.32%	97.84%	97.86%	98.00%	97.98%
5	95.49%	95.49%	97.16%	97.79%	97.98%	98.08%
6	95.94%	96.98%	97.38%	97.51%	97.91%	97.93%
7	95.02%	97.15%	97.53%	97.65%	97.75%	97.91%
8	95.74%	96.91%	97.31%	97.08%	97.79%	98.04%
9	95.32%	96.34%	97.11%	97.65%	97.90%	98.04%
10	96.24%	97.28%	97.36%	97.40%	97.89%	97.97%
11	95.97%	97.52%	97.42%	97.66%	97.95%	98.06%
12	96.19%	96.61%	97.68%	97.78%	97.83%	98.08%
13	96.94%	97.42%	97.31%	97.79%	97.95%	97.98%
14	94.58%	96.13%	97.26%	97.50%	97.75%	97.92%
15	97.21%	97.25%	97.68%	97.73%	97.93%	98.04%
16	97.16%	96.88%	97.37%	97.47%	97.97%	97.97%
17	96.28%	97.09%	97.34%	97.24%	97.85%	97.96%
18	95.72%	96.82%	96.94%	97.64%	97.79%	97.99%
19	97.28%	97.62%	97.66%	97.71%	98.00%	98.06%
20	96.20%	96.47%	97.28%	97.38%	97.85%	97.97%
21	96.54%	96.24%	97.63%	97.59%	97.91%	98.05%
22	94.38%	97.12%	97.56%	97.56%	97.98%	97.99%
23	95.32%	96.94%	96.92%	97.34%	97.69%	98.01%
24	97.40%	97.19%	97.52%	97.73%	97.97%	97.98%
25	94.91%	95.99%	97.34%	97.62%	97.94%	97.88%
26	95.18%	97.05%	97.19%	97.81%	97.93%	98.04%
27	95.64%	96.03%	96.03%	97.58%	97.78%	98.08%
28	96.75%	94.99%	94.99%	97.47%	97.90%	97.96%
29	96.23%	96.80%	97.52%	97.77%	97.90%	97.98%
30	95.28%	96.25%	97.43%	97.30%	97.94%	97.97%
31	95.57%	97.12%	97.60%	97.56%	97.92%	97.98%
32	95.08%	97.03%	96.93%	97.47%	97.82%	97.99%
33	93.44%	95.15%	96.77%	96.92%	97.89%	98.00%
34	95.82%	97.13%	97.40%	97.66%	97.82%	97.95%
35	94.10%	96.31%	97.45%	97.63%	97.85%	98.00%
36	95.46%	96.77%	97.33%	97.63%	97.88%	97.94%
37	95.16%	95.19%	97.67%	97.75%	97.97%	98.05%
38	96.68%	97.09%	96.89%	97.22%	97.85%	97.94%
39	96.61%	97.36%	97.56%	97.55%	97.89%	98.05%
40	96.73%	97.08%	97.62%	97.53%	97.53%	98.00%
41	95.72%	96.83%	96.83%	97.78%	97.88%	97.88%
42	95.99%	96.27%	97.54%	97.76%	97.99%	97.98%
43	95.03%	95.84%	96.75%	97.24%	97.88%	97.97%
44	95.46%	96.93%	97.48%	97.61%	97.92%	98.02%
45	97.60%	96.25%	97.54%	97.57%	97.86%	97.98%
46	95.12%	95.54%	97.36%	97.46%	97.87%	97.95%
47	93.42%	97.03%	97.22%	97.58%	97.87%	98.07%
48	96.63%	96.16%	97.23%	97.72%	97.88%	98.03%
49	93.88%	96.08%	97.03%	97.79%	97.90%	98.06%
50	94.67%	95.05%	97.23%	97.71%	97.95%	98.04%

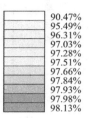

	90.47%
	95.49%
	96.31%
	97.03%
	97.28%
	97.51%
	97.66%
	97.84%
	97.93%
	97.98%
	98.13%

图 2.2-8　T 市不同抽样比例随机预测准确率结果（深色表示高准确率）

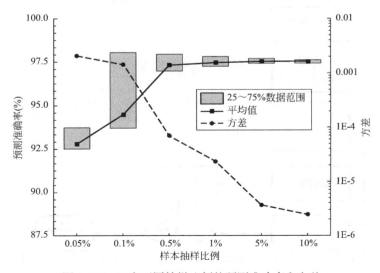

图 2.2-9　Y 市不同抽样比例的预测准确率和方差

27

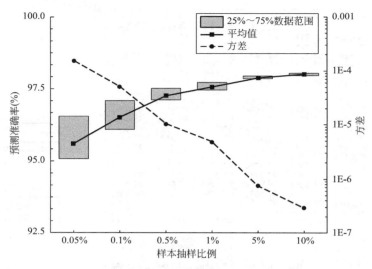

图 2.2-10 T 市不同抽样比例的预测准确率和方差

2.2.4.2 半监督机器学习预测

本节的半监督机器学习方法如图 2.2-11 所示。首先，通过建筑物抽样调查获得样本数据。前述的结果表明，当以 1% 的比例对整体建筑物进行抽样调查时，就可以获得很高的预测准确率。在本节的研究中，采用 3% 的抽样比例。以抽样结果 1/3 的数据训练模型，2/3 的数据用来评估模型的准确性。在前面的讨论中，发现有监督机器学习方法中的决策森林模型预测性能最好。因此，本节将选用决策森林模型进行预测。之后，反复通过自训练过程对模型进行迭代训练，直至精度足够高[23]。具体来说，使用样本数据训练机器学习模型，然后对模型的准确率进行评估。如果模型的预测精度可以被接受，那么训练结束；否则，将选择置信度较高的样本重新构建训练集，并使用新的训练集训练模型，以获得准确率更高的预测结果，这样的迭代训练过程被称为自训练。

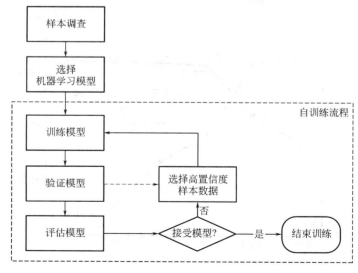

图 2.2-11 半监督学习流程

1. 第一次自训练

第一次自训练过程可以通过 Azure 平台中的组件实现，如图 2.2-12 所示。

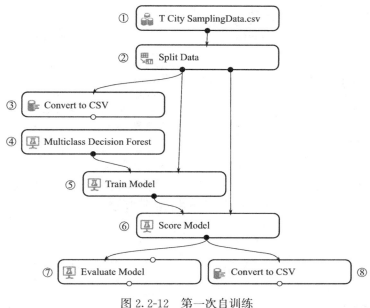

图 2.2-12 第一次自训练

组件①（Data Set）：选择上传的源数据。此处数据源为 3% 的 T 市有标记数据，即数量为 T 建筑物总数 3% 的抽样调查样本数据。

组件②（Split Data）：按照设定比例将数据进行分割后输入下一个组件。其中样本数据的 1/3 被用于训练模型（即组件 5），剩下的 2/3 用于评估模型（即组件 6）。

组件③（Convert to CSV）：将数据导出 csv 格式，以便后续训练使用。

组件④（Multiclass Decision Forest）：选择多分类决策森林作为预测模型。

组件⑤（Train Model）：根据输入的数据训练选定的机器学习模型。

组件⑥（Score Model）：将训练数据与评估数据对预测训练模型进行置信度评分，如图 2.2-13 所示，为 T 市数据第一次自训练学习的置信度评分结果。在本节中，将选择置信度最高的前 1% 的建筑物数据进行下一次训练。

组件⑦（Evaluate Model）：这个模块用于评估这个预测训练模型的效能，并输出预测准确率的评估结果。如图 2.2-14（a）和图 2.2-14（b）所示，分别为 T 市数据第一次自训练输出的预测训练模型评估结果，模型整体预测准确率达到了 95.5%。然而对于框架结构的预测准确率只有 81.7%，这是不可接受的。因此，有必要进行第二次自训练。

组件⑧（Convert to CSV）：将此次自训练的置信度评分结果保存为 csv 格式，以便第二次自训练使用。

2. 第二次自训练

第二次自训练同样利用 Azure 平台中的组件实现，模型如图 2.2-15 所示。训练所用的数据与第一次自训练不同。将原先的训练数据（即图 2.2-12 中的组件③）和置信度较高的数据（即图 2.2-12 中的组件⑧）整合为第二次自训练的训练集。需要注意的是，所有用于评估模型准确性的数据（即抽样样本的 2/3）在两次训练过程中是保持不变的。

ID	Scored Probabilities for Class ""Masonry""	Scored Probabilities for Class ""Frame""	Scored Probabilities for Class ""Shear Wall""	Maximum Probability	Scored Labels
4212	0.007626	0.004909	0.999604	0.999604	Shear Wall
4211	0.007608	0.005033	0.999594	0.999594	Shear Wall
4844	0.004921	0.998857	0.000024	0.998857	Frame
4122	0.010772	0.013292	0.998089	0.998089	Shear Wall
4197	0.010771	0.013298	0.998089	0.998089	Shear Wall
4206	0.010771	0.013299	0.998088	0.998088	Shear Wall
4207	0.010771	0.0133	0.998088	0.998088	Shear Wall
4196	0.010771	0.013305	0.998088	0.998088	Shear Wall
2756	0.01077	0.013309	0.998087	0.998087	Shear Wall
3870	0.01077	0.013309	0.998087	0.998087	Shear Wall
2754	0.01077	0.013318	0.998086	0.998086	Shear Wall
3891	0.010769	0.01332	0.998086	0.998086	Shear Wall

图 2.2-13　置信度评分部分结果

Metrics

Overall accuracy	0.955528
Average accuracy	0.970352
Micro-averaged precision	0.955528
Macro-averaged precision	0.91662
Micro-averaged recall	0.955528
Macro-averaged recall	0.929388

Confusion Matrix

Predicted Class

	Masonry	Frame	Shear wall
Masonry	97.2%	2.8%	
Frame	18.2%	81.7%	0.2%
Shear wall			100.0%

Actual Class

(a)　　　　　　　　　　　　(b)

图 2.2-14　第一次自训练预测模型评估结果及混淆矩阵

(a) 预测评估结果；(b) 混淆矩阵

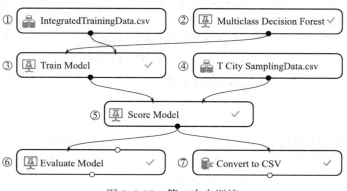

图 2.2-15　第二次自训练

和第一次自训练类似，同样对模型进行训练和评估，结果如图 2.2-16 所示。模型的总体准确率在 95.1% 以上，与第一次自训练时的准确率（95.5%）接近。但是对于框架结构，其准确率从 81.7% 提高到了 86.9%。与上一次自训练类似，将置信度较高的数据转换为 csv 格式，进行下一次自训练。

3. 第三次自训练

经过三次自训练后，模型的预测评估结果和混淆矩阵如图 2.2-17 所示。模型的总体预测精度为 95.2%。具体来说，砌体结构、框架结构和剪力墙结构的预测精度分别为 96.1%、87.0% 和 100.0%。整体准确率和各类结构的预测精度与上次自训练相比没有明显的提升，此外，精确度和召回率同样很高。因此不需要再进行自训练。

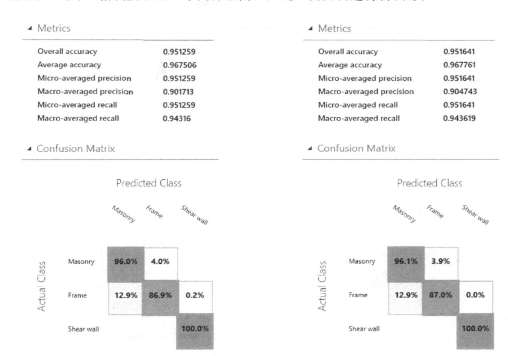

| 图 2.2-16 第二次自训练的评估
结果和混淆矩阵 | 图 2.2-17 该结构类型预测模型的
评估结果和混淆矩阵 |

将第三次自训练预测的所有建筑物的结构类型预测结果与 T 市实际数据进行比对，对比结果及误差如表 2.2-2 所示。结果表明，本节提出的半监督机器学习的预测方法即使使用全部建筑数据的 1%，也能达到较高的预测准确率。建筑物的其他属性数据和抽样建筑的结构类型都是准确的，这就保证了本节提出的机器学习预测方法的准确。另外，自训练过程可以提高预测精度。表 2.2-2 中预测结果与城市中建筑物准确的结构类型是基本一致的。

不同结构类型所占比例统计表　　　　　　　　　　　　表 2.2-2

结构类型	真实数据	预测结果	误差
砌体结构	87.07%	83.68%	3.39%
框架结构	10.78%	14.18%	−3.40%
剪力墙结构	2.14%	2.14%	0.00%

2.2.5 案例研究

2.2.5.1 研究区域概况

D 区新城和 Z 区的地理位置如图 2.2-18 所示。这两个区域的地震风险非常高，根据我国《建筑抗震设计规范》GB 50011—2010（2016 年版），设防烈度为 8 度。在该设防烈度下，50 年内超越概率 63.3％的峰值地面加速度可达 0.2g。针对这两个区域的地震震害仿真可以为城市防灾规划提供决策支持。然而，在这两个区域中对于震害仿真所必需的结构类型数据却是缺失的。因此，将用本节提出的机器学习预测方法得到 D 区新城和 Z 区研究区域内建筑物的结构类型。

图 2.2-18 某市 D 区新城与 Z 区地理位置

2.2.5.2 D 区新城建筑结构类型预测

从城市规划部门获取了 D 区新城的 69180 栋建筑物的底面轮廓 GIS 数据，数据中包含了建筑物的占地面积、建造年代、层高和层数等信息。在这 6.9 万余栋建筑物中，建造年代在 1989 年以前、1989—2001 年以及 2001 年以后的建筑物占比分别为 62％、32％和 6％，如图 2.2-19 所示。

由于中国抗震设计规范分别在 1989 年和 2001 年进行了较大范围的修订，因此在这两个时间节点以后建造的建筑物抗震能力相对更强。此外，该区域中大多数建筑物都是低层建筑，2 层以下的建筑物占总数的 91％，如图 2.2-20 所示。

由于 GIS 数据中并不包含建筑物的结构类型，因此，使用半监督机器学习方法预测 D 区新城建筑物的结构类型。

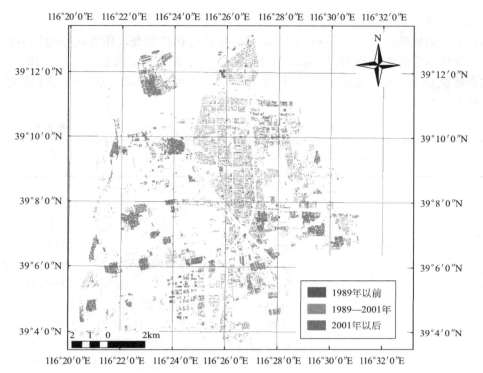

扫码看彩图

图 2.2-19　建造年代分布图

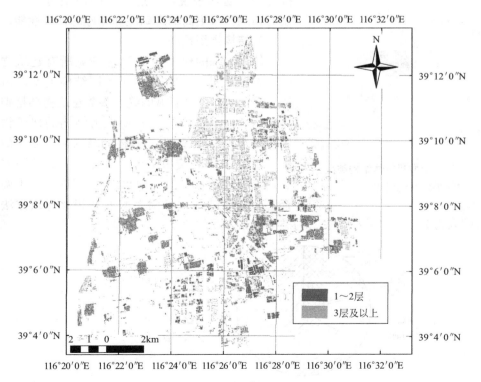

扫码看彩图

图 2.2-20　建筑层数分布图

1. 建筑抽样调查

在本案例中，随机选择了 D 区新城内 3% 的建筑物进行抽样调查，作为训练的样本数据。取所有抽样样本中的 1/3 作为训练集，剩下的 2/3 用于评估模型质量。如前所述，D 区新城内共有建筑 69180 栋，按照 3% 的抽样比例，共实际调查了 2075 栋建筑，它们的结构类型统计见表 2.2-3。

样本建筑物结构类型统计					表 2.2-3
结构类型	砌体结构	框架结构	框剪结构	轻钢厂房	总计
数量	385	238	761	691	2075

2. 训练模型

将 2075 栋建筑物的样本数据上传到 Azure 平台，基于半监督学习的训练模型进行了三次自训练，训练的结果如图 2.2-21 所示。预测的准确率为 94.8%，其中框架结构的预测精度为 84.0%，其余类型的预测精度均超过了 92.2%。另外，可以通过图 2.2-21 中的精确度（precision）和召回率（recall）计算此次预测结果的 F1 得分。具体来说，此次预测的宏观 F1 得分和微观 F1 得分分别为 92.9% 和 94.8%，这是可以接受的。通常来说，经过训练的模型对结构类型的预测具有更高的准确性和更好的预测性能。

3. 结构类型预测

使用训练的模型预测 D 区新城所有建筑物结构类型。图 2.2-22 显示了不同结构类型的占比。很明显，D 区新城的绝大多数建筑物都是砌体结构，占总数的 66%；而框剪结构的建筑物则占比最少，只有 1%。具体的结构类型分布如图 2.2-23 所示。使用基于半监督学习的预测方法，仅需对 3% 的建筑物的结构类型进行人工调查。与全部进行人工调查的方法相比，该方法节省了 97% 的人力劳动，显著提高了结构类型数据获取的效率。

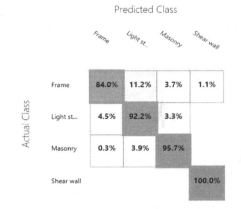

图 2.2-21　D 区新城建筑物结构类型预测结果以及混淆矩阵

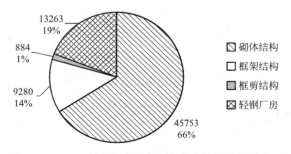

图 2.2-22　D 区新城不同结构类型建筑物数量及占比

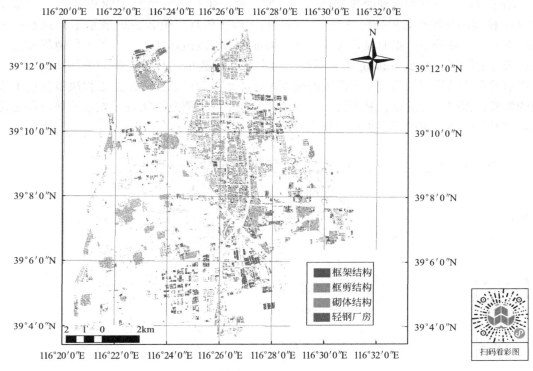

图 2.2-23　D 区新城建筑物结构类型分布图

2.2.5.3　D 区震害仿真

三河—平谷 8.0 级地震[24] 发生于 1679 年，是中国东部人口稠密地区影响广泛和损失惨重的地震之一。有研究模拟了此次地震时的地面运动[25]，相应加速度时程如图 2.2-24 所示。将三河—平谷 8.0 级地震输入 D 区新城中进行震害仿真。

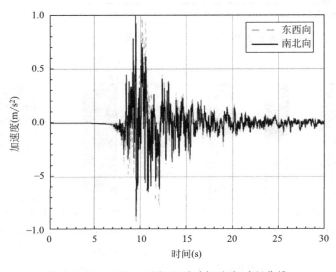

图 2.2-24　三河—平谷地震动加速度时程曲线

35

　　基于机器学习预测得到的建筑物结构类型数据，建立建筑物的 MDOF 模型，并基于 MDOF 模型和非线性时程分析对 D 区新城进行了震害仿真。图 2.2-25 展示了 D 区新城在该地震下的破坏分布。很明显，大多数建筑物都处于轻度破坏状态。为了更好地展示此次地震破坏的特征，图 2.2-26 统计了不同结构类型和建造年代的建筑物的破坏情况。1989 年以前的砌体结构建筑物遭受了严重的破坏，这一结果为地震加固改造工程决策提供了重要的参考。值得注意的是，基于提出的半监督机器学习预测方法实现了城市的地震震害仿真，这对于提高城市的抗震水平有很大帮助。

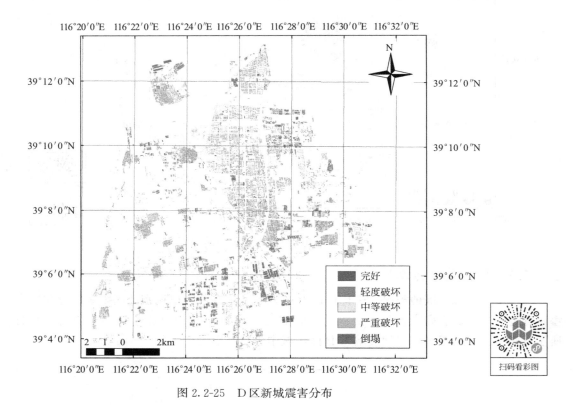

图 2.2-25　D 区新城震害分布

图 2.2-26　D 区新城震害统计

（a）按结构类型统计震害；（b）按建造年代统计震害

2.2.5.4　Z 区结构类型预测

　　同样，基于从城市规划部门获得的 Z 区建筑物轮廓 GIS 数据，预测 Z 区建筑物的结构类型。根据得到的 GIS 数据显示，Z 区的研究区域内共有建筑物 34763 栋。随机选取所有建筑物的 3% 作为样本，进行抽样调查。根据之前建议的比例，以抽样样本的 1/3 训练模型，其余 2/3 用来评估模型质量。

　　基于半监督学习的方法，进行了 4 次自训练过程。最优的训练结果如图 2.2-27 所示。预测结构的整体准确性度为 99.5%，而且每种结构类型的预测准确率均超过了 97.9%。显然，模型具有很高的准确性。除此以外，此次预测对应的精确度和召回率均超过了 99.0%，如图 2.2-27 所示。

◢ Metrics

Overall accuracy	0.99548
Average accuracy	0.996987
Micro-averaged precision	0.99548
Macro-averaged precision	0.989959
Micro-averaged recall	0.99548
Macro-averaged recall	0.991061

◢ Confusion Matrix

Predicted Class

Actual Class	Frame	Masonry	Shear wall
Frame	97.9%	1.5%	0.6%
Masonry	0.2%	99.8%	
Shear wall	0.4%		99.6%

图 2.2-27　Z 区建筑结构类型预准确率与混淆矩阵

　　之后，使用训练好的模型预测 Z 区所有建筑物的结构类型。图 2.2-28 显示了不同结构类型的占比。Z 区大多数的建筑物也都是砌体结构，这一点与 D 区新城是类似的。Z 区的建筑物结构类型分布图如图 2.2-29 所示。

2.2.5.5　Z 区震害仿真

　　同样将三河-平谷 8.0 级地震的地震动用于 Z 区的震害仿真。根据基于机器学习预测的建筑物结构类型数据与 MDOF 模型，对 Z 区的建筑物破坏情况进行了仿真。结果如图 2.2-30 所示。显然，大多数建筑物只受到了轻度和中等的破坏。仿真得到的震害结果可以为城市抗震规划（如抗震加固改造计划）提供决策参考。

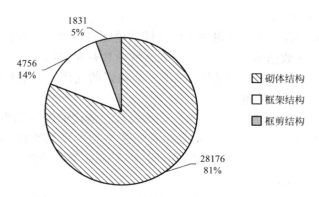

图 2.2-28　Z 区不同结构类型建筑物数量及占比

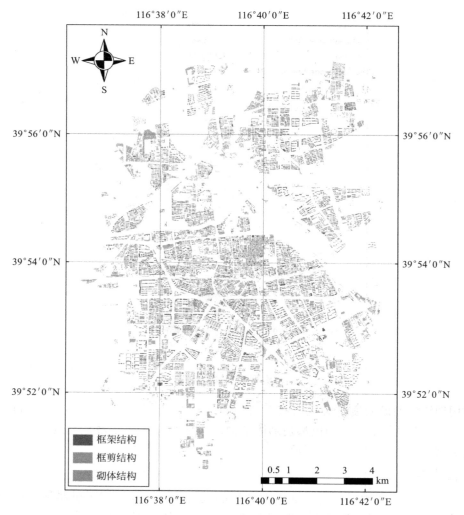

图 2.2-29　Z 区建筑物结构类型分布图

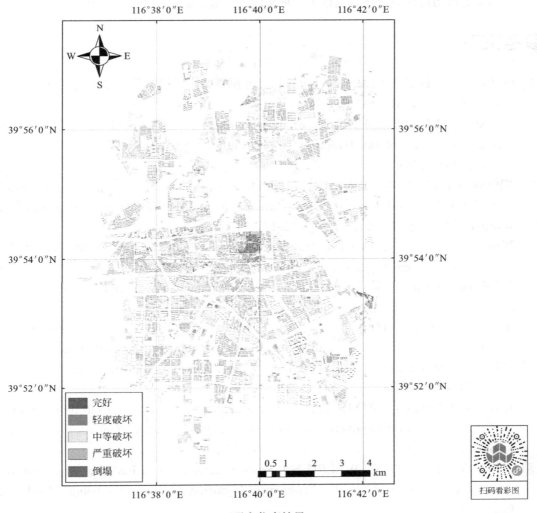

图 2.2-30 Z 区震害仿真结果

2.2.6 小结

本节提出了一种基于机器学习的建筑物结构类型预测的方法,并以某市 D 区新城、Z 区的城区为例进行了研究。得出的结论如下:

1. 基于有监督机器学习方法预测 T 市 230683 座建筑物的结构类型,结果表明,决策森林和人工神经网络模型均具有较高的预测精度。尤其是决策森林模型的预测性能最好,推荐用于结构类型的预测。

2. 设计的监督解决方案可以针对不同的建筑规模保持较高的预测精度;但是,它应适用于与样本城市相似的城市。

3. 在抽样调查的基础上,提出了半监督学习预测方法。根据不同抽样比例下的预测结果,建议采样率为 1%。通过多次自训练,半监督机器学习方法在预测结构类型方面达到了很高的精度。

4. 本节为城市规模震害仿真提供了一种智能、高效的结构类型预测方法。

参考文献

［1］韩博，熊琛，许镇，等. 城市区域建筑物震害预测剪切层模型及其参数确定方法［J］. 工程力学，2014，31（S1）：73-78＋85.

［2］XIONG C，LU X Z，GUAN H，et al. A nonlinear computational model for regional seismic simulation of tall buildings［J］. Bulletin of Earthquake Engineering，2016，14（4）：1047-1069.

［3］XIONG C，LU X Z，LIN X C，et al. Parameter determination and damage assessment for THA-based regional seismic damage prediction of multi-story buildings［J］. Journal of Earthquake Engineering，2017，21（3）：461-485.

［4］WEI Y，ZHAO Z，SONG J. Urban building extraction from high-resolution satellite panchromatic image using clustering and edge detection［C］//IGARSS 2004. 2004 IEEE International Geoscience and Remote Sensing Symposium. Ieee，2004，3：2008-2010.

［5］YU B，YANG L，CHEN F. Semantic segmentation for high spatial resolution remote sensing images based on convolution neural network and pyramid pooling module［J］. IEEE Journal of Selected Topics in Applied Earth Observations and Remote Sensing，2018，11（9）：3252-3261.

［6］PAN X，YANG F，GAO L，et al. Building extraction from high-resolution aerial imagery using a generative adversarial network with spatial and channel attention mechanisms［J］. Remote Sensing，2019，11（8）：917.

［7］SHAO Y，TAFF G N，WALSH S J. Shadow detection and building-height estimation using IKONOS data［J］. International journal of remote sensing，2011，32（22）：6929-6944.

［8］LIASIS G，STAVROU S. Satellite images analysis for shadow detection and building height estimation［J］. ISPRS Journal of Photogrammetry and Remote Sensing，2016，119：437-450.

［9］BISHOP C M. Pattern recognition and machine learning［M］. Springer，2006.

［10］KRIJNEN T，TAMKE M. Assessing implicit knowledge in BIM models with machine learning［M］//Modelling Behaviour. Springer，Cham，2015：397-406.

［11］DORNAIKA F，MOUJAHID A，EL MERABET Y，et al. Building detection from orthophotos using a machine learning approach：An empirical study on image segmentation and descriptors［J］. Expert Systems with Applications，2016，58：130-142.

［12］YUAN J，CHERIYADAT A M. Combining maps and street level images for building height and facade estimation［C］//Proceedings of the 2nd ACM SIGSPATIAL Workshop on Smart Cities and Urban Analytics. 2016：1-8.

[13] YUAN J. Learning building extraction in aerial scenes with convolutional networks [J]. IEEE transactions on pattern analysis and machine intelligence, 2017, 40 (11): 2793-2798.

[14] BASSIER M, VERGAUWEN M, VAN GENECHTEN B. Automated classification of heritage buildings for as-built BIM using machine learning techniques [J]. ISPRS Annals of the Photogrammetry, Remote Sensing and Spatial Information Sciences, 2017, 4 (2W2): 25-30.

[15] XU Z, WU Y, QI M, et al. Prediction of structural type for city-scale seismic damage simulation based on machine learning [J]. Applied Sciences, 2020, 10 (5): 1795.

[16] DREISEITL S, OHNO-MACHADO L. Logistic regression and artificial neural network classification models: a methodology review [J]. Journal of Biomedical Informatics, 2002, 35 (5-6): 352-359.

[17] TAO J, KLETTE R. Integrated pedestrian and direction classification using a random decision forest [C] //Proceedings of the IEEE international conference on computer vision workshops, 2013: 230-237.

[18] EVGENIOU T, PONTIL M. Support vector machines: Theory and applications [C] //Advanced Course on Artificial Intelligence. Berlin: Springer, 1999: 249-257.

[19] KLEINBAUM D G, DIETZ K, GAIL M, et al. Logistic regression [M]. New York: Springer-Verlag, 2002.

[20] Yahoo. BigML [EB/OL]. [2020-07-02]. https://bigml.com/.

[21] Microsoft. Microsoft Azure Machine Learning Studio [EB/OL]. [2020-07-02]. https://studio.azureml.net/.

[22] Amazon. Amazon Machine Learning [EB/OL]. [2020-07-02]. https://aws.amazon.com/cn/machine-learning.

[23] ZHU X, Goldberg A B. Introduction to semi-supervised learning [J]. Synthesis lectures on artificial intelligence and machine learning, 2009, 3 (1): 1-130.

[24] WANG X, FENG X, XU X, et al. Fault plane parameters of Sanhe-Pinggu M8 earthquake in 1679 determined using present-day small earthquakes [J]. Earthquake Science, 2014, 27 (6): 607-614.

[25] FU C H, GAO M T, CHEN K. A study on long-period response spectrum of ground motion affected by basin structure of Beijing [J]. Acta Seismologica Sinica, 2012 (3): 374-382.

第 3 章　城市震害情景仿真高性能计算

3.1　概述

针对城市区域进行快速和科学的震害预测，是全世界处在地震频发区国家的一项迫切需求。截至目前，世界各国都提出了许多种城市区域震害预测的方法和软件，并对其不断地进行改进。而它们共同的发展趋势就是利用现在越来越强大的计算机，建立城市区域震害预测精细化模型，采用时程计算进行分析，以满足震害预测准确、高效和多样化的需求。但与此同时，当需要进行城市区域震害的快速预测时，这种方法对计算能力的需求是巨大的，甚至需要采用超级计算机系统。

而对于城市区域来说，这类建筑数量巨大，如果采用传统的 CPU 平台进行计算，耗时长、效率低，无法满足紧急情况下城市区域震害应急响应的需求。如 2008 年 Hori 和 Ichimura 基于非线性时程分析和多种精细模型提出了 Integrated Earthquake Simulation (IES) 平台[1]。该平台涵盖了城市区域建筑建模、地震动模拟和结构响应模拟等城市区域震害模拟的各个方面[2]。Hori 等人已经成功应用 IES 系统完成了东京市的震害模拟，证明了其应用于区域震害模拟的可行性。但是对于震后应急响应等一些需要迅速获取计算结果的情况，IES 需要超级计算机来完成庞大城市区域的震害模拟，这意味着高昂的运营和维护成本。

近年来，并行计算技术的不断应用为城市区域震害模拟打开了一个全新的天地。GPU（Graphics Processing Unit，图形处理器）因其有着极强的浮点运算能力和相对于 CPU（Central Processing Unit，中央处理器）较为低廉的价格，越来越多地受到重视。GPU 并行以及 CPU-GPU 混合运算已经成为高性能计算的主要方式。而 CUDA（Compute Unified Device Architecture，统一计算设备架构）以及 MPI（Message Passing Interface，信息传递接口）的不断发展和应用，让通用计算领域进行 GPU 计算以及多 GPU 并行、多机 CPU-GPU 混合计算成为可能，使得高性能计算平台的组建和维护难度下降到了可接受的范围，为解决精细化模型进行城市区域震害模拟的计算效率和费用之间的矛盾提供了一条十分可行的方法。

本章针对城市震害情景仿真高性能，提出基于单机 GPU 的城市震害并行计算方法和基于 GPU 集群的多尺度城市建筑震害模拟的分布式计算框架，具体架构及主要内容如下：

3.2 节为基于单机 GPU 的城市震害并行计算方法，采用 GPU/CPU 协同计算程序并对 GPU/CPU 协同计算程序进行了效率和结果测试。测试结果得出 CUDA 的最佳计算块线程数，并且发现利用 GPU 进行城市区域震害模拟的性价比非常可观，采用单精度浮点数模式进行计算，可以在可接受的精度范围内获得更高性能。

3.3 节提出基于 GPU 集群的多尺度城市建筑震害模拟的分布式计算框架，然后，围绕该框架的关键问题，也就是不同尺度模型在分布式计算中的荷载均衡策略加以详细讨论，并详细阐述了多尺度区域建筑震害模拟的分布式计算框架的具体实现方法；最后，结合一个虚拟大城市的震害算例，展示所提出的分布式计算框架的效率。

3.2　基于单机 GPU 的城市震害并行计算方法

3.2.1　背景

GPU 并不是万能的，它有着"单核弱，并行强；逻辑弱，浮点强"的特点，只有合理地设计程序架构和模型，让 GPU 和 CPU 协同合作，各司其职，才能够充分发挥 GPU 的计算能力。本小节将详述采用 GPU 进行一般建筑震害模拟的程序架构和思路。

对于一个并行计算任务来说，GPU 程序最合适的架构应该是基于细粒度并行的，即将每一个子任务都分解为细部的基本操作，比如矩阵和向量的运算，再对每个可以并行的细部操作进行并行化处理。细粒度并行广泛应用于神经元网络分析和有限元分析中。然而这种架构的程序也有其缺陷：为了获得较高的并行效率，细粒度架构程序的算法需要高度精密设计，否则将难以充分利用 GPU 平台的计算能力，造成 GPU 利用率低，计算资源浪费。而另外一种 GPU 程序架构——粗粒度并行则能够更加方便地利用 GPU 强大的计算能力。在粗粒度并行架构中，并行化处理并非针对每一个细部操作，而是以子任务并行计算的方式进行。粗粒度并行架构同样广泛应用于分析、优化和控制领域。当然，为了获得与细粒度并行相当的高效率，粗粒度并行对于计算任务有着一定的限制，限制条件如下：（1）计算子任务的数量较多，且远大于 GPU 中计算核心的数量；（2）每个计算子任务的计算量适中，足以在单个 GPU 计算核心上实现；（3）计算子任务之间的通讯较少，且不需要全局同步。

通过研究发现，这些特点和城市区域震害模拟的特点吻合。虽然在城市区域中有着成千上万的建筑，但如果将每座建筑的地震动力时程分析视为一个子任务，并且采用合适的计算模型的话，每一个子任务的计算量足以由单个 GPU 核心进行计算。此外，由于在地震作用下建筑间的影响（例如碰撞等）有限，因此该部分的影响可以忽略，从而让子任务之间的通信变得很少。由于 GPU 有着成百上千的计算核心，若每一个计算核心都用来计算一座建筑，仅需要几轮任务分配就可以完成一座城市上千座建筑的震害模拟，因此计算效率也将会非常高。另外，与细粒度并行架构相比，采用粗粒度并行架构进行城市区域震害模拟能够适应不同的计算模型和不同的城市规模，更具有弹性，同时编程实现的难度较低。因此在本小节中，将采用粗粒度并行架构进行程序设计。

3.2.2　关键方法

3.2.2.1　整体架构

采用 GPU 进行城市区域震害模拟，其整体分为三个模块：前处理模块、结构分析计算模块和后处理模块，如图 3.2-1 所示。三个模块相互独立，采用统一的数据接口，采用文件传递数据。采用这样的整体架构，有着如下特点：（1）模块相对独立，不同模块开发可以不受其他模块限制，扩展和升级方便；（2）数据接口统一，可以保证模块之间数据传

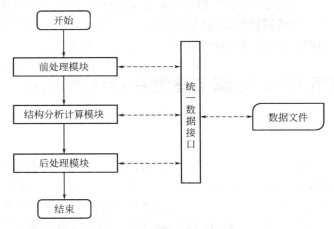

图 3.2-1 程序整体架构图

递保持一致，便于数据阅读和处理；（3）文件传递数据，减少内存消耗，保证模块间独立性，便于调试和排查错误。

3.2.2.2 前处理模块

前处理模块的主要工作是获得城市区域中建筑的结构模型参数，以及选取合适的地震动，为后面结构分析计算模块的非线性时程分析提供数据基础，其流程如图 3.2-2 所示。

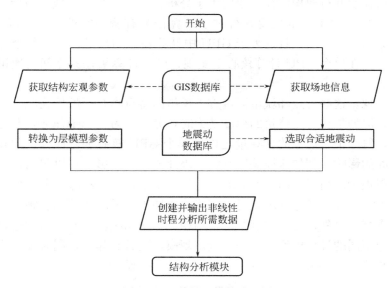

图 3.2-2 前处理模块流程图

3.2.2.3 结构分析计算模块

结构分析计算模块是整个程序的核心计算模块。该模块采用非线性时程分析来获得每个建筑在地震作用下的破坏状态和响应。为了解决区域震害模拟计算效率低的问题，该模块将采用 GPU/CPU 协同计算分析。因此，该模块的结构必须进行良好设计，才能充分发挥 GPU 的计算性能。其架构原则如下：（1）采用 GPU 进行每座建筑的非线性时程计算，避免其参与过多的逻辑计算工作；（2）采用 CPU 完成数据读取、计算任务分配等逻辑计算能力需求较高的工作；（3）应尽量减少内存和显存之间相互数据交换的次数，以降低数据传输延迟。

图 3.2-3 展示了结构分析计算模块的程序流和数据流，各部分详细内容如下：

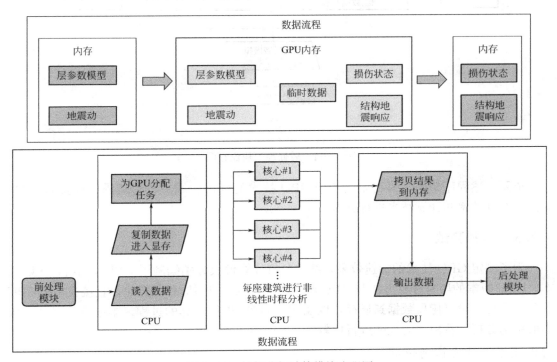

图 3.2-3　结构分析计算模块流程图

CPU 任务：（1）读取地震动和剪切层模型参数信息，将其储存在内存中；（2）在内存和显存的 Global Memory 中分别开辟空间，用于进行显存和内存的数据交换；（3）在显存和内存之间拷贝数据（包括地震动数据、建筑参数和分析结果等）；（4）管理和分配 GPU 资源，调用 GPU 核心函数进行计算；（5）输出结果。

GPU 任务：（1）在显存中开辟空间用于存放临时数据；（2）读取每座建筑数据和地震动参数，并行进行非线性时程分析，并将分析结果写在事先分配好用于数据传递的显存中；（3）采用中心差分法求解动力方程（为了避免收敛性问题），采用经典 Rayleigh 阻尼矩阵计算。

CPU-GPU 通信方式：（1）采用 CUDA 提供的"cudaMemcpy（）"函数进行 CPU 和 GPU 之间的数据拷贝；（2）仅在计算开始前和结束后进行通信，减小通信延迟。

3.2.2.4　后处理模块

在获得区域建筑震害计算结果之后，为了使震害结果能够更加直观、明确地展示出来，需要引入后处理模块。后处理模块采用虚拟现实技术，通过 GIS 数据库获取结构的外观信息，将结构分析计算模块的分析结果采用震害三维展示的形式展现出来。图 3.2-4 为后处理模块的流程图，三维渲染采用 OSG 引擎。该部分详细内容可见本书第 6.2 节。

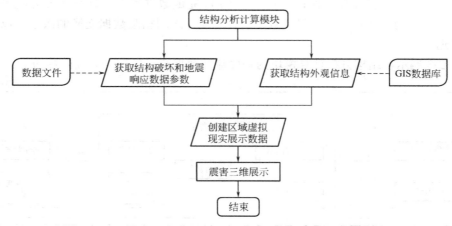

图 3.2-4　后处理模块流程图

依照上述程序架构，编制完成基于 GPU 技术的城市区域一般建筑震害模拟软件包，下面将对其效率和计算结果进行分析。

3.2.3　案例测试

为了测定 GPU 技术的加速效果，结构分析计算模块分别编制了 GPU 版本和 CPU 版本。CPU 版本的所有计算方法与 GPU 版本相同，仅在进行时程分析时，直接在主机 CPU 线程上进行，没有拷贝数据到显存，以及调用 GPU 进行计算的过程。本小节将对两个版本的结构分析计算模块的性能进行比较。

3.2.3.1　测试算例说明

（1）样本区域建筑总数为 1024 座，抗震设防等级为 Moderate-Code，层数和结构类型为随机生成，见表 3.2-1。

性能测试中样本建筑参数　　　　　　　　　　　　　表 3.2-1

结构类型	类型描述	楼层范围	建筑数量
W1	木结构	1～2	51
S1L	低层钢框架结构	1～3	43
S1M	多层钢框架结构	4～7	55
S1H	高层钢框架结构	8～10	83
S3	轻钢结构	所有	54
C1M	低层 RC 框架结构	1～3	55
C1M	多层 RC 框架结构	4～7	58
C1H	高层 RC 框架结构	8～10	52
C2L	低层 RC 剪力墙结构	1～3	68
C2M	多层 RC 剪力墙结构	4～7	52
C2H	高层 RC 剪力墙结构	8～10	69
C3L	低层带砌体填充墙 RC 框架结构	1～3	51

续表

结构类型	类型描述	楼层范围	建筑数量
C3M	多层带砌体填充墙 RC 框架结构	4~7	34
C3H	高层带砌体填充墙 RC 框架结构	8~10	49
RM2L	低层配筋砌体结构	1~3	51
RM2M	多层配筋砌体结构	4~7	57
RM2H	高层配筋砌体结构	8~10	47
URML	低层无配筋砌体结构	1~2	50
URMM	多层无配筋砌体结构	3~7	45
总计			1024

（2）测试选用的地震动记录选取的是 1940 年的 El Centro 波。值得注意的是，这仅仅是进行效率测试所选用的地震波。由于结构的非线性动力响应与输入的地震动特性相关性较大，因此在进行实例分析时，应采用可信的方法合理选择地震动之后进行计算。

（3）地震动记录峰值加速度（PGA）被归一化为 $200\mathrm{cm/s}^2$（相当于我国 8 度中震水平）。在该 PGA 下，超过一半的房屋都进入了非线性阶段。由于非线性时程分析采用中心差分法进行计算，因此不同大小的 PGA 并不会显著影响计算耗时。

（4）分析时间长度为 40s，分析步数为 8000 步。

（5）为了避免硬盘的读写速度对于测试结果的影响，数据读入和写出的时间并未算在计算耗时内。

3.2.3.2　测试平台

CPU 平台和 GPU/CPU 协同计算平台的配置见表 3.2-2。

对比测试采用的计算平台　　　　　　　　　　表 3.2-2

平台	硬件部分	编译器
CPU 计算平台	Intel Core i3 530 @2.93GHz & DDR3 4G 1333MHz	Microsoft Visual C++ 2008 SP1.
GPU/CPU 协同计算平台	Intel Celeron E3200 @ 2.4GHz & NVIDIA GeForce GTX 460 1GB	Microsoft Visual C++ 2008 SP1 & CUDA 4.2

两个平台在购置时拥有相近的价格（2011 年），因此，采用这两个平台计算可以比较两种计算方法的性价比。

3.2.3.3　性能测试结果

1. 单体建筑震害分析性能测试

首先，为了验证 CPU 和 GPU 的单核计算能力，本小节采用 GPU/CPU 协同计算平台和 CPU 计算平台分别对 1024 座建筑逐个进行非线性时程分析。其平均计算用时和楼层数目的关系如图 3.2-5 所示。可以看出，对于单体建筑分析来说，采用 GPU/CPU 协同计算平台的计算用时远大于 CPU 平台的计算时间。这是由于 GPU 的单核计算能力相对弱于 CPU 造成的。对于一座 10 层建筑，如果采用 GPU/CPU 协同计算平台进行分析，单精度浮点数模式下需要计算 5s，双精度浮点数模式下需要计算 8s。与此相对，采用 CPU 平台进行建筑单体分析时，单精度和双精度的计算耗时基本相同，双精度模式下略快于单精度模式。产生这种现象的主要原因，是因为该 CPU 平台是 64 位架构的，因此它的默认浮点数计算精度为双精度模式。如若进行单精度浮点计算，则需要进行转换，从而造成了额外的时间消耗。

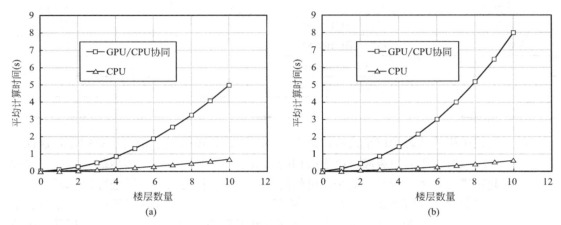

图 3.2-5　单体建筑平均计算时间与楼层数的关系
（a）单精度浮点数；（b）双精度浮点数

2. GPU 块划分测试

为了得到最适合进行分析的 GPU 参数设置，本小节对不同块线程数量划分下 GPU/CPU 协同计算程序的效率进行了测试。测试采用 1024 座建筑并行计算，结果如图 3.2-6 所示。当 GPU 的块线程数量设置为 32 时，程序可以获得其最高效率。其原因如下：

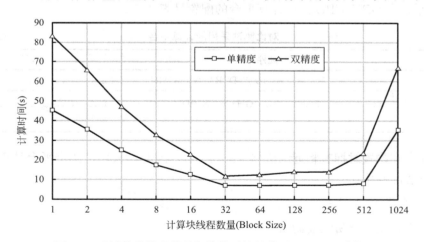

图 3.2-6　计算块线程数量与计算时间的关系（1024 座建筑）

当块线程数量小于 32 时，程序效率较低，这主要是由 CUDA 架构所决定的。当采用 CUDA 进行并行计算时，同一个块内每 32 条线程会构成一个"warp"，而同一条计算指令只能在一个 warp 内实现无延迟并行。由于 warp 不能跨块分配，因此当块线程数量小于 32 时，warp 内线程数小于 32，warp 数量上升，造成 GPU 计算资源浪费，从而导致计算效率下降。

当块线程数量大于 32，且越来越大时，程序效率也会下降，这是由寄存器（register）限制导致的。寄存器是 GPU 上读写速度最快的存储单元，有着高带宽和低延迟，使用寄存器进行读写可以充分利用 GPU 的极限性能。在 GPU/CPU 协同计算程序中，并行计算采用粗粒度方法，因此每条线程均需要许多私有变量。如果一条线程可以分配的寄存器数量越多，那么这些私有变量的读写就越快，从而使程序效率提高。在本测试所采用的 GPU 型号中，一个块可以分配到 32 k 个 32 位寄存器（相当于 32768 个单精度浮点数或 16384 个双精度浮点数），而一个线程最多能使用的寄存器数量为 63。因此，当块线程数量在单精度计算下大于 520（或在双精度下大于 260）时，每条线程所能分配到的寄存器数量就会下降，从而导致并行计算效率下降。

3. GPU 并行加速测试

为了验证 GPU/CPU 协同计算程序的加速效率，本小节对两个程序进行了效率测试（计算块线程数量取为 32）。计算耗时与计算建筑数量的关系如图 3.2-7 所示。可以看出，CPU 程序的曲线基本上为一条直线，表明计算时间与计算建筑数量基本呈线性关系。这与 CPU 单线程的线性计算理论相吻合。相反，GPU/CPU 协同计算程序的计算时间受最长计算时间的线程所控制。这说明该程序很好地隐藏了线程间的计算延迟。此外，在双精度浮点数模式下，曲线有一些小的抖动。这是由于本测试采用的 GTX460 显卡上，双精度浮点运算是由 Special Function Unit（SFU）进行的，其数量是其他 CUDA 核心数量的 1/6。由于计算核心数量下降，导致线程间计算延迟不能很好地被隐藏。然而，这种影响在 NVIDIA 同世代的专业计算 GPU——Tesla 系列上将不会出现。虽然同样是基于 Fermi 架构，Tesla 的双精度浮点数运算是直接在 CUDA 核心上进行的，延迟也能够很好地被隐藏。

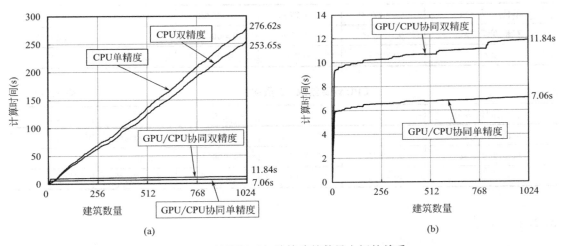

图 3.2-7　计算耗时与计算建筑数量之间的关系

(a) GPU/CPU 协同计算和仅 CPU 计算；(b) 仅 GPU/CPU 协同计算

图 3.2-8 表示了在不同计算建筑数量下，GPU/CPU 协同计算相对于 CPU 计算的加速比。当计算 1024 座建筑时，单精度模式下采用 GPU/CPU 协同计算的加速比可达到 39 倍；即使是双精度模式下，加速比仍然达到了 21 倍。这说明，GPU 很适合进行大规模并

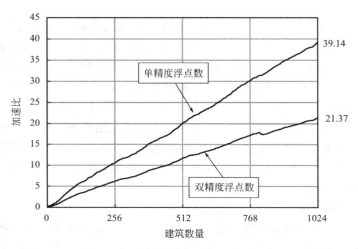

图 3.2-8　GPU/CPU 协同计算加速比（相对于仅 CPU 计算）

行非线性时程分析。

4. 计算结果对比

表 3.2-3 和表 3.2-4 分别表示了对于同一座 5 层钢框架结构，GPU/CPU 协同计算和仅 CPU 计算的分析结果。从最大层间位移角计算结果可以看出，无论采用 CPU 平台还是 GPU/CPU 协同计算平台，单精度浮点数模式与双精度浮点数模式的计算误差都不大于 0.1%，完全在区域震害计算的可接受范围内。

GPU/CPU 协同计算结果（5 层钢框架结构）　　　　　　　　　表 3.2-3

最大层间位移角	1层	2层	3层	4层	5层
单精度浮点数	0.006203	0.007796	0.006722	0.005461	0.002684
双精度浮点数	0.006204	0.007799	0.006722	0.005466	0.002683
偏差	0.01%	0.03%	0.00%	0.08%	0.05%

CPU 计算结果（5 层钢框架结构）　　　　　　　　　　　表 3.2-4

最大层间位移角	1层	2层	3层	4层	5层
单精度浮点数	0.006204	0.007798	0.006723	0.005465	0.002684
双精度浮点数	0.006204	0.007799	0.006722	0.005466	0.002683
偏差	0.00%	0.01%	0.01%	0.01%	0.01%

3.2.4　小结

本小节对 GPU/CPU 协同计算程序进行了效率和结果测试，测试结论如下：

（1）对于本小节采用的粗粒度 GPU/CPU 协同计算程序，CUDA 的计算块线程数取 32 为最佳。此时程序可以获得最高性能，因为线程间计算延迟能够被很好地被隐藏，同时寄存器可以获得最大限度的利用。

（2）采用 GPU/CPU 协同计算程序的性能可以最多达到同价格下 CPU 平台的 39 倍，

说明采用 GPU 进行城市区域震害模拟的性价比非常可观。

（3）对于本小节采用的 GPU/CPU 协同计算程序来说，采用单精度浮点数模式计算要比双精度浮点数模式快 60%，但其与双精度浮点数的计算误差仅有不到 0.1%，完全在城市区域震害模拟的精度可接受范围内。此外，采用双精度浮点数计算消耗的显存会更多（是单精度浮点数的两倍）。因此，推荐采用单精度浮点数模式进行计算，可以在可接受的精度范围内获得更高性能。

3.3　基于 GPU 集群的城市震害分布式计算

3.3.1　背景

在城市建筑震害模拟中，采用多尺度结构分析模型是非常必要的。这是因为如果所有建筑都采用精细尺度模型，整个区域建筑震害模拟的建模工作量以及计算量都是不可接受的。但如果都采用粗尺度的模型，由于模拟精度低，一些重要建筑，例如医院、桥梁，将无法得到精确的震害结果，难以用于城市关键节点的评估。因此，在城市建筑震害模拟中，对于重要或特殊建筑，建议采用精细尺度模型，如分层壳模型、纤维梁模型等；对于一般建筑，采用中等尺度模型，如多自由度剪切层模型或非线性弯剪耦合模型。

然而，由于城市的建筑数量非常庞大，多尺度的城市震害模拟也依然面临海量计算的难题。为此，本小节提出了一个基于 GPU 和分布式计算的解决方案，即采用 GPU 并行计算提升每台单机中震害模拟的效率；采用分布式计算，通过多台联网的计算机来解决庞大计算规模的难题。

GPU 是一种低成本但高性能的计算手段，可以通过粗颗粒度并行方式显著提升中等尺度模型的震害分析的效率。同时，GPU 也可以通过细颗粒度并行方式来加速有限元求解过程中的矩阵运算，如特征值求解、线性方程组求解等。分布式计算是一种灵活的计算手段，它可以根据问题的规模来调用所需的计算资源。很多研究表明，当计算资源充足时，分布式计算常用于解决大规模计算问题。故本小节将采用基于 GPU 集群的分布式计算来解决城市区域海量建筑所带来的大规模计算问题。

本小节首先介绍了所提出的基于 GPU 集群的多尺度城市建筑震害模拟的分布式计算框架；然后，围绕该框架的关键问题，也就是不同尺度模型在分布式计算中的荷载均衡策略加以详细讨论，并详细阐述了多尺度区域建筑震害模拟的分布式计算框架的具体实现方法；最后，结合一个虚拟大城市的震害算例，展示所提出的分布式计算框架的效率。

3.3.2　计算框架

多尺度城市建筑震害模拟的分布式计算框架包括三个模块：输入、计算和输出，如图 3.3-1 所示。输入模块包括精细尺度模型和中等尺度模型，分别对应重要或特殊建筑和一般建筑。无论哪种尺度，每个模型的模拟都被认为是一个计算任务。所有计算任务通过计算模块进行模拟，最终由输出模块给出模拟结果。

计算模块使用一组配有 GPU 的计算机，也就是 GPU 集群。这些计算机可以被分为一个主机和若干从机，主机负责给每一个从机分配计算任务，而从机负责执行具体的计算任

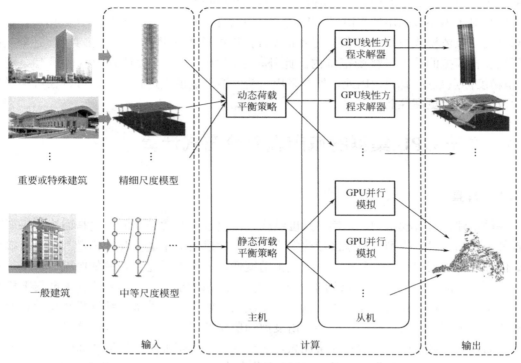

图 3.3-1　多尺度区域建筑震害模拟的分布式计算框架

务。为了使分配任务的大小和从机的计算能力相匹配，主机所采取的荷载平衡策略非常重要。

由于精细尺度模型和中等尺度模型计算量差异巨大，它们的荷载平衡策略也存在很大差异，需要分别设计。荷载平衡策略分为静态荷载平衡策略和动态荷载平衡策略，主要区别在于计算前分配好任务还是在计算过程中逐步分配任务。静态荷载平衡策略比较简单，但是需要在事先较为准确地评估任务的荷载量，如果荷载量不容易评估，则可以采用动态荷载平衡策略。精细尺度模型的计算荷载量事先难以准确估计，在此采用动态平衡策略；而中等尺度模型比较简单，容易评估计算荷载量，采用静态平衡策略。

为实现所提出的荷载平衡策略，本小节的分布式计算框架采用了一个开源的分布式计算管理平台 HTCondor。此外，每一个从机都将使用 GPU 来加速计算。对于精细尺度模拟，采用基于 GPU 的线性方程求解器；对于中等尺度模拟，采用基于 GPU 的粗颗粒度并行计算方法。

本计算框架的实施还依赖一些软硬件条件。在软件上，将开源的 OpenSees 作为精细尺度模拟平台。一方面，OpenSees 是免费的，分布式模拟需要安装大量有限元软件的计算机，免费的 OpenSees 将极大地节省成本；另一方面，OpenSees 也非常容易结合 GPU 版本的求解器，降低了开发难度。在硬件上，所使用的 GPU 必须支持 CUDA。CUDA 是广泛使用的 GPU 开发平台，NVIDIA 的主流显卡都支持 CUDA，因此这样的硬件条件比较容易满足。

3.3.3　计算方法

在本小节中，区域地震模拟包含两个不同尺度的模型。它们使用不同的计算工具，需要不同的负载平衡策略。下面详细描述了相关的负载平衡策略及对应计算方法。

3.3.3.1　精细尺度模拟的荷载均衡策略

对于精细尺度模型，使用 OpenSees 对建筑结构进行模拟[3]。一般来说，精细模型涉及结构的详细建模，并产生很大的刚度和质量矩阵。在这种模型的隐式非线性时程分析中，求解矩阵的线性方程组需要花费大量的计算时间。

图 3.3-2 表示线性方程解算器在配备 GPU 从机上的实现。表示矩阵系统为 $Ax = b$，其中 A 表示系统矩阵，b 和 x 分别为右侧常向量和解向量。由于从计算机的主存储器读取数据远慢于在 GPU 内读取数据[4]，第一步是将组装好的系统矩阵 A 和向量 b 复制到 GPU，以便在 GPU 内执行整个解决过程，包括预处理。然后，解向量 x 的结果返回给计算机，继续后续的模拟。

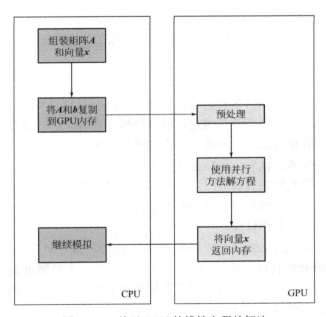

图 3.3-2　基于 GPU 的线性方程的解法

为了便于并行化，GPU 计算通常采用共轭梯度（CG）、Bi-CG 和 GMRES 等迭代方法。由于开源稀疏线性代数计算库 CUSP 库[5] 提供了 CG、Bi-CG 和 GMRES 的 GPU 函数，本小节开发了一个基于 CUSP 的独立动态链接库求解器。这种情况下，求解器本身就可以很容易地修改或更新。在这项研究中，对角预处理被用于迭代求解。通过将 OpenSees 中 LinearSOESolver 类的 setLinearSOE() 函数中的求解器替换为开发的求解器，GPU 将以并行方式求解精细模型的线性方程组。

为了将大量的精细建筑模型分布给从机，本小节提出了一种基于贪婪算法的动态负载平衡策略。假设主机和从机之间的通信时间与精细模型仿真所需的计算时间相比可以忽略不计，在这种情况下，从机的负载状态由 CPU 的负载率来评估。该策略选择计算要求最高的未分配任务，并将其分配给负载最少的从机。为此，建立了两个用于任务分配的堆栈：一个用于跟踪计算任务，另一个用于跟踪从机的负载状态。每次分配之前，都会更新加载状态堆栈，并检查是否有从机可用于接受新任务；如果是，任务堆中需要最多计算资源的任务将分配给负载最低的从机，直到任务堆为空。

如图 3.3-3 所示，动态负载平衡策略的过程包括以下四个基本步骤：

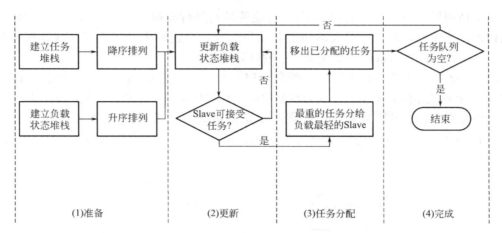

图 3.3-3　动态荷载平衡策略流程图

（1）准备：在将任务分配给从机之前，建立一个由所有要模拟的精细建筑模型组成的任务堆栈。由于自由度的数量通常是对建筑模型分析计算需求的一个很好的估计，因此根据模型的自由度，按其估计的计算负荷根据进行排序。堆栈中的任务按降序排序，堆栈的顶部元素是最复杂的任务。此外，还构建了一个负载状态堆栈，用于记录进行精细建筑模型仿真的所有从机的负载状态（即 CPU 的负载率）。请注意，没有任务分配的计算机通常仍有一些后台系统操作。加载状态堆栈由每个从机后台加载初始化，并以加载最少的从机作为堆栈中的顶部元素按升序排序。

（2）更新：为了使用 OpenSees 模拟精细建筑模型，每个计算任务都会上传到一个GPU。由于每台从机通常只有一个 GPU，所以每台从机一次只能处理一个任务。当一台从机被指派执行一项任务时，该计算机将无法接受新的任务。一旦任何从机的负载状态发生更改，将不断更新负载状态堆栈。

（3）任务分配：对于任务分配，在任务堆栈中的未分配任务中，需要最多计算工作量的最重任务（即自由度最多的任务）被分配给负载状态最低的从机（即 CPU 的负载率）。分配后，从任务堆栈中移除计算任务。

（4）完成：动态任务分配策略一直持续到分配完所有任务并完成所有模拟。

精细建筑模型任务分配的动态负载平衡策略是使用 HTCondor[6] 中定义的命令实现的。如表 3.3-1 所示，动态策略需要有关从机的负载状态和任务队列的信息，以及向从机分配特定任务的能力。每个从机的负载状态和任务队列分别可以通过 HTCondor 的命令 condor_status 和 condor_q 获得。其中，任务队列用于指示从机是否可用。任务分配是使用 HTCondor 中的 Input 和 Requirements 命令发出的。使用 Input 命令将不同的结构模型定义为相应任务的输入，以建立结构模型与任务之间的关系。使用 Requirements 命令来定义与指定任务相对应的从机的名称，以便可以将任务提交给特定的从机。此外，主机和从机之间的文件传输通过命令 transfer_input_files 和 transfer_output_files 来执行。具体来说，transfer_input_files 命令将模型文件传输到从机，而 transfer_output_files 命令将仿真结果传输回主机。

动态负载平衡策略的过程　　　　　　　　　　　　　　表 3.3-1

动态平衡策略的步骤	需要的功能	HTConder 的命令
(1)准备	初始化任务堆	condor_status,提供每个从机 CPU 的负载率
(2)更新	更新任务堆	condor_status,提供每个从机 CPU 的负载率
	检查从机是否可用	condor_q,提供每个从机的任务列表
(3)任务分配	将最重的任务分配给荷载最低的从机	Input,任务输入后定义了结构模型
		Requirements,对给定任务之后相应地定义计算机名称
	模型转换到从机	transfer_input_files,将模型转换给从机
(4)完成	结果转换到主机	transfer_output_files,将结果转换给主机

3.3.3.2　中等尺度模拟的荷载均衡策略

由于中等尺度模型的输入数据非常小，每层大约有 300 字节的数据，并且典型的本地网络速度约为 100Mbps，因此与中等尺度模型的模拟相比，主机和从机之间的数据通信时间可以忽略不计。此外，应该给有更强大 GPU 的从机分配更多的任务。在 MDOF 模型并行执行之前，预先确定了一种简单的任务分配策略。

对于中等尺度模型，建筑物的响应是逐层计算的，每层的计算是相同的[7,9]。因此，层数可以用来确定中等尺度模型的计算工作量。GPU 的计算能力是通过 GPU 的浮点运算（每秒）来衡量的。将 S_i 表示为第 i 栋楼的层数，C_j 表示为第 j 台从机中 GPU 的计算能力，与所有 n 栋楼要模拟的总层数和带有 m 台从机的模拟平台的总计算能力有关的比率 k 可以计算为：

$$k = \sum_{i=1}^{n} s_i / \sum_{j=1}^{m} C_j \tag{3.3-1}$$

因此，第 j 个从机的理想负载 L_j 从机（即，层数）可以估计为：

$$L_j^{\text{Slave}} = k \cdot C_j , \quad j = 1, 2, 3 \cdots m \tag{3.3-2}$$

随后，根据理想负载 L_j 从机，将中等尺度模型逐一分配给从机。当分配给第 j 个从机的模型的总层数超过 L_j 个从机时，剩余的模型将分配给 $j+1$ 个从机，依此类推。

中等尺度模型的简单静态分配策略是使用 HTCondor[6] 实现的。HTCondor 只需要将分配的任务转给相应的从机。这可以通过指定（1）使用输入命令提交的模型，以及（2）使用需求命令用于时程分析的从机来轻松实现。与前面讨论的动态分配策略类似，两个命令 transfer_input_files 和 transfer_output_files 用于在主机和从机之间传输文件。

3.3.4　案例研究

为了评估区域震害模拟计算框架的性能，以西安、太原两市为例，构建了一个由相似建筑类型组成的虚拟城市。从两市地方政府部门的调查数据中获得建筑物的结构类型、建设年限、建筑高度和层数等信息。虚拟城市由 10 万栋普通建筑和 50 栋高层住宅、大型办公楼等重要或特殊建筑组成。

利用精细模型对重要建筑物进行建模，并根据实际建筑物的设计数据，利用 OpenSees 进行仿真。对多层规则建筑建立中等尺度模型。选取了地面加速度标度峰值（PGA）为 $400 \mathrm{cm/s^2}$ 的 El Centro 地震动记录，对虚拟城市进行了震害模拟。虽然城市中每栋建筑的地震动输入可能会有所不同，并且应该考虑到每个场地的特点和距震中的距离，但本小节只关注模拟框架的计算效率，因此假设所有建筑的地震动相同。

本小节所采用的计算系统包括一台主机和七台从机，它们以 100Mbps 网络带宽相连接。计算机的硬件配置（每个计算机都配备一个 GPU）如表 3.3-2 所示。在七台从机中，从机 1 和从机 2 的 CPU 和 GPU 都是最强大的。具体地说，从机 1 的 CPU 和 GPU 在 FLOPS 性能方面分别比最弱的从机 7 快 4.5 倍和 5.9 倍。

			计算框架的硬件配置 表 3.3-2
类型	CPU	GPU	内存容量/硬盘容量
主机	Intel Core2 Q8200,2.33GHz,4 cores	Quadro FX 3800,192 cores,1GB	4GB/640GB
从机 1、2	Intel Xeon E5-2620V2,2.1GHz,6 cores	GeForce GTX Titan X,3072 cores,12GB	32GB/1TB
从机 3	Intel i7 4770K,3.5GHz,4 cores	GeForce GTX Titan,2688 cores,6GB	32GB/1TB
从机 4	Pentium Dual-core E5400,2.7GHz,2 cores	GeForce GTX 480,480 cores,1.5GB	8GB/1TB
从机 5～7	Pentium G630,2.7GHz,2 cores	GeForce GTX 750,512 cores,2GB	8GB/500GB

图 3.3-4　一栋高层建筑的精细模型

3.3.4.1　精细尺度模拟

我们首先评估了用 OpenSees 实现的 CUSP 库提供的（对角线）预处理 CG 求解器的有效性。如图 3.3-4 所示，在 OpenSees 上模拟一栋由 23024 个纤维梁单元和 16032 个多层壳单元组成的 43 层 141.8m 高的建筑，共 23945 个节点和 143549 个自由度。OpenSees 中目前有七个线性方程求解器，Sparse-SYM 作为这种情况下的直接求解器具有最高的效率[10]。如图 3.3-5 所示获得了良好的一致性。

使用从机 1，使用基于 GPU 的迭代解算器的计算时间仅需 11h，比使用直接求解器 SparseSYM（使用 RCM 排序以最小化带宽）的模拟快 15 倍，后者在同一台计算机上的 CPU 上运行需要 168h。

采用分布式计算框架对 50 个精细建筑模型进行了抗震性能模拟，自由度范围为 5672～143549。图 3.3-6 显示了使用不同数量从机的所有 50 个建筑模型所需的总模拟时间。使用一台从机（从机 1）的所有 50 个模型的总模拟时间使用基于 GPU 的解算器大约需要 168h。随着从机数量的增加，仿真时间减少。由于从机 1～3 的计算能力相对较强，在三台从机之间分布计算时，可以观察到计算时间明显下降。当使用从机 4～7

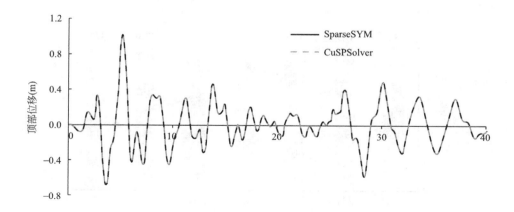

图 3.3-5　两种平台顶部位移时程的比较

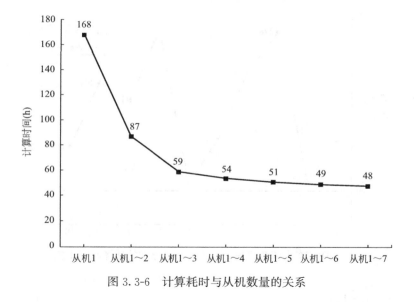

图 3.3-6　计算耗时与从机数量的关系

（其中从机 7 最弱）时，虽然总的模拟时间缩短了，但是在计算效率上的提高没有很突出。当七台从机同时使用时，总仿真时间减少到 48h 左右，与最快的从机相比，效率提高了 3.5 倍。

　　采用动态负载平衡策略，根据计算资源的能力分配计算任务。如图 3.3-7 所示，用于模拟 50 栋建筑的所有从机的计算时间大致相同。如图 3.3-8 所示，如果随机分配计算任务（无负载平衡），则总计算时间会有很大的变化；在图 3.3-8 所示的 10 个模拟研究中，总模拟时间可以在 58～280h 之间变化。该实例证明了本小节所提出的动态负载平衡策略在高精度分布式计算中的优势和有效性。

3.3.4.2　中等尺度模拟

　　对 10 万栋 1～22 层的规则建筑，采用中等尺度模拟。首先，评估基于 GPU 的中等尺度模型计算方法的有效性。图 3.3-9 比较了使用从机 1 的 CPU 和 GPU 分别计算 10000 到 100000 个建筑震害的效率。使用 GPU 在从机 1 上模拟 100000 建筑震害只需要 731s，而

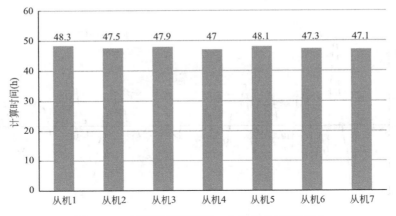

图 3.3-7 精细尺度模拟每一个从机的计算时间

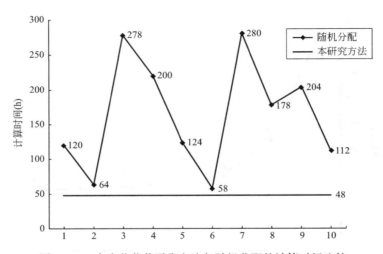

图 3.3-8 本小节荷载平衡方法与随机分配的计算时间比较

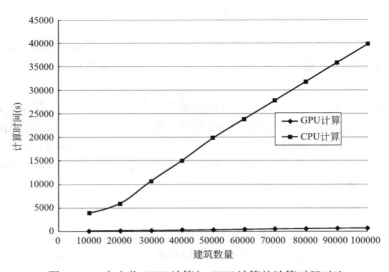

图 3.3-9 本小节 GPU 计算与 CPU 计算的计算时间对比

使用同一台计算机的 CPU 则需 39480s（约 11h），效率提高了 54.5 倍，这清楚地显示了 GPU 计算的优势。

然后，采用静态负载平衡策略，根据 GPU 的 FLOPS 性能值，将 100000 个中等尺度模块分配给 7 台从机。这 10 万栋建筑的分布式仿真计算总时间仅需 123s。与使用配有最好 GPU 的从机 1 的 731s 相比，分布式仿真进一步提高了近 6 倍的效率。在任务分配的过程中，工作负载按照 GPU 的能力成比例分配。如图 3.3-10 所示，更多的层数被分配给具有更强大 GPU 的从机。因此，所有从机的计算时间大致相同，这也表明了所提出的静态负载平衡策略对于中等尺度震害模拟的分布式计算是有效的。

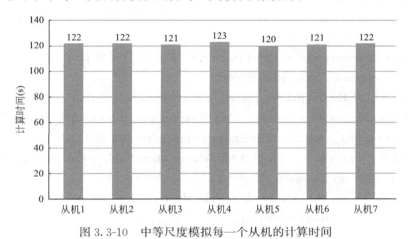

图 3.3-10　中等尺度模拟每一个从机的计算时间

3.3.4.3　模拟结果

使用本小节的分布式计算框架，可以在合理的时间内模拟成百上千个建筑模型的非线性时程分析。例如，一个由 50 栋重要和特殊建筑和 10 万栋普通建筑组成的虚拟城市，大约 48h 就能模拟出来。如果没有分布式计算和 GPU 计算，即使使用性能最强的从机，总的模拟时间也将超过 2500h。因此，分布式计算框架相比单机计算提升了近 52 倍的效率。如果单机计算没有使用 GPU 的话，本方法的加速比将会达到数百倍。而且，如果投入更多的从机，则可以进一步减少计算时间。

3.3.5　小结

本小节提出了一个针对区域建筑震害多尺度模拟的 GPU 集群分布式计算框架，并且模拟一个虚拟大城市的震害，得到的结论如下：

（1）所提出的荷载均衡策略可以很好地匹配任务和计算资源，进而保证了分布式模拟的高效性。

（2）本小节所提出的计算框架是低成本、高性能、灵活的，为多尺度区域震害模拟提供了重要的计算手段。

参考文献

[1]　HORI M，ICHIMURA T. Current state of integrated earthquake simulation for

earthquake hazard and disaster [J]. Journal of Seismology，2008，12（2）：307-321.

[2] WIJERATHNE M L L，HORI M，KABEYAZAWA T，et al. Strengthening of parallel computation performance of integrated earthquake simulation [J]. Journal of Computing in Civil Engineering，2013，27（5）：570-573.

[3] OpenSees. OpenSees ［EB/OL］.（2020-06-10）［2020-06-20］. http：//opensees. berkeley. edu.

[4] NVIDIA. CUDA Programming Guide ［EB/OL］.（2019-11-28）［2020-06-20］. http：//docs. nvidia. com/cuda.

[5] CuSPSolver. Cusp ［EB/OL］.（2014-09-28）［2020-06-20］. http：//opensees. berkeley. edu/wiki/index. php/Cusp.

[6] HTCondor. Commputing with HTCondor ［EB/OL］.（2013-12-12）［2020-06-20］. http：//research. cs. wisc. edu/htcondor.

[7] LU X Z，HAN B，HORI M，et al. A coarse-grained parallel approach for seismic damage simulations of urban areas based on refined models and GPU/CPU cooperative computing [J]. Advanced in Engineering Software，2014，70：90-103.

[8] NICKOLLS J，BUCK I，GARLAND M，et al. Scalable parallel programming with CUDA [J]. Queue，2008，6（2）：40-53.

[9] Xu Z，LU X Z，GUAN H，et al. Seismic damage simulation in urban areas based on a high-fidelity structural model and a physics engine [J]. Natural Hazards，2014，71（3）：1679-1693.

[10] LU X Z，XIE L L，GUAN H，et al. A shear wall element for nonlinear seismic analysis of super-tall buildings using OpenSees [J]. Finite Elements in Analysis and Desgin，2015，98：14-25.

第4章　城市地震次生火灾情景仿真

4.1　概述

地震不仅本身具有很大的破坏性，它所引发的次生灾害也十分严重，例如次生火灾、滑坡、坠物[1] 等。其中，地震次生火灾是造成人员死亡最严重的次生灾害之一。在一些地震中，地震次生火灾引起的后果甚至比地震直接导致的后果更严重。例如，1906 年旧金山地震和 1923 年日本东京地震造成了 20 世纪和平时期最大的城市火灾[2,3]。具体而言，1906 年旧金山地震导致大范围次生火灾，大火造成的房屋破坏占总破坏的 80%；而 1923 年日本东京地震次生火灾造成了约 14 万人的死亡和 44.7 万幢房屋破坏，东京市区被烧毁了约 2/3，次生火灾导致的经济损失占总损失的 77%。因此，地震次生火灾问题需要引起高度重视。

从 20 世纪 50 年代开始，各国研究者相继发展了地震次生火灾模型。Lee 等[4] 对 2008 年以前的次生火灾模型进行了细致的综述。次生火灾模型主要包含两部分内容，即 (1) 起火模型，模拟某地震强度下给定小区内起火建筑数量；(2) 蔓延模型，模拟火灾在建筑室内和建筑间的蔓延发展。绝大多数起火模型（如 Lee 等[4] 中提到的所有 15 个起火模型）采用的是回归方法，根据历史震后起火记录，回归出地震强度指标（如 PGA）和起火建筑数量之间的函数关系。蔓延模型则有从经验模型向基于物理定律的物理模型发展的趋势[4]。

2008 年以来，次生火灾模型又有新的发展：

起火模型方面，Davidson 等[5] 和 Anderson 等[6] 采用了新的统计方法，如广义线性模型，且在回归模型中考虑了更多变量而不仅是 PGA；Zolfaghari 等[7] 和 Yildiz 等[8] 建立了建筑起火概率的事件树模型，根据建筑震后水电系统、燃气管道、家具电器等的破坏情况，计算建筑的起火概率，相比回归模型更微观地考虑了建筑本身特性。

蔓延模型方面，新西兰 Cousins 等[9] 和 Thomas 等[10] 在已有研究工作基础上，发展了元胞自动机模型和静态 burn-zone 模型，并应用于 1995 年日本阪神地震次生火灾模拟和新西兰惠灵顿的地震次生火灾预测；美国 Lee 等[11] 提出了一个新的火灾蔓延物理模型，该模型考虑了室内火灾蔓延和建筑间蔓延，并区分了屋顶着火和房间内着火的不同特点，该模型被应用于洛杉矶某区域地震次生火灾[12] 和 2007 年加利福尼亚州草谷（Grass Valley）火灾模拟[13]；我国 Zhao[14] 在 Himoto 等[15,16] 的基础上进行了一定的简化和发展，提出了一个基于地理信息系统（GIS）的地震次生火灾模型；日本的 Himoto 和 Tanaka 同样基于以前的研究工作[15,16]，整理和发展了基于物理模型的城市建筑火灾蔓延模型[17]，并对该模型进行了更进一步地完善，用于模拟地震次生火灾[16]，且 Himoto[16] 的模型细致考虑了地震动和火灾对房屋造成的破坏及其对火灾蔓延的影响。

尽管次生火灾模型经历了上述发展，但现有模型仍然存在一些局限性。例如：

（1）现有的蔓延模型中较少考虑房屋震害对火灾蔓延的影响。地震可能导致建筑墙体损坏、消防设施受损、电气设备破坏等，从而对火灾蔓延产生较大影响，但现有模型一般未作考虑。Himoto 等[16] 的模型在这方面有较大完善，但文中算例区域的建筑震害是随机指定的，并未对如何模拟建筑震害作进一步讨论。

（2）当前建筑群火灾蔓延模拟主要考虑二维水平蔓延，而忽略地面高程的影响，难以适用于地面高程变化明显的建筑群。

（3）现有模型较少涉及城市建筑群火灾蔓延的高真实感展示，并且起火模型难以较准确地判断具体起火位置。地震次生火灾研究的一个重要应用对象就是辅助震后救援与对策。由于政府管理部门或消防部门可能不具备专业的地震工程知识，因此一个高真实感的火灾场景模拟对非专业人员理解和掌握火灾蔓延情况非常必要。现有模型通常在二维 GIS 平台或其他三维平台中展示火灾蔓延效果，但并未关注火光、烟气等提高火灾蔓延场景真实感的因素，限制了这些模型被非专业人员使用。起火回归模型通常只给出了某个地震强度下的起火数量 N，而对于起火位置，一般随机选定或者由用户指定。Ren 等[18] 提出了一个基于建筑震害水平的起火概率预测方法，并将起火概率最高的 N 个建筑设为起火建筑，为具体起火位置的判断提供了依据，但该研究中并未给出建筑震害的确定方法。

本章针对单体—区域两个尺度，分别提出城市地震次生火灾情景仿真技术，为城市防灾减灾提供了重要技术支撑，具体架构及主要内容如下：

4.2 节为基于 BIM 的建筑单体地震次生火灾情景仿真。针对现阶段次生火灾未考虑自动喷淋系统震损情况这一问题，从而提出一套考虑自动喷淋系统震害的建筑地震次生火灾模拟方法，具体包括：设计了基于 BIM 的喷淋系统火灾数值模型建模方法，解决喷淋系统的精细化建模问题；设计了基于 FEMA P-58 和层模型的喷淋构件震害评价方法，可以快速给出合理的喷淋构件破坏概率；在此基础上，建立了喷淋系统灭火性能的震害评价模型，解决了由构件震害到网络震害、有震害到灭火性能的映射难题。

4.3 节为考虑高程的城市火灾情景仿真物理模型。针对当前建筑群火灾蔓延模拟主要考虑二维水平蔓延，而忽略地面高程的影响的问题，该节在改进二维热辐射与热羽流模型的基础上，建立建筑群火灾三维蔓延模型。通过与精细计算流体力学模型对比，验证三维蔓延模型的合理性。将模型应用于云南独克宗古城火灾和贵州温泉村火灾，与火灾实际蔓延范围和二维蔓延模拟结果的对照表明：三维模型蔓延结果比二维蔓延结果更加接近实际火灾蔓延范围。

4.3 节为基于物理模型和 GIS 的城市地震次生火灾情景仿真。针对现有火灾蔓延模型难以较准确判断具体起火位置、较少考虑房屋震害对火灾蔓延的影响、较少涉及城市建筑群火灾蔓延的高真实感展示等问题，该节在现有区域建筑震害预测方法，以及现有次生火灾起火模型和蔓延模型的基础上，提出了考虑建筑震害的地震次生火灾模拟方法和高真实感显示方法，并以我国山西省太原市核心区为例开展了应用。

4.2　基于 BIM 的建筑单体地震次生火灾情景仿真

4.2.1　背景

自动喷淋系统是建筑防火的重要手段。它可以在第一时间灭火，有效阻止火势扩大，在高层建筑、大型公共建筑、人员密集的建筑中被广泛使用。然而，地震会对建筑中自动喷淋系统造成破坏，降低其灭火效果。地震中，建筑结构可能由于很好的抗震设计并未发生严重破坏，但是，自动喷淋系统中的喷头、管道可能因为地震加速度作用发生了破坏。例如 1995 年阪神地震时就出现了自动喷淋系统的破坏情况[19]。这种情况下，建筑一旦发生了地震次生火灾，破坏的自动喷淋系统可能难以阻止火势发展，进而造成严重的财产损失和人员伤亡，加剧灾情。

为了防止上述地震次生火灾产生的严重后果，需要在考虑自动喷淋系统震害情况下模拟次生火灾蔓延情况，从而提出针对性的解决方案。要实现这样的模拟，需要解决三个关键问题：

（1）如何建立精细化的、包含自动喷淋系统的建筑火灾数值模型？自动喷淋系统包含了喷头、管道等多种构件，每种构件都有很多参数（如尺寸、水力、工作条件等），而且在空间上分布复杂。为了真实反映喷淋系统复杂性对建筑火灾蔓延的影响，必须建立精细化的喷淋数值模型。

（2）如何准确、高效地评价自动喷淋系统构件的震害？评价喷淋构件的震害是评估消防喷淋系统震害影响的重要基础。地震对喷淋构件的破坏具有一定随机性，需要建立一种基于已有震害数据和结构计算的评估方法，给出地震下喷淋构件不同震害等级的概率水平。

（3）如何根据构件震害评价自动喷淋系统灭火性能？构件震害与系统震害有很大差别，而且构件震害与喷淋系统灭火性能也需要建立起合理的映射关系，因此，需要建立针对喷淋系统的灭火性能的评价方法，才能反映喷淋系统破坏对火灾蔓延的影响。

针对问题（1），BIM 技术提供了很好的解决手段。当前，主流 BIM 软件，如 Revit、MicroStation，都包含了很多精细化的喷淋系统构件库，可以直接建立精细化的喷淋构件，并集成了详细的属性信息。因此，利用 BIM 软件可以建立包含自动喷淋系统的三维建筑信息模型。该信息模型可以转换为火灾数值模拟的 CFD 模型。在火灾数值模拟方面，由美国技术标准局开发的开源软件 FDS[20] 被广泛采用。PyroSIM 软件提供了是针对 FDS 开发的第三方操作界面，可以将建筑的三维 BIM 模型转换成 FDS 数值模型。但是，Pyro-SIM[21] 解决的只是几何模型的转换，并不能提取大量的参数信息。要建立精细化的喷淋火灾模拟模型，就必须获取相关参数信息。因此，需要建立基于 BIM 的喷淋系统火灾模型的创建方法。

针对问题（2），很多学者进行了理论和实验研究。例如，美国地震工程网络模拟系统（Network for Earthquake Engineering Simulation，NEES）曾进行了针对吊顶和喷淋管道震害性能的全尺寸振动台实验。在已有研究中，美国 FEMA 推出了基于下一代的性能化设计标准 FEMA P-58，为自动喷淋系统构件（如管道、喷头等）提供了大量的易损性关系和基于地震需求参数的震害评估方法[22,23]。在对建筑结构进行地震反应计算的基础上，可以利用 FEMA P-58 的数据和方法，对喷淋系统构件的震害给出定量的概率结果。然而，目前基于 FEMA P-58 的喷淋系统评估应用非常有限。

针对问题（3），现有研究尚没有很好的解决方案。一方面，现有研究的震害评估主要针对喷淋构件，对喷淋系统的研究极少。喷淋系统是典型树状网络，根据参考供水管网或交通上树状网络的研究方法[24,25]，根据节点或网络的破坏，计算整个网络破坏情况。另一方面，现有研究给出了构件震害的评价方法，但是，没有给出震害与自动喷淋系统的灭火性能关系。喷淋灭火性能主要取决于水力学参数。目前，喷淋系统的水力学计算是成熟的，可以分析震害对构件水力学参数的影响（如水头损失等），并通过网络水力学计算得到整个系统的水力学参数。然而，构件震害与网络震害的关系、网络震害与网络灭火性能的关系都需要进行深入的研究。

针对以上问题，本节提出了一套考虑自动喷淋系统震害的建筑地震次生火灾模拟方法。其中，提出了基于 BIM 的喷淋系统火灾数值模型建模方法，解决喷淋系统的精细化建模问题；提出了基于 FEMA P-58 和层模型的喷淋构件震害评价方法，可以快速给出合理的喷淋构件破坏概率；在此基础上，建立了喷淋系统灭火性能的震害评价模型，解决了由构件震害到网络震害、由震害到灭火性能的映射难题。使用本节的方法，对一个 6 层钢筋混凝土宿舍楼震后次生火灾进行了模拟，分析了喷淋的震害对火灾蔓延的影响。

4.2.2 关键方法

4.2.2.1 研究架构

本节提出的考虑喷淋震害的次生火灾模拟方法的架构如图 4.2-1 所示，分为四个步骤：首先，基于 BIM 建立建筑和喷淋的火灾数值模型，并且提取建筑和喷淋的相关信息，以供喷淋系统性能评估使用；其次，根据 FEMA P-58 的方法对喷淋构件的破坏概率进行计算；然后，在构件破坏的基础上，通过水力学计算和网络分析，对整个喷淋系统的灭火性能进行评估，获得最不利的破坏情况；最后，根据所得的喷淋系统破坏情况，对建筑火灾蔓延进行模拟，分析喷淋破坏对火灾蔓延的影响。以上四个步骤详细过程将在后文中介绍。

4.2.2.2 基于 BIM 的精细化建模

本小节提出了一种利用建筑物和喷淋系统的信息模型建立 FDS 模型的建模方法。首先采用 Revit 生成建筑物及其喷淋系统的详细 3D 信息模型，然后采用 FDS 进行火灾模拟。

1. 建立建筑物的 FDS 模型

建筑物的几何数据和材料数据对于火灾模拟是必需的，因为它们可以分别确定建筑物构件火灾蔓延的空间约束和燃烧特性。PyroSim 是 FDS 的预处理程序，用于通过建筑物的信息模型在 FDS 中构造其 3D 模型。具体来说，先将 Revit 中的信息模型导出为 Filmbox（FBX）文件，然后将其导入 PyroSim 以生成 FDS 模型（参见图 4.2-2）。由 PyroSim 转换的这种 FDS 模型保留了建筑物构件的几何形状和标识（ID），但其材料数据在转换中丢失了。为解决这一问题，本小节开发了一个名为 FDS_BUILD 的后处理程序，以基于建筑物构件的 ID 从信息模型中提取材料数据，并将提取的材料数据提供给 FDS 模型。通过

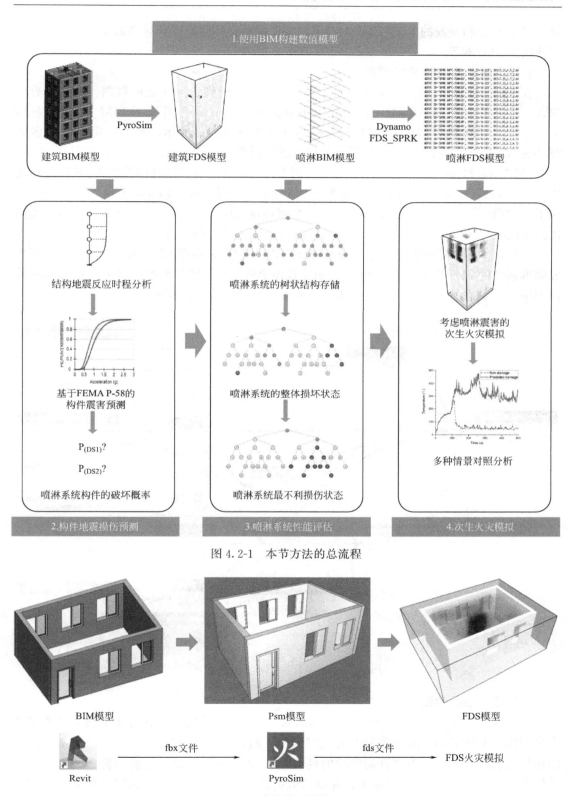

图 4.2-1 本节方法的总流程

图 4.2-2 建筑模型转换示意图

使用 PyroSim 和开发的 FDS_BUILD，可以将保留所有几何数据和材料数据的完整信息模型转换为 FDS 模型。

2. 建立喷淋系统的 FDS 模型

在 FDS 模型中，喷淋系统所需的参数包括：ID、类型、空间坐标数据。这些参数都包含在喷淋系统的 BIM 模型中，因此本小节基于 Dynamo[26] 开发了 BIM_SPRK 程序，来提取所需喷淋模型信息。BIM_SPRK 的框架如图 4.2-3 所示。首先，定义一个名为 "Select Model Elements" 的过滤器函数以过滤不同类型的喷淋系统组件；然后使用 "Element. ID" 和 "FamilyInstance. Location" 两个程序块获得所有喷淋构件的 ID 和位置；使用 "ReferencePoint" 和 "Math" 类将位置值分解为空间坐标（即 x，y 和 z）；最后，使用函数 "Element. SetParameterByName" 生成特定类型组件的 ID 和空间坐标。通过使用 BIM_SPRK 程序，可以提取所有喷淋组件的 ID，类型和空间坐标。

此外，本小节还开发了一个名为 FDS_SPRK 的程序来根据 BIM_SPRK 提取的数据生成喷淋系统的 FDS 模型，并且 FDS_SPRK 程序会将喷淋系统的数据存储在 SQL Server 数据库中[27]，以便于后续利用这些数据计算喷淋系统的整体地震破坏。

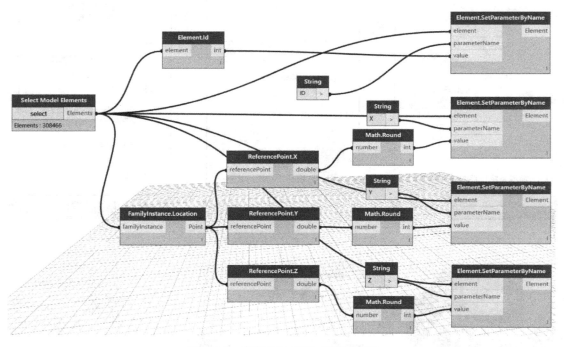

图 4.2-3　本节开发 FDS_SPRK 程序

3. 建模方法的验证

为了验证上文中提出的建模方法，如图 4.2-4 所示，采用一个具有 4 个喷头的典型单人房间作为验证案例。本小节为火灾模拟构建了两个 FDS 模型：一个是使用上文中提出的建模方法构建的（称为"自动生成的模型"），另一个是手动构建的（称为"手动生成的模型"），以确保其中包含准确、完整的数据来完成火灾模拟。在相同条件下，使用这两个模型在 FDS 中模拟火灾蔓延过程，并比较烟气密度和温度这两个重要结果（图 4.2-5），发现两个模型的结果几乎相同。结果之间的细微差异主要归因于 FDS 中计算的随机性，这在火灾模拟中是可以接受的。在完成验证之后，后续将采用文中所提出方法生成的模型用于 FDS 中的火灾模拟。

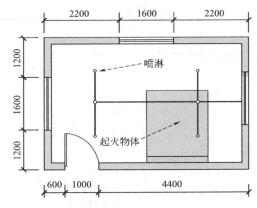

图 4.2-4　典型单人间的平面布局（单位：mm）

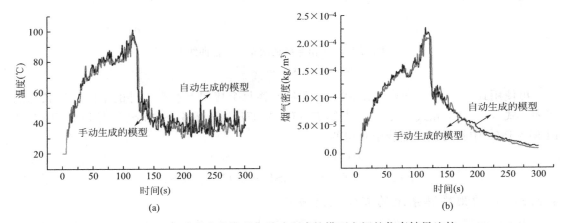

(a)　　　　　　　　　　　　　　　(b)

图 4.2-5　自动生成的模型和手动生成的模型之间的仿真结果比较

(a) 温度曲线；(b) 烟气密度曲线

4.2.2.3　预测每个喷淋组件的地震损坏

根据 FEMA P-58，首先需要对建筑物进行非线性时程分析（THA），以计算峰值楼层加速度（PFA）。随后，利用计算出的 PFA 结合 FEMA P-58 中给出的易损性曲线确定喷淋组件的地震破坏状态的概率。

在使用精细的结构模型[28] 或高计算效率的结构模型[29] 完成建筑物的非线性时程分析方面，已经有了大量的研究工作。在本小节中，将采用精细的结构模型进行 THA，以提供更准确的 PFA。根据 FEMA P-58，喷淋系统的组件可分为两类：喷淋管道和喷头。FEMA P-58 中还提供了这两种类型组件的易损性曲线，图 4.2-6 中显示了两条典型的曲线。FEMA P-58 中为每种组件都定义了两种损坏状态（Damage State）（分别称为 DS1 和 DS2），如表 4.2-1 所示。可以看出管道和喷头在 DS1 状态时流量都有不同程度的损失，而在 DS2 状态时会发生大量泄漏，因此可认为此时完全损坏。

喷淋组件的地震破坏状态		表 4.2-1
	DS1	DS2
喷淋管道	水头损失：2%/20ft	彻底损坏
喷头	水头损失：1%	彻底损坏

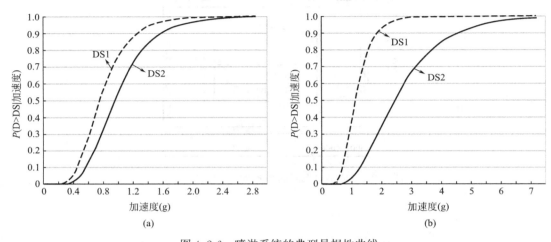

图 4.2-6　喷淋系统的典型易损性曲线

(a) 喷头易损性曲线；(b) 管道易损性曲线

可使用式（4.2-1）和式（4.2-2）计算建筑物每个楼层上每个组件的不同损坏状态的概率。式（4.2-1）和式（4.2-2）中的 P（DS≥DS1）和 P（DS≥DS2）是根据 PFA 从 FEMA P-58 中的易损性曲线中获得的[23]。

$$P(\text{DS2}) = P(\text{DS} \geqslant \text{DS2}) \tag{4.2-1}$$

$$P(\text{DS1}) = P(\text{DS} \geqslant \text{DS1}) - P(\text{DS} \geqslant \text{DS2}) \tag{4.2-2}$$

4.2.2.4　预测喷淋系统的整体地震破坏

为了预测喷淋系统的整体地震破坏，需要解决三个问题：（1）用高效的方法描述喷淋系统；（2）计算喷淋系统总体地震破坏状态；（3）喷淋灭火系统最不利损坏状态的预测。为此，首先建立了描述喷淋系统的树状数据结构。在此基础上，提出了一种基于树结构子节点遍历的喷淋系统总体损伤预测方法。最后，提出了一种基于关键节点（子节点最多的节点）的最不利整体损伤状态确定方法。

（1）喷淋模型的树状存储

因为喷淋系统类似于由节点和连接线组成的树，所以本小节建立树数据结构来有效地描述它。为了将 3D 喷水灭火系统转换为树形结构，将喷头和管道接头等效为节点，而将管道等效为节点之间的连接线，如图 4.2-7 所示。喷头和管道的损坏状态记录在相应的节点中。

在喷淋系统中，损坏的组件（例如管道）将在流入方向上影响所有其他连接组件。识别所有受影响的组件等同于搜索损坏节点的所有子节点，因此本小节设计了一种双 ID 遍历算法来搜索树状结构中的子节点（参见图 4.2-8）。具体来说，每个子节点都存储两种类型的 ID：其自身的 ID 和其双亲的 ID。如果与受损组件相对应的节点的 ID 为 m，则可以

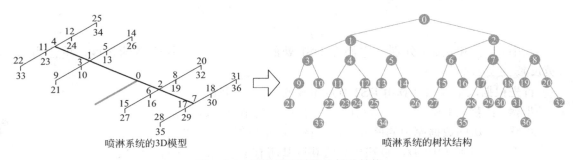

图 4.2-7　喷淋模型转换为树状结构

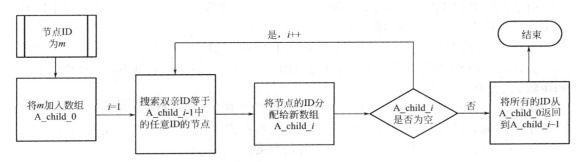

图 4.2-8　搜索子节点的双 ID 遍历算法

通过以下算法找到其所有子节点：

步骤 1：将 m 分配给名为 A_child_0 的新数组，设置 $i=1$。

步骤 2：搜索双亲 ID 等于 A_child_i-1 中的任意 ID 的所有节点，并将这些已标识节点的 ID 分配给新数组 A_child_i。重复步骤 2，直到 A_child_i 为空。

步骤 3：将所有 ID 从 A_child_0 返回到 A_child_i-1。与这些 ID 对应的节点即为节点 m 的所有子节点。

（2）喷淋系统的整体损坏状态

首先，确定喷淋系统中的节点损坏状态，即将不同的损坏状态分配给喷淋系统树状结构中的节点。如果楼层中某个类型的喷淋组件的节点总数为 n，则该楼层节点处于的 DS1 和 DS2 的数量［即式（4.2-3）和式（4.2-4）中的 n_{DS1} 和 n_{DS2}］分别可以根据式（4.2-1）和式（4.2-2）中获得的破坏概率来计算。

$$n_{DS1}=n \times P(DS1) \tag{4.2-3}$$

$$n_{DS2}=n \times P(DS2) \tag{4.2-4}$$

根据 n_{DS1} 和 n_{DS2}，将损坏状态 DS1 和 DS2 随机分配给节点。

对于给定的节点损坏状态，根据子节点的遍历确定喷淋系统的整体损坏状态。如果某个组件状态为 DS2（即它已完全损坏），它将导致其所有流入方向上的连接组件都停止服务，这意味着该节点的所有子节点也为 DS2。如果某个组件状态为 DS1，则该组件及其所有连接组件在流入方向上的流量将减少，这表明该节点的所有子节点也为 DS1。具体而言，如果管道和喷头状态为 DS1，则可以根据式（4.2-5）和式（4.2-6）计算其流量 q_p 和 q_d 的设计值[23]。

$$q_{DS1,p} = q_p \times (1 - 0.02 \times L/20) \qquad (4.2\text{-}5)$$

$$q_{DS1,d} = q_d \times (1 - 0.01) \qquad (4.2\text{-}6)$$

式中 $q_{DS1,p}$ 和 $q_{DS1,d}$ 分别是它们在 DS1 处的流量，L 是受损管道的长度，单位为 ft（英尺）。

首先根据以下算法计算由 DS2 节点生成的整体损坏状态（图 4.2-9）：

步骤 1：获取 DS2 上一个节点的 ID（DS2 上的节点总数为 n_{DS2}）。

步骤 2：访问数据库中的该节点，并将其流量设置为零（即 $q=0$）。

步骤 3：使用文中的双 ID 遍历算法获取其所有子节点的 ID（图 4.2-8）。

步骤 4：将子节点的损坏状态标记为 DS2，并将其流量设为零。

由于 DS2 处的节点总数为 n_{DS2}，因此上述四个步骤将执行 n_{DS2} 次。接下来，基于以下算法计算 DS1 节点生成的整体损坏状态（图 4.2-9）：

步骤 1：获取 DS1 上一个节点的 ID（DS1 上的节点总数为 n_{DS1}）。

步骤 2：检查该节点的流量是否等于零（即 $q=0$?）。如果 $q=0$，则不需要计算，并返回步骤 1；否则，执行步骤 3。

步骤 3：检查与该节点相对应的组件是喷头还是管道。如果是喷头，则根据式（4.2-6）设置 $q=0.99q$，并返回步骤 1；如果是管道，则根据式（4.2-5）设置 $q=q(1-0.02 \times L/20)$，并转到步骤 4。注意，L 表示该管道的长度。

步骤 4：使用文中的双 ID 遍历算法获得该管道的所有子节点的 ID（图 4.2-8）。

步骤 5：访问所有子节点，将其损坏状态标记为 DS1 并设置 $q=q(1-0.02 \times L/20)$。这意味着所有子节点的流量都会减少，因为双亲节点的流量受地震破坏会减少。

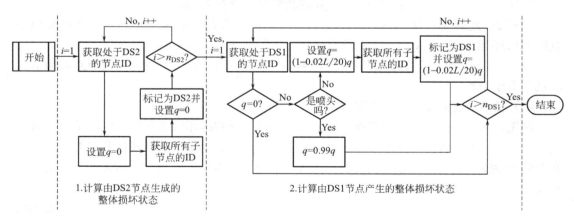

图 4.2-9 确定喷淋系统整体损坏状态的方法

由于 DS1 处的节点总数为 n_{DS1}，因此上述四个步骤将执行 n_{DS1} 次。

通过使用本小节所提出的方法，可以根据节点损坏状态预测喷淋系统的整体损坏状态，二者均在图 4.2-10 中进行了说明。可以看出，图 4.2-10（a）和（b）之间存在明显的差异，因为子节点的损坏状态可能会受到其损坏的双亲节点的影响。

（3）喷淋灭火系统最不利的整体损坏状态

由于各部件节点的损伤状态是随机分配的，相应的喷淋系统整体损伤状态也是随机的。需要确定喷淋系统最严重的总体损坏状态从而进行保守抗震设计。理论上可以采用蒙

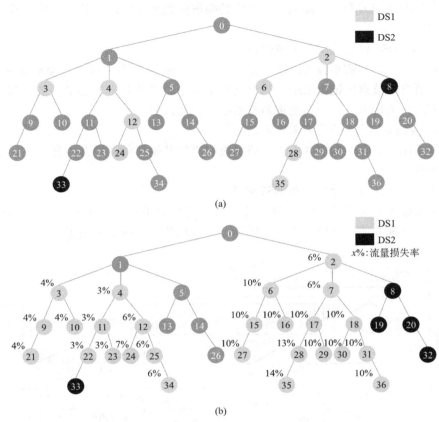

图 4.2-10　节点损坏状态和相应的整体损坏状态
(a) 节点损坏状态；(b) 整体损坏状态

特卡罗方法得到最严重状态，但该方法计算量过大。为此，提出了一种基于子节点最多的关键节点的喷水灭火系统整体最坏破坏状态的计算方法。

喷淋部件的损坏可用流量损失率（表示为 q_{loss}）代表。例如，如果部件处于 DS2 状态，$q_{loss}=100\%$。因此，选择喷淋灭火系统的总 q_{loss} 作为确定最不利整体损坏状态的指标。根据 FEMA P-58，每一层都是预测喷淋构件地震损伤的基本对象，因此，最不利损坏状态需要逐层计算。假设一个建筑物的总层数为 Ns。由于下层的破坏可能导致上层的全部破坏，所以计算应逐步从地面到楼顶逐层进行。

在每个楼层中，最严重的破坏状态优先分配给定义为拥有最多子节点的关键节点，以便能够确定楼层的最严重破坏状态。设 $n_{DS2,p}$ 和 $n_{DS1,p}$ 分别代表一层中 DS2 和 DS1 处的管道数，设 $n_{DS2,d}$ 和 $n_{DS1,d}$ 分别代表一层中 DS2 和 DS1 处的喷头数。本节提出的双 ID 遍历算法用于识别关键节点，利用关键节点确定故事的最严重破坏状态（图 4.2-11）。识别关键节点的方法描述如下：

步骤 1：将 DS2 状态分配到关键管道

如果 $n_{DS2,p}=0$，则没有管道处于 DS2 状态。然后转到步骤 2。如果 $n_{DS2,p}>0$，从未标记的节点中反复确定关键节点，并将它及其所有子节点标记为 DS2。注意，如果具有最多子节点的节点不是唯一的，那么将随机选择其中任何一个作为关键节点。此外，如果一层中所有节点都被标记为 DS2，那么该楼层中的喷淋模型和楼层以上的所有喷淋模型都将被视为完全损坏。

步骤 2：将 DS1 状态分配到关键管道

如果 $n_{DS1,p} = 0$，转到步骤 3；如果 $n_{DS1,p} > 0$，从未标记的节点中反复确定关键节点，并将它及其所有子节点标记为 DS1。如果具有最多子节点的节点不是唯一的，那么选择管道最长的节点为关键节点，因为管道最长的损失流量最大。

步骤 3：将 DS2 状态分配到未标记的喷头

与管道相比，喷头的损坏并不影响喷淋模型中的其他部件，因此，任何未标记的喷头节点都被随机分配给 DS2。

步骤 4：将 DS1 状态分配给非 DS2 喷头

除了被标记为 DS2 状态的节点外，任何节点都可以被分配成 DS1 状态。当所有楼层的损坏状态都分配完成后，建筑物的总体最不利损坏状态就确定下来了。

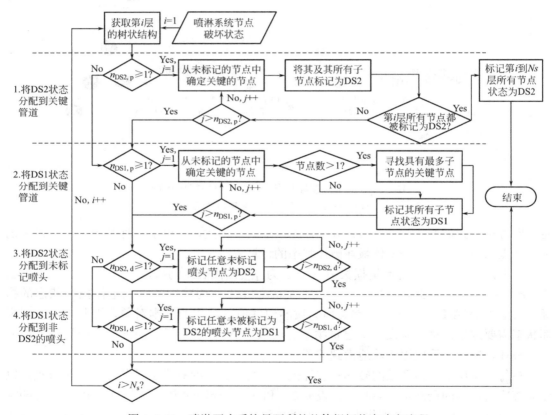

图 4.2-11　喷淋灭火系统最不利的整体损坏状态确定流程

4.2.3　案例展示

4.2.3.1　算例介绍

本节选取了一栋 6 层钢筋混凝土结构宿舍楼作为算例来具体介绍上述的方法与流程。其 3D BIM 模型是使用 Revit 构建的，如图 4.2-12 所示。在每个楼层上，有 214 个直径为

20mm 的喷头，其设计流量为 80L/min，激活温度为 68℃。每个楼层喷淋系统的平面布局是相同的，如图 4.2-13 所示。

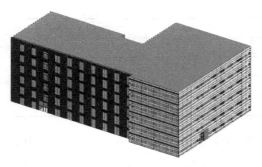

图 4.2-12　宿舍楼三维模型

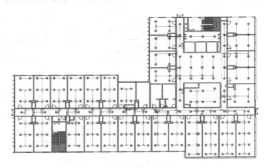

图 4.2-13　喷淋系统平面图

4.2.3.2　火灾数值模型转换

建筑模型的转换采用基于 PyroSim 的方式。首先将模型以 FBX 格式导入 PyroSim 软件；然后补充模型材质信息，如：墙、梁、板、柱等结构构件设置为混凝土材质，门、窗嵌板等设置为玻璃材质；最后需要设置模型网格，由于还未确定起火位置，所以统一设置为 0.5m×0.5m 的大尺寸网格，在后续步骤中确定了起火位置之后，再在特定楼层设置较小尺寸的网格，以提高计算精度。转换之后的建筑模型如图 4.2-14 所示。

喷淋模型的转换采用基于 Dynamo 插件和 FDS_SPRK 程序的方式。首先使用基于 Dynamo 开发的插件提取模型信息，并通过明细表导出喷淋系统数据；然后使用 FDS_SPRK 程序读取数据并写入数据库，此时通过点击面板的"写入初始数据"按钮，可以将完整的喷淋系统数据写入 FDS 文件。在经过后续的震损计算之后，点击"写入分析结果"按钮，可以将震后的喷淋系统数据写入 FDS 文件，转换之后的喷淋模型如图 4.2-15 所示。

图 4.2-14　建筑 FDS 模型

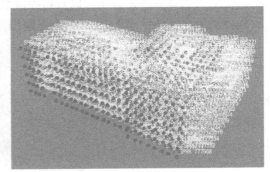

图 4.2-15　喷淋 FDS 模型

4.2.3.3　震害评估

模型转换完成之后，采用弹塑性时程分析方法对建筑物进行结构时程分析，本算例选取了 El Centro 地震波作为地震动输入，对该建筑进行弹塑性时程分析之后，得到的宿舍楼建筑的损伤情况如表 4.2-2 所示。

宿舍楼建筑损伤情况   表 4.2-2

楼层	破坏状态	峰值楼层加速度值 $PFA(\text{m/s}^2)$
1	中度破坏	5.14
2	轻微破坏	5.52
3	轻微破坏	5.84
4	轻微破坏	5.93
5	轻微破坏	5.68
6	轻微破坏	5.81

从模拟结果可以看出建筑未发生倒塌，其中 1 层为中度破坏，第 2～6 层为轻微破坏，PFA 值在 $5.14\sim5.93\text{m/s}^2$ 之间，其中 4 层 PFA 值最大为 5.93m/s^2。然后使用 FDS_SPRK 程序读取楼层加速度，结合之前导入的喷淋数据基于 FEMA P-58 提供的易损性曲线对喷淋系统进行震损分析，表 4.2-3 是程序分析计算之后得到的最不利损坏状态下的喷淋震损结果。

喷淋系统震损情况   表 4.2-3

楼层	管道			喷头		
	数量	DS1 概率	DS2 概率	数量	DS1 概率	DS2 概率
1	884	4%	0%	214	36%	7%
2	884	5%	0%	214	41%	9%
3	884	6%	0%	214	44%	11%
4	884	6%	0%	214	45%	12%
5	884	6%	0%	214	43%	10%
6	884	6%	0%	214	44%	11%

使用 4.2.2 节所述方法可以获得喷淋系统最不利的整体损伤状态，如图 4.2-16 所示。后续将使用该损坏状态进行 FDS 火灾模拟。

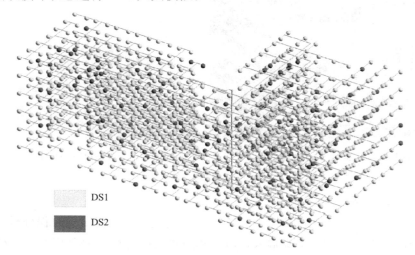

DS1

DS2

图 4.2-16 喷淋系统最不利的整体损伤状态

4.2.3.4　起火场景设置

综合考虑喷淋系统的震损结果和烟气蔓延规律，本算例将起火位置设置在 5 层的一个房间内，如图 4.2-17 所示。在这个房间里，总共有 6 个喷头被完全损坏。被点燃的可燃物是两个由海绵和编织物制成的 2.0m×1.5m 床垫（图 4.2-18）。

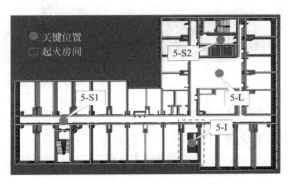

图 4.2-17　起火房间及关键位置

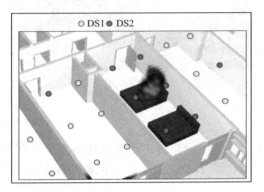

图 4.2-18　起火房间详细布置

模拟所设置的燃烧反应物为聚氨酯（海绵），模拟时间为 500s。由于起火位置设置在 5 层，所以需要使用多重网格，将 5 层网格尺寸设置为 0.25m×0.25m×0.25m，其他楼层的网格尺寸依然为 0.5m×0.5m×0.5m。

4.2.3.5　模拟结果分析

1. 火灾横向蔓延结果

当火灾完全爆发时（300s），图 4.2-19 展示了在非破坏性和预测性破坏情景下，第 5 层烟雾的总体分布情况。可以看出，由于喷淋系统的地震损坏，在预测损坏情况下产生的烟雾比无损情况下占据的房间更多。

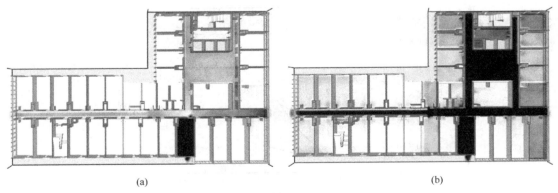

(a)　　　　　　　　　　　　　　　　　　　(b)

图 4.2-19　火灾横向蔓延结果

（a）非破坏性情景；（b）预测性破坏情景

两种情况下的温度总体分布如图 4.2-20 所示。可以看出，非损坏情况下的最高温度约为预测损坏情况的 1/3。注意，除了被点燃房间的温度之外，其他房间的温度没有显著升高。

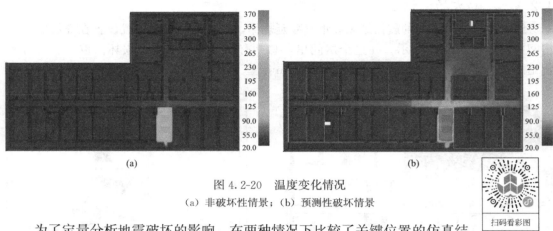

图 4.2-20　温度变化情况

（a）非破坏性情景；（b）预测性破坏情景

为了定量分析地震破坏的影响，在两种情况下比较了关键位置的仿真结果。图 4.2-21 显示了在两种情况下起火房间中的温度、烟气密度和 FED 的时间历史响应。

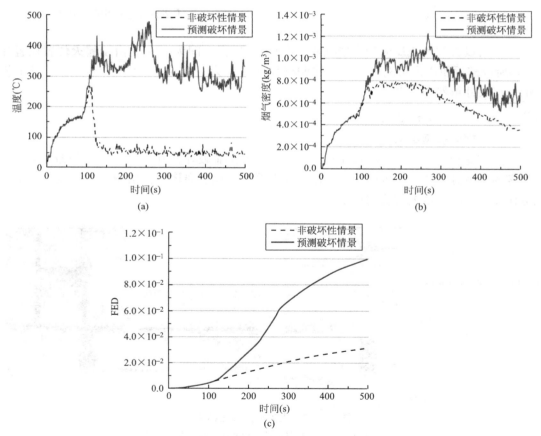

图 4.2-21　起火房间中两种场景之间的定量比较

（a）温度曲线；（b）烟气密度曲线；（c）FED 曲线

从图 4.2-21（a）可以看出，被点燃房间的喷淋系统在大约 100s 时开始起作用。此后，无损情景的室内温度急剧下降，这表明无损喷淋系统可以有效地扑灭大火，但是预测的损害情景下的室温并没有表现出相同的急剧下降水平，这表明损坏的喷淋头不能完全扑灭大火。由于损坏的喷淋系统的影响，图 4.2-21（b）和（c）的烟气密度和 FED 中也观察到了与温度变化相似的显著差异。

因为在起火房间外没有发现明显的温度变化，所以在图 4.2-22～图 4.2-24 中仅比较了其他关键位置的烟气密度和 FED。从这些图可以看出，在这些关键位置，烟气传播的开始时间明显不同。考虑到在预测的损坏情况下的烟气密度曲线，位置 5-L（即大厅）最靠近起火的房间（图 4.2-17），因此，烟雾传播的开始时间最短（50s）。尽管位置 5-S2 比位置 5-S1 更靠近起火房间（图 4.2-17），但由于其周围墙壁引起的延迟效应，位置 5-S2 处的烟雾扩散（150s）开始比位置 5-S1 的时间要长（90s）。此外，在所有这些关键位置，预计损坏情景中的烟气密度和 FED 值明显大于非损坏情景中的值。鉴于烟气密度和 FED 是建筑物居民安全疏散的重要指标，喷淋系统损坏将在高层建筑物的情况下造成更严重的伤亡。

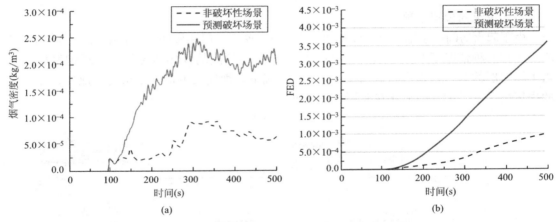

图 4.2-22　位置 5-S1 处两个方案之间的定量比较
（a）5-S1 处烟气密度曲线；（b）5-S1 处 FED 曲线

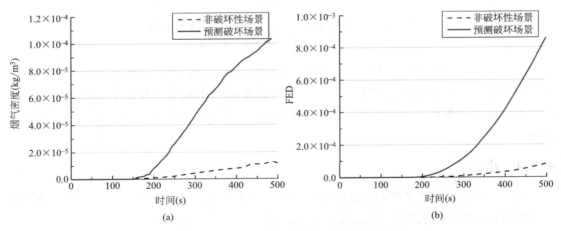

图 4.2-23　位置 5-S2 处两个方案之间的定量比较
（a）5-S2 处烟气密度曲线；（b）5-S2 处 FED 曲线

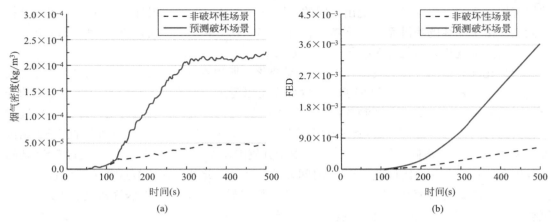

(a)　　　　　　　　　　　　　(b)

图 4.2-24　位置 5-L 处两个方案之间的定量比较

(a) 5-L 处烟气密度曲线；(b) 5-L 处 FED 曲线

2. 火灾纵向模拟结果

由于起火房间位于第五层，火和烟可能会通过窗户、门和楼梯蔓延到第六层，图 4.2-25 展示了在两种情况下 300s 时第六层的烟气分布。在预测的损坏情况下，发现烟气蔓延覆盖了第六层的两个相邻房间。相反，在无损情况下，烟气仅占据一个房间。此外，在预计的损坏情况下，烟气明显比在非损坏情况下浓。

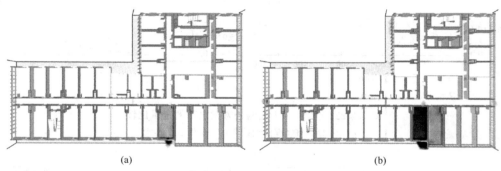

(a)　　　　　　　　　　　　　(b)

图 4.2-25　第六层中两个场景之间的烟气分布比较

(a) 非破坏性情景；(b) 预测性破坏情景

图 4.2-26 描绘了位于位置 5-I 上方的一个房间（标记为 6-I）中的两种情况下的烟气密度和 FED 曲线。在预测的损坏情况下，烟气密度和 FED 的值明显高于无损情况。

如上所述，本案例研究表明，损坏的喷淋装置会在水平和垂直方向上引起更严重的火灾隐患。

4.2.4　小结

在本节中，提出了考虑喷淋系统地震破坏后的火灾模拟方法。作为案例研究，模拟了六层宿舍楼中地震后火灾的蔓延过程，由此可以得出以下结论：

（1）本节方法可以基于 BIM 创建建筑物及其喷淋灭火系统的高精度 FDS 模型；

（2）本节方法可以根据 FEMA P-58 预测不同喷淋部件的地震破坏概率，然后可以使

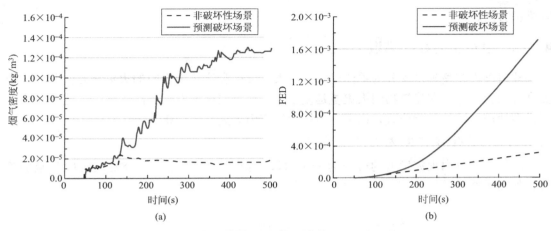

图 4.2-26　位置 6-I 处两个方案之间的定量比较

(a) 6-I 处烟气密度曲线；(b) 6-I 处 FED 曲线

用树结构来预测喷淋系统的地震整体破坏状况，最后根据关键节点确定喷淋系统的最不利破坏状态；

（3）本节所提出的仿真方法可以量化喷淋灭火系统地震破坏对次生火灾蔓延的影响，为建筑综合防灾设计提供关键参考依据。

4.3　考虑高程的城市火灾情景仿真模型

4.3.1　背景

近些年来，我国发生了多起严重的建筑群火灾蔓延事故[30,31]，如 2014 年云南独克宗古城发生火灾，造成 343 栋木结构房屋烧毁，经济损失约 8983.93 万元[30]。建筑群火灾蔓延模拟可以给出火灾蔓延的详细过程，揭示潜在的起火位置与蔓延路径，为火灾隐患筛查、防火隔离等防治措施提供决策依据，具有重要实际意义。

当前，很多学者已经在建筑群火灾蔓延模拟方面开展了相关研究[14-18]。如 Zhao[14] 等和 Ren[18] 等提出了建筑群火灾二维水平蔓延的简化公式，并进行了验证；曾翔[32] 等进一步完善了二维火灾蔓延模型，并对村镇建筑群开展了应用。

然而，当前建筑群火灾蔓延模拟主要考虑二维水平蔓延[14-18]，而忽略地面高程的影响，难以适用于地面高程变化明显的建筑群。已有研究[33] 表明考虑地面高程的建筑间火灾蔓延速度与没有考虑地面高程的二维蔓延会有明显的不同，将造成不准确的预测结果，影响防灾决策。

我国山地和丘陵地区较多，存在大量地面高程变化明显的建筑群。为准确模拟这些地区的火灾蔓延，非常有必要建立考虑地面高程的建筑群三维火灾蔓延模型。

为此，本小节在改进二维热辐射与热羽流模型的基础上，建立建筑群火灾三维蔓延模型；通过与精细计算流体力学模型对比，验证三维蔓延模型的合理性；以云南独克宗古城与贵州温泉村火灾为例，开展火灾蔓延模拟。结果表明三维蔓延结果比二维蔓延结果更加接近实际。本小节方法为高程变化明显的山地、丘陵等地区的建筑群提供更准确的火灾蔓延模拟方法。

4.3.2 建筑室内蔓延模型

建筑群火灾蔓延过程分为单体建筑室内火灾发展和建筑物之间的火灾蔓延。其中，地面高程的影响体现在建筑物间火灾蔓延模型中，建筑内火灾发展与高程无关。建筑室内蔓延模型使用统计的经验公式，以下为单体建筑室内火灾发展规律。

4.3.2.1 单体建筑室内火灾发展规律

单体建筑室内火灾发展的可分为三个阶段：初期增长阶段、充分发展阶段与减弱阶段，如图 4.3-1 所示。

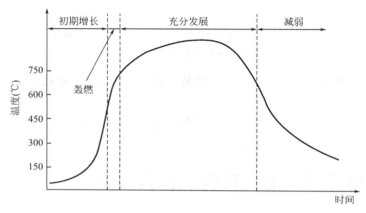

图 4.3-1　单体建筑室内火灾发展规律

（1）初期增长阶段：建筑室内在某点火源作用下，固体可燃物的某个区域被引燃，着火区逐渐增大。当室内可燃物充足且通风情况良好时，火灾会进入到充分发展阶段。

（2）充分发展阶段：当室内温度达到了一定值时，所有的可燃物都会发生燃烧，这种现象称为轰然。轰然的出现标志着建筑进入充分发展阶段。在这一阶段，室内温度可达到1000℃以上，火焰和高温可从房间的门、窗窜出，将火灾蔓延到其他区域。

（3）减弱阶段：随着可燃物耗尽，室内燃烧强度渐减弱，以致火焰熄灭。

4.3.2.2 单体建筑室内火灾发展简化模型

建筑群火灾蔓延时，每一栋建筑由于建筑材料、内部结构等不尽相同，其室内火灾发展过程及向相邻建筑蔓延也各有差异，因此，每栋建筑火灾发展建模需要建筑的内部结构特征、材料等。不仅具体到每一栋建筑详细信息的采集与建模耗时耗力，蔓延过程也会耗费大量计算机资源，因此，过于详细的建模是不可取且不切实际的。基于以上理由，需要对对单体建筑实施简化建模，模拟过程中每栋建筑都采用该模型。

单体起火建筑被简化为独立的起火源，其火灾发展过程可划分为五个阶段，具体为起火、轰燃、火灾充分发展、倒塌和熄灭。单体建筑内部火灾发展简化模型如图 4.3-2 所示。

首先，初始火源出现在室内，通风情况良好且可燃物充足，起火源经历时间 $t_1\mathrm{min}$ 后达到轰燃。轰燃发生后，室内火焰与烟气从外墙窗口喷出，建筑物初步具备向临近建筑蔓延的能力。但此时的建筑物向外蔓延的能力显得较弱，主要进行的是建筑物楼层间的发展

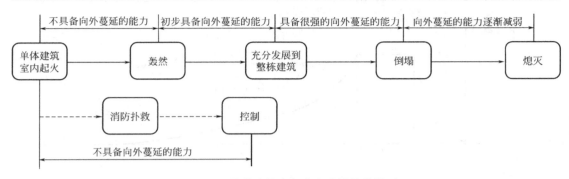

图 4.3-2　单体建筑内部火灾发展简化模型

蔓延。在这期间，如能及时对该建筑实施火灾扑救，火灾将被控制在个体建筑内部，不具备向临近建筑蔓延的能力。如果仍旧没能对该建筑实施有效的扑救，经历时间 t_2 后火灾将由室内发展到整幢建筑物。当整幢建筑物处在火灾之中时，建筑内部的火势达到了充分发展阶段，室内的温度和热释放率达到峰值（T_M 和 Q_M）。这时，建筑物具备很强的向外蔓延能力，并通过热辐射和热对流方式向临近建筑扩展蔓延。火灾在充分发展阶段上经历时间 t_3 后，随着室内燃料的耗尽和建筑耐火极限的到达，建筑物发生倒塌。倒塌之后，火势快速减弱，向外蔓延的能力也随之降低，在经历时间 t_4 后最终熄灭。

简化模型中存在 3 个独立变量，它们分别是时间量 t，温度 T 和热释放率 Q。单体建筑室内火灾发展各阶段经历的时间量由专家推荐取值（表 4.3-1）。温度和热释放率的发展简化曲线如图 4.3-3 所示，其中温度和热释放率峰值也由专家推荐，即 T_M 取 $800 \sim 1200℃$，Q_M 取 $40 \sim 50MK$。

单体建筑室内火灾发展分阶段所需时间推荐值　　　　　　　表 4.3-1

阶段	时间量（min）	结构类型		
		木质结构	防火结构	耐火结构
起火→轰然	t_1	$[5,10]$	$[5,10]$	$[5,10]$
轰燃→充分发展	t_2	$[20,30]$	$[30,50]$	$[50,60]$
充分发展→倒塌	t_3	$[50,60]$	$[80,100]$	$[120,180]$
倒塌→熄灭	t_4	$[240,300]$	$[30,40]$	$[20,30]$

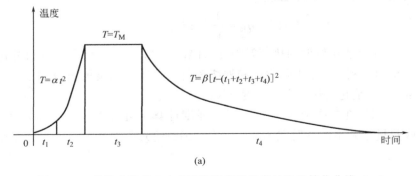

图 4.3-3　单体建筑室内火灾温度和热释放的发展简化曲线（一）

(a) 温度曲线

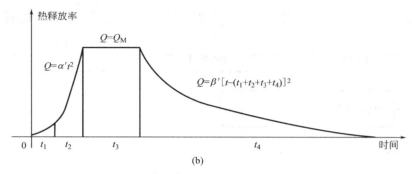

图 4.3-3　单体建筑室内火灾温度和热释放率的发展简化曲线（二）

（b）热释放率曲线

火灾蔓延模型采取的时间参数见表 4.3-2。

火灾蔓延模型单体建筑室内火灾发展分阶段所需时间　　　　　表 4.3-2

阶段	时间量(min)	结构类型		
		木质结构	防火结构	耐火结构
起火→轰燃	t_1	7.5	7.5	7.5
轰燃→充分发展	t_2	25	40	55
充分发展→倒塌	t_3	55	90	150
倒塌→熄灭	t_4	270	35	25

4.3.3　三维火灾蔓延模型

由于地面高程的影响体现在建筑物间火灾蔓延模型中，本小节重点阐述三维建筑物间火灾蔓延模型。建筑物间火灾蔓延的主要方式包括热辐射、热羽流和飞火[34]。热辐射是最主要的火灾扩散方式，热羽流是火灾直接扩散到远处的主要途径，飞火的随机性比较大，难以量化[14]，因此本模型主要考虑热辐射和热羽流两种蔓延方式。

4.3.3.1　热辐射

热辐射是指建筑燃烧时产生的辐射，可以通过门窗等开洞部位以及墙体的辐射影响周围建筑。起火建筑产生的热辐射强度 $\dot{q}_R$[14]，可由式（4.3-1）计算：

$$\dot{q}_R = \frac{k}{\varphi} \cdot \sigma T_O^4 \tag{4.3-1}$$

其中，$\dot{q}_R$ 是起火建筑发射的热辐射强度（kW/m²），k 是外墙所有开口外包矩形的面积占外墙总面积的比例，φ 是去除火焰和外墙辐射后总辐射强度的折算因子，σ 是斯蒂芬-玻尔兹曼常数，T_O 是起火建筑室内温度（K）。

注意式（4.3-1）在二维和三维的热辐射强度计算上并无差别。但是，考虑高程后，目标建筑吸收热量会有不同（后文 4.3.3.3 中详细讨论）。

4.3.3.2　热羽流

建筑物室内燃烧产生的大量热烟气通过外墙窗口向外流动，形成热羽流，其在风力作用下发生倾斜后流往下风向距离起火建筑较远的区域，并对该区域的建筑物进行热辐射进而引发起火灾。本小节采用 Himoto 和 Tanaka 提出的热羽流模型[16,17]，如图 4.3-4 所示。

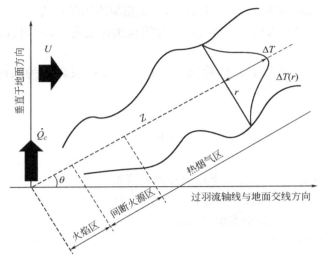

图 4.3-4　风力作用下热羽流模型[3,8]

在该模型中，起火建筑上方产生的热羽流在风作用下与地面形成倾角 θ，即图中羽流轴线方向和过羽流轴线与地面交线方向的夹角，热羽流中心的温度 ΔT 沿羽流轴线轴向变化，可分为三个区域，火焰区、间断火源区和热烟气区，且其沿径向衰减，即为 ΔT（r），U 是风速大小（m/s），$\dot{Q}_c$ 是计算时刻起火建筑的热释放率（kW）。

在三维模型中，建筑高程对热羽流结构、风力作用下热羽流轴线上的温度模型、风力作用下热羽流轴线的倾斜角没有改变，但目标建筑在起火建筑羽流轴线上所处区域可能改变，到起火建筑羽流轴线的距离一定改变，进而改变目标建筑温度的升高。故此，三维模型主要考虑目标建筑位于起火建筑羽流轴线的温升区域以及到羽流轴线的距离。

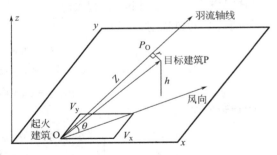

图 4.3-5 为三维模型目标建筑到起火建筑羽流中心距离计算示意图，Z 是目标建筑在羽流轴线上投影到起火建筑的距离，该距离确定了目标建筑所处的温升区域，r 是到目标建筑到羽流轴线的距离，由 Z 和 r 可以确定目标建筑的温度升高区域。

图 4.3-5　目标建筑到起火建筑羽流中心距离示意图

取三维建筑模型的表面角点，假定起火建筑 O 的角点坐标为（x_1，y_1，0），目标建筑 P 的角点坐标为（x_2，y_2，h），则目标建筑角点在羽流轴线投影到起火建筑的距离 Z 及其投影到目标建筑的距离 r 计算公式分别为：

$$k = \frac{\cos^2\theta\left[v_x\Delta x + v_y\Delta y + \sqrt{v_x^2 + v_y^2}\,h\tan\theta\right]}{u_x^2 + u_y^2} \tag{4.3-2}$$

$$Z = \frac{k\sqrt{v_x^2 + v_y^2}}{\cos\theta} \tag{4.3-3}$$

$$r = \sqrt{(kv_{x} - \Delta x)^2 + (kv_{y} - \Delta y)^2 + (Z\sin\theta - h)^2} \tag{4.3-4}$$

其中，v_x 和 v_y 风别是风 x、y 方向分量，θ 是热羽流的倾斜角度，k 是为简便表示 Z 和 r 而引入的中间变量，Δx 为目标建筑与起火建筑横坐标之差，Δy 为目标建筑与起火建筑横坐标之差。

由 Z 及式（4.3-5）可得到目标建筑角点在羽流轴线投影点的温度 ΔT_0，注意单位为 K。

$$\Delta T_0 = \begin{cases} 900 & (\text{I}: z/Q_c^{2/5} < 0.08) \\ 60(z/Q_c^{2/5})^{-1} & (\text{II}: 0.08 \leqslant z/Q_c^{2/5} < 0.2) \\ 24(z/Q_c^{2/5})^{-5/3} & (\text{III}: 0.2 \leqslant z/Q_c^{2/5}) \end{cases} \tag{4.3-5}$$

ΔT_0 由 r 及式（4.3-6）可计算下风向建筑升高的温度 $\Delta T(r)$。

$$\Delta T(r)/\Delta T_0 = \exp[-\beta(r/l_t)^2] \tag{4.3-6}$$

式（4.3-6）中，l_t 是高斯半宽度（m），β 是温度半宽度与速度半宽度的比值，两者都是经验参数，l_t 取值为 $0.1Z$，β 取值为 1.0。多个羽流共同作用升高的温度根据式（4.3-7）计算。

$$\Delta T = \left[\sum_{i=1}^{N}(\Delta T_i)^{\frac{3}{2}}\right]^{\frac{2}{3}}\left[-\beta(r/l_t)^2\right] \tag{4.3-7}$$

根据式（4.3-7）可以计算多个建筑起火时，由热羽流引起下风向建筑升高的温度，进而计算对邻近建筑的引燃情况。

4.3.3.3 起火条件

1. 目标建筑接收的热辐射

目标建筑主要通过外墙和窗口接收外界环境的热辐射。在二维蔓延模型中，起火建筑的热辐射和热羽流的共同作用下，未起火建筑外墙和窗口接收到热辐射强度可以由下公式计算：

外墙接受的热辐射强度 $\dot{q}_W$：

$$\begin{cases} \dot{q}_W = \dot{q}_{W,ij} - \dot{q}_{W,ji} \\ \dot{q}_{W,ij} = \varepsilon_W \left[(1 - \sum\varphi_R)\sigma T_i^4 + \sum\varphi_R \dot{q}_R\right] + h_W \\ \dot{q}_{W,ji} = \varepsilon_W \sigma T_W^4 + h_W T_W \end{cases} \tag{4.3-8}$$

窗口接受的热辐射强度 $\dot{q}_D$：

$$\begin{cases} \dot{q}_D = \dot{q}_{D,ij} - \dot{q}_{D,ji} \\ \dot{q}_{D,ij} = (1 - \sum\varphi_R)\sigma T_i^4 + \sum\varphi_R \dot{q}_R \\ \dot{q}_{D,ji} = \sigma T_j^4 \end{cases} \tag{4.3-9}$$

外墙接收的热辐射强度 $\dot{q}_W$ 是室外通过外墙对室内的热辐射强度 $\dot{q}_{W,ij}$ 与室内通过外墙对室外的热辐射强度 $\dot{q}_{W,ji}$ 之差。其中，ε_W 是外墙的发射率；φ_R 是起火建筑对目标建筑墙面的热辐射角系数 [见后文公式（4.3-10）]；σ 为斯蒂芬-玻尔兹曼常数；T_i 是未起火建筑墙外的温度（K），它是热羽流作用下升高后的温度，即公式（4.3-7）计算得到的 $\Delta T + T_\infty$，T_∞ 是当时的大气温度；T_W 是外墙温度（K），可认为其是当时的大气温度；而 $\dot{q}_R$ 则是起火建筑发射的热辐射强度（kW/m²），由公式（4.3-1）计算可得；h_W 是墙体的对流换热系数。窗口接收的热辐射强度 $\dot{q}_D$ 是室外通过开口对室内的热辐射强度 $\dot{q}_{D,ij}$ 与室内通过开口对室外的热辐射强度 $\dot{q}_{D,ji}$ 之差。T_j 是未起火建筑室内温度（K）。

考虑高程后，起火建筑发射的热辐射强度不会改变，但由于目标建筑与起火建筑的相对位置不同，目标建筑接收的热辐射强度会有所改变，具体体现在起火建筑对目标建筑墙面的热辐射角系数 φ_R 改变，三维模型角系数 φ_R 计算公式如下所示：

$$\varphi_R = 1/\pi (l^2 + h^2) \tag{4.3-10}$$

其中，l 为起火建筑与目标建筑在水平方向的距离，h 是两者在竖直方向最近点的高差，如图 4.3-6 所示。

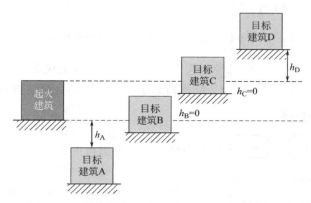

图 4.3-6　热辐射模型建筑竖直方向高差计算示意

图 4.3-6 中，不同高度的目标建筑高差计算方法不一样，具体为：目标建筑的最高点低于起火建筑的最低点，其高差即为目标建筑最高点与起火建筑的最低点的高度差，即图中目标建筑 A 所示。热辐射的三维火灾蔓延理论模型将整栋建筑看作一个整体，角系数的计算考虑两栋建筑的最近角点，因此高差就是图中的 h_A；目标建筑最高点高于起火建筑最低点，最低点又低于起火建筑最低点，此时高差为 0，即图中目标建筑 B 所示，此时目标建筑与起火建筑在竖直方向上有相交的部分，故认为仍可通过门窗等洞口传播热辐射；目标建筑最高点高于起火建筑最高点，最低点低于起火建筑最最点，高差也为 0，见图中目标建筑 C，道理同 B；目标建筑最低点高于起火建筑最高点，其高差即为该建筑最低点与起火建筑的最高点的高度 h_D，即图中目标建筑 D 所示。

2. 起火判断

如果未起火建筑是木结构，其外墙起火往往先于室内，因此当外墙接收的热辐射强度超过起火的极限热辐射强度 q_c 时，该建筑被判断为起火；如果未起火外墙是非可燃性材料时，起火往往出现在室内，因此当窗口接收的热辐射强度超过起火的极限热辐射强度 q_c 时，该建筑被判断为起火。热极限强度 q_c 以木材起火为标准，根据含水率的不同，q_c 在 $10 \sim 18 \mathrm{kW/m^2}$ 之间取值[14]。三维模型在判断起火方面与二维模型一致。

通过以上目标建筑接收起火建筑的热辐射、热羽流模型的热辐射强度以及起火判断条件，建立了建筑群火灾三维蔓延模型。

4.3.4　与流体力学模型对照

将上述三维蔓延模型与计算流体力学 CFD（Computational Fluid Dynamics）模拟结果进行对照，以验证其合理性。

郭福良[33] 利用火灾模拟软件 FDS（Fire Dynamics Simulator）开展了考虑高程的木结构建筑群火灾蔓延 CFD 模拟。在其模拟中，所有建筑都是长 10m、宽 6m、高 6m，建筑群间距为 2m，每排建筑存在 2m 的高程，如图 4.3-7 所示。

图 4.3-7　木结构吊脚楼群火灾模拟模型图

其模拟假设图 4.3-7 中最中部建筑起火，结果显示：在无风条件下，火势可蔓延到周围所有建筑，但由于坡度的存在，CFD 模拟结果表明：木结构建筑群发生火灾时，火向上蔓延速度比向下蔓延速度大。

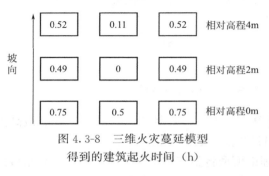

图 4.3-8　三维火灾蔓延模型得到的建筑起火时间（h）

利用本节提出三维火灾蔓延模型对上述建筑群进行火灾模拟。房间大小、房屋高度以及所处的高程与 CFD 模拟一致。在无风条件下不同建筑起火时间见图 4.3-8。

图 4.3-8 中数字表示从开始模拟到建筑起火的时间，时间为 0 表示该建筑为起火建筑，结果表明：三维火灾蔓延模拟结果与精细 CFD 模拟结果一致，火势也可蔓延到周围所有建筑，但火沿坡度向上蔓延速度比向下蔓延速度要更大。这说明了三维火灾蔓延模型的合理性。

4.3.5　案例研究

4.3.5.1　云南独克宗古城火灾

2014 年 1 月 11 日 1 时 10 分许，云南香格里拉独克宗古城发生火灾[30]，持续 9.7h，造成 100 余栋建筑被烧毁。据报道，起火点位于仓房社区池廊硕 8 号"如意客栈"。火灾发生时，当地下有小雪，气温为 −5～7℃，微风，无恒定方向。图 4.3-9 为独克宗古城建筑地面高程变化图，五角星所示处为起火位置。

图 4.3-9 中建筑最高点高程为 3330m，最低点高程为 3288m。整体上，建筑由东到西高程逐渐增加。

结合火灾实际情况，设置起火建筑，模拟假定风向为北风。图 4.3-10（a）(b) 分别为 9.7h 情况下的考虑地面高程的三维模型火灾蔓延模拟结果和二维模型[32] 火灾蔓延模拟结果。

从图 4.3-10 可以看出三维火灾模拟得到的蔓延范围明显小于二维火灾模拟蔓延范围，也更接近火灾实际烧毁的范围。

设实际烧毁建筑面积为 A_R，二维火灾蔓延模拟的烧毁建筑面积为 A_{2D}，三维火灾蔓延模拟的烧毁建筑面积为 A_{3D}。经计算，它们依次为：$A_R=30993.1m^2$，$A_{2D}=63774.99m^2$，$A_{3D}=37728.5m^2$，因此，$A_R/A_{3D}=0.821$，$A_R/A_{2D}=0.486$，从比例上来看，三维火灾模拟程序得到的结果更接近实际火灾发生情况。

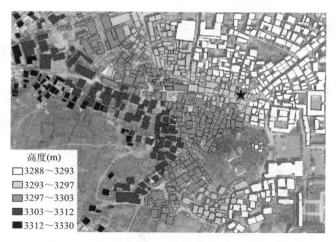

图 4.3-9　独克宗古城建筑地面高程变化图

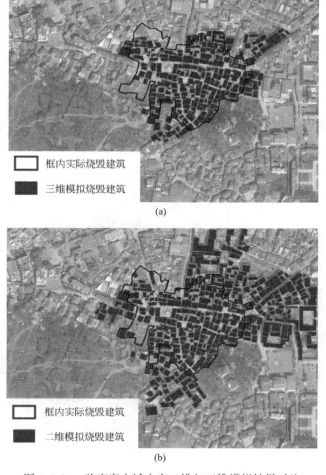

图 4.3-10　独克宗古城火灾二维与三维模拟结果对比

（a）三维蔓延结果与实际对比；（b）二维蔓延结果与实际对比

4.3.5.2 贵州温泉村火灾

2016年2月20日18时许，贵州省黔东南苗族侗族自治州剑河县岑松镇温泉村发生寨火[31]。据报道，寨火3.5h后被熄灭，60余栋房屋被烧毁。火灾发生时，气温为6~16℃，微风，风向不定。其地面高程变化见图4.3-11。

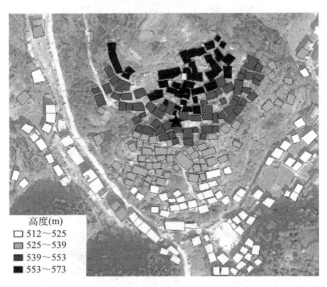

图4.3-11　贵州温泉村建筑地面高程变化图

结合火灾实际发生情况，当以图中星标位置为起火点，假定风向为南风。三维模型和二维模型[32]的蔓延结果如图4.3-12所示。

(a)

图4.3-12　温泉村二维与三维模拟结果对比（一）

（a）三维蔓延结果与实际对比

（b）

图 4.3-12　温泉村二维与三维模拟结果对比（二）
（b）二维蔓延结果与实际对比

从图 4.3-12 可以看出三维火灾模拟得到的蔓延范围明显小于二维火灾模拟蔓延范围，与火灾实际烧毁的范围已经十分接近。

实际燃烧面积 $A_R = 10854.67m^2$，二维火灾模拟的燃烧面积 $A_{2D} = 15661.68m^2$，三维火灾模拟的燃烧面积 $A_{3D} = 11647.19m^2$，经计算，$A_R / A_{2D} = 0.693$，$A_R / A_{3D} = 0.932$。从数据来看，三维火灾模拟的结果与实际十分接近。

4.3.6　小结

（1）本小节提出了考虑地面高程的建筑群三维火灾蔓延模型，并验证了模型的合理性；

（2）将模型应用于云南独克宗古城火灾和贵州温泉村火灾，与火灾实际蔓延范围和二维蔓延模拟结果的对照表明：三维模型蔓延结果比二维蔓延结果更加接近实际火灾蔓延范围。

因此，本小节提出的建筑群火灾三维蔓延模型可以考虑地面高程的影响，给出更加符合实际的火灾蔓延结果，为地面高程变化明显的山地、丘陵等地区的火灾蔓延防治工作提供了更加准确的模拟方法。

4.4　基于物理模型和 GIS 的城市地震次生火灾情景仿真

4.4.1　背景

地震次生火灾模拟的相关研究经历了充分的发展，但现有模型仍然存在一些局限性，包括：（1）现有的起火模型难以较准确的判断具体起火位置；（2）现有的蔓延模型中较少考虑房屋震害对火灾蔓延的影响；（3）现有模型较少涉及城市建筑群火灾蔓延的高真实感展示。

近年来，区域建筑震害预测方法取得了一些新的进展[29,35,36]，利用多自由度模型和非线性时程分析，可以快速准确地把握区域建筑在地震动作用下的动力响应特性。应用这些研究成果，可在地震次生火灾模拟中更合理地考虑建筑震害对起火和蔓延行为的影响。

因此，本小节在现有区域建筑震害预测方法以及现有次生火灾起火模型和蔓延模型的基础上，提出了考虑建筑震害的地震次生火灾模拟方法和高真实感显示方法。应用基于多自由度建筑模型和非线性时程分析的区域建筑震害预测方法，考虑建筑和地震的差异化特点，可以模拟不同地震动及不同建筑抗震能力对初始起火位置的影响和对火灾蔓延的影响。基于 OpenSceneGraph（OSG）三维图形引擎和 FDS 火灾模拟软件，从火灾蔓延和烟气蔓延两个方面实现了次生火灾高真实感展示。对中国山西省太原市中心城区 44152 栋建筑进行了次生火灾预测案例研究。

上述地震次生火灾模拟和可视化方法，既可用于震前预测，从而为消防规划和基于虚拟现实的火灾防控提供科学依据和技术支持；又可在震后近实时条件下，根据实际地震动、实际天气、风速、风向、起火点等情况，动态调整模拟设置，从而为灾后消防扑救和应急救援工作提供参考。

4.4.2 研究框架

如图 4.4-1 所示，本小节方法框架主要包括 4 个模块：（1）区域建筑的地震响应模拟；（2）起火模型；（3）蔓延模型；（4）地震次生火灾高真实感显示。

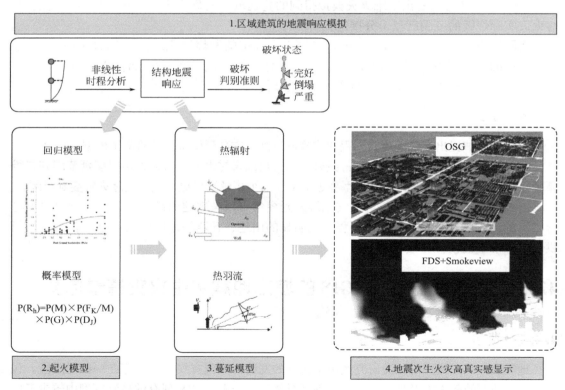

图 4.4-1　地震次生火灾模拟和高真实感显示框架

模块 1，区域建筑的地震响应模拟，是地震次生火灾模拟的前提。本小节采用了基于多自由度模型和非线性时程分析的区域建筑震害模拟方法[29,35,36]。该方法可以更好地考虑建筑和地震的个性化特点。

　　模块 2，起火模型，是在现有回归模型和概率模型的基础上进行发展的，使得模型能更好地考虑房屋震害的影响。建筑震害越严重，会导致建筑起火概率越高，因此地震会影响区域内建筑起火概率分布，从而影响具体起火位置。

　　模块 3，蔓延模型，是在现有的次生火灾蔓延物理模型的基础上进行发展的，使得模型能更好地考虑房屋震害对蔓延的影响。地震将导致建筑外墙出现不同程度的破坏，外墙破坏越严重，建筑被引燃的临界热通量越低。因此，不同的地震会对火灾在建筑群的蔓延特性带来不同的影响。

　　模块 4，地震次生火灾的高真实感显示，可在三维可视化平台上实现对火情发展过程和烟气扩散效果的展示。区域建筑地震次生火灾的三维场景是使用 OSG 开源三维图形引擎建立的。利用不同颜色表征燃烧状态，从而展示着火建筑的状态变化及火情的发展。利用 FDS 软件，计算烟气粒子的运动，并显示在 FDS 的后处理软件 Smokeview 中，从而展示火灾场景的烟气效果。

　　以上 4 个模块组成了地震次生火灾模拟和可视化的计算模块。这些计算模块所需的初始数据通过 GIS 平台进行存储和组织，模块之间通过中间文件传递数据，如图 4.4-2 所示。

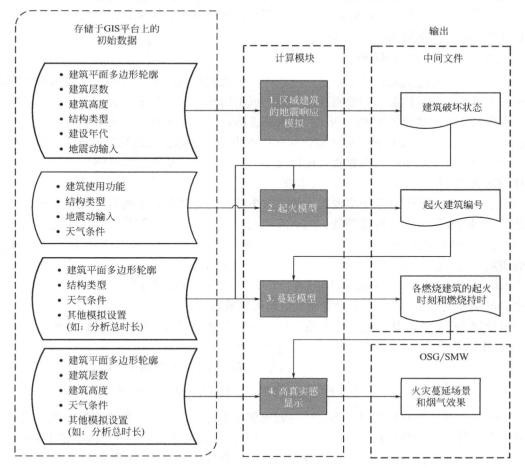

图 4.4-2　不同计算模块之间的数据交换

GIS 平台主要存储了两类数据。一类是建筑信息，如建筑几何外形、建筑层数、高度、结构类型、建设年代、建筑功能等；另一类是模拟设置，如地震动输入、天气条件（环境温度、湿度、风速、风向、降水等）、分析总时长、分析时间增量步等。计算模块的各个部分分别需要从 GIS 平台中获取相应数据，作为计算的输入（图 4.4-2）。

计算模块之间也有数据传递。模块 1（区域建筑的地震响应模拟）生成建筑破坏状态文件，该文件将作为模块 2（起火模拟）和模块 3（蔓延模拟）的输入；模块 2（起火模拟）得到初始起火建筑的编号，该文件将作为模块 3（蔓延模拟）的输入；模块 3（蔓延模拟）计算得到各初始起火建筑和后续被引燃的建筑的起火时刻和燃烧持时，该文件将作为模块 4（高真实感显示）的输入，并得到最终输出结果，即火灾蔓延场景和烟气效果。

4.4.3 方法介绍

4.4.3.1 模块 1 区域建筑的地震响应模拟

模块 1 区域建筑的地震响应模拟，是后续地震次生火灾模拟的重要前提条件。城市区域内包含数以万计的建筑，这些建筑的力学模型建立和地震响应计算将导致巨大的工作量，成为一个很有挑战性的问题。为了科学、合理、快速地进行区域建筑的地震响应模拟，本章采用了 Lu 等[35] 和 Xiong 等[29,36] 提出的区域建筑震害多自由度层模型和非线性时程分析。模型详情这里不再赘述。

4.4.3.2 模块 2 起火模型

绝大多数现有起火回归模型根据历史地震次生火灾数据，回归得到起火数量与地震动强度的关系式，但具体起火位置则需随机确定或由用户指定。为了给起火位置的选择提供进一步依据，本章建议采用 Ren 等[18] 提出的思路：（1）给定地震强度，利用回归模型计算起火建筑数量 N；（2）根据单体建筑起火概率模型，计算各建筑发生地震次生火灾的概率；（3）对目标区域中的所有建筑，按照发生火灾的概率，从大到小排序；（4）选取概率最高的前 N 个建筑，认为是初始起火建筑。

由于起火回归模型基于历史地震次生火灾事件的统计数据，因此对于统计数据所包含的地区，回归模型有较好的准确性；而对其他地区，回归模型的结果不一定合理。因此在众多起火回归模型中，本小节使用 Ren 等[18] 基于中国、美国、和日本在 1900—1996 年间的震后火灾数据提出的回归模型，如式（4.4-1）所示。

$$N = -0.11749 + 1.34534PGA - 0.8476PGA^2 \qquad (4.4-1)$$

式中，N 表示每 100000 平方米建筑面积内起火建筑数量，PGA 单位为 g。

设给定 PGA 下，单体建筑发生地震次生火灾的概率为 $P(R \mid PGA)$。则 $P(R \mid PGA)$ 可利用式（4.4-2）和式（4.4-3）进行计算：

$$P(R \mid PGA) = P(M) \times P(F_K \mid M) \times P(D \mid PGA) \times P(G) \qquad (4.4-2)$$

$$P(D \mid PGA) = \sum_j [P(D_j \mid PGA) \times P(C_j \mid D_j) \times P(S_j \mid D_j)] \qquad (4.4-3)$$

式中，$P(F_K \mid M)$ 反映特定可燃物对建筑起火概率的影响，它与建筑的功能有关，例如加油站等含易燃易爆物品的建筑，震后起火概率相对更高；$P(D \mid PGA)$ 反映给定 PGA 下单体建筑震害对起火概率的影响。其他各参数的意义和取值如表 4.4-1 所示。

需要说明的是，式（4.4-2）的计算结果可能会高估建筑的起火概率［即利用式（4.4-2）

计算的起火概率乘以总建筑数量得到起火建筑数量期望，会大于式（4.4-1）计算得到的总起火建筑数量]。因此 Ren 等[18] 提出的 $P（D|PGA）$ 不应作为不同建筑的绝对起火风险，而应视为不同建筑相对起火风险的衡量指标。即 $P（D|PGA）$ 越大，表明建筑发生地震次生火灾的风险越大。因此，为清晰起见，避免后续讨论中造成误解，基于式（4.4-2）定义了每栋建筑的起火指数 r：

$$r = \frac{P(R|PGA)}{P(R)_{max}} \times 100 \qquad (4.4\text{-}4)$$

式中，$P（R）_{max}=0.867$ 为使用式（4.4-2）和式（4.4-3）计算可能得到的最大起火概率，对应情况为建筑在地震作用下发生倒塌，建筑内含易燃易爆化学品，且天气条件十分不利[18]。

起火概率模型计算公式中符号意义和取值　　　　　表 4.4-1

参数	含义	取值
$P(M)$	建筑物有无可燃物质的概率	建筑物有可燃物设为 1；建筑物无可燃物设为 0[28]
$P(F_K|M)$	特定可燃物影响建筑发生起火的概率	根据建筑室内材料和建筑本身可燃性设置不同的值[28]
$P(G)$	天气等其他因素对建筑起火的影响概率	根据天气等因素不同的值[28]
$P(C_j|D_j)$	破坏状态 D_j 下建筑易燃物泄漏概率	根据建筑物破坏的状态设置不同的值[28]
$P(S_j|D_j)$	破坏状态 D_j 下建筑室内起火源引发火灾的概率	根据建筑物破坏的状态设置不同的值[28]
$P(D_j|PGA)$	给定 PGA 下建筑发生破坏状态 D_j 的概率	根据区域建筑地震响应模拟的结果

Ren 等[28] 建议了表 4.4-1 中所列的大多数参数的取值，但并未提到如何计算给定 PGA 时建筑发生破坏状态 D_j 的概率，$P（D_j|PGA）$。有文献建议使用易损性矩阵得到该参数的取值，但震害矩阵难以考虑地震动的某些特性（如速度脉冲）带来的影响。因此，本章采用下述的区域建筑的地震响应模拟方法，计算得到建筑发生不同破坏状态的概率。具体步骤如下：

（1）给定 PGA，选择 n 条地震动记录，地震动记录的选择方法可以参考已有文献。特别的，如需考虑某个特定地震事件导致的次生火灾，则 $n=1$，即直接根据地震情境来生成相应的地震动。

（2）对任一建筑，进行 n 次非线性时程分析，每次分析给出该建筑的一个确定的破坏状态（即完好、轻微破坏、中等破坏、严重破坏、倒塌），从而得到各破坏状态 D_j 的发生次数 n_j。

（3）采用式（4.4-5）计算 $P（D_j|PGA）$：

$$P(D_j|PGA) = \frac{n_j}{n} \qquad (4.4\text{-}5)$$

（4）对区域中每栋建筑执行上述步骤（1）～（3），利用式（4.4-2）～式（4.4-5），就能得到该区域建筑起火指数 r 的分布。指定 r 值最大的前 N 个建筑，将其作为起火建筑，至此就完成了起火建筑数量和位置的模拟。

需要说明的是，震后建筑内煤气管道的破坏、家具电器的倾倒、电线的破坏等对建筑起火概率的影响是复杂的、耦合的，但式（4.4-2）和式（4.4-3）给出的单体建筑起火概率作了一定程度的简化。虽然 Zolfaghari[7] 和 Yildiz[8] 等人试图通过建立复杂的事件树模型模拟震后起火，以考虑更多影响起火的因素，但该模型需要更详细的建筑室内数据，此外该模型没有给出相关验证，因此本小节暂时没有应用该模型。

4.4.3.3 模块 3 蔓延模型

本小节应用 4.3 节的火灾蔓延模型。然而，4.3 节的模型中并未考虑震害对蔓延的影响。事实上，震害将削弱房屋的抗火能力，加剧火灾的蔓延。就本小节作者所知，目前的地震次生火灾蔓延模型中，仅有少数模型考虑了震害影响，一个典型代表是 Himoto 等[37] 提出的模型。该模型区分了倒塌建筑和未倒塌建筑的燃烧方式。另一方面，对于未倒塌建筑，地震可能导致建筑外围护材料出现不同程度破坏，破坏越严重的建筑，越容易被周围起火建筑引燃。

本小节借鉴 Himoto 等[37] 的基本思路，假定地震导致的建筑外围护材料的破坏将降低引发建筑着火的极限热通量：

$$\dot{q}_{cr} = \varphi \dot{q}_{cr, H} + (1-\varphi)\dot{q}_{cr, L} \tag{4.4-6}$$

式中，φ 是围护材料损伤因子，定义为外墙损坏面积与外墙总面积之比；$\dot{q}_{cr, H}$ 和 $\dot{q}_{cr, L}$ 分别是 $\varphi=1$ 和 $\varphi=0$ 时的极限热通量。$\dot{q}_{cr, L}$ 的取值可参考 Zhao 等的工作[14]。

定义 α 为外墙完全破坏时的极限热通量折减系数，如式（4.4-7）所示。而 α 的取值缺乏很好的依据，因此 α 对火灾蔓延模拟结果的影响将在下文进一步讨论。

$$\alpha = \frac{\dot{q}_{cr, H}}{\dot{q}_{cr, L}} \tag{4.4-7}$$

建筑外围护材料损伤因子 φ 与结构的地震破坏状态有关。Hayashi 等[38] 根据日本1995 年阪神地震的震害调查数据，给出了 φ 与结构的破坏状态的对应关系。在没有更好的取值依据的情况下，本小节采用 Hayashi 等[38] 给出的这一关系。

需要说明的是，Himoto 等[37] 没有对结构震害的确定进行进一步说明，而是随机指定了各建筑的破坏状态。为了改进这一局限，4.4.3.1 节则给出了模拟结构震害的更加合理的方法。

4.4.3.4 模块 4 高真实感显示

政府减灾规划部门和消防部门等的决策者往往不具备地震工程的相关专业知识，因此，有必要将次生火灾模拟结果加以生动形象的展示，以便于决策者更直观地理解。为此，本小节从两个层次出发，对地震次生火灾的高真实感显示进行了研究：

（1）火情发展过程。通过建筑颜色的变化，展现着火建筑的状态变化和整个区域的火情发展。这一可视化结果有利于决策者从整体上把握火势蔓延面积和方向等动态信息，判断火灾蔓延高风险区域，从而为消防救援决策、城市消防规划等提供依据。

（2）火灾烟气效果。利用粒子系统，在三维可视化平台展现火灾现场的烟气弥漫的情况。烟气效果可以提高火灾场景展示的真实感，为火灾演练等营造高真实感的虚拟现实场景[39]。

　　火情发展过程的可视化基于 Xu 等[40] 的工作，采用 OSG 开源三维图形引擎实现。OSG 对 OpenGL 进行了很好的封装，是一款很好的三维场景开发工具。利用 OSG 进行高真实感显示的流程如图 4.4-3 所示。根据建筑的层数、高度和平面形状等信息，拉伸并创建 OSG 三维模型叶节点，并添加到火灾场景根节点中。根据火灾起火与蔓延模拟结果，确定建筑各时刻的燃烧状态（定义为建筑已燃烧时间与建筑燃烧持时的比值），并用从亮到暗的不同颜色表示不同燃烧状态。定义节点回调类（node callback），在 OSG 火灾场景渲染时，每帧都会调用该节点回调类，从而更新当前帧建筑颜色。上述过程可采用 Xu 等[42] 建议的方法来实现，只不过需要将 Xu 等[40] 中不同建筑的表面贴图和位移云图替换成燃烧状态云图。

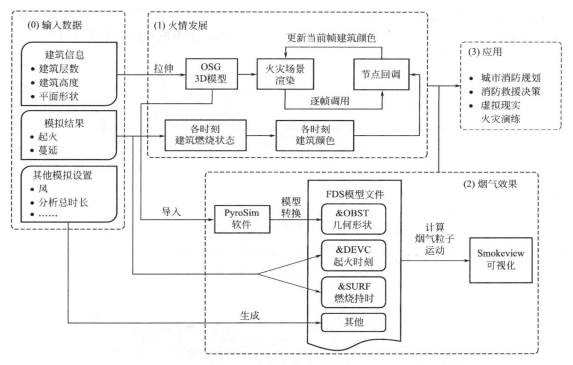

图 4.4-3　高真实感显示流程

　　为了向场景中添加真实的烟气效果，采用 FDS 软件对大规模开放区域的火灾发展进行流体力学计算。FDS 采用大涡模拟，可以直接计算烟气粒子的运动，这种运动是遵循物理规律的，因此可大大提高烟气效果的真实感。相反，使用 OSG 中的粒子系统则难以实现这样高真实感的烟气蔓延场景。利用 FDS 软件进行高真实感显示的流程如图 4.4-3 所示。为符合 FDS 数据输入的要求，本小节借助了商用软件 PyroSim，将建筑的 OSG 三维模型转换为 FDS 几何模型。具体的，利用 OSG 提供的函数 osgDB：writeNodeFile（）导出建筑三维模型文件，并导入 PyroSim 软件，软件会将其转换生成 FDS 模型文件的几何信息部分，在 FDS 中用"&OBST"关键词定义。之后，根据起火与蔓延模拟结果，得到各建筑的起火时刻与燃烧持时信息，补充至 FDS 模型文件中（分别用"&DEVC"和"&SURF"关键词定义）。再根据风、模拟时间等其他设置，在 FDS 模型文件中补充其他信息。最后提交 FDS 计算，计算结果在 FDS 的后处理软件 Smokeview 中显示。

通过建立如上所述的四个模块，可以顺利地实现本章建议的地震次生火灾模拟和高真实感显示框架。另一方面，FDS 和 Smokeview 均为开源、跨平台软件，可以很容易地从互联网下载得到。因此，本小节建议的方法和相关软件适用于多数城市区域的地震次生火灾模拟。本小节下一部分将以一个案例对此进行进一步说明。

4.4.4 案例分析

4.4.4.1 案例区域介绍

本小节选定了太原市中心城区作为案例进行分析。该区域东西宽约 8.3km，南北宽约 3.1km，整个案例分析区域面积约 26km^2，包含 44152 栋建筑，如图 4.4-4 所示。建筑层数分布如图 4.4-5 所示，绝大多数建筑为低层建筑，因此，上节的地震次生火灾蔓延模型适用于该区域的分析。

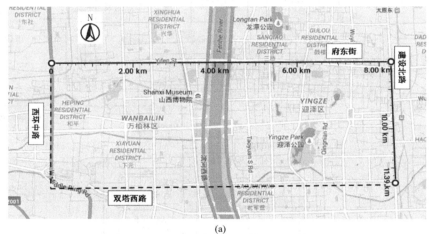

(a)

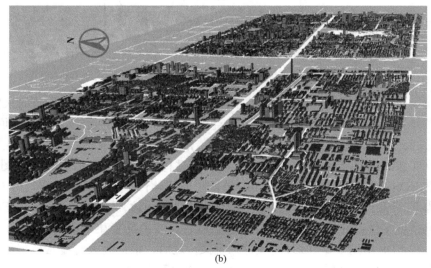

(b)

图 4.4-4　本章案例分析区域：太原市中心城区

（a）范围（图片来源：Google 地图）；（b）三维图

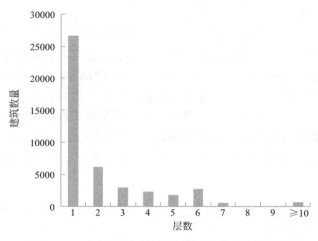

图 4.4-5　案例分析区域的建筑层数分布统计信息

根据《建筑抗震设计规范》GB 50011—2010（2016 年版），太原市中心城区案例区域为 8 度设防。选择规范规定的场地反应谱作为目标谱，借助太平洋地震研究中心（PEER）提供的在线工具，从 PEER NGA-West2 数据库中选择并调幅了 30 条地震动记录作为输入。地震动反应谱如图 4.4-6 所示，可见，在低层和多层建筑基本周期段（基本周期小于 2s），这些地震动的反应谱与场地反应谱吻合较好。

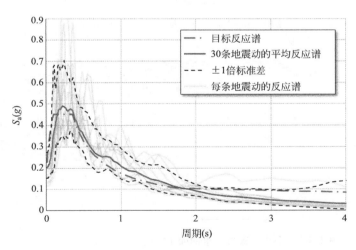

图 4.4-6　输入地震动的反应谱与目标反应谱

本案例选择设防地震水准（$PGA = 0.2g$）地震作用进行分析，该地震水准下，大量老旧未设防建筑将出现严重破坏或倒塌，而新建的设防建筑则一般会出现中等以下破坏状态，因此可以更好地展现本小节建议的方法可以考虑不同破坏状态对地震次生火灾的影响。而如果地震动太小或太大，则建筑破坏状态可能都很轻微或都很严重，可能难以清晰地展现该方法的特点。

4.4.4.2 起火模拟

选用图 4.6-6 所示的 30 条地震动对算例区域建筑进行非线性时程分析，得到建筑的破坏状态。利用式（4.3-2）～式（4.3-5）即可得到各建筑在不同地震动作用下的起火指数 r 以及平均起火指数 r_m。利用式（4.3-1）可计算得到 $PGA=0.2g$ 时算例区域起火建筑数量 $N=32$。各建筑平均起火指数如图 4.4-7 所示。指定平均起火指数 r_m 最高的前 32 栋建筑为起火建筑，可得到起火建筑位置（图 4.4-7）。将起火指数由高到低排序，图中圆圈数字表示排序次序（数字越小表示起火指数越高，排序越靠前）。进一步标示出平均震害最严重的前 1000 栋建筑，如图 4.4-8 所示。对比可知该案例中，建筑震害与建筑起火可能性成正相关关系。

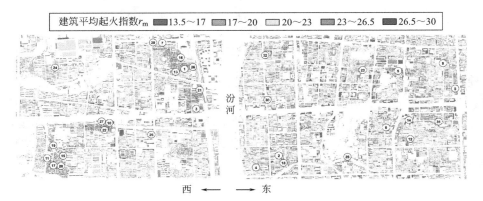

图 4.4-7　各建筑平均起火指数 r_m 及 32 栋起火建筑位置

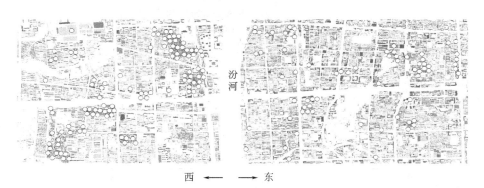

图 4.4-8　平均震害最严重的前 1000 栋建筑位置

由于地震动的特异性，在不同地震动作用下，建筑起火指数及起火点的分布不同。为了说明这一点，从 30 条地震动的分析结果中挑选两条地震动的结果进行对比，一条为近场地震动（Imperial Valley-02，El Centro Array ♯9），另一条为远场地震动（Northwest Calif-02，Ferndale City Hall）。图 4.4-9 给出了这 2 条地震动下的起火情况。注意到虽然两条地震动的 PGA 相同，但它们的加速度反应谱不同，从而导致具有不同动力学特性的建筑产生不同破坏状态。因此，不同地震动下起火指数分布存在差别。然而，如果采用易损性矩阵方法计算结构震害，则同一 PGA 下只能给出相同的地震起火结果。

图 4.4-9　所选择的 2 条不同地震动下建筑起火指数

4.4.4.3　火灾蔓延模拟

设定天气条件为西风（风速 $v=6\text{m/s}$），最低气温 $T_{\text{low}}=10℃$，最高气温 $T_{\text{high}}=25℃$，外墙完全破坏时的极限热通量折减系数 α 取 0.4 为例。在得到起火建筑位置后进行火灾蔓延模拟，不同地震动输入下，总燃烧建筑占地面积的平均结果与加减一倍标准差的结果如图 4.4-10 所示。火灾在初期有加速蔓延趋势，18h 后变缓慢，但部分地震动作用下在 20～35h 时仍有加速蔓延现象。第 45h 后，火灾完全熄灭。在不考虑消防扑救的情况下，最终平均燃烧占地面积约为 0.45km^2，是总建筑占地面积的 5.5%。约 6h 后，不同地震动下火灾蔓延情况的差异开始增大。在第 45h 时，不同地震导致的燃烧占地面积变异系数（标准差与平均值之比）约为 5%。

由于外墙完全破坏时的极限热通量折减系数 α 的取值缺少很好的依据，因此本小节将讨论 α 的取值对火灾蔓延的影响。保持天气条件和起火位置不变，不同的 α 取值下，总燃烧建筑占地面积随时间 t 的变化如图 4.4-11 所示，第 45h 左右火灾完全熄灭。图中总燃烧面积指采用 30 条地震动分别模拟得到的平均值。注意到 $\alpha=1.0$ 即表示不考虑震害对火灾蔓延的影响，由图可见，相同震害下，当 α 越小，即外墙完全破坏时极限热通量越低时，总燃烧面积越大，即震害对蔓延的加剧作用越大。$\alpha=0.4$ 时，考虑震害对蔓延的影响比不考虑震害影响总燃烧面积增大了约 10%（$t=45\text{h}$）。

风是影响火灾蔓延的重要因素，保持其他条件不变（取 $\alpha=0.4$），仅改变风速 v，得到总燃烧建筑占地面积随时间的变化曲线如图 4.4-12 所示。图中总燃烧建筑占地面积指采用 30 条地震动分别模拟得到的平均值。当 $v=2\text{m/s}$ 时，火势蔓延速度和最终总燃烧面积与无风（$v=0\text{m/s}$）时几乎相同。当风速进一步增大时，不仅会加大火灾蔓延速度，也

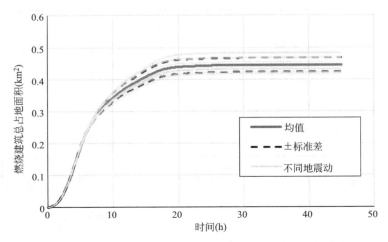

图 4.4-10　总燃烧面积-时间关系曲线：平均结果与标准差

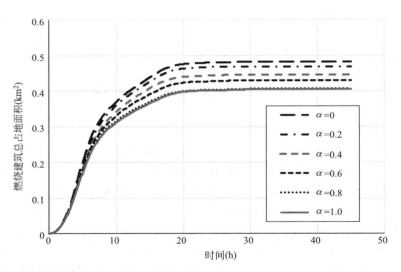

图 4.4-11　不同的 α 取值下总燃烧面积-时间关系曲线

会导致最终总燃烧面积增加。当 $v=6\text{m/s}$ 时，最终总燃烧面积比无风时增加了 42%。可见风对火灾蔓延有很大的加剧作用。根据太原年鉴，太原市年平均风速为 $1.4\sim2.2\text{m/s}$。在这一风速水平下，总燃烧建筑占地面积约为 0.31km^2，占建筑总占地面积的 3.8%。此外，地震次生火灾燃烧持时约为 22h。然而，需要指出的是，如果风速达到 6m/s，火灾蔓延面积将会显著增加（图 4.4-12）。因此，如果发生地震次生火灾时风速远远大于年平均风速（$1.4\sim2.2\text{m/s}$），则可能造成比上述预测值更为严重的后果。

从上述分析可知，本小节建议的蔓延模型能考虑不同地震动对蔓延结果的影响，从而把握地震动的特异性和离散性。此外，模型还能合理地反映风速对火灾蔓延的加剧作用。

4.4.4.4　高真实感可视化结果

火灾蔓延可视化效果如图 4.4-13 所示，图 4.4-13（a）～图 4.4-13（c）三张图片分别

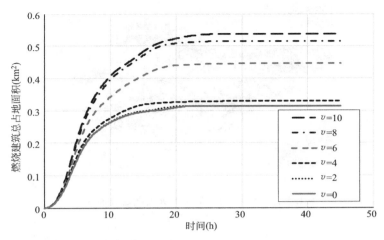

图 4.4-12　不同风速下总燃烧面积-时间关系曲线（v 代表风速，单位为 m/s）

显示了第 4h、6h、10h 时火灾情况，不同颜色直观地表达了火情发展的动态过程。烟气效果展示如图 4.4-14 所示，从图中可见，烟气粒子的运动清晰地展现了城市区域里次生火灾的起火位置和严重程度，增强了火灾蔓延场景的真实感。

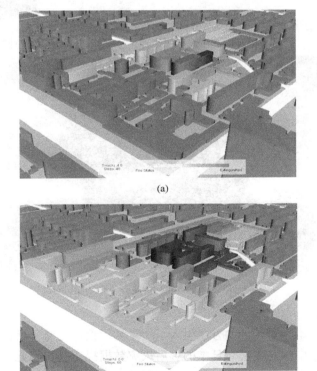

扫码看彩图

扫码看彩图

图 4.4-13　利用 OSG 展示的火灾蔓延效果（一）

(a) $t = 4$h；(b) $t = 6$h

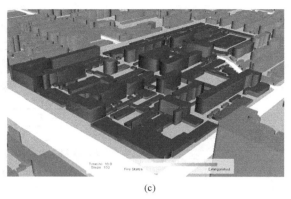

扫码看彩图

(c)

图 4.4-13　利用 OSG 展示的火灾蔓延效果（二）

（c）$t = 10h$

(a)

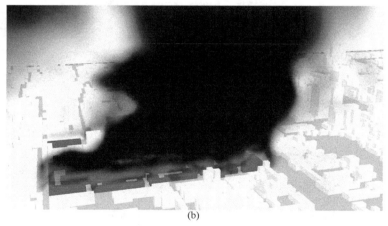

(b)

图 4.4-14　利用 Smokeview 展示的烟气效果

（a）整体视角；（b）局部视角

　　需要说明的是，本小节建议的方法引入了一定的假设，主要包括：（1）起火模型中的回归模型主要是基于中国、美国和日本的震后火灾数据提出的，因此主要适用于这些国家的城市区域地震次生火灾模拟。对于其他国家和地区，则应针对性地采用适用于该地区的起火模型。（2）在火灾蔓延模型中，暂时没有考虑喷淋、烟感等消防设施以及消防部门的影响。然而，地震可能导致喷淋等消防设施出现破坏而难以正常工作，消防部门也可能因道路损坏等原因无法对所有起火建筑及时作出扑救反应。因此本小节通过上述假定，给出的模拟结果偏于保守，但可以认为有一定的合理性。（3）三维可视化场景中没有体现建筑门窗等细节，但如图 4.4-14 所示，采用目前的细节层次，已经可以营造一种真实的火灾蔓延场景了。今后的研究中，可以在现有工作的基础上，对火灾场景进行进一步细化。

4.4.5　小结

本小节在现有地震次生火灾起火模型和蔓延模型的基础上，提出了考虑建筑震害的地震次生火灾模拟方法和高真实感显示框架。之后对中国太原市中心城区进行了次生火灾预测案例研究。得出结论如下：

（1）本小节采用区域建筑地震响应时程分析，得到建筑震害，可以考虑不同地震动记录和不同建筑抗震能力差别对初始起火位置的影响和对火灾蔓延的影响。

（2）在火灾蔓延的初始阶段，不同地震动的蔓延结果比较接近；但一定时间后，不同地震动下火灾蔓延情况逐渐出现差异。建筑外围护结构的震害会增大火灾蔓延面积。

（3）基于 OSG 引擎的高真实感显示可以使用不同颜色表征建筑燃烧状态，从而展现火灾蔓延场景。而利用 FDS 和 Smokeview 开源软件，可以实现真实的烟气效果。这些高真实感可视化结果可以方便非专业人士直观地理解次生火灾模拟结果，从而为消防救援决策、城市消防规划等提供依据。

参考文献

［1］XU Z，LU X Z，GUAN H，et al. Simulation of earthquake-induced hazards of falling exterior non-structural components and its application to emergency shelter design ［J］. Natural Hazards，2016，80（2）：935-950.

［2］赵思韵. 基于 GIS 的城市地震次生火灾危险性评价与过程模拟研究 ［D］.北京：中国科学院地理科学与资源研究所，2006.

［3］陈素文，李国强. 地震次生火灾的研究进展 ［J］.自然灾害学报，2008，17（5）：120-126.

［4］LEE S W，DAVIDSON R A，OHNISHI N，et al. Fire following earthquake-reviewing the state-of-the-art of modeling ［J］.Earthquake spectra，2008，24（4）：933-967.

［5］DAVIDSON R A. Modeling post-earthquake fire ignitions using Generalized Linear (Mixed) Models ［J］.Journal of Infrastructure Systems. 2009，15（4）：351-360.

［6］ANDERSON D，DAVIDSON R A，HIMOTO K，et al. Statistical modeling of fire occurrence using data from the Thoku，Japan earthquake and tsunami ［J］. Risk analysis，2016，36（2）：378-395.

［7］ZOLFAGHARI M R，PEYGHALEH E，NASIRZADEH G. Fire following earthquake，intra-structure ignition modeling ［J］.Journal of fire sciences，2009，27（1）：45-79.

［8］YILDIZ S S，KARAMAN H. Post-earthquake ignition vulnerability assessment of küçükçekmece district ［J］.Natural Hazards and Earth System Sciences，2013，13

(12)：3357-3368.

[9] COUSINS J，THOMAS G，HERON D，et al. Probabilistic modeling of post-earth-quake fire in Wellington，New Zealand [J]. Earthquake spectra，2012，28（2）：553-571.

[10] THOMAS G，HERON D，COUSINS J，et al. Modeling and estimating post-earth-quake fire spread [J]. Earthquake spectra，2012，28（2）：795-810.

[11] LEE S W，DAVIDSON R A. Application of a physics-based simulation model to ex-amine post-earthquake fire spread [J]. Journal of Earthquake Engineering，2010，14（5）：688-705.

[12] LEE S W，DAVIDSON R A. Physics-based simulation model of post-earthquake fire spread [J]. Journal of Earthquake Engineering，2010，14（5）：670-687.

[13] LI S Z，Davidson R A. Application of an urban fire simulation model [J]. Earth-quakespectra，2013，29（4）：1369-1389.

[14] ZHAO S J. GisFFE-an integrated software system for the dynamic simulation of fires following an earthquake based on GIS [J]. Fire Safety Journal，2010，45（2）：83-97.

[15] HiMOTO K，TANAKA T. A preliminary model for urban fire spread-building fire behavior under the influence of external heat and wind [C] // Fifteenth Meeting of the UJNR Panel on Fire Research and Safety. Boulder，CO，USA：National Institu-te of Standards and Technology，2000：309-319.

[16] HiMOTO K，TANAKA T. A physically-based model for urban fire spread [J]. Fire Safety Science，2003，7：129-140.

[17] HiMOTO K，TANAKA T. Development and validation of a physics-based urban fire spread model [J]. Fire Safety Journal，2008，43（7）：477-494.

[18] REN A Z XIE X Y. The simulation of post-earthquake fire-prone area based on GIS [J]. Journal of Fire Sciences，2004，22（5）：421-439.

[19] ARCHITECT S A. Lessons from the Great Hansin-Awaji Earthquake [DB/OL]. (2016-8-8). http：//www3. grips. ac. jp/~ando/HanshinLessons%20en. pdf.

[20] MCGRATTAN K B，Baum H R，Rehm R G，et al. Fire dynamics simulator--Tech-nical re-ference guide [M]. Gaithersburg：National Institute of Standards and Tech-nology，Building and Fire Research Laboratory，2000.

[21] Thunderhead Engineering. PyroSim. [EB/OL]. (2016). http：//www. thunderhead-eng. com/pyrosim/.

[22] Federal Emergency Management Agency. Seismic performance assessment of buildings Vol-ume 1-Methodology [EB/OL]. (2016). https：//www. fema. gov/media-library-data/1396495019848-0c9252aac91dd1854dc378feb9e69216/FEMAP-58_Volume1_508. pdf.

[23] Federal Emergency Management Agency. Seismic performance assessment of build-ings Volume 2-Implementation guide [EB/OL]. (2016). https：//www. fema. gov/medialibrary-data/1396495019848-0c9252aac91dd1854dc378feb9e69216/FEMAP-58_Vol-

ume2_508. pdf.

[24] SHAW K，IOUP E，SAMPLE J，et al. Efficient approximation of spatial network queries using the m-tree with road network embedding [C] //19th International Conference on Scientific and Statistical Database Management (SSDBM 2007). IEEE，2007：11-11.

[25] DOBERSEK D，GORICANEC D. Optimisation of tree path pipe network with nonlinear optimisationmethod [J]. Applied thermal engineering，2009，29 (8-9)：1584-1591.

[26] Dynamo. Dynamo BIM [EB/OL]. (2016). http：//dynamobim. org.

[27] Microsoft. SQLServer [EB/OL]. (2016). https：//www. microsoft. com/en-us/sql-server/sql-server-2016.

[28] LU X，LU X，GUAN H，et al. Collapse simulation of reinforced concrete high-rise building induced by extreme earthquakes [J]. Earthquake Engineering & Structural Dynamics，2013，42 (5)：705-723.

[29] XIONG C，LU X Z，LIN X C，et al. Parameter determination and damage assessment for THA-based regional seismic damage prediction of multi-story buildings [J]. Journal of Earthquake Engineering，2017，21 (3)：461-485.

[30] 张家忠，周宝坤. 古城镇消防安全问题及对策 [J]. 中国公共安全 (学术版)，2014 (03)：57-61.

[31] 新浪网. 贵州苗寨 "火烧连营" 60 栋房屋化为废墟 [EB/OL]. (2016-02-21) [2019-03-27]. http：//news. sina. com. cn/c/nd/2016-02-21/doc-ifxprucu3060737. shtml.

[32] 曾翔，杨哲飚，许镇，等. 村镇建筑群火灾蔓延模拟与案例 [J]. 清华大学学报 (自然科学版)，2017，57 (12)：1331-1337.

[33] 郭福良. 木结构吊脚楼建筑群落火灾蔓延特性研究 [D]. 北京：中国矿业大学，2013.

[34] WILLIAM P. Wind effects on fires [J]. Progress in Energy and Combustion Science，1991，17 (2)：83-134.

[35] LU X Z，HAN B，HORI M，et al. A coarse-grained parallel approach for seismic damage simulations of urban areas based on refined models and GPU/CPU cooperative computing [J]. Advances in Engineering Software，2014，70：90-103.

[36] XIONG C，LU X Z，GUAN H，et al. A nonlinear computational model for regional seismic simulation of tall buildings [J]. Bulletin of Earthquake Engineering，2016，14 (4)：1047-1069.

[37] HIMOTO K，MUKAIBO K，AKIMOTO Y，et al. A physics-based model for post-earthquake fire spread considering damage to building components caused by seismic motion and heating by fire [J]. Earthquake spectra，2013，29 (3)：793-816.

[38] HAYASHI Y，INOUE M，KUO K C，et al. Damage ratio functions of steel buildings in 1995 Hyogo-ken Nanbu earthquake [J] Proceedings of ICOSSAR' 05，2005：633-639.

[39] XU Z，LU X Z，GUAN H，et al. A virtual reality based fire training simulator with

smoke hazard assessment capacity [J]. Advances in engineering software，2014，68：1-8.

[40] Xu Z，LU X Z，GUAN H，et al. Seismic damage simulation in urban areas based on a high-fidelity structural model and a physics engine [J]. Natural Hazards，2014，71 (3)：1679-1693.

第 5 章 城市地震次生坠物情景仿真

5.1 概述

在地震中，围护结构的层间位移角限值一般小于主体结构破坏的层间位移角限值，因此在地震作用下围护结构相比主体结构更容易发生破坏。这些破坏的围护结构会产生坠物，并以一定速度被抛出，形成建筑外围地震坠物灾害，如图 5.1-1 所示。

图 5.1-1　2001 年美国尼斯阔利（Nisqually）地震（$M_w = 6.8$）中西雅图市区填充墙坠物灾害

城市建筑群地震坠物灾害可能造成严重人员伤亡，并阻碍震后交通、破坏基础设施，严重威胁城市安全。例如，在 1933 年美国长滩地震死亡的 120 人中，大部分是由坠物造成的[1]；在 1994 年美国北岭地震中，超过一半的人员伤亡是地震坠物导致的[2]；在 2017 年我国九寨沟地震中，地震坠物也造成了较大比例的伤亡情况[3]。此外，建筑群外围地震坠物也会阻碍道路，破坏城市生命线工程等，影响城市地震韧性。例如，2008 年汶川地震曾出现工业管道被建筑群外围坠物砸坏的现象[4]。因此，应该高度重视建筑群地震坠物问题，以保障城市地震安全。

因此，建筑群外围护结构地震坠物灾害预测是城市地震坠物防治的关键。然而，尽管国内外学者在构件尺度上已经对围护结构地震破坏方面开展了大量研究，但目前针对城市尺度的建筑群地震坠物研究几乎处于空白。因此，非常有必要针对建筑群外围坠物灾害预测问题开展专门的研究。

由于在多刚体动力学和碰撞检测上的优势，物理引擎善于模拟地震或倒塌过程中大量坠物的复杂运动和相互碰撞过程。物理引擎[5] 是一种高效的动力学模拟器，可以模拟刚体、流体、软体等运动及碰撞等效果，在仿真模拟、游戏制作等应用广泛。由于在建筑地震反应或倒塌中坠物的数量是庞大，采用一般动力学专业分析平台开展坠物运动计算，往往耗时严重。但是，物理引擎是为满足图形引擎的实时渲染需求而研发的，因此，它在具有一定准确性的基础上具有极高的计算效率，非常适合大规模坠物运动及碰撞的计算。

依托物理引擎，本章针对地震次生坠物或倒塌坠物开展以下四方面的研究：

5.2 节为物理引擎在桥梁倒塌碎块仿真的应用。该小节提出了一个基于有限元分析和物理引擎的高性能、真实感坠物模拟方法，弥补有限元中杀死单元的不足，以完整、实时、具有真实感地还原桥梁倒塌过程，辅助桥梁倒塌事故分析。

5.3 节为基于物理引擎和 FEMA P-58 的建筑室内地震坠物仿真。该小节以 BIM 模型为基础，利用 FEMA P-58 判断室内非结构构件的破坏状态，通过物理引擎计算非结构构件破坏后的运动状态，从而构建室内震害的虚拟场景。

5.4 节为基于物理引擎与时程分析的建筑群地震倒塌仿真。该小节采用精细化结构模型和非线性时程分析方法，实现了城市大区域建筑震害的预测；基于精细化的预测结果，提出了真实感的城市区域建筑震害的动态可视化方法，以准确而又真实感的表现震害分析结果；利用物理引擎，提出了建筑震害中的倒塌过程的模拟算法，以弥补数值模拟所缺乏的细节，增加模拟完整性和真实感。

5.5 节为基于时程分析的建筑群地震次生坠物分布仿真。该小节将针对目前研究有限的建筑在地震中外围非结构构件坠物危害问题，提出一套考虑地震动不确定性的区域建筑群的非结构坠物的分析方法，并为考虑地震中坠物危害的紧急避难场所的选址问题提供了量化的决策依据。

5.2 物理引擎在桥梁倒塌碎块仿真的应用

5.2.1 背景

桥梁是重要的生命线工程，桥梁倒塌事故通常造成严重的人员伤亡和财产损失。有限元分析可以准确地模拟桥梁倒塌的动力学过程，为发现桥梁倒塌的主要原因提供重要的参考，因此成为桥梁倒塌事故调查中最为广泛使用的数值分析手段之一。然而，由于有限元分析采用"生死单元"技术，桥梁倒塌有限元分析的结果通常不完整的。图 5.2-1 展示了一个典型的桥梁倒塌事故场景，事故的有限元分析结果展示在图 5.2-2 中[6]。通过两图对比可以发现，大量桥梁残骸都没有显示在有限元分析的结果中。在桥梁倒塌事故调查中，残骸对照通常用来检验分析结果是否与实际情况吻合，进而辅助发现桥梁倒塌的主要原因。因此，有限元分析结果难以直接应用桥梁倒塌事故残骸对照中。

很多研究表明"生死单元"技术是模拟桥梁倒塌非连续特征的最适合的方法之一。如图 5.2-3 所示，没有被杀死的正常单元将发生可见位移和变形，而一旦单元被杀死，单元将不再参与计算，同时也会在有限元后处理中变得不可见。在桥梁倒塌有限元分析中，大量单元在桥梁触底时被杀死而变得不可见，这导致如图 5.2-2 所示的有限元结果中只有很少的残骸是可见，因此，有限元分析结果难以直接用于残骸对照。另外，消失的杀死单元也大大降低了桥梁倒塌模拟过程的真实感和可信性。因此，杀死单元的可视化是桥梁倒塌分析中亟待解决的问题。

碎块模拟的研究根据应用需求的不同可以划分为离线模拟（Off-line）和实时模拟（Real-time）[7]。离线模拟主要应用在电影特效中，电影工作者为追求足够真实的破碎效

图 5.2-1　真实的桥梁倒塌场景

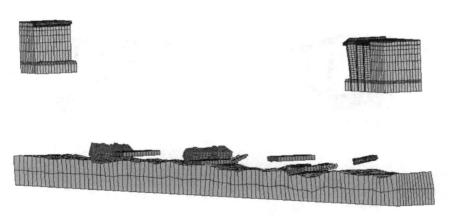

图 5.2-2　桥梁倒塌场景的有限元分析结果

果，可以付出漫长的渲染时间和昂贵的硬件资源。而实时模拟主要应用在 3D 游戏中，破碎动画在相对真实感的基础上，更注重实时的交互性能。在桥梁倒塌事故鉴定中，实时碎块动画是必需的。一方面，碎块动画主要为获得桥体残骸分布，不需要足够的真实感；另一方面，离线模拟过长的渲染时间也难以满足事故鉴定的需求。桥梁倒塌可能的原因很多，鉴定人员需要对桥梁倒塌进行多次的数值分析，因此需要通过实时碎块动画快速地得到每种数值分析对应的倒塌过程和残骸分布。此外，鉴定人员需要在桥梁倒塌过程动画中进行实时交互操作，以更加便捷地观察倒塌过程。因此，基于杀死单元的实时碎块模拟是本节研究的目标。

　　碎块动画可以分为碎块生成和碎块运动两个阶段。在碎块生成上，很多方法被提出，如基于物理方法和基于几何方法。然而，由于结构倒塌模拟通常采用精细的有限元网格，生死单元可以直接转化成碎块。也就是说，一旦有限元分析中的一个单元被杀死，与这个

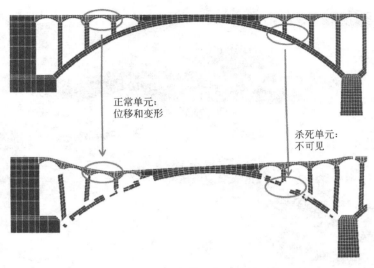

图 5.2-3 正常单元和杀死单元

杀死单元具有相同大小、形状、位置和初始速度的新碎块图形将被建立，如图 5.2-4 所示。

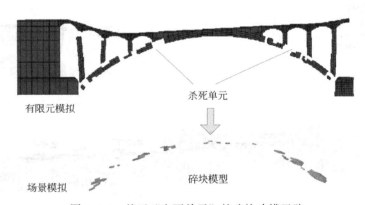

图 5.2-4 基于"生死单元"的碎块建模思路

碎块的运动决定了桥梁残骸的分布，而残骸分布对事故调查非常重要。但是，物体破碎后的运动阶段是无法依靠有限元分析数据的。由于单元被杀死后将不再参与计算，杀死单元的运动数据将不再具有参考性。为保证碎块分布对桥梁事故鉴定具有可信性，碎块运动必须符合物理规则。碎块脱离母体后不仅会在重力场中继续运动，而且会与地面、碎块等其他物体发生碰撞。碎块的运动直接决定了碎块的位置分布，需要进行专门的数值计算以保证模拟的准确性。另外，破碎过程实时模拟也对碎块运动的计算效率提出了要求。因此，准确、高效的数值计算方法对于实现碎块运动模拟是必不可缺的。

本节提出了一个基于有限元分析、图形引擎和物理引擎的高性能的桥梁倒塌碎块仿真方法[5]，以实现杀死单元的可视化，完整、实时、具有真实感地还原桥梁倒塌过程，辅助桥梁倒塌事故分析。分别以一个石拱桥和一个钢筋混凝土桥作为倒塌模拟算例，展示桥梁倒塌视景仿真效果。

5.2.2　技术路线

模拟程序的整个框架如图 5.2-5 所示。框架由三个主要部分组成：有限元分析区域、图形引擎区域和物理引擎区域。图形引擎是实现桥梁倒塌视景仿真的主要区域，而有限元分析区域和物理引擎区域提供了视景仿真的必要信息。正常单元的变形和位移被有限元分析控制，转换为碎块的杀死单元的运动由物理引擎控制。物理计算继承单元杀死时的初始位置和初始速度来模拟碎块运动。三个领域需要协同工作以真实、流畅地表现桥梁倒塌过程。

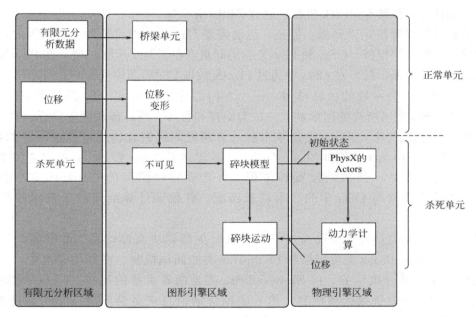

图 5.2-5　技术路线

但是，基于该框架的杀死单元的视景仿真依然存在两方面的问题。一方面，该框架需要有限元分析、图形引擎和物理引擎三方的有效协同工作。目前，有限元分析和图形引擎的协同工作已经被大量研究了，然而，结合有限元、图形引擎和物理引擎三个领域的研究还没有发现。另一方面，倒塌模拟中杀死单元的数量比较庞大，尽管物理引擎效率很高，但大量物体复杂的碰撞过程的计算量巨大，对于物理引擎的碎块运动模拟是一个挑战。

5.2.3　三个领域的协作

上述三个领域主要通过图形引擎实现协同工作，图形引擎需要有较大的开发权限，以便三者的顺畅连接，因此本节选择开源图形平台 OSG 作为图形引擎。就物理引擎而言，对比三大物理引擎 Havok，PhysX 和 Bullet[8-10]，可以发现由于可以采用 GPU 的群核来加速计算过程，PhysX 更适合大量物体的计算。

OSG 是桥梁倒塌视景模拟的主要运行环境。桥梁倒塌动画的主要实现依托于 OSG 的 Callback 机制，利用该机制可以实现在每一帧渲染之前所需的工作。在桥梁倒塌视景模拟中，有限元分析与 OSG 的协同针对正常单元的位移与变形。在每一帧回调中，利用相应时间步上的结点位移来对正常单元的顶点坐标向量进行更新，就可以形成单元位移和变形动画。具体来说，顶点坐标的更新函数可以通过重载 OSG 的 UpdateCallback 来实现。有限元分析与 OSG 的协同方法非常简单直接，高效地实现了桥梁倒塌过程中正常单元位移与变形的视景模拟。

目前物理引擎 PhysX 被本节采用，但是关于 OSG 与 PhysX 的协同工作研究还非常有限。因此，本节重点讨论 OSG 与 PhysX 物理引擎的协作方法，以为其他基于 OSG 与 PhysX 的应用提供参考。

OSG 与 PhysX 是两个独立的程序，各自拥有复杂的应用规则。然而，碎块的运动动画的实现同样可以依赖 Callback 机制。通过 Callback 机制，碎块的顶点坐标在每一帧中都被不断更新以形成碎块运动动画。但是，运动需要 PhysX 实时计算的支持。因此，为了实现准确、流畅碎块模拟，OSG 和 PhysX 的协同重点在于两个步骤：（1）在 PhysX 建立与碎块图形对应关系；（2）在 OSG 中通过 PhysX 数据实时更新碎块。

为了建立与碎块一致的计算模型，一个专门的连接 OSG 和 PhysX 的类 Fragments 被设计。在 OSG 中，所有的图形被 Geode 类储存和管理。所以碎块图形同样也在 Geode 中被创建。在 PhysX 中，Actor 类是基本的计算单元，代表着物理世界中所有的物体。Fragments 类主要由 Actor 类和 Geode 类组成，并建立了 Actor 和 Geode 的对应关系。一些 Actor 的初始参数，如初始位置和体积，由管理碎块图形的 Geode 确定，以保证 PhysX 中的计算条件与 OSG 中的图形场景匹配，并保证计算结果对于视景模拟是有效的。

Move-callback 类是为了实现通过 PhysX 实时更新碎块而设计的。由于集成了 OSG 特定的类，Move-callback 类可以控制 Fragments 类的回调机制。在碎块模拟中，图形显示和物理计算是并行执行的，而 Move-callback 类是两者重要的连接。Move-callback 类从 PhysX 的 Actor 中获取运动信息，然后应用运动信息来更新碎块图形。通过 Move-callback 类实现的循环形成了由 PhysX 计算支持的碎块动画，如图 5.2-6 所示。Fragments 类和 Move-callback 类建立了 OSG 与 PhysX 的有效协作平台，而 PhysX 和 OSG 也保持了一定与建模相关独立特征，这是解决随后内容中涉及的碎块渲染问题的重要基础。

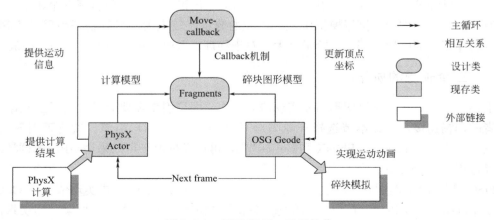

图 5.2-6　OSG 和 PhysX 的协作

5.2.4　碎块建模

桥梁倒塌过程中碎块的数量是非常巨大的，如在上文的石拱桥有限元模拟（图 5.2-2）中，约 5 万多个单元在有限元分析中被杀死，相当于单元总量的 5/6。如果这些杀死单元通过同样数量的物理角色模拟，渲染速度会非常低。一方面大量物理角色导致物理计算速度急剧下降。大量物体的运动和相互碰撞是非常复杂的，这导致了 PhysX 的计算随着 Actor 的增加越累越慢，最终可能难以达到流畅的展示。另一方面，大量新创建的碎块也导致了图形渲染速度的下降。在渲染过程中，图形和顶点的数量都在随着碎块的数量不断增加，造成渲染荷载增加，渲染速度下降。因此，为满足桥梁倒塌视景仿真实时性的要求，必须提出有效的碎块模拟优化方法。

5.2.4.1　物理建模——聚类算法

由于物理计算的复杂性，碎块动画的渲染效率最重要的影响因素是物理角色的数量。碎块在图形上的数量是确定的，由杀死单元的数量决定。但是，PhysX 物理模拟与图形模拟不一定完全对应，因此，可以维持一定模拟准确度的前提下根据模拟性能要求降低物理角色数量。本节采用基于网格的聚类方法[11,12]将同一时刻出现的碎块在空间上划分为多个聚类，一个聚类用同一个物理角色进行模拟。

聚类划分基于一个基本网格 Basic Grid。它是一个有三维尺寸（l，w，h）的长方体网格，位于 Basic Grid 范围内的碎块将作为一个聚类。如果 Basic Grid 的尺寸较大，物理角色数量减少，渲染性能增加，但是，物理角色代表过多碎块，模拟准确度将下降；反之，如果 Basic Grid 的尺寸较小，模拟准确度上升，但是，渲染性能将下降。因此，Basic Grid 的尺寸需要满足渲染性能和模拟准确性两方面要求。

在渲染性能方面，Basic Grid 尺寸与期望帧速和硬件条件相关。经实测，在桌面级显卡的配置条件下（Geforce GTX480，480 cores，1.5 GB memory），实测帧速（frame per second，FPS）与物理角色 Actors 数量的关系，如图 5.2-7 所示。帧速体现了视景仿真的性能，而期望的性能要求将决定物理计算能够容许的物理角色数量。允许的物理角色的总数 N_A^{max} 由期望模拟性能决定。假设期望模拟帧速是电影级别（24FPS），那么如图 5.2-7 所示，所允许的最大角色数量为 4500 个。硬件条件的不同会造成图 5.2-7 模拟性能与物理角色规模曲线的差异。可以通过 OSG 中 osgViewer::StatsHandler 类对应用硬件条件下的帧速进行测试，精确确定运行条件下性能与物理角色规模曲线。

假设所有杀死单元，即碎块的总数为 N_f，则每个物理角色 Actor 能模拟的最小碎块数为 $N_f^{min}=N_f/N_A^{max}$，它是碎块聚类划分的重要参数。Z 轴为碎块运动的主要方向，以 Z 轴为例，展示 Basic Grid 的尺寸的计算。性能要求下 Basic Grid 的 Z 轴方向最小尺寸，可以由每个 Actor 能模拟的碎块数 N_f^{min} 和相邻碎块平均间距 $\overline{d_z}$ 的乘积可以求得，即 $h_{effic}^{min}=\overline{d_z}\cdot N_f^{min}$，其中，$\overline{d_z}$ 在后文中给出。因此，在性能要求上，$h\geqslant h_{effic}^{min}$。在 Z 方向上，中心坐标 $z_{0,i}$，最大坐标为 $z_{max,i}$，最小坐标为 $z_{min,i}$。按照中心坐标所有碎块从小到大依次编号为 1 到 N_f。碎块间距离 d_z^{ij} 应包括碎块尺寸的影响，其定义如图 5.2-8 所示，不同碎块间的相对距离如公式（5.2-1）所示：

$$d_z^{ij}=\begin{cases}z_{max,i}-z_{min,j}, & i\geqslant j\\ z_{min,i}-z_{max,j}, & i<j\end{cases} \quad i=1,2,\cdots N_f;\ j=1,2,\cdots N_f \qquad (5.2\text{-}1)$$

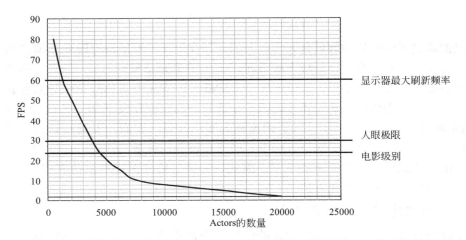

图 5.2-7　实测帧速（frame per second，FPS）与物理角色 Actors 数量的关系

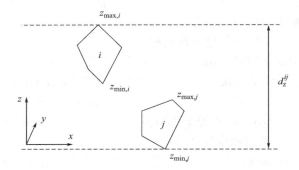

图 5.2-8　碎块间距离 d_z^{ij} 的定义

其中，$\overline{d_z} = \mathrm{sum}\,(|d_z^{ij}|)\,/\,(N_f - 1)$　　$j = i + 1$；$i = 1, 2, \cdots N_f$

在模拟准确度方面，Basic Grid 在某一坐标方向上的最小网格尺寸应该能容纳任意一个碎块，最大尺寸应不超过该方向最小的构件尺寸。这种划分的意义是至少一个碎块可以用一个物理角色模拟，而一个物理角色最多描述同一个构件中所有碎块的运动。以 Z 轴为例，在精确度方面，$h_{\mathrm{accu}}^{\min} \leqslant h \leqslant h_{\mathrm{accu}}^{\max}$。其中，$h_{\mathrm{accu}}^{\min}$ 表示 Z 方向最大的碎块尺寸，而 $h_{\mathrm{accu}}^{\min} = \max(d_z^{ij})$，$i = 1, 2, \cdots N_f$。而 $h_{\mathrm{accu}}^{\max}$ 表示构件在 Z 方向上最小的尺寸，需要根据有限元模型查询。

整体来说，为使模拟更准确，Basic Grid 的尺寸应在满足上述要求的前提下尽可能小。可以取平均间距相邻碎块作为初始值，逐步增加 Basic Grid 的尺寸，直到满足上述准确度和性能上的要求。以 Z 轴为例，具体算法如图 5.2-9 所示。

图 5.2-9 所示网格尺寸的算法中包含三个重要步骤：

（1）检查期望帧速是否过高。

（2）检查相邻碎块的平均间距 $\overline{d_z}$ 是否满足精确度要求。

（3）迭代计算 Basic Grid 的最小尺寸。

一般情况下，Basic Grid 的尺寸主要受性能要求控制，不容易满足最小值要求。因此，

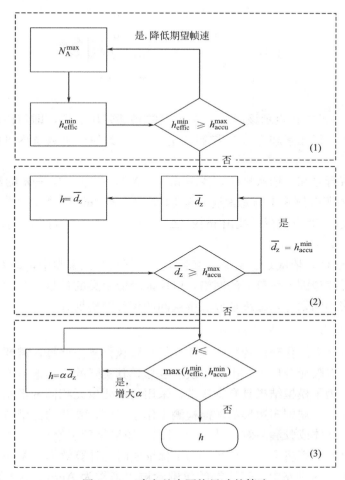

图 5.2-9　确定基本网格尺寸的算法

本算法逐步求得满足上述要求的 Basic Grid 尺寸最小值，使模拟尽可能保持准确。

实际模拟结果表明 Basic Grid 的尺寸为相邻碎块平均间距的 2～3 倍时一般可以满足准确度和渲染性能要求。求解 Basic Grid 尺寸后，需要根据 Basic Grid 进行碎块的聚类计算。为使物理角色数量尽量小，聚类问题转化为用最少的 Basic Grid 包围空间中所有的碎块。

本节将时间离散化，对每一个时间步的碎块分别进行聚类计算。在对应于有限元的时间步长，将时间离散为 t_0，t_1，t_2，$\cdots t_m$，共 m 个时间步，假设出现碎块的某时间步为 t_k。所有碎块出现的时间步都需要进行聚类计算。在当前时间步 t_k 中，生成的碎块数量为 n。

将式（5.2-1）所得距离如式（5.2-2）所示方法进行归一化处理。式（5.2-2）方法表示与碎块 i 相对距离在 h 范围内 d_z^{ij} 均为 1，否则都为 0。

$$d_z^{ij} = \begin{cases} 1, & |d_z^{ij}| \leqslant h \\ 0, & |d_z^{ij}| > h \end{cases} \quad i = 1, 2, \cdots n; \ j = 1, 2, \cdots n \quad (5.2\text{-}2)$$

由 $d_z^{i,j}$ 可以得到归一化的相对距离矩阵 D_z，如式（5.2-3）所示：

$$D_z = \begin{bmatrix} 1 & d_z^{1,2} & d_z^{1,3} & \cdots & d_z^{1,n} \\ & 1 & d_z^{2,3} & \cdots & d_z^{2,n} \\ & & 1 & \cdots & d_z^{3,n} \\ & & & \cdots & \cdots \\ & & & & 1 \end{bmatrix}_{n \times n} \tag{5.2-3}$$

在D_z中，每一行之和表示该碎块在h范围的相邻碎块总数，即与该碎块所在聚类的元素个数。假设每一行元素和为Δ_i，控制变量$k=n$，为使聚类数量尽可能少，本节提出的聚类算法为：

（1）计算所有行之和，依次排序，找出 max(Δ_i)，$i=1, 2, \cdots n$ 的对应行r_1；

（2）将行r_1中所有值为 1 的元素划为聚类C_1，$k=k-$max(Δ_i)；

（3）除去聚类C_1对应的行，找出 max(Δ_i)，$i\notin C_1$对应的行r_2，将r_2所有值为 1 的元素划为聚类C_2，$k=k-$max(Δ_i)；

（4）按照步骤（3）依次划分聚类，直到所有元素划归到聚类中，即$k=0$。

该算法逐步寻找包围碎块最多的网格，以保证降低聚类的数量。其他两个坐标方向依照上述方法进行聚类的划分，最终形成三维空间的聚类网格划分。

5.2.4.2　物理建模——碰撞计算

聚类算法可以大大简化碎块的物理建模，但是要执行碰撞计算，需要为碎块群选择适当的三维造型。在有限元分析中，由于碎块的变形，其实际的三维造型是非常复杂的。在图形引擎区域中，为了模拟结果具有真实性，采用与杀死单元相同的形状，然而，在现有的实时碰撞计算中，不规则多边形的碰撞检测工作量很大，复杂的三维造型通常比简单的形状（如长方体、球体或胶囊）效率低[12]。因此，如果物理引擎区域中 Actors 保持与碎块一致的外形，碰撞计算将会变得更慢。为了保证实时的计算效率，Actors 应该比碎块图形更加简化。在本节的研究中，碎块群的包围盒被用来作为 Actors 的外形，如图 5.2-10所示。计算机图形学中，包围盒是完全紧密包围一组或一个图形对象整体的长方体。在OSG 中，碎块群的包围盒可以通过 Geode 类中的 getBoundingbox（）函数直接获得。Actors 的外形不会超过 Basic Grid 的尺寸，可以避免位置冲突，而且由于采用包围盒，Actors 的外形更接近碎块群，模拟更加准确，如图 5.2-10所示。

在碎块碰撞模拟中，地面采用 PhysX 中的 Static Actor 来模拟。Static Actor 为质量为无限大刚体，它参与碰撞计算，但是自身不会发生位移。因此，可以用来模拟碎块与地面之间的碰撞和接触。具体来说，地面可以用一个垂直 Z 轴的平面形状的 Static Actor 来模拟。

原结构构件的倒塌过程（形状、位移等）都由精确的有限元数据控制，但是，碎块与构件间的碰撞由 PhysX 计算。考虑到结构构件的质量（每个构件由许多元素组成）比碎块的质量大得多，也可以使用 Static Actor 来建立结构构件模型（图 5.2-10）。通过使用Static Actor，尽管在 PhysX 中计算了结构构件和碎块之间的碰撞，但是结构构件仿真是通过有限元分析独立进行的。请注意，在有限元分析中，结构构件的形状和位置在倒塌过程中不断变化，从而相应地影响 PhysX 中结构构件和碎块之间的碰撞。为解决上述问题，本节采用构件包围盒来确定 Static Actor 的外形，采用包围盒中心点确定 Static Actor 的位置。在每一帧，根据有限元数据更新构件的包围盒，将包围盒的形状和中心点传递给

Static Actor，调整后的 Static Actor 参与物理引擎的碰撞计算。这种方法保证了构件自身倒塌过程不受物理计算影响，同时考虑了构件的变化对碎块碰撞的影响，从而实现了结构构件和碎块之间的精确碰撞模拟。

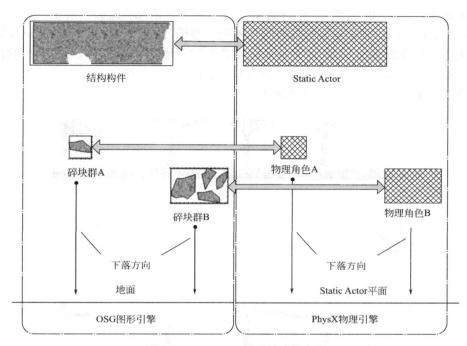

图 5.2-10　Actors 外形的建模方法

5.2.4.3　图形建模

大量的碎块图形导致渲染荷载的大幅增加，渲染效率下降，因此需要对的碎块图形模型进行优化。在 OSG 中，Geode 类由储存图形数据的 Geometry 类构成。Geometry 类是最重要的渲染单元，它的数量直接决定了渲染效率。

根据文中碎块划分方法，每个碎块组可以被一个 Geometry 创建。在这种情况下，每个碎块可以被 PrimitiveSet 类绘制。PrimitiveSet 类是 Geometry 类组成部分，包含图形绘制信息，并提供索引数组绘制命令的高级支持。在这种模型结构中，由于碎块群的数量远小于碎块数量，Geometry 的数量也很小。因此，仅仅少量 Draw（）函数在碎块渲染过程中被访问，渲染效率会提升。在这种模型结构中，碎块群的所有顶点都存储在 Geometry 的顶点数组中。索引数组可以高效地存储顶点，它只存储顶点索引，并不存储真正的顶点数据。由于索引数组，相邻碎块的顶点不会被重复存储。碎块模型的数据都源自有限元数据。优化的碎块模型结构降低了 Geometry 的数量，避免了重复的顶点，将导致一个较高渲染效率。

5.2.5　算例

5.2.5.1　桥梁倒塌仿真

本节对两个倒塌案例进行了模拟，以证明本节提出的可视化方法，算例 1 为一个四跨石拱桥，算例 2 为单跨钢筋混凝土桥。在有限元模型中，算例 1 使用 60320 个六面体实体单元，而算例 2 使用了 26375 个六面体实体单元和四边形壳单元。两个算例的桥梁倒塌的有限元模拟在 MSC. Marc 中完成，并且都采用生死单元技术除去失效单元。通过本节提出的利用物理引擎驱动的桥梁倒塌过程模拟方法，实现了杀死单元的可视化。

算例 1 中，石拱桥倒塌过程持续时间为 9.6s。基于有限元分析、OSG 和 PhyX 的集成系统，实现了石桥倒塌的三维可视化模拟。常规有限元分析结果与具有碎块细节的视景仿真结果的对比情况如图 5.2-11 所示。与传统有限元分析结果相比，碎块模拟能很好地展示杀死单元，提供了更加完整真实的细节。

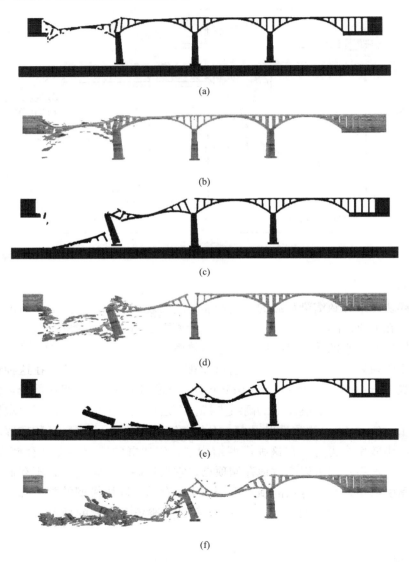

图 5.2-11　传统有限元分析结果与具有碎块细节的视景仿真结果对比

（a）传统有限元分析结果（$t=1.68s$）；（b）具有碎块细节的视景仿真结果（$t=1.68s$）；
（c）传统有限元分析结果（$t=3.36s$）；（d）具有碎块细节的视景仿真结果（$t=3.36s$）；
（e）传统有限元分析结果（$t=5.52s$）；（f）具有碎块细节的视景仿真结果（$t=5.52s$）

　　图 5.2-12 展示了传统有限元分析与具有碎块细节的视景仿真的残骸对照结果。当桥梁触地时大部分单元被杀死，在有限元分析中仅少量残骸可以被看见。但是这些杀死的单元被基于 PhysX 计算的碎块特效很好的展现，在视景仿真中，残骸是完整的，为桥梁倒塌残骸分析提供了参考。加入桥梁地形和周围环境后，残骸的虚拟场景变得更加真实、完整，如图 5.2-13 所示，可以用于与图 5.2-1 所示的真实场景进行对比，辅助发现桥梁倒塌的主要原因。

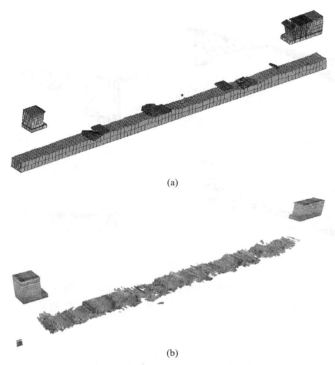

(a)

(b)

图 5.2-12　传统有限元分析与具有碎块细节的视景仿真的残骸对照结果
（a）传统有限元分析结果中的残骸；（b）具有碎块细节的视景仿真结果中的残骸

图 5.2-13　残骸的虚拟场景

　　算例 2 为超载卡车作用下的钢筋混凝土桥梁模拟[13]，图 5.2-14 展示了其原始状态和倒塌发展阶段。尽管这座钢筋混凝土桥梁的结构完整性比石桥好，但在倒塌的最后阶段也包含了大量的杀死单元。传统的有限元分析表明，超过 1/4 的单元被杀死而变得不可见。利用所提出的具有碎块细节的视景仿真方法，可以很好地描述倒塌过程中的杀死单元，并提供详细的碎块分布。此外，图中还清楚地显示了桥梁从拱座到跨中的破坏过程。这进一步证实了所提出的方法的可行性，通过该方法可以真实地展示桥梁倒塌的整个过程。

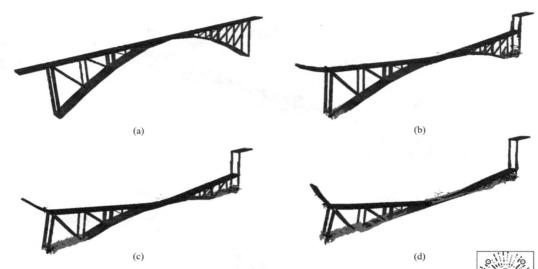

(a)   (b)

(c)   (d)

图 5.2-14　钢筋混凝土桥倒塌过程视景仿真（红色：碎块）
（a）原始桥梁；（b）桥梁倒塌初期；（c）桥梁倒塌中期；（d）桥梁倒塌末期

扫码看彩图

5.2.5.2　可视化评估

　　在前文所述显卡条件下，两个算例的渲染效率情况如表 5.2-1 所示。

渲染效率评估   表 5.2-1

算例	算例 1（石拱桥）	算例 2（钢筋混凝土桥）
有限单元总数	60320	26375
杀死单元总数（即碎块数）	51101	7233
FPS（如果每个碎块由一个 Actor 和一个 Geometry 表示）	0.8	11
物理角色数量	4086	1012
FPS（采用本节物理建模优化方法）	20	62

　　从表 5.2-1 可以看出，在石拱桥算例中，采用本节碎块物理建模优化方法，物理角色的数量为 4086 个，低于杀死单元总数的 1/10。若不采用本节碎块建模优化方法，桥梁倒塌视景仿真的帧速将低于 1FPS，根本无法满足实时性要求。而采用本节物理建模优化方法后，桥梁倒塌视景仿真的帧速可以达到 20FPS，接近电影放映速度。这进一步说明，虽然单独使用 PhysX 可以提供一个模拟碎块的有效工具，但是结合聚类算法的集成方法是提高复杂桥梁结构可视化仿真渲染效率的关键。

钢筋混凝土桥算例中，通过本节方法带碎块特效的视景模拟可以达到 62FPS 的速度，超过显示器最大刷新频率 60FPS，而不采用本节方法的渲染效率为 11FPS，刚刚满足实时渲染需求。两个算例的结果证明了本节碎块特效方法的高效性。

由于碎块落点直接决定桥体残骸分布情况，本节将碎块落点位置来检测文中碎块模拟方法的准确性。采用物理角色 Actors 与碎块一一对应的建模方法得到碎块运动结束后的中心坐标 p，本节得到碎块停止运动后的中心位置坐标 p^*。给定误差 ε，N^* 表示满足 $|p-p^*| \leqslant \varepsilon$ 的碎块数，N_f 表示碎块总数。碎块模拟的准确率用 N^*/N_f 表示。经计算，在误差 ε 分别为 0.1m，0.2m，0.3m 时，两算例的准确率如表 5.2-2 所示。

建模方法准确性评估 　　　　　　　　　　　　　　　　　　　　表 5.2-2

算例	$N^*/N_f(\varepsilon=0.3\text{m})$	$N^*/N_f(\varepsilon=0.2\text{m})$	$N^*/N_f(\varepsilon=0.1\text{m})$
算例 1（石拱桥）	99.91%	98.37%	96.53%
算例 2（钢筋混凝土桥）	100.00%	99.93%	97.32%

表 5.2-2 呈现的准确率表明本节碎块模拟方法的具有较高的准确率。大多数误差小于 0.1m，可用于桥梁倒塌调查。在不损失精度的前提下，本文提出的聚类方法的渲染效率明显高于不使用聚类方法的渲染效率。进一步验证了本文提出的杀死单元实时三维可视化方法能够满足桥梁倒塌事故详细调查的渲染效率和精度要求。

5.2.6　小结

基于有限元分析、PhysX 和 OSG 的协同工作，本节使用碎块特效实现了杀死单元的可视化，并在视景模拟中重现了桥梁的完整倒塌过程。所得结果如下：

（1）石拱桥和钢筋混凝土桥的算例表明基于有限元数据和物理引擎的碎块动画很好地弥补了杀死单元在计算和图形上的缺失。

（2）通过本节的碎块建模方法，桥梁视景仿真的渲染效率有了大幅提升，满足实时要求，充分证明文中模拟方法是高效的。

（3）带有碎块动画的桥梁倒塌视景模拟比有限元结果更加真实、完整，且具有实时的模拟速度，为桥梁倒塌事故调查提供了重要的技术手段。

5.3　基于物理引擎和 FEMA P-58 的建筑室内地震坠物仿真

5.3.1　背景

近年来，随着地震工程的发展，地震引起的建筑结构倒塌得到了有效的控制。然而，地震作用下建筑室内非结构构件的破坏依旧严重，并且会造成严重的人员伤亡。例如，在 2017 年的九寨沟地震（7.0 级）中，绝大多数建筑没有遭到严重破坏或者倒塌[14]，但是建筑室内地震导致的坠物（例如，天花板掉落和家具掉落等）造成了大量人员伤亡[15]。

室内地震坠物虚拟场景的构建，可以为居住者进行虚拟地震安全演练[16]。Tarnanas 等学者[17] 利用虚拟震害场景来帮助参与者应对突发事件。Lovreglio 等学者[18,19] 提出了一种基于虚拟现实（VR）的建筑地震演习工具，通过该工具建立了新西兰奥克兰市医院的室内地震场景，从而进行了虚拟地震疏散演习。这种虚拟演习可以帮助居民避免非结构构件损坏引起的人员伤害，从而减少伤亡人数。室内地震坠物虚拟场景的合理性对于虚拟地震演习至关重要，不合理的地震破坏场景可能会导致训练者在演习中做出错误的避难决策。然而，现有的研究主要针对室内地震破坏的高真实感，而不是地震破坏的合理性[17-22]。例如，Li 等学者[23] 创建了室内地震坠物虚拟场景，然而，地震动直接用于计算非结构构件的损伤，而未考虑建筑结构在地震作用下的动力响应，这将在确定非结构构件的损伤时产生很大的误差。

室内地震坠物一般由非结构构件破坏导致。要建立合理的室内非结构构件导致的虚拟地震坠物场景，必须解决三个重要问题：

（1）如何获得非结构构件所需的结构地震动力响应？非结构构件的地震损伤取决于结构的地震动力响应（例如，地面位移和加速度），这些结果对构建地震损伤场景至关重要。

（2）如何确定非结构构件的破坏状态（DS)？需要确定一个判断标准，从而根据结构的地震响应来确定非结构构件的破坏状态。

（3）如何模拟非结构构件破坏后的运动？非结构构件损坏后，将进行复杂的后续运动，例如，当天花板从吊顶上脱落时，天花板块将坠落。因此，需要对非结构构件破坏后的运动进行模拟，建立合理的室内虚拟地震坠物场景。

针对问题（1），通过建筑结构的时程分析（THA）可以获得详细的结构地震响应。为了保证地震响应与室内场景的一致性，结构分析模型必须与虚拟现实模型一致。BIM 技术可以为结构时程分析和虚拟场景创建一致的模型[24]，并且可以快速创建一个详细的三维模型，例如 Revit[25] 和 Tekla[26]，目前已经有大量的针对 BIM 的研究，例如工业基础分类标准（Industry Foundation Class，简称 IFC 标准)[27]。因此，基于 BIM 的模型可以分别转换为结构分析模型和 VR 模型，转换后的结构分析模型可以有效地进行结构时程分析，从而为 VR 模型提供精确的地震响应。

针对问题（2），FEMA P-58 提供了确定非结构构件破坏状态的标准。建立这样的标准是有挑战性的，因为需要大量的实验和模拟。美国联邦应急署（FEMA）经过 10 年的努力提出了 FEMA P-58 方法[28,29]。FEMA P-58 是一种最先进的结构和非结构构件抗震性能评估方法。由于 FEMA P-58 包含各种易损性曲线，因此在室内非结构构件的抗震性能预测中得到了广泛的应用。具体而言，结构的非线性时程分析可为易损性曲线提供所需的工程需求参数（EDPs），如层间位移角和楼层峰值加速度。同时，利用 FEMA P-58 中的易损性曲线，可以确定非结构构件在不同地震作用下各种破坏状态的概率。

针对问题（3），物理引擎可以提供适当的仿真平台。物理引擎是用于高效计算物体复杂物理行为（如多体动力学）的计算机程序[30]。目前，Havok[31]、Bullet[32] 和 PhysX[33] 是三种最受欢迎的物理引擎，它们被广泛用于 VR 领域的运动仿真[34]。例如，Xu 等学者[5] 利用 PhysX 来模拟桥梁倒塌过程中的碎块运动。因此，物理引擎也可以用来模拟非结构构件破坏后的运动。

除了仿真平台之外，上述模拟还需要一个考虑特定地震作用下的结构响应和非结构构件破坏状态的物理模型。例如，地震加速度和速度会影响家具的移动，而掉落物体的数量则取决于天花板的破坏状态。因此，针对非结构构件后续运动的科学合理的物理模型值得进一步研究。

在本节中，天花板和可移动家具是研究重点。本节提出了基于 FEMA P-58 和物理引擎的针对天花板和可移动家具的虚拟地震坠物场景构建方法[35]。首先，设计了一个基于 BIM 的建模框架，以创建用于结构时程分析和场景构建的一致的模型。然后根据结构时程分析结果，利用 FEMA P-58 确定非结构构件的破坏状态。最后，利用物理引擎设计了破坏构件运动的物理模型，并通过现有的振动台试验进行了验证。本节以某六层建筑为算例，构建了室内非结构构件的虚拟地震坠物场景，并应用于地震安全演练中，为虚拟地震安全演练提供了合理且高真实感的室内震害场景。

5.3.2　技术路线

本节所提出的针对天花板和可移动家具的虚拟地震坠物场景构建方法包括三个步骤，如图 5.3-1 所示。

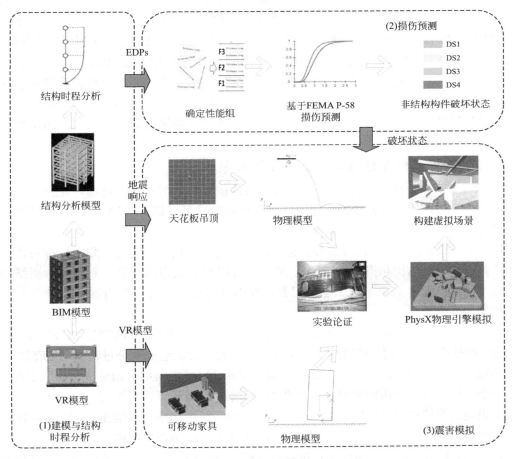

图 5.3-1　技术路线

（1）基于 BIM 创建结构分析模型和 VR 模型，并完成结构时程分析，为震害模拟提供重要参数，包括 EDPs，地震响应和 VR 模型。

（2）确定天花板和可移动家具的性能组，预测非结构构件的破坏状态，为室内坠物模拟提供依据。

（3）创建天花板和可移动家具的物理模型，通过落体试验和振动台试验对模型进行验证，确定关键参数。然后设计基于物理引擎的破坏后运动模拟，从而构建室内地震坠物虚拟场景。

5.3.3　关键方法

5.3.3.1　基于 BIM 的建模和时程分析

Revit[25] 是一个应用广泛的 BIM 程序，本节采用 Revit 来创建建筑物的三维信息模型。Unity[36] 是一个流行的图形引擎，可以支持由 Revit 以 FBX 格式导出的 VR 模型，因此被应用于场景构建。此外，Unity 还集成了物理引擎 PhysX[33]，可用于模拟受损非结构构件的运动。

将 BIM 模型转换为结构分析模型可以保持与 VR 模型的一致性，降低手动建模的工作量。很多结构分析程序都可以实现这种转换，如 ETABS[37]、Robot[38] 和盈建科[39]。由于 YJK 为 Revit[40] 中的接头和截面开发了许多预定义子模型，从而实现了高效的转换，因此本节利用 YJK 进行结构分析，具体转换过程见 Xu 等学者[41] 的文献。

在结构分析模型建立之后，可以使用 YJK[41] 来进行时程分析。首先，设置结构荷载（如重力），随后，选择相应的地震动进行非线性时程分析。最后，从时程分析中输出 EDPs（如层间位移角和楼层峰值加速度）和时程数据（如速度和加速度）以用于构件的损伤预测。

5.3.3.2　天花板和可移动家具的震害预测

FEMA P-58 的易损性曲线是预测非结构构件破坏状态的关键。然而，在使用易损性曲线之前，需要确定构件相应的性能组，因为这些曲线是根据 FEMA P-58 中的性能组进行分类的。

可根据 FEMA P-58 中的详细分类标准确定各构件对应的性能组。划分标准考虑了构件的几何、材料、结构和损坏机制。从 BIM 中可以直接获得几何和材料特性，而结构和损伤机理的信息通常需要手动添加。因此，本小节提出了半自动化的解决方案[42]，用于确定构件的性能组。

确定过程分为 4 个层级，分别是：建筑、楼层、构件类别和性能组。在 FEMA P-58 中，建筑的地震破坏预测是按照楼层逐层进行，因此在性能组的划分过程应与 FEMA P-58 保持一致，应按照楼层逐层进行。BIM 模型（层级 1）可根据层高划分成楼层（层级 2），在每一个楼层内的非结构构件类别（层级 3）可通过 BIM 模型进行识别，最后，根据 BIM 模型中识别的非结构构件类别和 FEMA P-58 中的性能组标准对性能组（层级 4）进行划分。该确定过程可以通过 Revit[42] 的应用程序编程接口（API）实现。

表 5.3-1 列出了使用上述程序获得的天花板和可移动家具的典型易损性数据（如性能组分类编码、易损性曲线、EDP 参数等）。从表 5.3-1 可以看出，天花板和可移动家具的地震破坏状态均由楼层峰值加速度控制。天花板有三种破坏状态（如图 5.3-2 所示），而可移动家具只有一种破坏状态。在 FEMA P-58 中，每个天花板的破坏状态都有明确的描述，例如天花板掉落面积比例。但是，可移动家具的破坏状态没有明确的说明家具是否被翻转或移动。因此，在虚拟场景中采用天花板破坏状态来确定掉落面积，而不采用可移动

家具的破坏状态。家具的移动将直接根据地震响应数据和物理引擎进行模拟,第 5.3.3.3 节对此进行了说明。

天花板和可移动家具的典型易损性数据　　　　　　　　　　　　　　　　表 5.3-1

构件	性能组分类编码	EDP 参数	破坏状态	易损性曲线
天花板	C3032.001a	楼层峰值加速度	DS1:天花板掉落面积为 5% DS2:天花板掉落面积为 30% DS3:天花板掉落面积为 50%	图 5.3-2
可移动家具	E2022.001	楼层峰值加速度	DS1:墙单元需要调整和校直。 部分构件弯曲或损坏,需要更换	参考文献[29]

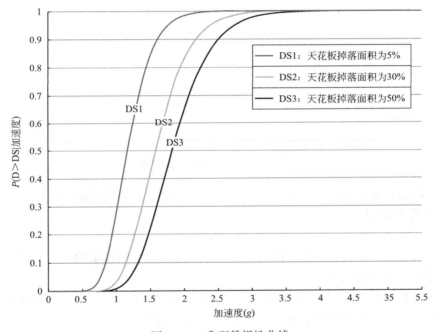

图 5.3-2　典型易损性曲线

应注意的是,FEMA P-58 种包含了大量非结构构件(如隔墙和楼梯)的易损性数据,因此上述解决方案也可以预测其他构件的地震损伤,而不限于本节提到的天花板和可移动家具。

5.3.3.3　非结构构件震害模拟

1. 天花板

为模拟天花板在地震后的运动状态,通过以下 4 个步骤完成模拟:(1)确定模拟场景,包括天花板面片掉落数量和掉落位置;(2)建立天花板面片坠落运动物理模型;(3)设计实验对天花板面片坠落运动物理模型进行验证,并确定关键的物理参数;(4)利用物理引擎完成天花板坠落模拟。

(1)模拟场景

天花板面片掉落的数量和位置对于室内场景的模拟具有重要意义。依据 FEMA P-58

的易损性曲线可确定天花板的破坏状态及破坏概率，在破坏状态的描述中可确定天花板的掉落面积比例。以典型的天花板吊顶为例（性能组 ID：C3032.001a），表 5.3-1 列出了 3 个破坏状态的掉落面积比例。由于天花板吊顶间复杂的相互作用关系，天花板面片的掉落位置具有随机性[43,44]，因此可通过随机算法来实现天花板面片的掉落位置的随机性。

（2）天花板面片坠落物理模型

当悬挂式天花板受到地震破坏时，天花板面片会从天花板骨架上脱落坠落到地板上，如图 5.3-3 所示，其坠落过程可分为 4 个阶段：

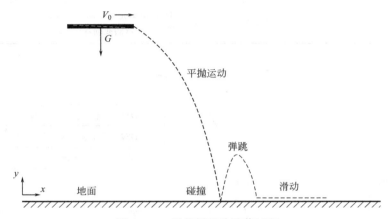

图 5.3-3　天花板面片坠落过程

在第 1 阶段，天花板面片在水平方向上做具有初速度的匀速运动，其 x 方向的运动轨迹可通过公式（5.3-1）计算。

$$x = v_0 t \tag{5.3-1}$$

其中，v_0 为天花板面片的初速度，即天花板面片脱落时的结构楼层的速度，该数值可通过结构的弹塑性时程分析获得。

由于天花板面片在水平表面的面积大于其他表面，因此其在竖直方向下落过程中的空气阻力（记作：f_y）无法忽略，可通过公式（5.3-2）计算：

$$f_y = \frac{1}{2} c \rho s v_y^2 \tag{5.3-2}$$

其中，c 为空气阻力系数，ρ 为空气的密度（取值 1.29kg/m³），s 为竖直方向的距离，v_y 表示天花板面片的速度。

定义 $k = \frac{1}{2} c \rho s$，则天花板面片在竖直距离上的运动轨迹可通过公式（5.3-3）计算得到。

$$mg - k \left(\frac{\mathrm{d}y}{\mathrm{d}t} \right)^2 = m \frac{\mathrm{d}^2 y}{\mathrm{d}t^2} \tag{5.3-3}$$

对公式（5.3-3）进行求解可得到公式（5.3-4）：

$$y = \frac{m \ln(\cosh(t\sqrt{gk/m}))}{k} \tag{5.3-4}$$

其中，m 为天花板面片的质量，g 为当地的重力加速度。

在第 2 阶段，天花板面片与地面发生碰撞，根据非弹性碰撞原理，碰撞后竖直方向的速度可通过公式（5.3-5）进行计算。

$$v_{t2} = \frac{C_R m_f (v_{f1} - v_{t1}) + m_t v_{t1} + m_f v_{f1}}{m_t + m_f} \tag{5.3-5}$$

其中，v_{t1} 为碰撞前竖直方向速度；v_{t2} 为碰撞后竖直方向速度；v_{f1} 为碰撞前地面的运动速度，地面运动速度可几近认为是 0；m_t 是天花板面片的质量；m_f 是地面的质量；C_R 为弹性恢复系数。由于 m_f 远大于 m_t，因此公式（5.3-5）可被简化为公式（5.3-6）：

$$v_{t2} = -C_R v_{t1} \tag{5.3-6}$$

在第 3 阶段，天花板面片会被地面弹起，其 x 方向和 y 方向的运动轨迹可分别通过公式（5.3-1）和公式（5.3-7）获得。

$$y = v_{t2}t - \frac{1}{2}(g + f_y/m)t^2 \tag{5.3-7}$$

在第 4 阶段，天花板面片在地面上进行匀减速滑行，直至水平速度减至为 0，其 x 方向的运动轨迹可通过公式（5.3-8）计算得出：

$$x = v_0 t - \frac{1}{2}\mu g t^2 \tag{5.3-8}$$

其中，μ 为天花板面片与地面之间的摩擦系数。

（3）模型验证试验及参数确定

以上提出的天花板面片坠落运动物理模型的 4 个阶段，其合理性需进行实验进行验证，其中的关键参数值如 C_R 和 μ 也需要通过实验来进行确定。为此，进行了天花板面片坠落实验。

本次实验使用了典型的铝扣板天花板面片，尺寸为 300mm×300mm×0.8mm，在实验中，天花板面片分别水平放置在 165cm、180cm、195cm 三种不同的高度上，进行平抛坠落实验，使其坠落在水泥地面上。整个实验过程通过录像机进行记录，天花板面片的运动轨迹可通过视频影像叠加得到。

在本次实验中，在每种实验高度下，天花板面片分别进行 3 次不同初速度的平抛坠落实验，因此共获得了 9 个不同的天花板面片移动路径，图 5.3-4 给出了天花板面片的运动过程，与物理模型提出的 4 个运动阶段相一致，因此可认为所提出的物理模型是合理的。

根据天花板面片的运动轨迹，在公式（5.3-4）中可算出空气阻力系数 c 的数值，其数值范围在 0.92~1.05 范围之间，因此在本研究中取 c 的中位值 0.97。通过对运动轨迹的分析计算，可获得天花板面板在与水泥地面碰撞前和碰撞后的速度，通过公式（5.3-6）可计算得到弹性恢复系数 C_R，其数值范围在 0.23~0.37 之间，本研究中取 C_R 的中位值 0.3。在本实验中，天花板面片与水泥地面之间的摩擦力系数 μ 也可通过实验测量得到，其数值范围为 0.37±0.01，这些数值可用于物理引擎中的场景模拟。

（4）物理引擎的应用

尽管以上提出的天花板面片坠落物理模型可准确地描述天花板面片在受到地震破坏后的运动状态，但是无法对天花板的运动进行可视化展示，因此，应用物理引擎来实现对天花板面片破坏后的运动状态进行模拟是有必要的。本研究采用 Unity 3D 中内置的 PhysX 物理引擎，在 PhysX 中已经内置了以上提出了天花板面片运动的 4 个阶段，PhysX 是模

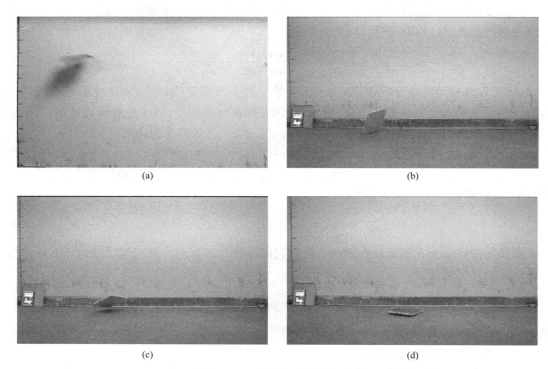

图 5.3-4　天花板面片运动过程
（a）平抛阶段；（b）碰撞阶段；（c）弹跳阶段；（d）滑动阶段

拟天花板面片破坏状态的良好平台，需要通过以下 4 个步骤完成物理引擎的模拟。

1）创建刚体模型

在 PhysX 物理引擎中，需要对天花板面片的刚体属性进行输入，在这一步中，需要在 PhysX 物理引擎中对天花板面片的几何信息进行输入，以在 Unity 3D 中生成相应的刚体模型。

2）定义关键系数

刚体模型的关键系数能够影响天花板面片运动模拟的准确性，这些关键系数包括弹性恢复系数 C_R、天花板面片与水泥地面之间的摩擦系数 μ、空气阻力系数，这些参数可通过实验获得，并定义在 PhysX 物理引擎中以细化模拟结果。

3）定义天花板面片的初始状态

当天花板面片受到地震作用脱离天花板骨架时，除了重力外，脱落的天花板面片还具有初速度，初速度可通过 PhysX 中的函数"setLinearVelocity（）"来进行定义，其数值等于天花板面片脱落时楼层的速度，可通过结构的弹塑性时程分析得到的楼层时程数据中获得。

4）施加作用力

为根据破坏状态创建不同的震害场景，在 PhysX 物理引擎中采用随机激活重力的解决方案来实现天花板的下落。根据天花板的破坏状态，在 Unity 3D 中采用"Random. Range"类来实现天花板随机选择一定数量的天花板面片以满足破坏状态情景的描述要求，然后再 PhysX 中使用"useGravity＝true"命令来激活所被选择的天花板面片的重力。

通过以上步骤，可在物理引擎中模拟出天花板在地震下的破坏状态。

2. 可移动家具

可移动家具在地震作用下可能会发生移动或者倾覆，为模拟可移动家具在地震下的运动状态，需通过以下 3 个步骤进行模拟：（1）建立可移动家具运动的物理模型；（2）应用物理引擎进行模拟；（3）验证模拟结果的可靠性。

（1）可移动家具运动的物理模型

可移动家具运动的物理模型如图 5.3-5 所示，在地震发生时，可移动家具的运动状态受到楼层加速度带来的惯性力 F 的作用，同时也会受到重力 G、摩擦力 F_f 和法向力 N 的作用。

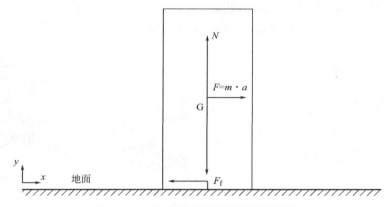

图 5.3-5　可移动家具运动的物理模型

在竖直方向上，重力 G 和法向力 N 能够保持受力平衡，即 $G = N$。但是在水平方向上，受到惯性力 F 和摩擦力 F_f 的共同作用，由于无法达到水平方向上的受力平衡，可移动家具在惯性力 F 和重力 G 的作用会发生倾覆。因此，可移动家具的受力大小决定了其运动状态，力的值可通过公式（5.3-9）和公式（5.3-10）计算得到。

$$F_f = N\mu = G\mu = mg\mu \tag{5.3-9}$$

$$F = ma_{floor} \tag{5.3-10}$$

其中，m 为可移动家具的质量，μ 为可移动家具与地面之间的摩擦力数。

（2）应用 PhysX 物理引擎进行模拟

在本研究中，应用 PhysX 物理引擎进行模拟需要如下 4 个步骤：

1）建立刚体模型

所有的可移动家具都建立为刚体模型。

2）确定关键系数

可移动家具的质量 m 和与地面之间的摩擦系数 μ 是可移动家具运动物理模型的关键系数。可移动家具的质量 m 可通过 BIM 模型中的构件信息获取，摩擦系数 μ 的取值可通过查询一般材料之间的摩擦系数表[45] 获取。

3）定义初始状态

由于可移动家具的初始状态是静止的，所以此步骤无需多余操作。

4）施加作用力

在 PhysX 物理引擎中可通过"AddForce（）"函数来实现对刚体施加作用力的效果。

可移动家具在地震作用下所受的惯性力 F 值可通过公式（5.3-10）计算得出，其中 a_{floor} 表示由地震弹塑性时程分析获得的楼层加速度数值。通过激活可移动家具的重力，PhysX 物理引擎可根据公式（5.3-9）计算摩擦力 F_f 和法向力 N。通过计算得到的力的数值，PhysX 物理引擎完成对可移动家具运动状态的模拟。

（3）验证模拟结果的可靠性

为了验证提出的可移动家具运动的物理模型，本研究采用将现有的振动台实验结果与物理引擎模拟结果进行对比验证，本研究选用了日本国家地球科学和灾害恢复研究所（NIED）使用 E-Defense 震动台对一个五层全尺寸钢框架结构进行地震动加载[46]，如图 5.3-6（a）所示，试验中在第三层中布置了具有可移动家具（例如衣柜、台灯等）的室内场景，并利用视频影像记录了室内家具在地震动下的运动全过程，如图 5.3-6（b）所示。

(a)　　　　　　　　　　　　　　　　(b)

图 5.3-6　室内可移动家具的振动台实验

（a）振动台示意图；（b）室内场景布置

为了验证物理引擎模拟结果的可靠性，首先将振动台实验中的全尺寸钢框架结构建立 BIM 模型，并导入 Unity 3D 中。然后再 Unity 3D 中创建室内可移动家具模型。表 5.3-2 中列出了室内可移动家具的质量和摩擦系数，其中质量可根据其材质的密度和体积进行计算，可在 BIM 的构件属性获得，而摩擦系数值可通过查询常见材料表获取[45]，此外，振动台实验中测得的第三层楼层加速度时程[46] 可直接用于物理引擎中模拟，如图 5.3-7 所示。

室内家具的质量和摩擦系数　　　　　　　　　　　　　　表 5.3-2

家具	质量(kg)	摩擦系数
低矮柜子(左)	109.82	0.62
低矮柜子(右)	159.19	0.62
高衣柜	135.96	0.62
台灯	2.70	0.50

根据所提出可移动家具运动物理模型，在 PhysX 中完成对可移动家具的运动状态模拟。振动台实验结果图像与物理引擎模拟结果的对比如图 5.3-8 所示，结果表明模拟结果与振动台试验的实际过程一致，因此，所提出的物理模型可以合理模拟可移动家具在地震下运动状态。

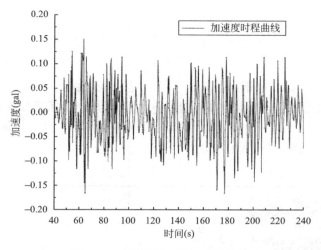

图 5.3-7　结构第三层加速度时程

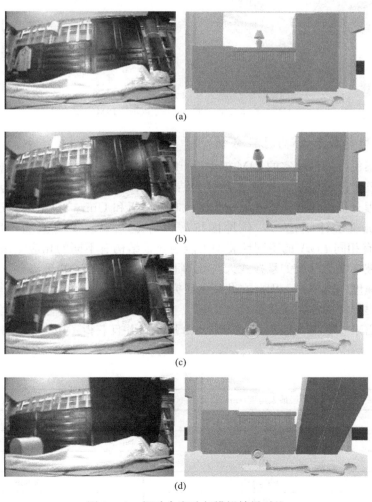

图 5.3-8　振动台实验与模拟结果对比

（a）震害初始状态；（b）台灯开始掉落；（c）台灯落地；（d）衣柜倾倒

5.3.4 算例

5.3.4.1 概况

本节选用一栋某市的 6 层钢筋混凝土框架结构的办公楼作为案例研究对象，该建筑的 BIM 模型在 Revit 中创建，如图 5.3-9（a）所示，办公楼中的第 5 层中的会议室用于构建虚拟室内地震场景，在会议室中布置了悬挂式吊顶和可移动家具（包括 1 张桌子、1 把椅子、电视和书柜），如图 5.3-9（b）所示。

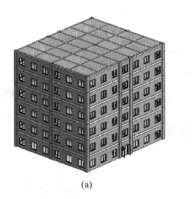
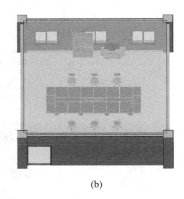

(a)   (b)

图 5.3-9　办公楼及会议室 BIM 模型
（a）建筑整体 BIM 模型；（b）室内场景 BIM 模型

5.3.4.2 模型转换和结构时程分析

首先将本案例中的会议室的 BIM 模型以 FBX 格式导出，用以在 Unity 3D 中构建初始场景，同时将整个办公楼的 BIM 模型转换为结构分析软件 YJK 所需的结构分析模型用以结构弹塑性时程分析。从而节省了结构弹塑性时程分析和 Unity 3D 中重复建模的工作量。

根据我国抗震设计规范[47]，该地区抗震设计最大地震动峰值加速度（PGA）的 $0.4g$，但是具有相同 PGA 的不同地震动可能会导致结构有不同的相应结果，导致建筑的非结构构件的破坏状态（例如悬挂式天花板的下落数量）和相关物理参数（例如破坏的天花板面片的初速度）也不同，因此在此案例研究中使用 PGA 为 $0.4g$ 的 El Centro 地震波来实现提出的虚拟室内震害场景的构建方法。在 YJK 中对结构进行弹塑性时程分析，计算得到所需的需求参数值（EDPs）如表 5.3-3 所示，并且获得了用于模拟非结构构件运动状态的详细时程数据。

需求参数值　　　　　　　　　　　　　表 5.3-3

楼层	楼层最大速度（mm/s）	楼层最大加速度（g）
1	127.749	0.232
2	350.015	0.541
3	542.816	0.714
4	688.488	0.829
5	862.150	0.873
6	997.742	1.191

5.3.4.3　震害预测

要对该会议室场景中的天花板进行破坏状态进行预测，首先需要确定天花板在 FEMA P-58 中的性能组分类，天花板的性能组 ID 为 C3032.001a，其对应的易损性曲线如图 5.3-2 所示，根据表 5.3-3 中得到的第 5 层楼层峰值加速度，可得到天花板在 DS1 破坏状态下概率为 15%，DS2 破坏状态下概率为 0.9%，DS3 破坏状态下概率为 0.1%，可确定天花板面片脱落的数量。可移动家具的破坏状态不需要进行预测，其破坏状态直接在 PhysX 物理引擎中进行模拟。

5.3.4.4　运动模拟

1. 天花板

使用本研究中在 PhysX 中建立的天花板坠落运动物理模型，依据本节提出的模拟方法，脱落的天花板面片数量占总数量的 5%，利用随机算法随机选择 5% 数量的天花板面片，并激活其重力，当楼层的加速度达到最大值的时候使脱离的天花板面片具有楼层此时的速度，在 PhysX 中模拟其运动状态。模拟结果如图 5.3-10 所示。

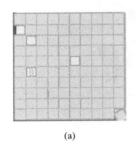 

(a)　　　　　　　　　　　　　　　　　(b)

图 5.3-10　天花板坠落模拟结果

(a) 俯视视角；(b) 室内视角

2. 可移动家具

基于建筑的 BIM 模型，将 BIM 模型中的可移动家具模型导入至 Unity 3D 的虚拟室内场景中，利用提出的可移动家具运动物理模型，结合建筑结构弹塑性时程分析得到的楼层加速度时程数据在 PhysX 中计算得到可移动家具所受的惯性力，并完成其运动过程的模拟，如图 5.3-11 所示。

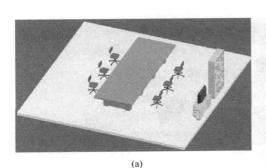 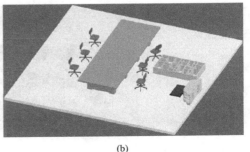

(a)　　　　　　　　　　　　　　　　　(b)

图 5.3-11　可移动家具模拟结果

(a) 可移动家具初始状态；(b) 可移动家具震害状态

3. 综合虚拟室内震害场景

将天花板的破坏状态模拟和可移动家具的运动状态模拟综合在同一个室内场景中，形成一个动态的综合虚拟室内震害场景，如图 5.3-12 所示。天花板和可移动家具的震害状态模拟是基于结构的弹塑性时程分析和 FEMA P-58 的震害预测，因此构建的综合虚拟室内震害场景是有科学依据支撑的。

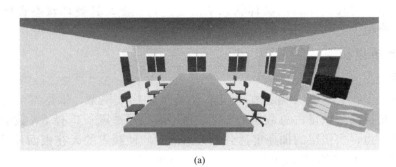

(a)

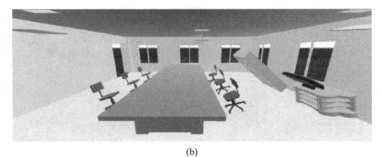

(b)

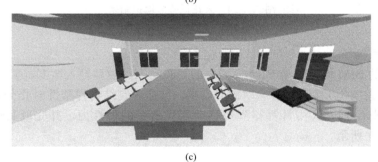

(c)

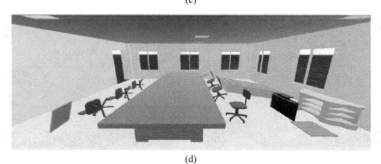

(d)

图 5.3-12　综合虚拟室内震害场景

（a）初始场景；（b）构件晃动；（c）构件坠落；（d）最终场景

5.3.4.5　技术评估

为评估以上提出的虚拟室内震害场景构建方法的合理性，本节构建并比较了 3 个不同的地震场景，根据我国《建筑抗震设计规范》GB 50011[47]，地震分为三个等级（即小震、中震、大震），构造的 3 个地震场景分别对应以上三个地震等级，三个地震场景均使用 El Centro 地震波进行模拟，对应的 PGA 分别为 $0.07g$、$0.2g$、$0.4g$[47]。分别使用以上提出的虚拟室内震害场景构建方法进行情景构建，如图 5.3-13 所示。在小震场景中，只有书柜翻倒，而在中、重度地震场景中，书柜和电视都翻倒。此外，在强烈地震现场，天花板也会掉落。因此，随着地震烈度的提高，已建成的室内地震场景表现出更为严重的破坏性，说明了该方法的合理性。

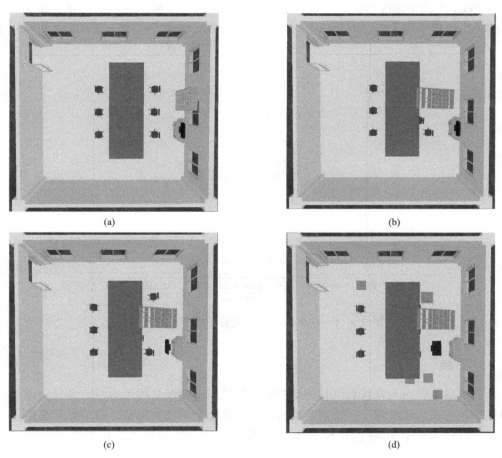

(a)　　　　　　　　　　　　　(b)

(c)　　　　　　　　　　　　　(d)

图 5.3-13　不同地震等级室内震害场景
（a）初始场景；（b）小震；（c）中震；（d）大震

5.3.4.6　参数讨论

PGA 作为给定地震动的唯一控制参数，对虚拟地震室内场景具有重要影响。因此，本节研究了不同 PGA 对构建的虚拟场景中的天花板和椅子的水平位移的影响，如上所述，我国抗震设计的地震动最大 PGA 为 $0.4g$[47]，因此本节 PGA 的研究范围为 $0\sim0.4g$，对建筑结构使用 El Centro 地震波并使其 PGA 为 $0\sim0.4g$ 之间，进行弹塑性时程分析，并根据弹塑性时程分析结果在物理引擎中进行模拟，得到的 PGA 与天花板、椅子水平位移之间的关系如图 5.3-14 所示。

由图 5.3-14 可以看出，天花板面片的水平位移与 PGA 之间的关系存在两个阶段，在第一阶段中，根据 FEMA P-58 中的易损性曲线，天花板面片在 $PGA<0.3g$ 的时候不会发生与骨架脱离的现象，因此水平位移为 0。在第二阶段，当地震动 $PGA>0.3g$ 的时候，天花板面片的水平位移与 PGA 之间的关系呈现线性关系，由于该建筑严格按照我国《建筑抗震设计规范》GB 50011[47] 进行设计，其结构在 $0\sim0.4g$ 的 PGA 范围内几乎保持弹性，导致楼层的地震响应（如楼层速度和加速度）与 PGA 之间呈现线性关系，此外根据公式（5.3-1），天花板面片下落时的水平位移也与初速度呈线性关系。因此脱落的天花板面片与 PGA 之间呈现线性关系。然而根据公式（5.3-10），椅子的水平位移与楼层加速度之间的关系呈现平方关系，因此如图 5.3-14 所示，椅子的水平位移与 PGA 之间具有非线性关系。

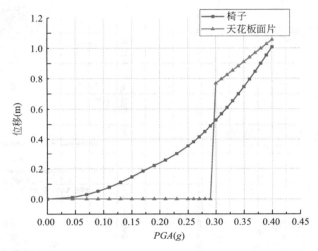

图 5.3-14　不同 PGA 下天花板和椅子的水平位移

5.3.5　小结

本节提出了针对天花板和可移动家具的虚拟地震坠物场景构建方法，并通过实验进行了验证。利用该方法构建了一个六层建筑的室内虚拟地震坠物场景，得出如下结论：

（1）设计的基于 BIM 的建模方案能够有效地建立建筑结构分析与虚拟现实一致的模型。

（2）基于结构地震时程分析和 FEMA P-58 的解决方案可以提供非结构构件构造震害场景所需的详细震害结果。

（3）建立了天花板和可移动家具的物理模型，并利用物理引擎使这些构件的运动得到科学合理的模拟。

（4）该方法构建了一个室内地震坠物虚拟场景，可用于虚拟室内地震安全演练，提高居住者的地震避难能力。

注意，FEMA P-58 包括各种非结构构件的易损性数据。因此，如果建立了相应的物理模型，基于 FEMA P-58 和物理引擎的虚拟场景构建方法可以用于其他非结构构件。此外，本研究方法不局限于算例中的办公楼，也可应用于其他建筑物，如医院大楼。同时指出，FEMA P-58 没有采用可移动家具的易损性曲线，因此没有充分考虑可移动家具损坏的不确定性。建议将蒙特卡罗方法与物理模型结合使用，以便能够考虑此类不确定性。

5.4　基于物理引擎与时程分析的建筑群地震倒塌仿真

5.4.1　背景

城市的人口密度和财产密度都非常高，尤其是特大型城市，一旦发生强烈地震，必然会造成严重的人员伤亡和财产损失。因此，非常有必要对城市区域地震灾害进行预测，以提高城市防震减灾能力。城市建筑震害预测有两个主要的技术难题：1）准确预测某一地震场景下建筑物的破坏情况；2）将建筑震害预测的结果直观而真实地展示出来，供防灾减灾规划及虚拟演练使用。

本节采用精细化结构模型和非线性时程分析方法，实现了城市大区域建筑震害的细致预测；基于精细化的预测结果，提出了真实感的城市区域建筑震害的动态可视化方法，以准确而又真实地表现震害分析结果；利用物理引擎，提出了建筑震害中的倒塌过程的模拟算法，以弥补数值模拟所缺乏的细节，增加模拟完整性和真实感。最后，以我国中型城市 S 市作为算例，实现了城市区域建筑震害的高真实度模拟，为城市防灾减灾策略提供参考意见。

5.4.2　精细化震害预测

为了科学、合理、快速地进行区域建筑的地震响应模拟，本节采用了清华大学陆新征教授提出的区域建筑震害多自由度层 MDOF 模型和非线性时程分析方法[48]。模型详情这里不再赘述。

5.4.3　真实感建模与震害动态演示

5.4.3.1　基于物理引擎的倒塌模拟

为匹配上述需求，本节选择物理引擎模拟建筑倒塌过程。由于在多刚体动力学和碰撞检测上的优势，物理引擎善于模拟倒塌过程中大量物理的复杂运动和相互碰撞过程。本节对比了三大物理引擎 Havok，PhysX 和 Bullet，发现由于可以采用 GPU 的群核来加速计算过程，PhysX 更适合大量物体的计算[49]。而在区域震害模拟中，建筑的规模是庞大的，因此，PhysX 更适合用于区域建筑倒塌过程模拟。

为了承接 MDOF 模型的结果，本节将层视为倒塌模拟中的基本元素，即建筑物每一层都按照具有相同面积、高度和质量的箱形刚体建模。此外，地面被视为无限质量的平面刚体。在本节采用的 MDOF 模型中，当建筑物的层间位移率达到 HAZUS 中指定的倒塌标准[50] 时，就认为建筑物倒塌已经开始 ［图 5.4-1（a）］。为了精确地模拟建筑物的倒塌，可以将发生倒塌时由 MDOF 模型预测的不同楼层的位移和速度数据作为 PhysX 进行后续倒塌模拟的初始状态 ［图 5.4-1（b）］。PhysX 在初始重力作用下模拟刚体层在重力下的后续运动，直到其与其他刚体层或地面发生碰撞为止 ［图 5.4-1（c）］。PhysX 进行的此类倒塌模拟可提供密集城市区域倒塌过程的实时可视化效果，并且比任何直接使用 MDOF 模型完成的模拟都更加有效。

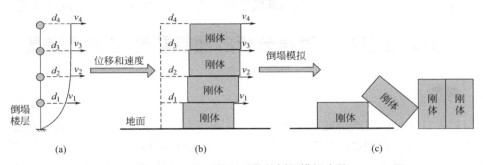

图 5.4-1 基于物理引擎的倒塌模拟步骤

（a）MDOF 模型；（b）PhysX 的初始状态；（c）PhysX 的最终状态

5.4.3.2 城市建筑群的真实感建模

城市建筑群的真实感建模主要包括三维建模和纹理映射两个部分，如图 5.4-2 所示。区域建筑震害分析模型将楼层简化为集中质量点，并不包含完整的三维信息。因此，需要利用城市区域的地理信息系统 GIS 数据，获取位置、建筑外形、楼层高度等扩充信息来建立建筑三维模型。本节采用徐峰等人[51] 对基于 GIS 建立三维城市建筑模型的方法，利用 GIS 中建筑轮廓多边形在高度方向进行拉伸来建立不同的建筑三维模型。同时，为了建筑三维模型可以反映层间的局部震害特征，建筑三维模型应与震害分析模型保持一致，同样以楼层为基本单元。

为增加建筑模型的真实感，需要对三维模型进行纹理映射。本节基于 Tsai 和 Lin 的方法[52]，采用多重纹理技术，对建筑物的不同表面分别进行贴图，以更加细致地体现建筑物的特征。根据图 5.4-2 所示方法，可以建立城市区域的真实感模型，为震害动态演示奠定基础。

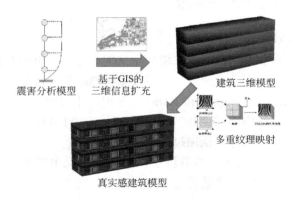

图 5.4-2 城市建筑群真实感建模方法

5.4.3.3 基于精细化模拟的震害动态演示

根据前面提出的技术，可以将建筑地震破坏的完整过程分为两个阶段：倒塌前和倒塌后。在倒塌前，建筑的震害过程主要由震害分析数据支持的位移动画来体现。在本节中，当建筑发生倒塌时，位移动画的更新器将被清空，根据文中方法建立楼层图形 Geode 节点与物理角色 Actor 的动态联系。然后，将 Geode 的运动状态信息传递给 Actor，并激活 Actor。在物理引擎中，Actor 的倒塌过程被不断计算，计算数据也会实时传递给 Geode，以使楼层图形表现出倒塌效果。上述形成了位移动画与倒塌过程的协同模拟机制，如图 5.4-3 所示。通过该方法，可以实现完整的包含倒塌过程的区域建筑震害视景仿真。

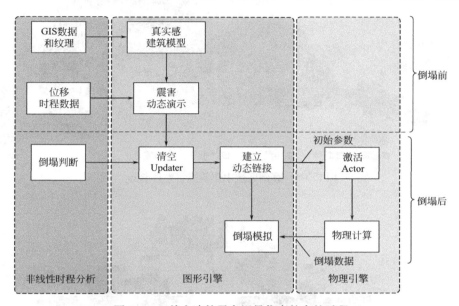

图 5.4-3　单个建筑震害视景仿真的完整过程

5.4.4　算例与讨论

本节选取中国南部 S 市的一区域作为研究算例。该区域共有 7449 栋建筑，采用多层剪切模型建立该区域震害分析模型，共产生 43016 个层结点。采用 El Centro 地震波对该区域震害过程进行非线性时程模拟，得到建筑震害整体分布如图 5.4-4 所示。图 5.4-5 为局部区域的放大图，以显示不同楼层上造成的详细地震破坏。

相比 HAZUS，由于本节采用的是 MDOF 的层模型，模拟结果还可以给出建筑的层间震害信息情况，如加速度、位移等，如图 5.4-5 所示。图 5.4-5 结果为更加准确地评价建筑震害提供了可行的方案，同时也为多自由度的表现震害过程提供了重要数据支持。而且，本节的区域震害分析方法具有较高的计算效率，经检测，基于桌面级计算机，上述算例运行的时间不超过 10min。

基于精细化震害预测结果和 GIS 数据，本节建立了真实感的三维城市模型［图 5.4-6 (a)］，并实现了震害过程中不同楼层间的位移和变形［图 5.4-6 (b)］。由于城市区域的建筑数量众多，所以建筑倒塌过程的非线性时程分析是不可能通过普通计算机模拟的。但是，通过使用 PhysX，建筑倒塌过程可以在桌面型计算机中被轻松模拟［图 5.4-6 (c) 和图 5.4-6 (d)］。倒塌过程模拟很好地弥补了非线性时程分析的不足，使整个震害模拟过程更加真实、完整。

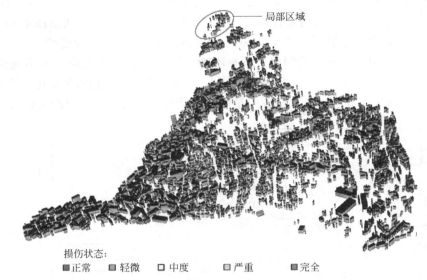

损伤状态：
■正常　■轻微　□中度　■严重　■完全

图 5.4-4　算例区域中建筑震害整体分布

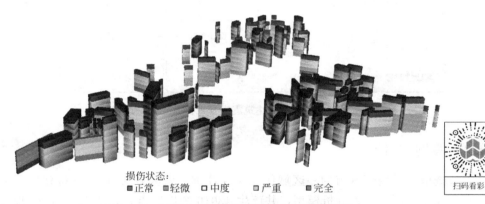

损伤状态：
■正常　■轻微　□中度　□严重　■完全

图 5.4-5　区域内单个建筑层间最大加速度分布

　　为进一步增加震害场景的完整性和真实感，本节在震害场景加入了地形、天空等环境模型，并且利用立体投影设备进行了区域建筑震害过程的立体感展示，进一步加强了震害过程模拟的沉浸感，如图 5.4-7 所示。图 5.4-7 的结果更加具有真实感地表现了震害分析的数据，可以用于虚拟环境下地震疏散、应急调度等应用，综合提升防震减灾能力。

5.4.5　小结

　　本节基于精细化的结构模型和物理引擎技术，实现了城市区域建筑震害的准确预测和真实感显示，并对我国一个真实的中型城市进行区域建筑震害模拟，得到结论如下：

　　（1）与现有方法相比，基于物理引擎的技术可以对建筑物倒塌进行更真实和有效的模拟，并克服了高精度结构模型的缺点。结合了高精度结构模型和倒塌模拟的动态可视化系统，能够详细、实时地完整显示地震破坏。

　　（2）通过对一个中国中型城市的案例分析，证明所提出的技术可用于交通和救援等问

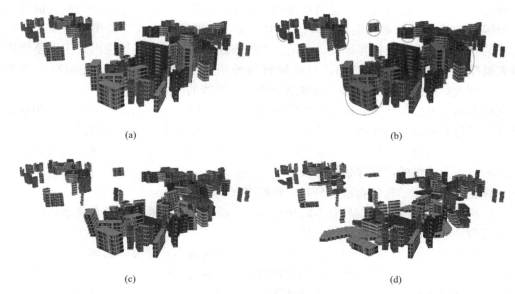

图 5.4-6　震害模拟结果

（a）真实感建筑模型；（b）放大的建筑位移；（c）倒塌过程；（d）倒塌结束

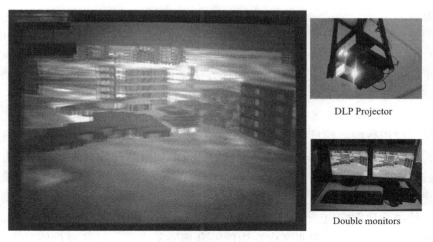

DLP Projector

Double monitors

图 5.4-7　城市区域建筑震害的立体表现效果

题的应急决策，也可用于进行应急演练，为城市防灾减灾提供了至关重要的参考信息和技术支持。

5.5　基于时程分析的建筑群地震次生坠物分布仿真

5.5.1　背景

随着建筑抗倒塌能力研究的不断深入和设计标准的逐步提高，建筑在地震中出现倒塌的可能性越来越低[53-55]。相比主体结构的倒塌问题，建筑外围非结构构件破坏导致的坠物危害显得更加突出。在地震中，建筑物外围非结构构件破坏引起的坠物是导致人员受伤的主要原因之一[56]，特别是在美国北岭地震中，超过一半以上的人员受伤都是由于坠物撞击造成的[2]。印度吉吉拉特邦地震、我国台湾集集地震、汶川地震等也出现了由坠物造成大量人员受伤的现象[57-59]。然而，目前建筑物外围非结构构件坠物危害的研究非常有限[60,61]，因此，非常有必要对这一问题展开深入、细致的研究。

获得真实、可信的建筑外围非结构坠物危害分布情况是本节的核心问题。坠物危害分布情况可以为人员避难场所规划、建筑合理间距检验提供依据，以有效降低坠物危害；也可以结合建筑外人员分布预测该区域建筑外的人员伤亡情况，分析震后建筑坠物对道路通行性影响等，为详细的震害评估提供参考。

计算建筑外围非结构坠物危害分布需要解决 3 个重要问题：

（1）地震动的不确定性。具有不同强度和时间历史的不同地面运动会显著影响建筑物的动态行为，从而导致下落物体的随机分布。

（2）建筑群的坠物计算。与坠落物体相关的因素包括不同楼层非结构构件的损坏状态及其初始高度和速度，这些因素与建筑单体的动力响应关系密切。并且，建筑群中不同建筑的坠物可能会彼此重叠，这使得坠物计算更具挑战性。因为，必须精确计算建筑群中每个建筑的坠物情况。

（3）外部非结构构件的坠落准则。这将决定建筑是否产生地震坠物，对于坠物计算准确性非常关键。

对于问题（1），基于大量地面运动记录的增量动力分析（Incremental dynamic analysis，IDA）可以考虑地面运动的不确定性。当前，IDA 已经被广泛用于地震诱发的结构分析[62-66]。并且，有研究[67-70] 已经提出了多种方法来为 IDA 选择合适的地面运动记录。基于上述原因，本小节采用 IDA 来考虑地震的不确定性。

针对问题（2），陆新征等提出了多自由度 MDOF 模型[71]。该模型可以得到每个楼层的地震响应的时程数据，并且可以通过 GPU 实现高性能计算，具有极高的计算效率。陆新征等还提出基于 Hazus 数据库确定多层集中质量剪切模型参数方法。根据该方法，仅需要 5 个基础的宏观参数（如建造年代、结构类型、层高等）就可以建立一个建筑的地震分析模型，建模所需信息量非常少。因此，本小节将采用陆新征提出的 MDOF 模型来模拟区域建筑群的结构地震响应。

关于问题（3），需要外围非结构性构件的合理坠落准则，以确定物体是否发生坠落。根据美国规范 ASCE 7 中对非结构构件的规定[72]：围护结构可以分为玻璃幕墙和外部非结构墙两类。根据实验[73-75] 和相关规范中的规定[76-77]，可以确定幕墙和非结构外墙的极限变形阈值。以上研究为判断建筑外围非结构构件破坏提供了依据。

如前所述，计算外部非结构构件坠落物体分布范围具有许多应用情景。最重要的应用之一是紧急避难所的选址。在许多建筑密度高的地区，由于空间有限，室外紧急避难所是唯一可行的选择。设计室外紧急避难所的一个关键因素是，它应保护人们免受周围建筑物坠物的伤害。该设计原则已被纳入中国最新的城市防灾避难所设计规范中[78]。该规范要求室外紧急避难所与周围建筑物之间的距离应超过坠物的最大距离。但是，该法规没有提供用于计算坠物距离的方法。

本小节将针对目前研究有限的建筑外围非结构构件地震坠物问题，提出一套考虑地震动不确定性的区域建筑群非结构坠物分析方法。具体而言，本小节将建立区域建筑群的结构分析模型，确定外围非结构构件破坏准则，提出确定地震动下的非结构构件坠物分布的计算方法；并且基于 IDA 方法，提出建筑群不同坠物危害分布的概率计算方法。以北京某一高层住宅小区为例，给出 50 年设计周期内不同坠物分布的概率水平，并给出可以接受的概率水平下该小区建筑群的坠物分布情况，确定紧急避难场所的适合区域。本节的研究为建筑外围非结构构件地震坠物问题提供了可行分析方法，并为考虑地震坠物危害的紧急避难场所选址问题提供了量化的决策依据。

5.5.2　分析方法

5.5.2.1　研究架构

本节区域建筑群外围非结构坠物危害分析包括 3 个步骤：建筑群坠物分布计算、地震动不确定性分析和紧急避难场所选址，如图 5.5-1 所示。

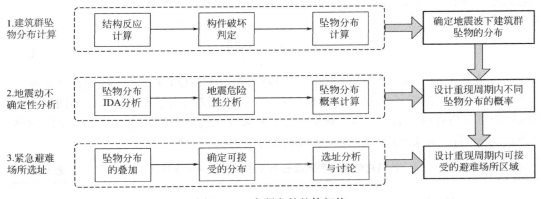

图 5.5-1　本研究的整体架构

步骤 1：采用陆新征提出的 MDOF 模型，对区域建筑群的主体结构在确定地震动下的结构反应进行计算，得到每个楼层的位移、速度等时程数据；基于 ASCE 7 标准的围护结构破坏准则，判定外围非结构构件是否发生破坏；如果判断某层围护结构发生破坏，所产生的坠物速度等于该时刻步楼层水平速度，按照平抛运动计算坠物的水平距离。该步骤将得到确定地震动下建筑群外围非结构坠物的分布。

步骤 2：参照倒塌易损性分析中的 IDA 方法，选择大量地震动记录计算特定坠物分布下的易损性曲线；根据场地特征，计算场地的地震危险性；通过坠物分布易损性和地震危险性的积分，计算在一定设计年限内坠物分布的概率。该步骤将得到一定设计年限内不同坠物分布的概率。

步骤 3：在 GIS 平台上，给出考虑概率叠加后的建筑坠物分布结果；根据可接受的概率水平，确定区域建筑非结构坠物的分布范围；讨论紧急避难场所的选址问题，给出最为适合的避难场所选址区域。

5.5.2.2　建筑群的非结构坠物分布计算

（1）区域建筑群结构地震反应计算

结构地震反应计算采取陆新征提出的 MDOF 模型，可参考文献 [48]。

（2）围护结构破坏判断

根据美国规范 ASCE 7 中对非结构构件的规定[72]：围护结构可以分为玻璃幕墙和外部非结构墙两类。这两类围护结构的破坏都是由相对位移（relative seismic displacements，D_p）控制的，但二者破坏的阈值有所区别。

玻璃幕墙，也包括玻璃店面、玻璃隔离等，它们的坠落相对位移应该满足式（5.5-1）或 13mm 中最大值。

$$\Delta_{fallout} \geqslant 1.25 I_e D_p \qquad (5.5-1)$$

其中，$\Delta_{fallout}$ 表示玻璃坠落的相对位移；I_e 表示重要性参数，不同构件可以根据规范确定[72]；D_p 表示结构在地震中的相对位移。

对于外部非结构墙，ASCE 7 中规定外部非结构墙允许的层间位移角应该不小于 D_p 和 13mm 中最大值。

由此可知，玻璃目前和外部非结构墙的破坏都与地震相对位移 D_p 密切相关。可以保守地认为，当 D_p 达到结构允许的最大值时，围护结构将发生破坏。在同一结构内，D_p 的最大允许值为：

$$D_p = \frac{(h_x - h_y)\Delta_a}{h_{sx}} \qquad (5.5-2)$$

其中，h_x 表示上部连接点的高度；h_y 表示下部连接点的高度；h_{sx} 表示层间位移角涉及的层高度；Δ_a 表示结构所允许的层间位移角限值。ASCE 7 列出了各类建筑在不同风险分类下的层间位移角限值，如表 5.5-1 所示。对于大部分建筑，Ⅰ 或 Ⅱ 类风险下的层间位移限值为 0.020，Ⅲ、Ⅳ 类风险下的层间位移限值分别为 0.015 和 0.010。

各类建筑在不同风险分类下的层间位移角限值 Δ_a　　　　　　表 5.5-1

结构类型	风险分类		
	Ⅰ 或 Ⅱ	Ⅲ	Ⅳ
砌体结构之外的结构，上部楼层不超过 4 层，内墙、隔墙、天花板、外墙系统设计都与层间位移相适应	$0.025h_{sx}$	$0.020h_{sx}$	$0.015h_{sx}$
砌体悬臂剪力墙	$0.010h_{sx}$	$0.010h_{sx}$	$0.010h_{sx}$
其他砌体剪力墙	$0.007h_{sx}$	$0.007h_{sx}$	$0.007h_{sx}$
所有其他结构	$0.020h_{sx}$	$0.015h_{sx}$	$0.010h_{sx}$

对于多层剪切模型，D_p 的最大值即为 Δ_{aA}。将设层间位移角为 D，因此，玻璃幕墙和外部非结构墙的破坏条件分别如式（5.5-3）、式（5.5-4）所示：

$$D_{glass} \geqslant \max(1.25 I_e \Delta_{aA},\ 0.013/h_{sx}) \qquad (5.5-3)$$

$$D_{wall} \geqslant \max(\Delta_{aA},\ 0.013/h_{sx}) \qquad (5.5-4)$$

基于公式（5.5-3）、式（5.5-4），根据结构地震反应计算所得的层间位移角数据，就可以判断围护结构破坏状态和破坏时刻。

（3）坠物分布计算

围护构件破坏后，产生的碎块具有楼层的水平速度，将发生平抛运动。假设在 i 个时间步建筑 j 层围护结构发生破坏，其高度为 h_j，速度为 $v_{i,j}$，则坠物的落点距离如式

(5.5-5) 所示：

$$d_{i,j} = v_{i,j}\sqrt{\frac{2h_j}{g}} \qquad (5.5\text{-}5)$$

其中，速度 $v_{i,j}$ 由结构地震反应计算所得。

对于一栋建筑而言，尽管大部分坠物的落点非常靠近建筑，但是离建筑越远的坠物具有的动能越大，破坏性越强，因此，坠物危害距离应该为所有坠物落点的最大距离。假设楼层数为 m，围护结构破坏后的时间步总数为 n，则建筑坠物的危害距离如式（5.5-6）所示：

$$d_{\max} = \max\left(\left|v_{i,j}\sqrt{\frac{2h_j}{g}}\right|\right) \quad i=1,2,3,\cdots n; \ j=1,2,3,\cdots m \qquad (5.5\text{-}6)$$

由于地震在方向上具有不确定性，假设建筑非结构坠物在各个方向上均可达到最大距离 $d_{\max}$。根据以上方法，可以求出确定地震动下每一栋建筑物的外围非结构坠物分布范围，进而可以计算整个区域的坠物分布情况。

5.5.2.3　地震动的不确定性分析

不同的地震会产生具有不同频率分量，持续时间和振幅的地震动。可以使用足够数量的代表性地面运动来模拟频率分量的不确定性和地面运动的持续时间[71]。FEMA P695[79]已经报告了有关地面运动选择的大量工作，其中推荐了一组典型的地面运动，包括远场和近场记录。这些地面运动是根据以下八个原则选择的：

1）震级 $M_s \geqslant 6.5$。

2）震源位于走滑断层或逆冲断层。

3）观测场地为基岩或硬土场地，场地土剪切波速 $V_s \geqslant 180\text{m/s}$。

4）近场地震断层距 $R \leqslant 10\text{km}$，远场地震断层距 $R > 10\text{km}$。

5）同一地震事件不超过两条记录。

6）强震记录，$PGA > 0.2g$ 且 $PGV > 15\text{cm/s}$。

7）观测对象为自由地表或者低层建筑的首层地面。

8）强震仪的有效频率范围至少达到 4s。

因此，通过将 FEMA P695 提出的 49 个地面运动（22 个远场记录和 27 个近场记录）与广泛使用的 El Centro 1940 EW 地面运动记录相结合，在此考虑了一组 50 条地面运动记录来评估频率分量和地震动持续时间的不确定性。

使用 IDA 模拟地震动振幅的不确定性。通过增加强度度量（IM），将前面提到的 50 种地面运动顺序输入到建筑物组中。

假设某一点到建筑墙面的水平距离为 d_0，坠物的最大距离为 $d_{\max}$，则该点被坠物覆盖的概率为 $P(d_{\max} \geqslant d_0)$。通过进行 IDA 和地震危险性分析，可以获得整个建筑群设计寿命内的总概率 $P(d_{\max} \geqslant d_0)$。下面详细阐述详细的分析过程：

（1）建筑的 IDA

IDA 中采用的地面运动次数定义为 N_{total}，在本节中，$N_{total} = 50$。将这些地面运动记录单独分配给建筑物，以执行相应的非线性 THA。为了与当前的地震设计规范保持一致，采用了公认的 PGA 作为地面运动的 IM。如果从给定 IM 级别下的地面运动的非线性

THA 得出的建筑物的危险范围 d_{max} 超过 d_0，则该地面运动被记录为相应 IM 级别下的"危险地面运动"。在选定的 N_{total} 地面运动中，"危险地面运动"的总数被定义为 $N_{d_{max}\geq d_0}$。因此，此 IM 级别的 $P(d_{max}\geq d_0)$ 计算如下：

$$P(d_{max}\geq d_0)=N_{d_{max}\geq d_0}/N_{total} \tag{5.5-7}$$

通过将 IM 从 0 递增到 $P(d_{max}\geq d_0)=1.0$，可以获得 $P(d_{max}\geq d_0)$ 的脆性曲线。为了解释在不同 IM 下坠物的概率变化，本研究采用对数正态分布函数拟合 $P(d_{max}\geq d_0)$ 的脆性曲线。一个实例将会在算例中展示，它显示拟合曲线以 5% 的显著性水平通过了 Kolmogorov-Smirnov 检验。该结果证实了不同 IM 的 $P(d_{max}\geq d_0)$ 遵循对数正态分布。

（2）地震危害分析

地震危害分析提供了特定建筑工地在给定时间段（Y 年）内发生给定 IM 地震的概率，记为 $P(IM)$。通常，根据设计代码和给定地点的地震数据，通过函数拟合方法可以得出某一设计周期内的超越概率。

（3）计算总概率

根据上述 $P(d_{max}\geq d_0|IM)$ 和 $P(IM)$，可以使用公式（5.5-8）计算 Y 年内 $P(d_{max}\geq d_0)$ 的总概率：

$$P(d_{max}\geq d_0 \text{ in } Y \text{ years})=\int_0^{+\infty} P(d_{max}\geq d_0|IM)P(IM)dIM \tag{5.5-8}$$

其中：$P(d_{max}\geq d_0 \text{ in } Y \text{ years})$ 为结构在设计使用年限 Y 年内发生坠物覆盖距离 d_0 的概率；$P(IM)$ 为结构所在场地在设计使用年限 Y 年内发生强度为 IM 地震的可能性，由地震危险性分析给出。

5.5.2.4 紧急避难场所选址

对于紧急避难场所选址问题，最重要的是给出可接受的区域建筑群坠物分布范围。首先，需要考虑不同建筑物的碎块叠加的影响。在 GIS 平台上，将目标区域划分成精细的网格。对于每个网格，不同建筑物坠物的影响是独立的，可以进行概率相加。因此，将不同建筑物坠物覆盖该网格的概率进行叠加，可以得到该网格最终的被坠物覆盖的概率，以此作为坠物风险评价的依据。

其次，要确定可接受的概率水平。ASCE 7 以 50 年设计周期内倒塌概率不超过 1% 作为设计目标，因此，本研究也采用超越概率 1% 作为可接受水平的概率水平。在这种情况下，建筑不发生倒塌，坠物危害是影响紧急避难场所选址的主要因素之一。因此，在 GIS 平台下，选择坠物覆盖概率大于等于 1% 的网格，这些网格将是坠物危害的影响区域。

5.5.3 算例

该算例为中国某市的一高层住宅小区，共有 19 栋住宅，均为钢筋混凝土结构，平均每栋建筑 20 层，平均高度约为 60m。该小区建筑外围围护结构为填充墙，根据 ASCE 7 的规定，建筑的风险等级为 II 级，其层间位移角限值为 0.020。

以小区其中一栋典型建筑为例，该楼 20 层，60.5m 高。按照本节提出的坠物距离计算方法，将对不同 PGA 情况下碎块距离超过某一固定范围的概率进行计算。当 $d_0=$ 10.0m 时，不同 PGA 情况下 $P(d_{max}\geq d_0)$ 的概率情况，以及基于对数正态分布的拟合曲线如图 5.5-2 所示。从该曲线可以看出，当 $PGA<0.3g$ 时，坠物距离大于 10m 的概率几乎为零，这说明 PGA 很小时围护结构未发生破坏或发生破坏但速度很小没有达到 10m 的距离；而当 $PGA=1.0g$ 时，碎块距离大于 10m 的概率为 100%，说明 PGA 很大时结构反应也非常大。因此，该概率分布曲线与实际震害经验相符合。

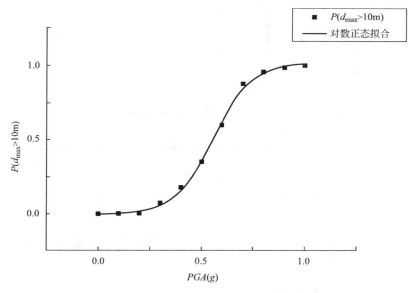

图 5.5-2　不同 PGA 情况下坠物距离大于 10m 的概率分布

根据《建筑工程抗震性态设计通则（试用）》CECS 160—2004[80] 规定的该地区地震危险性特征分区，该小区所在区域 50 年超越概率分别为 63%、10% 和 2% 的设计地震动强度 PGA 分别为 $0.07g$、$0.20g$、$0.41g$。50 年超越概率是指未来 50 年内工程场地至少发生一次地震动强度超过给定值 PGA 的概率，因此地震危险性曲线 [50 年超越概率与地震动强度的关系，用函数 P（PGA）表示] 需要满足如下两个边界条件：当 $PGA=0$ 时，50 年内工程场地遭受地震动强度大于 PGA 的地震是必然事件，其 50 年超越概率应为 100%；当 $PGA=+\infty$ 时，50 年内工程场地遭遇地震动强度大于 PGA 的地震是不可能事件，其 50 年超越概率应为 0%。为了满足地震危险性曲线的边界条件，并使得拟合的地震危险性曲线尽量接近规范数值，故地震危险性曲线采用式（5.5-9）的形式进行拟合，拟合结果如图 5.5-3 所示。

$$P(PGA)=1-\exp\left[-\left(\frac{PGA}{PGA_0}\right)^{-k}\right] \tag{5.5-9}$$

根据 50 年内地震危险性概率拟合曲线（图 5.5-3）和不同 PGA 情况下坠物距离大于 10m 的概率拟合曲线（图 5.5-2），按照式（5.5-8）进行积分，可以得到该建筑在 50 年期限内坠物距离大于 10m 的全概率为 6.8%。取 d_0 从 1m 到 15m，得到该建筑坠物分布情况在 50 年期限内的全概率如图 5.5-4 所示。可以看出，该建筑的坠物覆盖概率随距离增加逐渐减少，这与震害实际经验相吻合。特别地，当距离大于 15m 后，坠物覆盖概率为 0.0，这说明所采用的 50 条地震动的在最大 PGA 下建筑非结构坠物的最大距离均未超过 15m。

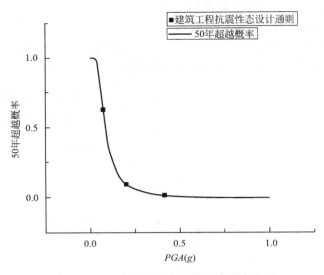

图 5.5-3　50 年内地震危险性概率拟合曲线

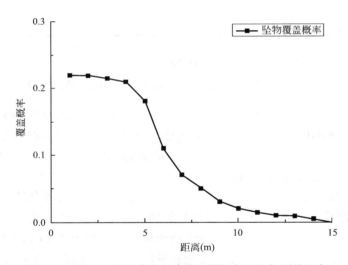

图 5.5-4　在 50 年设计期内建筑不同距离的坠物覆盖概率

　　对小区 19 栋建筑都进行坠物覆盖密度的计算，得到小区整体的坠物分布的概率如图 5.5-5 所示。在图 5.5-5 中颜色越红的区域表明被坠物覆盖的概率越大，坠物危害风险也越高。该结果已经考虑了不同建筑坠物的叠加，由图 5.5-5 可以看出建筑间隔较密区域的红色会非常突出，这很好地反映了建筑群对非结构坠物分布的影响。

　　取覆盖概率大于等于 1% 的区域作为坠物的影响区域，则该小区坠物影响区域如图 5.5-6 所示。从图 5.5-6 可以看出，坠物影响区域是非常大的，因此紧急避难场所的可用空间也非常有限。在碎块影响区域外，存在一个空白的平面区域非常适合作为紧急避难场所，如 5.5-6 所示。另外，小区已有的紧急避难场所区域也如图 5.5-6 所示。新旧紧急避难场所的面积是相同的，且都靠近道路，便于疏散。但是，通过对比可以发现旧的紧急避难区域有部分位于坠物影响区域内，这部分重叠区域是非常危险，人员很可能被建筑的非结构坠物击中而造成伤亡。而新选择的紧急避难区域完全避开了坠物影响区域,相对更加安全、可靠。因此,本节建筑外围非结构坠物危害的分析对紧急避难场所的选址决策具有重要影响。

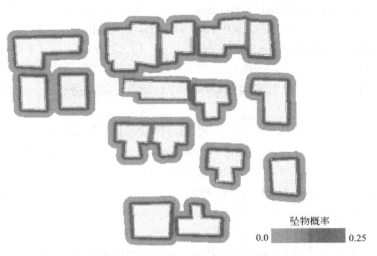

图 5.5-5　小区内坠物分布概率

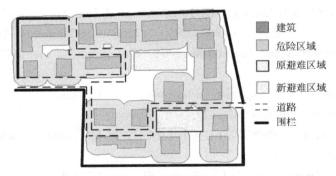

图 5.5-6　坠物危害影响区域与紧急避难场所选址

5.5.4　小结

本节提出一套考虑地震动不确定性的区域建筑群非结构坠物的分析方法,并对一个高层住宅小区的坠物危害进行了分析,得到如下结论:

(1)提出了区域建筑群外围非结构坠物分布的计算方法,得到确定地震动下建筑外围坠物分布,为目前研究有限的非结构坠物危害问题提供了可行的分析方法;

(2)提出基于 IDA 方法的区域建筑群坠物分布的概率计算方法,得到 50 年设计周期内不同坠物分布的概率水平,能够充分考虑地震动对坠物分布的不确定性影响;

(3)给出可接受概率水平下建筑群外围坠物影响区域,为紧急避难场所选址提供了量化的决策依据。

参考文献

[1] ELMO T. 1933 Long Beach earthquake [M]. United States：Loc Publishing，2011.

[2] PEEKASA C，KRAUS J F，BOURQUE L B，et al. Fatal and hospitalized injuries resulting from the 1994 Northridge earthquake [J]. International Journal of Epidemiology，1998，27（3）：459-465.

[3] 刘思佳，何成奇."8·8"九寨沟地震伤情特点及康复需求分析 [J]. 华西医学，2017，32（9）：1395-1399.

[4] KRAUSMANN K，CRUZA M，AFFELTRANGER B. The impact of the 12 May 2008 Wenchuan earthquake on industrial facilities [J]. Journal of Loss Prevention in the Process Industries，2010，23（2）：242-248.

[5] XU Z，LU X Z，GUAN H，et al. Physics engine-driven visualization of deactivated elements and its application in bridge collapse simulation [J]. Automation in Construction，2013，35：471-481.

[6] XU Z，LU X Z，GUAN H，et al. Progressive-collapse simulation and critical region identification of a stone arch bridge [J]. Journal of Performance of Constructed Facilities，27（1）：43-52.

[7] MÜLLER M，MCMILLAN L，DORSEY J，et al. Real-time simulation of deformation and fracture of stiff materials [C] //Magnenat-Thalmann N，Thalmann D. Computer Animation and Simulation 2001：Eurographics. Vienna：Springer，2001：113-124.

[8] Havok. Havok Physics for unity now available [EB/OL]. [2010-11-02]. http：//www. havok. com/products/physics.

[9] NVIDIA Corporation. PhysX [EB/OL]. [2010-11-02]. http：//www. nvidia. cn/object/physx_new_cn. html.

[10] Game Physics Simulation. Bullet physics library [EB/OL]. [2010-11-02]. http：//www. bulletphysics. com.

[11] PILEVAR A H，SUKUMAR M. GCHL：A grid-clustering algorithm for high-dimensional very large spatial data bases [J]. Pattern Recognition Letters，2004，26（7）：999-1010.

[12] BERGEN G V D. Efficient collision detection of complex deformable models using AABB trees [J]. Journal of Graphics Tools，1997，2（4）：1-13.

[13] 卢啸，陆新征，叶列平，等. 钢筋混凝土拱桥构件重要性评价及超载导致倒塌破坏模拟 [J]. 计算机辅助工程，2010，19（03）：26-30.

[14] HAN L B，CHENG J，AN Y R，et al. Preliminary report on the 8 August 2017 Ms 7. 0 Jiuzhaigou，Sichuan，China，Earthquake [J]. Seismological Research Letters，2018，89（2）：557-569.

[15] 石波，刘刚，李琳，等."8·8"九寨沟地震伤员伤情特点分析和救治策略 [J]. 中国

修复重建外科杂志，2018，32（03）：358-362.

[16] SOLINSKA-NOWAK A，MAGNUSZEWSKI P，CURL M，et al. An overview of serious games for disaster risk management- Prospects and limitations for informing actions to arrest increasing risk［J］. International Journal of Disaster Risk Reduction. 2018，31，1013-1029.

[17] TARNANAS I，MANOS G C. Using Virtual Reality to teach special populations how to cope in crisis：The case of a virtual earthquake［J］. Studies in Health Technology and Informatics，2001，81：495-501.

[18] LOVREGLIO R.，GONZALEZ V，FENG Z，et al. Prototyping virtual reality serious games for building earthquake preparedness：The Auckland City Hospital casestudy［J］. Advanced Engineering Informatics，2018，38：670-682.

[19] LOVREGLIO R.，GONZALEZ V，AMOR R，et al. The need for enhancing earthquake evacuee safety by using virtual reality serious games［C］// Lean and Computing in Construction Congress (LC3)：Proceedings of the Joint Conference on Computing in Construction (JC3). IGLC，2017：381-389.

[20] KUESTER F，HUTCHINSON T C. A virtualized laboratory for earthquake engineering education［J］. Computer Applications in Engineering Education，2007，15 (1)：15-29.

[21] SHIN Y S. Virtual reality simulations in Web-based science education［J］. Computer Applications in Engineering Education，2002，10 (1)：18-25.

[22] XU F，CHEN X P，REN A Z，et al. Earthquake disaster simulation for an urban area，with GIS，CAD，FEA，and VR integration［J］. Tsinghua Science and Technology，2008，13 (S1)：311-316.

[23] LI C Y，LIANG W，QUIGLEY C，et al. Earthquake safety training through Virtual Drills［J］. IEEE Transactions on Visualization and Computer Graphics，2017，23 (4)：1275-1284.

[24] VOLK R，STENGEL J，SCHULTMANN F. Building information modeling (BIM) for existing buildings — Literature review and future needs［J］. Automation in Construction，2014，38：109-127.

[25] Autodesk. Revit：Multidisciplinary BIM software for higher quality，coordinateddesigns［EB/OL］.［2019-01-05］. https：//www. autodesk. com/products/revit/overview.

[26] Trimble. Tekla：The most advanced BIM software for structural workflow［EB/OL］.［2019-01-07］. https：//www. tekla. com/products/tekla-structures.

[27] EASTMAN C M. Industry foundation classes［M］. Building Product Models，Boca Raton，Florida：CRC Press，2018：279-318.

[28] Federal Emergency Management Agency (FEMA). Seismic performance assessment of buildings Volume 1-Methodology［R］. Washington：FEMA，2012.

[29] Federal Emergency Management Agency (FEMA). Seismic performance assessment

of buildings Volume 2-Implementation guide ［R］. Washington：FEMA，2012.

［30］ MILLINGTON I. Game physics engine development：How to build a robust commercial-grade physics engine for your game ［M］. Boca Raton，Florida：CRC Press，2007.

［31］ Havok. Technology for Games ［EB/OL］.［2019-01-11］. https：//www. havok. com/.

［32］ Bullet. Real-Time Physics Simulation ［EB/OL］.［2019-01-07］. https：//pybullet. org/wordpress/.

［33］ Nvidia. A Multi-Platform Physics Solution ［EB/OL］.［2019-01-06］. https：//developer. nvidia. com/physx-sdk.

［34］ EREZ T，TASSA Y，TODOROV E. Simulation tools for model-based robotics：Comparison of Bullet，Havok，MuJoCo，ODE and PhysX ［C］//2015 IEEE International Conference on Robotics and Automation （ICRA），IEEE，2015：4397-4404.

［35］ XU Z，ZHANG H Z，WEI W，et al. Virtual scene construction for seismic damage of building ceilings and furniture ［J］. Applied Sciences，2019，9（17）：3465.

［36］ Unity. The World's Leading Real-Time Creation Platform ［EB/OL］.［2019-01-05］. https：//unity. com/.

［37］ TSAY R J. A study of BIM combined with ETABS in reinforced concrete structure analysis ［J］. IOP Conference Series Earth and Environmental Science，2019，233（2）：022024.

［38］ Autodesk. Robot Structural Analysis Professional ［EB/OL］.［2019-02-02］. https：//www. autodesk. com/products/robot-structural-analysis/overview.

［39］ YJK. Interface between YJK and Revit ［EB/OL］.［2019-01-08］. http：//www. yjk. cn/cms/item/view? table＝prolist&id＝16.

［40］ LIU Z Q，ZHANG F，ZHANG J. The building information modeling and its use for data transformation in the structural design stage ［J］. Journal of Applied Science and Engineering. 2016，19（3），273-284.

［41］ XU Z，ZHANG Z C，LU X Z，et al. Post-earthquake fire simulation considering overall seismic damage of sprinkler systems based on BIM and FEMA P-58 ［J］. Automation in Construction，2018，90，9-22.

［42］ XU Z，ZHANG H Z，LU X Z，et al. A prediction method of building seismic loss based on BIM and FEMA P-58 ［J］. Automation in Construction，2019，102：245-257.

［43］ MOTOSAKA M，MITSUJI K. Building damage during the 2011 off the Pacific coast of Tohoku Earthquake ［J］. Soils and Foundations，2012，52（5）：929-944.

［44］ BADILLO-ALMARAZ H，WHITTAKER A S，REINHORN A M. Seismic fragility of suspended ceiling systems ［J］. Earthquake Spectra，2007，23（1）：21-40.

［45］ ToolBox Engineering. Friction and friction coefficients ［EB/OL］.［2019-01-06］. https：//www. engineeringtoolbox. com/friction-coefficients-d _ 778. html.

[46] TAKUYA，N. Seismic damage reconstruction of non-structural components in high building：full-scale experiment in E-Defense shaking table ［J］. Journal of Asian Architecture and Building Engineering，2010，83：1607.

[47] 中华人民共和国住房和城乡建设部. GB 50011—2010 建筑抗震设计规范 ［S］. 北京：中国建筑工业出版社，2016.

[48] 陆新征. 工程地震灾变模拟：从高层建筑到城市区域 ［M］. 北京：科学出版社，2015.

[49] NVIDIA Corporation. PhysX ［DB/OL］.（2012）. http：//www. nvidia. cn/object/physx _ new _ cn. html.

[50] MR H M H. Multi-hazard loss estimation methodology：Earthquake model ［J］. Department of Homeland Security，FEMA，Washington，DC，2003.

[51] XU F，CHEN X，REN A，et al. Earthquake disaster simulation for an urban area，with GIS，CAD，FEA，and VR integration ［J］. Tsinghua Science and Technology，2008，13（S1）：311-316.

[52] TSAI F，LIN H C. Polygon - based texture mapping for cyber city 3D building models ［J］. International Journal of Geographical Information Science，2007，21（9）：965-981.

[53] LU Y，LU X，GUAN H，et al. An energy-based assessment on dynamic amplification factor for linear static analysis in progressive collapse design of ductile RC frame structures ［J］. Advances in structural engineering，2014，17（8）：1217-1225.

[54] LU X Z，YE L P，MA Y H，et al. Lessons from the collapse of typical RC frames in Xuankou School during the great Wenchuan Earthquake ［J］. Advances in Structural Engineering，2012，15（1）：139-153.

[55] VILLAVERDE R. METHODS to assess the seismic collapse capacity of building structures：State of the art ［J］. Journal of Structural Engineering，2007，133（1）：57-66.

[56] ELLIDOKUZ H，UCKU R，AYDIN U Y，et al. Risk factors for death and injuries in earthquake：cross-sectional study from Afyon，Turkey ［J］. Croatian Medical Journal，2005，46（4）.

[57] ROY N，SHAH H，PATEL V，et al. The Gujarat earthquake（2001）experience in a seismically unprepared area：community hospital medical response ［J］. Prehospital and Disaster Medicine，2002，17（4）：186-195.

[58] CHAN Y，ALAGAPPAN K，GANDHI A，et al. Disaster management following the Chi-Chi earthquake in Taiwan ［J］. Prehospital and Disaster Medicine，2006，21（3）：196.

[59] JUN Q I U，LIU G，WANG S，et al. Analysis of injuries and treatment of 3 401 inpatients in 2008 Wenchuan earthquake-based on Chinese Trauma Databank ［J］. Chinese Journal of Traumatology（English Edition），2010，13（5）：297-303.

[60] MAHDAVINEJAD M，BEMANIAN M，ABOLVARDI G，et al. Analyzing the state of seismic consideration of architectural non - structural components (ANSCs) in design process (based on IBC) [J]. International Journal of Disaster Resilience in the Built Environment，2012.

[61] BRAGE F，MANFREDI V，MASI A，et al. Performance of non-structural elements in RC buildings during the L' Aquila，2009 earthquake [J]. Bulletin of Earthquake Engineering，2011，9 (1)：307-324.

[62] MWAFY A M，ELNASHAI A S. Static pushover versus dynamic collapse analysis of RC buildings [J]. Engineering Structures，2001，23 (5)：407-424.

[63] ANTONIOU S，PINHO R. Advantages and limitations of adaptive and non-adaptive force-based pushover procedures [J]. Journal of Earthquake Engineering，2004，8 (04)：497-522.

[64] IERVOLINO I，MANFREDI G，COSENZA E. Ground motion duration effects on nonlinear seismic response [J]. Earthquake Engineering & Structural Dynamics，2006，35 (1)：21-38.

[65] TOTHONG P，LUCO N. Probabilistic seismic demand analysis using advanced ground motion intensity measures [J]. Earthquake Engineering & Structural Dynamics，2007，36 (13)：1837-1860.

[66] FERRACUTI B，PINHO R，SAVOIA M，et al. Verification of displacement-based adaptive pushover through multi-ground motion incremental dynamic analyses [J]. Engineering Structures，2009，31 (8)：1789-1799.

[67] IERVOLINO I，CORNELL C A. Record selection for nonlinear seismic analysis of structures [J]. Earthquake Spectra，2005，21 (3)：685-713.

[68] BOLT B. Estimation of strong seismic ground motions [J]. International Handbook of Earthquake and Engineering Seismology，2002：983-1001.

[69] DHAKAL R P，MANDER J B，MASHIKO N. Identification of critical ground motions for seismic performance assessment of structures [J]. Earthquake Engineering & Structural Dynamics，2006，35 (8)：989-1008.

[70] IERVOLINO I，GALASSO C，COSENZA E. REXEL：computer aided record selection for code-based seismic structural analysis [J]. Bulletin of Earthquake Engineering，2010，8 (2)：339-362.

[71] LU X，LU X，GUAN H，et al. Collapse simulation of reinforced concrete high-rise building induced by extreme earthquakes [J]. Earthquake Engineering & Structural Dynamics，2013，42 (5)：705-723.

[72] Federal Emergency Management Agency. Seismic Performance Assessment of Buildings Volume 1-Methodology [EB/OL]. (2016). https：//www. fema. gov/media-library-data/1396495019848-0c9252aac91dd1854dc378feb9e69216/FEMAP-58_Volume1_508. pdf.

[73] MEMARI A M，BEHR R A，KREMER P A. Seismic behavior of curtain walls containing insulating glass units [J]. Journal of Architectural Engineering，2003，9

(2)：70-85.

[74] SUCUOĞ，LU H，VALLABHAN C V G. Behaviour of window glass panels during earthquakes [J]. Engineering Structures，1997，19 (8)：685-694.

[75] BEHR R A. Seismic performance of architectural glass in mid-rise curtain wall [J]. Journal of Architectural Engineering，1998，4 (3)：94-98.

[76] 中国建筑科学研究院. JGJ 102—2003 玻璃幕墙工程技术规范 [S]. 北京：中国建筑工业出版社，2003.

[77] 中国建筑科学研究院. JGJ 133—2001 金属与石材幕墙工程技术规范 [S]. 北京：中国建筑工业出版社，2001.

[78] 国家项目建设标准化信息网络 (CCSN). 城市灾害应急避难所设计规范（征求公众意见）[EB/OL]. (2014). http：//www. ccsn. gov. cn/.

[79] Federal Emergency Management Agency. Seismic Performance Assessment of Building-s Volume 2-Implementation Guide [EB/OL]. (2016). https：//www. fema. gov/mediali-brary-data/1396495019848-0c9252aac91dd1854dc378feb9e69216/FEMAP-58 _ Volume2 _ 508. pdf.

[80] 中国地震局工程力学研究所. CECS 160—2004 建筑工程抗震性态设计通则（试用）[S]. 北京：中国计划出版社，2004.

第6章 城市震害情景高真实感可视化

6.1 概述

目前，我国地震应急演练方式仍以真实场景下的应急演习为主。这种方式虽然可以充分调动各部分相关人员，对应急方案可行性及效率进行评估，但总体参与演练的受训人员有限，且缺乏灾害发生时的真实体验感。

近年来，随着计算机图形显示技术、VR技术的蓬勃发展，通过计算机构建的虚拟灾害场景，在虚拟场景中进行灾害体验、应急演练、救援训练成了新的选择。通过虚拟仿真技术，受训人员通过个人电脑、手机等设备即可直观地感受到灾害场景，可以有效增加应急演练的受众与真实感。

城市区域建筑数量庞大，需要考虑采用何种方法展示城市建筑群的地震情景。在展示地震情景时，不仅需要渲染一个城市量级的建筑物，还需展示海量的计算结果。基于GIS的城市建筑群2.5D建模方法解决了这一问题，利用GIS中建筑物轮廓多边形在高度方向进行拉伸来建立不同的建筑三维模型。同时，为了使建筑三维模型能够反映层间的局部震害特征，建筑三维模型应与震害预测模型保持一致，同样以楼层为基本单元。2.5D建模方法能够快速得到建筑群的地震位移响应，但由于模型通过拉伸所获得，其真实感有所欠缺。

倾斜摄影测量技术[9-13]可以用来进一步提升城市震害情景可视化的真实感。倾斜摄影测量作为近年来新兴的建模技术，目前多用于灾害调研、城市规划等领域。倾斜摄影测量模型直接通过航拍影像获得，具有较高的分辨率和真实感。但目前相关研究中，尚未有利用倾斜摄影测量模型进行城市震害过程的高真实感、动态可视化的工作。

此外，地震不仅会引起建筑物晃动，也会引起建筑倒塌以及一系列的次生灾害，例如建筑次生坠物、次生火灾等。基于倾斜摄影测量技术重建的城市3D模型，不仅可以用于地震动态响应可视化，还可以用于展示上述倒塌及次生灾害情景。

在满足真实感的同时，大型结构动力分析（如城市震害模拟等）的可视化还面临渲染效率的瓶颈。大型结构动力分析通常会产生海量时变数据，处理过程十分缓慢。如何提高数据传输速度，实现高速渲染是一个值得考虑的问题。

本章从以下四方面介绍城市震害情景高真实感可视化的方法：

在6.2节中，将介绍使用2.5D模型进行城市建筑群震害情景可视化的方法，这种方法可以非常快速地构建城市建筑群的地震响应情景，且具有一定真实感。

在6.3节中，将介绍基于倾斜摄影测量模型的城市地震高真实感动态可视化方法，这种方法利用城市的倾斜摄影测量模型构建城市的地震情景，具有照片级的真实感，更接近城市在地震作用下的真实情景。

在 6.4 节中，将介绍基于倾斜摄影测量模型的城市地震次生灾害情景可视化方法，包括建筑倒塌和次生坠物、次生火灾等情景，逼真展现地震后城市中可能出现的多灾害情景。

在 6.5 节中，将介绍基于 GPU 的加速可视化方法，针对结构动力分析中海量时变数据的低效可视化难题，提出由关键帧提取和 GPU 并行插值构成的解决方案，在不损失精确性的前提下极大地提高可视化的渲染效率。

6.2　城市建筑群地震情景 2.5D 可视化

本书第 2 章介绍了用于进行城市区域建筑震害预测的 MDOF 模型，它将建筑楼层对象简化为质量点，它并不包含完整的三维信息（只有高度，没有长度、宽度等）。在此基础上，本节提出了一种城市建筑群震害场景 2.5D 模型的建立方法。

首先需要利用模拟区域的地理信息系统 GIS 数据，获取建筑位置、外形等必要的地理信息来建立建筑三维模型。通过拉伸建筑物平面多边形，同时结合集中质量剪切层模型，以楼层为基本单元建立建筑的三维几何模型。此外，基于 Tsai 和 Lin[1] 的方法，采用多重纹理技术，对建筑物的不同表面分别进行贴图，以提高显示的真实感。

从算法上，具体包括以下几个步骤（图 6.2-1）：（1）建立建筑模型叶节点，用于存储建筑模型；（2）根据建筑平面几何坐标和层高、层数计算得到顶点信息，生成顶点数组；（3）采用四边形建立墙面图元，并为其添加颜色和纹理；（4）采用多边形建立屋顶图元，并对多边形进行镶嵌（Tessellation），然后为其添加颜色与纹理；（5）将生成的图元添加到建筑模型中。

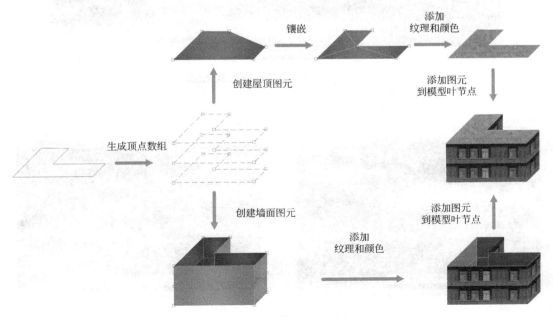

图 6.2-1　建筑模型创建图解

在生成屋顶时，受限于建筑平面形状，其边界多边形经常是凹多边形。很多图形引擎，例如 OSG 等，是基于 OpenGL 开发，默认无法正确显示凹多边形。因此，需要对屋顶的凹多边形进行"镶嵌"，将多边形分解为三角形或三角形条带，使 OSG 能够正常渲染。OSG 中提供 osgUtil∷Tessellator 类来实现这一功能。

由上述方法得到的城市建筑群 2.5D 模型如图 6.2-2 所示，通过将 2.5D 模型角点的位移和震害时程分析得到的不同楼层的时程结果相关联，可以直观地得到不同楼层的地震位移响应（图 6.2-3）。这种方法的优势是实现起来非常简单，而且得到的场景也具有很好的真实感。因此，这是目前区域震害真实感展示的主要手段。

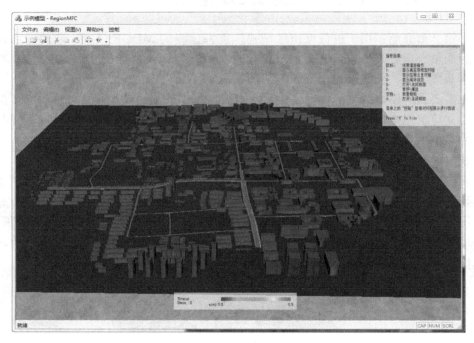

图 6.2-2　城市建筑群的 2.5D 模型

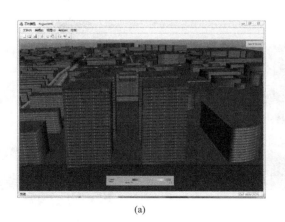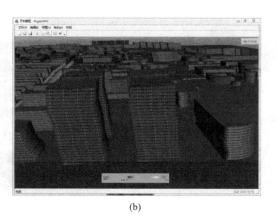

(a)　　　　　　　　　　　　　　　　　　(b)

图 6.2-3　2.5D 建筑模型在不同时刻下的地震响应示例（位移放大 50 倍）（一）

(a) $t=0.0$s；(b) $t=2.0$s

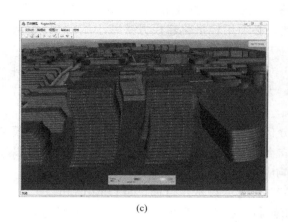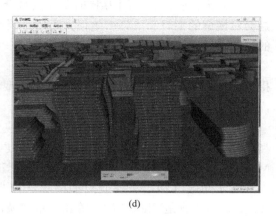

(c)　　　　　　　　　　　　　　　　　　　　(d)

图 6.2-3　2.5D 建筑模型在不同时刻下的地震响应示例（位移放大 50 倍）（二）

(c) t=4.5s；(d) t=4.5s

6.3　基于倾斜摄影测量的城市地震高真实感动态可视化

6.3.1　背景

地震通常会给城市带来严重的伤害。为了防止这种情况，可以在地震安全教育中使用逼真的可视化方法展示的城市建筑群地震响应的情景，从而帮助个人更好地理解地震对建筑物的影响，减轻不必要的人员伤亡。这种可视化方法还可以生动地向公众显示地震巨大的破坏力，从而提高他们对地震风险的认识。此外，还可以通过可视化方法为虚拟地震演习提供城市规模的地震响应场景，使个人可以在虚拟城市中体验地震，从而提高他们对紧急情况的响应能力。因此，如何合理、真实地呈现城市建筑群的地震响应是最为关键的问题。

为了解决上述问题，陆新征等人提出了城市规模的非线性时程分析[2-6] 方法可以提供建筑物群的详细地震动力响应。该方法已通过多次实际地震验证，并已成功应用于多个城市的震害模拟中[7]。例如，它被美国国家科学基金会的 NHERI SimCenter 项目采用，预测了旧金山湾区 180 万栋建筑物的地震破坏[8]。

另一方面，倾斜摄影测量技术可重建高度逼真的城市三维（3D）模型[9]，可以用于解决上述可视化问题。在目前的相关研究中，倾斜摄影测量技术因为重建模型过程简单、成本低廉、真实感强，已经成为一种灾害场景调研或重现的重要技术手段。在倾斜摄影测量中，配备有多个摄像头的无人机用于从不同角度获取城市的照片。使用这些照片，可以重建逼真的城市 3D 模型，并达到厘米级的分辨率[10]。因此，倾斜摄影测量技术已被用于重建一系列城市的 3D 模型[11-13]。但是，尚无基于倾斜摄影测量的城市地震高真实感动态可视化的相关研究。

尽管城市规模的非线性时程分析和倾斜摄影测量可以用于构建城市建筑群地震响应动态可视化情景，但是仍然需要解决三个问题：

（1）模型轻量化。因为航拍图片数量众多，因此重建的城市 3D 模型的体积也很大，这会对模型的编辑和渲染产生很大阻碍。因此，必须用轻量化建模方法减小城市 3D 模型的体积。

（2）建筑物单体化。在地震发生时，每一栋建筑物都有自己的动力响应。但是，倾斜摄影测量模型是包含所有建筑物的整体模型，无法单独识别其中的某一栋建筑物。因此，需要将建筑物与城市 3D 模型进行分割。

（3）动态可视化。由于在城市地震响应分析时采用的是 MDOF 层模型，而可视化模型需要建立连续的位移关系。因此，必须建立 MDOF 与几何模型之间的映射关系，并以 MDOF 计算结果为依据，对城市建筑群动态响应进行可视化。

对于问题（1），需要航点抽稀算法减少航拍图片数量。目前，可以用 ContextCapture、Pix4D 或是 PhotoMesh 等软件重建城市倾斜摄影测量模型。在利用这些软件进行三维模型重建时，过多的航拍图片虽然会提高模型的精度，但是也提高了模型的几何冗余度。因此，需要一种针对冗余航拍图片的航点抽稀算法。此外，还可以采用 LOD（Level of Detail，细节层次）和纹理上的优化方法进一步减小模型尺寸。

对于问题（2），需要一种基于建筑物 GIS 轮廓的建筑物模型单体化方法。当前的一些研究成果中，并没有将建筑物的几何模型与整体模型切割开。而在本节的研究中，必须动态更新每栋建筑物中每一个点的坐标位置，以展示其地震响应，因此，必须将建筑物模型与城市 3D 模型的其他部分彻底切割开。但是，因为倾斜摄影测量模型的纹理众多，切割后的模型可能会重复调用相同的纹理文件，导致画面渲染困难。因此，需要一些额外的优化方法解决这一问题。

对于问题（3），目前大多数研究都是基于 2.5D 模型或 3D 模型构建可视化情景，而非倾斜摄影测量模型。因此，需要一种适用于这种模型的城市建筑物地震响应可视化方法。

为了解决上述问题，本节提出了一种基于倾斜摄影测量的高真实感的城市建筑群动态可视化方法[14]。具体来说，提出了航拍数据航点抽稀算法和模型优化方法，以减小重建后的模型体积；提出了一种基于布尔运算和建筑物底面轮廓的建筑物模型单体化方法，用于从城市 3D 模型中分离建筑物；基于 *Callback* 机制，开发了建筑物地震响应的动态可视化方法。利用该方法，可以根据城市规模的非线性时程分析结果，真实地展示建筑群的地震响应过程，并且以中国四川省新北川县城为例，重建了该地区的倾斜摄影测量模型，并对地震响应进行动态可视化。

6.3.2 研究框架

本节的框架包括模型轻量化，建筑单体化和动态可视化，如图 6.3-1 所示。

（1）模型轻量化。首先，提出了一种基于重叠率的航点抽稀算法，以去除多余的照片，减小了重建模型的体积。随后，在重建过程中采用了基于计算机集群的并行建模方式，以实现更高的效率。最后，基于 LOD 和纹理压缩优化重建的城市 3D 模型。

（2）建筑单体化。首先，将城市 GIS 数据库中建筑物的多边形轮廓与相应的 3D 建筑物模型对齐。然后，使用多边形轮廓生成建筑物的包围盒。最后，通过布尔运算将建筑物与城市 3D 模型分离。分离的建筑模型用于动态可视化。

（3）动态可视化。首先，建立了建筑物地震时程响应结果与建筑物几何模型之间的映射关系。然后，设计了一种基于 Callback 机制的动态几何更新算法，该算法允许在每个渲染帧中进行用户自定义的操作，从而根据地震响应的时程结果动态更新建筑物。最后，使用逼真的城市 3D 模型将建筑群的地震动力响应可视化。

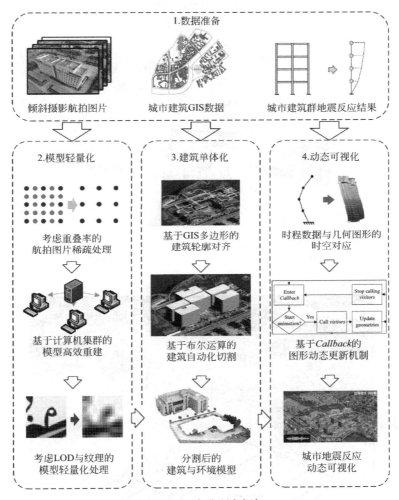

图 6.3-1 本节研究框架

此外，还需要倾斜摄影航拍照片、城市 GIS 数据库中的建筑物底面轮廓以及城市规模的非线性时程分析结果等数据，如图 6.3-1 所示。倾斜摄影航空照片用于重建高度逼真的城市 3D 模型；建筑物底面轮廓用于分割建筑物；城市规模的非线性时程分析结果可以提供建筑物群地震动力响应的时程数据以进行可视化。

6.3.3 关键方法

6.3.3.1 模型轻量化

1. 航拍图像抽稀算法

在城市倾斜摄影测量工程中，经常使用带有五镜头的无人机从五个不同的角度拍摄照片，如图 6.3-2 所示。为完全覆盖目标区域，一般采用 S 形飞行轨迹，无人机以固定的距离拍摄照片，如图 6.3-3 所示，其中 D_x、D_y 分别是航拍的航向间隔与旁向间隔。

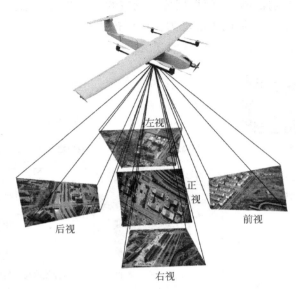

图 6.3-2　用五镜头相机对城市进行倾斜摄影测量

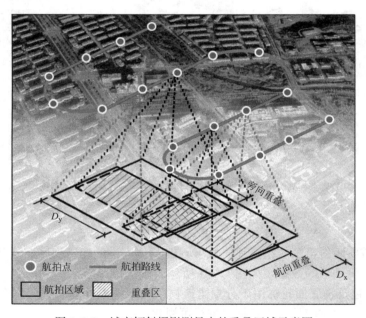

图 6.3-3　城市倾斜摄影测量中的重叠区域示意图

在 S 形行进拍摄过程中，航拍图像间会出现重叠，如图 6.3-4 所示。重叠区域按照与飞行方向位置的不同，可分为航向重叠与旁向重叠。

在实际航拍过程中，为了保证拍摄的成功，一般都将 D_x、D_y 取得非常小，这使得航点过于密集，出现大量冗余图片。因此，在模型生成前，需要对过密的航点进行抽稀处理。

　　在本节中，将根据所需的图像重叠图度计算可接受的最大航拍间距，以此作为依据抽稀航点。如图 6.3-4 所示，A、B 代表两个相邻的航拍点，D 为航拍间距（可分为 D_x 航向间隔与 D_y 旁向间隔），f 为拍摄时相机所使用的焦距，l 为相机传感器尺寸（航向方向对应尺寸为 l_x，旁向方向对应尺寸为 l_y），H 为飞机航高，L 为航拍图片在地面上的投影距离（分为 L_x 航向距离与 L_y 旁向距离）。

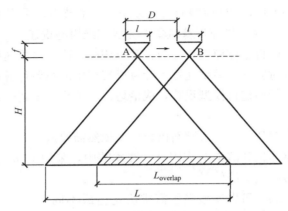

图 6.3-4　图像重叠区的相关参数

　　如图 6.3-4 所示，重叠率 $R_{overlap}$ 可以通过下式计算：

$$R_{overlap} = L_{overlap}/L \tag{6.3-1}$$

$L_{overlap}$ 为航拍影像之间的重叠长度，可根据式（6.3-2）计算：

$$L_{overlap} = L - D \tag{6.3-2}$$

其中，航拍图片在地面上的投影距离 L 由下式计算：

$$L = Hl/f \tag{6.3-3}$$

　　因此，根据航拍影像重叠率定义，$R_{overlap}$ 可如下表达：

$$
\begin{aligned}
R_{overlap} &= \frac{L_{overlap}}{L} \\
&= 1 - \frac{D}{L} \\
&= 1 - \frac{Df}{Hl}
\end{aligned}
\tag{6.3-4}
$$

则航拍间距 D 可表示为：

$$D = \frac{Hl(1 - R_{overlap})}{f} \tag{6.3-5}$$

　　当航拍使用的相机类型、镜头焦距与航高都确定时，航拍间距 D 仅与重叠率有关。因此，只需确定重叠率，即可确定航拍点之间的最大间距。根据《低空数字航空摄影规范》CH/Z 3005—2010，城市倾斜航空摄影的纵向重叠率通常在 $60\%\sim80\%$ 的范围内，而横向重叠率在 $15\%\sim60\%$ 的范围内。当航高 300m、相机传感器尺寸为 $35.9\text{mm}\times24\text{mm}$、镜头焦距 35mm 时，根据前述重叠率要求（航向重叠率取 70%、横向重叠取率 50%），按照式（6.3-5）计算，航向间距可取为 92m，旁向间距可取为 103m，这就是符合重叠率要求的最大航拍间距。

这样，通过缩减原始照片数据的数量，将数据量降低到了原来的 1/6，通过减少输入数据的体量以减少重建模型的大小。

2. 模型重建

使用抽稀后的图片，可以通过使用现有软件（例如 ContextCapture，Pix4D 或 PhotoMesh）来重建城市 3D 模型。因为由于计算量大，重建可能很会耗费很长时间，因此建议使用计算机集群来加速城市 3D 模型的重建过程。在本节中，采用了由 Bentley Systems 开发的 ContextCapture 软件，搭建计算机集群完成三维模型重建[15]。

在重建模型时，可以将整体模型划分为瓦片（tile），这样将重建模型的任务划分为若干子任务，每个子任务对应一个模型瓦片。计算机集群中的每台计算机独立负责单个瓦片的重建，所有计算机并行地进行模型重建，成倍地提升了模型重建的效率。

3. 模型轻量化

尽管已经去除冗余图片，但城市倾斜摄影模型依然需要进一步轻量化处理，否则巨大的模型体量将给后续单体化和渲染造成困难。在本节中，采用 LOD 和纹理优化两种主要手段去优化城市倾斜摄影模型的体量。

通过 ContextCapture，可以模型显示需求决定生成不同 LOD 的城市倾斜摄影模型。这些模型的体量是存在显著差异的。对于小尺度场景，可以使用高 LOD 模型以展示建筑的细部结构；而对于大尺度场景，难以显示局部细节，可选用中等或低 LOD 模型，从而减少渲染负载。

ContextCapture 可以生成高、中、低三种精细等级的模型，其中每种等级又可以进一步生成不同 LOD 模型。在图 6.3-5 所示场景中，对于城市级别的大场景，ContextCapture 软件默认的高精度模型与中等精度 LOD 19 模型显示效果上差异不大，但是，LOD 19 的多边形和顶点数量分别只有高精细模型的 4.96% 和 6.72%，渲染荷载大大降低，具体见表 6.3-1。

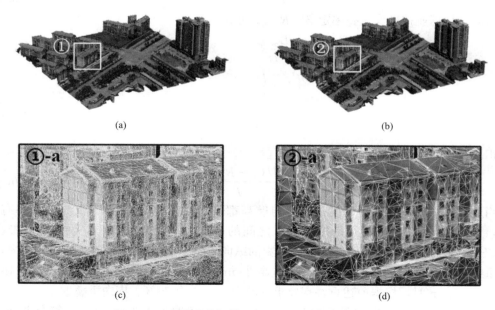

图 6.3-5 高精度等级模型与 LOD 19 模型比较（一）

（a）ContextCapture 默认高精度等级模型；（b）LOD 19 模型；（c）高精度等级模型三角网密度；（d）LOD 19 模型三角网密度

(e)　　　　　　　　　　　　　　　　　　(f)

图 6.3-5　高精度等级模型与 LOD 19 模型比较（二）

(e) 高精度等级模型可视化效果；(f) LOD 19 模型可视化效果

LOD 级别对顶点数量和多边形面数量的影响　　　　　　　表 6.3-1

模型等级	LOD	多边形数	相对数量	顶点数	相对数量
高等级	N/A	1335857	100.00%	866009	100.00%
中等级	LOD 21	179169	13.41%	140794	16.26%
	LOD 20	179157	13.41%	137174	15.84%
	LOD 19	66245	4.96%	58172	6.72%
	LOD 18	26827	2.01%	27306	3.15%
	LOD 17	10439	0.78%	12359	1.43%
	LOD 16	4217	0.32%	5653	0.65%
	LOD 15	2115	0.16%	3194	0.37%
	LOD 14	1739	0.13%	2279	0.26%

　　对于庞大的城市倾斜摄影测量模型，仅仅选择合适的 LOD 来降低模型体积依然是不够的，还需进一步轻量化纹理的体积。倾斜摄影模型一般使用压缩率极高的 ∗.jpg 格式存储该纹理文件。∗.jpg 格式的压缩率通常可达 20～100 倍，这虽然使模型的体量变小，但是在渲染时需要计算机内存会因为加载纹理而耗尽。

　　针对这一问题，本节使用 DXTBmp 软件将城市倾斜摄影模型纹理转换为 ∗.tga 格式并压缩其分辨率至原来的 1/16。∗.tga 格式是占用内存极低的纹理格式，因此可以有效降低纹理内存。以上述图 6.3-5 场景为例，使用 ∗.jpg 格式纹理下，加载该模型需要占用303.8MB 内存；而 ∗.tga 格式纹理，加载时内存只需要 125.1MB，内存降低超过一半。显著降低了模型所需内存资源。

6.3.3.2　建筑单体化

1. 算法

　　如图 6.3-6 所示，本节提出了一种基于建筑物轮廓和布尔运算的建筑物单体化分割算法。该算法包括四个步骤：第一步，将 3D 建筑物模型与建筑物轮廓对齐；第二步：生成建筑物轮廓包围盒；第三步：使用布尔运算分割建筑物；第四步：输出分离的建筑物模型。

　　通常，GIS 中的建筑物轮廓与倾斜摄影测量重建的城市 3D 模型具有不同的坐标系。

因此，对于之后的布尔运算，需要首先对齐建筑物 GIS 轮廓和城市 3D 模型。

在第一步中，针对上述问题提出了包括平移、旋转和缩放的空间变换的方法。本节建议将很容易识别的建筑物轮廓的角点作为控制点，通过这些控制点在 GIS 轮廓和 3D 模型中的坐标求解式（6.3-6）的坐标变换方程，将 GIS 轮廓按照求解出的参数进行旋转、缩放实现两者的对齐。

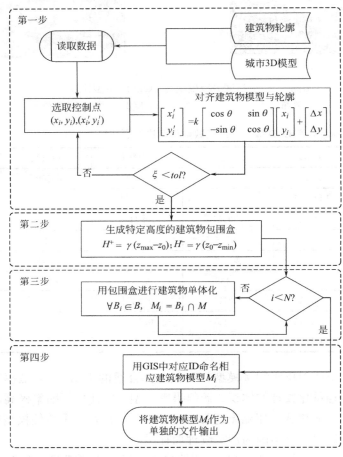

图 6.3-6　建筑物单体化分割流程图

假设总共选择了 m 个控制点，它们在 GIS 和城市 3D 模型中的坐标分别为 (x_i, y_i) 和 (x_i', y_i')。因此，变换方程可以表示如下：

$$\begin{bmatrix} x_i' \\ y_i' \end{bmatrix} = k \begin{bmatrix} \cos\theta & \sin\theta \\ -\sin\theta & \cos\theta \end{bmatrix} \begin{bmatrix} x_i \\ y_i \end{bmatrix} + \begin{bmatrix} \Delta x \\ \Delta y \end{bmatrix} \tag{6.3-6}$$

其中 k 是比例，θ 是旋转角度。Δx 和 Δy 分别是 x 和 y 方向的水平位置偏移。

为了验证空间变换的准确性，可以按式（6.3-7）计算相应的误差（记为 ξ）：

$$\xi = \frac{1}{m} \sum_{i=1}^{m} \sqrt{(x_i' - \hat{x}_i)^2 + (y_i' - \hat{y}_i)^2} \tag{6.3-7}$$

其中 $(\hat{x}_i, \hat{y}_i)$ 是通过 GIS 控制点（即 (x_i, y_i)）计算出的坐标。应当注意，控制点的数量不少于三个，这样才能准确计算出误差 ξ。

当 $\xi < tol$ 时，认为建筑物轮廓与城市 3D 模型对齐的误差是可以接受的。经过测试，$tol < 1\mathrm{m}$ 时就可以准确地分离出建筑物。

第二步，建筑轮廓多边形被拉伸成包围盒以进行后续的切割。为此，需要确定拉伸高度。具体而言，向上拉伸高度应高于城市 3D 模型的最高点，而向下拉伸的深度应低于城市模型的最低点。另外，考虑到可能存在的测量误差，在高度方向上留下一些冗余。因此，可以将向上拉伸高度和向下拉伸深度（分别表示为 H^+ 和 H^-）按照式（6.3-8）进行计算。

$$\begin{cases} H^+ = \gamma(z_{\max} - z_0) \\ H^- = \gamma(z_0 - z_{\min}) \end{cases} \tag{6.3-8}$$

其中 $z_{\max}$ 与 $z_{\min}$ 分别是城市 3D 模型在 z 方向上的最大和最小坐标。z_0 建筑物轮廓的 z 坐标。γ 为冗余系数，本节中设为 1.05。

第三步，将每个城市 3D 模型与包围盒进行布尔运算，以获得两者的交集，直到所有建筑物都完成了切割。具体的布尔运算可以表示为：

$$\forall B_i \in B, \quad M_i = B_i \bigcap M \quad (i = 1,\ 2,\ \cdots N) \tag{6.3-9}$$

其中 B 是所有边界盒的集合，B_i 是建筑物的包围盒；M 是整个城市 3D 模型的集合，M_i 是 M 和 B_i 的交集，即分离的建筑物；N 是建筑物总数。

第四步，在 GIS 数据库中使用其 ID 对分离的建筑物（即 M_i）进行命名，并作为单独的文件输出，以进行后续的动态可视化。

2. 实现方法

本节利用 3ds Max 实现上述建筑物模型拆分过程。具体的操作步骤如下：

（1）首先，将 * .fbx 格式的城市 3D 模型导入 3ds Max 并转换为可编辑多边形，以便进行后续的布尔运算。然后，可以将 GIS 中的建筑轮廓多边形以 * .dwg 格式导入 3ds Max，如图 6.3-7（a）所示。根据上述空间变换方法，将多边形轮廓与相应的 3D 建筑物对齐。

（2）使用 3ds Max 中的拉伸功能，根据计算出的拉伸高度，将建筑物轮廓多边形拉伸，成为相应建筑的包围盒，如图 6.3-7（b）所示。

（3）使用 3ds Max 中的布尔运算工具 ProCutter，在包围盒和城市 3D 模型之间执行相交运算。这样，可以将建筑物与城市 3D 模型分开，如图 6.3-7（c）所示。

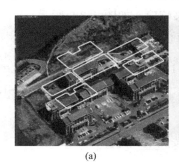 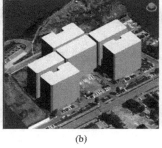 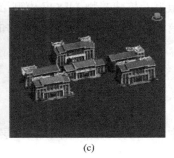

(a)　　　　　　　　　　　　　(b)　　　　　　　　　　　　　(c)

图 6.3-7　建筑物分离的实现过程

(a) 对齐建筑物轮廓；(b) 将轮廓拉伸为包围盒；(c) 分离建筑物

由于城市 3D 模型中的建筑物数量众多，因此有必要在 3ds Max 中自动执行上述建筑物分离步骤。根据 MaxScript，创建两个对象数组（即 rangeBox 和 mModel）分别存储建筑轮廓和分离的建筑模型。在本节中，所有建筑物轮廓都以"GISBOX"开头。这样可以轻松找到它们并将其放置在 rangeBox 数组中。对于每个建筑物轮廓，ProCutter 工具执行相交操作。之后，将分离的建筑模型存储在 mModel 中。图 6.3-8 为了 3ds Max 脚本中用于实现上述过程的代码。

```
rangeBox=$GISBOX* as array

mModel=$separatedBuilding

for i in rangeBoxdo

(select i

ProCutter.CreateCutteri 1 false true false false false

ProCutter.AddStocksi#(mModel) 0 0)
```

图 6.3-8　自动分割建筑物的代码片段

（4）将所有建筑物分割后，每个建筑物模型都存储为 ＊.fbx 文件，并根据其 GIS 数据库中的 ID 进行命名。通过其 ID，可以轻松找到每个分离建筑物的地震时程分析结果。

6.3.3.3　动态可视化

1. 建筑物的可视化模型和 MDOF 模型之间的时空映射

通过基于 MDOF 模型的震害分析，可以得到建筑物每一层的时程结果（例如位移和加速度）。这种基于层的时程响应需要映射到建筑物的可视化模型中。因此，本节在建筑物的可视化模型和 MDOF 模型之间建立了时空映射，以生成建筑物动态时程响应的动画。

每个建筑物的可视化模型和 MDOF 模型可以根据其 ID 进行标识和匹配。但是，MDOF 模型的时程分析结果仅在几个离散高程上计算地震响应。因此，需要对位移进行线性插值以确保两个相邻楼层高程之间的所有顶点都根据总体建筑物位移响应而变形。

假定需要进行可视化的第 k 个建筑物共有 n 层，第 m 层的高度是 H_m^k。在本节中，$\Delta_{i, m}^k$ 表示第 k 栋建筑物 MDOF 模型第 m 层在第 i 个时间步的位移响应。如图 6.3-9 所示，Δz_i^k 表示第 k 栋建筑物中第 i 个时间步时垂直坐标为 h_z^k 的点处的位移，可以按照下式计算：

$$\Delta z_i^k = \begin{cases} (\Delta_{i, m}^k - \Delta_{i, m-1}^k)\dfrac{h_z^{k\prime}}{H_m^k} + \Delta_{i, m-1}^k, & 1 < m \leqslant n \\ \Delta_{i, m}^k \dfrac{h_z^{k\prime}}{H_m^k}, & m = 1 \end{cases} \tag{6.3-10}$$

其中 $h_z^{k\prime}$ 目标顶点相对于第 m 层的高度（图 6.3-9），可以按照下式计算：

$$h_z^{k\prime} = \begin{cases} h_z^k - \sum_{p=1}^{m-1} H_p^k, & 1 < m \leqslant n \\ h_z^k, & m = 1 \end{cases} \tag{6.3-11}$$

上述计算所需的建筑物属性（例如 ID，层数和每座建筑物的层高）可以从 GIS 数据库中获取。

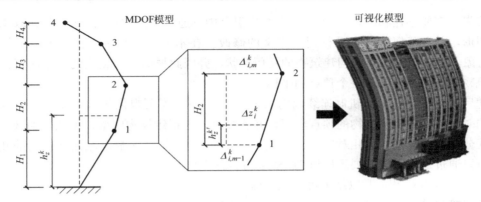

图 6.3-9　确定任意高度处点的位移的示意图

使用上述方法，可以计算出每个建筑物在任一时间步内的可视化模型上每一点的位移。这些位移数据可用于动态更新每个动画帧中建筑物的变形。这样连续地更新变形，就形成了建筑物地震动态响应的动画。

2. 动态更新几何模型

为了对建筑物的地震动态时程响应进行可视化，基于 Callback 机制设计了动态几何更新算法，如图 6.3-10 所示。在图形引擎中，可视化动画是通过连续渲染几何图形形成的。Callback 机制允许图形引擎在每个帧中调用用户定义的函数，通过该函数可以动态更新建筑物的几何形状，以形成地震响应的动画。

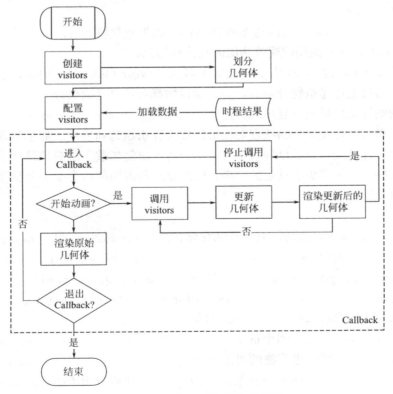

图 6.3-10　几何更新流程示意图

首先，需要创建和配置 visitors。在图形引擎中，通常使用类或对象的 visitors 来访问几何图形，并在几何图形上进行用户定义的修改。在本节的研究中，创建了专门的 visitors 对象，以便他们可以访问建筑物的几何形状，并因此根据前文提出的时空映射关系修改建筑物的几何形状的每一个顶点的坐标。

随后，基于 Callback 机制连续调用 visitors 以形成动态可视化展示效果。visitors 使用加载的时程数据更新建筑物的顶点坐标，并连续渲染更新建筑物模型。可视化动画中的帧与时程分析中的时间步长相对应。当不调用 visitors 时，将直接渲染原始建筑物的几何形状，可以通过这种方法来展示城市 3D 模型的静态建筑物。

最后，退出 Callback 以结束可视化流程。

3. 建筑群动态可视化

本节采用开源图形引擎 OSG 来实现建筑物地震动力响应的可视化。OSG 可以加载通过倾斜摄影测量技术重建的城市 3D 模型的各种文件格式（例如 OSGB、FBX 等）。此外，它提供了一系列用于动态几何更新的功能。对建筑群的地震响应进行动态可视化的包括以下三个步骤：

（1）加载模型

在本节的研究中，编写了两个函数 LoadBuilding（）和 LoadEnv（），分别将建筑物和环境的 FBX 模型加载到 OSG 中。因此，还基于 osg∷Node 类创建了两个对象 bld_Models 和 env_Model，分别存储建筑物和环境的模型。此外，还开发了 LoadDisp（）函数，以读取城市规模的非线性时程分析位移结果。

（2）创建 visitors

基于 osg∷NodeVisitor 类创建类的 visitors。根据建筑物的 ID，为所有建筑物创建派生的 visitors 对象，并加载相应建筑物的时程位移结果。

此外，还基于 osg∷NodeVisitor 建立了名为 TextureOptimizer 的类，以删除模型中的重复纹理。通过上述建筑物分割后，每个建筑物都有其自己的纹理。但是，这些建筑物的纹理对应的图片文件可能重复出现，这就会加重渲染工作量。TextureOptimizer 通过建立纹理列表，将每一栋建筑物的纹理对应的图片文件添加到列表中。如果发现新模型的纹理对应的图片文件已经存在于该列表中，则不会再次重复加载。所有建筑物将共享列表中的纹理图片文件。由于避免了重复的纹理，因此纹理所占用的内存显著降低了。这有利于渲染大量建筑模型。

（3）执行 Callback

在 OSG 中，建筑物对象的所有顶点都存储在数组 vertexArray 中。osg∷Callback 的子类 UpdateCallback 用于更新 vertexArray。具体来说，需要根据本节中的要求来重载 UpdateCallback 中的 update（osg∷NodeVisitor * nv，osg∷Drawable * drawable）这一虚函数。此函数的两个参数 osg∷NodeVisitor * nv 和 osg∷Drawable * drawable 用于匹配建筑物的几何形状和相应的 visitor 对象。

在 update（）中，定义了四个重要的操作。首先，通过 dynamic_cast＜osg∷Geometry * ＞（drawable）获得建筑物的可编辑几何形状。其次，通过 dynamic_cast＜osg∷Vec3Array * ＞（geom-＞getVertexArray（））方法获得此几何体的 vertexArray。再次，根据函数 LoadDisp（）提供的位移数据，用 * vertices［i］.set（）逐一更新数组中的

顶点。最后，还通过 vertices-> dirty（）来更新的顶点对应的几何形状。

在渲染期间，每帧都会调用重载的 update（）函数，通过该函数可以动态可视化建筑物的地震响应。将 UpdateCallback 应用于每个建筑对象，以便可以实现建筑群地震响应的动态可视化。

6.3.4　算例

6.3.4.1　区域概况

案例研究选择了中国的一个小城市——新北川县城。2008 年汶川地震摧毁了北川旧城，之后重建了北川新城。新北川县城占地面积约 6km^2，拥有 903 座各种结构类型的建筑物，这些建筑的底面轮廓如图 6.3-11（a）所示。此外，2018 年 3 月，利用固定翼无人机搭载五镜头相机完成了新北川县城的倾斜摄影测量工作，以重建城市 3D 模型。

为了预测新北川县城再次遭受汶川地震时的可能产生的位移响应，将 2008 年汶川地震的地震动用于城市规模的非线性时程分析。通过 MDOF 模型，获得了所有建筑物在整个地震过程中的时程响应，如图 6.3-11（b）所示。

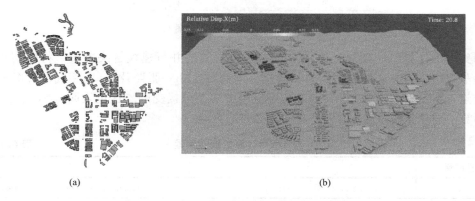

(a)　　　　　　　　　　　　　　　　(b)

图 6.3-11　新北川县城的 GIS 数据与地震响应

（a）新北川县城建筑物轮廓；（b）新北川县城地震动响应

6.3.4.2　模型重建

新北川县城倾斜摄影测量的航拍点共有 2860 个（图 6.3-12），每个航拍点包含五张以不同角度拍摄的照片，总共有 14300 张图片，数据体量达到了 414GB。

在进行倾斜摄影测量时，无人机的飞行高度为 80m，相邻航拍点的纵向和横向距离分别为 50m 和 80m。相机的传感器尺寸和焦距分别为 35.9mm×24mm 和 35mm。根据《低空数字航空摄影规范》CH/Z 3005—2010，纵向和横向重叠率可以分别为 60% 和 50%。通过航点抽稀，计算出纵向和横向航点距离阈值分别为 123m 和 103 m。

根据上述的计算结果，去除城镇边缘外的航点，并对城镇区域范围内的航点在航向每两个取一个，在旁向上保持不变。最终经过抽稀后的数据共包含 599 组航拍照片，共 2995 张，数据体量缩减为原来的 20%。

使用航点抽稀的图片，本节采用 2 台计算机（配置如表 6.3-2 所示）组成集群，花费共 108h 的计算，完成了新北川县城全部三维模型的生成，生成模型如图 6.3-13 所示。如

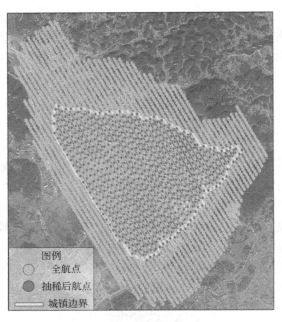

图 6.3-12　航点抽稀方案

果使用更多的计算机，则通过使用 ContextCapture 的并行建模解决方案，将模型重建时间进一步缩短。另外，如果采用原始数据（即总共 14300 张照片），用相同的计算机进行模型重建，将花费超过 1780h，这在实际应用中是不可接受的。这也表明，本节提出的航点抽稀算法对于重建城市 3D 模型是非常必要的。

本节所用计算机硬件配置　　　　　　　　　　　　　　　　表 6.3-2

硬件配置	主机	从机
CPU	E5-2620 v2 @ 2.1 GHz,12 cores	E5-1650 v4 @ 3.60 GHz,6 cores
内存容量	128 GB	32 GB
GPU	GTX Titan X,3072 cores	Quadro M4000,1664 cores
显存容量	12 GB	8 GB

图 6.3-13　基于倾斜摄影测量重建的新北川县城城市三维模型

值得注意的是，使用航点稀疏方法的图片进行重建，北川新城模型（FBX 格式）的体量是 4.59GB，如果使用全部航点（2860 个）生成模型将大于 15 GB（FBX 格式）。因此，航点稀疏方法可以有效降低模型体量。

此外，北川新城的整个三维实景模型中，高质量模型中共包含 8395.7 万个顶点，13238.8 万个多边形面，而使用中等精度级别 LOD 19 的模型则包含 520.9 万个顶点，1433.0 万个多边形面，顶点和多边形面分别为高质量模型的 6.2% 和 10.8%。

按照本节方法，对北川城市模型的 290 张纹理图像进行压缩以及格式转换。纹理采用 *.tga 格式，选取 512×512 pix、1024×1024 pix、2048×2048 pix 三个尺寸进行压缩，分别用于大尺度（城市尺度）、中等尺度（建筑群尺度）以及小尺度（单个建筑尺度）的可视化情景。

6.3.4.3　建筑物分割

根据本节提出的建筑分割方法，将新北川县城的城市 3D 模型（FBX 格式）与建筑物底面轮廓多边形一起导入 3ds Max。随后，执行基于布尔运算的分割。最后，所有建筑物都与城市 3D 模型分离，如图 6.3-14 所示。通过这种方法，可以精确地分离城市 3D 模型中的建筑物。

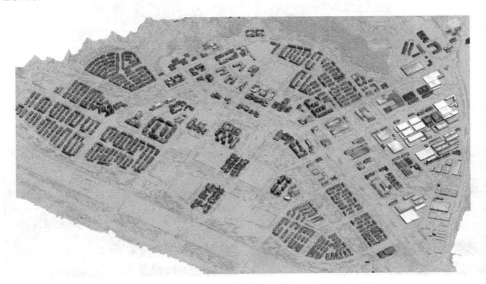

图 6.3-14　建筑物单体化结果

6.3.4.4　地震情景动态可视化

根据城市规模的非线性时程分析结果和所提出的可视化方法，可以呈现城市中所有建筑物的整体动态响应。新北川县城的地震响应如图 6.3-15 所示，可以观察到一些高层建筑的变形。

为了清楚地显示建筑物的响应，在图 6.3-16 中显示了放大的局部视图，可以清楚地观察到地震期间每个建筑物的变形。

图 6.3-17 进一步显示了一些高层建筑物在各个时刻的动态响应，并具有逼真的视觉效果。另外，由于非线性时程分析结果的支持，建筑物的地震响应过程的可视化是有依据的。

图 6.3-15　新北川县城地震响应动态可视化

图 6.3-16　建筑群地震响应动态可视化

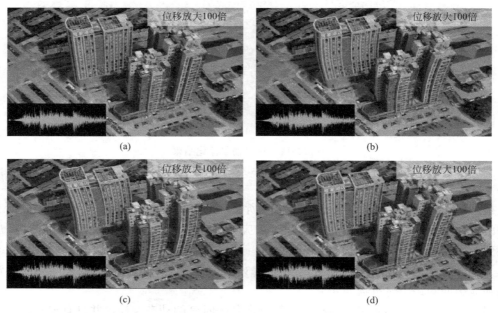

图 6.3-17　不同时刻高层建筑的地震响应动态可视化

(a) $t=0.0$s；(b) $t=23.0$s；(c) $t=23.2$s；(d) $t=31.6$s

6.3.4.5 模型验证

为了验证可视化方法的有效性，本研究还比较了建筑物有限元分析结果与倾斜摄影模型地震响应可视化结果的差异，并对这有限元和倾斜摄影测量模型这两种视觉效果的受众度进行了问卷调查。

如图 6.3-18 所示为一栋新北川县城中典型的框架结构建筑，本研究获得了该建筑的建造图纸。如图 6.3-19 所示，使用 MSC Marc 有限元分析软件建立了该建筑物的精细有限元模型。分别以 MDOF 模型和精细有限元模型，计算该建筑在 2008 年汶川地震动作用下的时程响应。

图 6.3-18 选定的新北川县城典型建筑

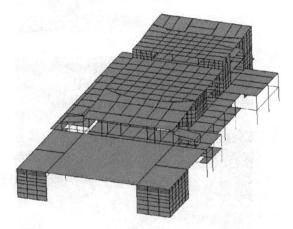

图 6.3-19 典型建筑对应的有限元模型

图 6.3-20 比较了基于倾斜摄影测量模型的可视化与有限元分析后处理结果，图中的建筑物位移均被放大了 1500 倍以便观察建筑物的变形情况。基于倾斜摄影测量模型的可视化使用的是基于 MDOF 模型的计算结果，该模型已在本书第 2 章进行了阐述，关于该模型的准确性已在文献中进行了讨论[4-7,16]。可以看出，基于倾斜摄影测量模型的可视化与有限元分析后处理结果是完全一致的。

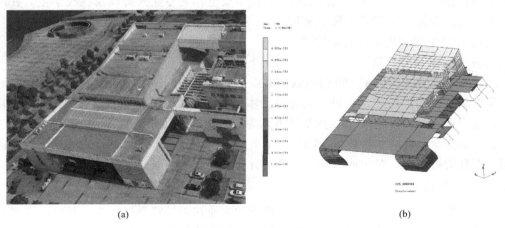

(a)   (b)

图 6.3-20 基于倾斜摄影测量模型的可视化与有限元分析后处理结果对比（一）

(a) 倾斜摄影测量模型的可视化（第 19s）；(b) 有限元分析后处理结果（第 19s）

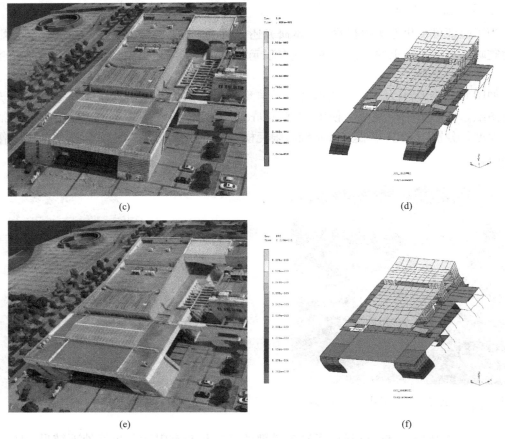

图 6.3-20　基于倾斜摄影测量模型的可视化与有限元分析后处理结果对比（二）

（c）倾斜摄影测量模型的可视化（第 21s）；（d）有限元分析后处理结果（第 21s）；
（e）倾斜摄影测量模型的可视化（第 22s）；（f）有限元分析后处理结果（第 22s）

　　此外，本研究还将上述两种地震响应结果制作成为视频，并进行了在线问卷调查。调查的受访者包括建筑设计院、结构工程师、城市安全相关专业人员以及高校学生。在问卷调查中，受访者需要回答以下两个问题：

　　问题 1. 哪个视频更接近真实情景？

　　问题 2. 哪个视频更适合于地震安全教育？

　　此次问卷调查共收回了 180 份有效的数据，结果如图 6.3-21 所示。

　　调查结果表明，超过 80％的受访者认为本研究中产生的基于倾斜摄影测量的可视化效果更接近于现实，并且超过 85％的受访者认为相较于有限元分析的后处理结果，可视化模型对于地震安全教育的效果更好。因此，本节所提出的方法可以对建筑物的地震响应进行合理、逼真的可视化，对于地震安全教育具有广阔的应用前景。

6.3.4.6　实际应用

　　地震工程是工程学中包含结构工程、地质学专业知识的跨学科分支，其中的原理可能是非专业人员（如开发商或业主）很难理解的。而本节提出的适合于地震工程安全教育的可视化方法，通过展示建筑物震害可视化结果，揭示了地震工程中一些关键的参数与建筑

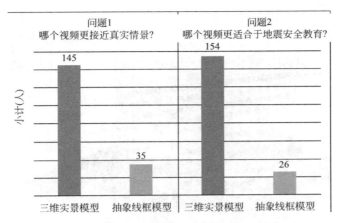

图 6.3-21 问卷调查结果

物地震响应之间的关系。这有助于非专业人士理解地震工程的复杂知识，并辅助它们在地震安全相关的问题上进行决策。下面以地震应急演练为例，说明本节方法的优点。

城市中大多数的居民都没有过地震经历，也不知道遭受地震后建筑物会有何变化，这就导致他们无法在地震时采取正确的避难措施。比如，居民可能担心建筑物在地震时倒塌，因而选择盲目地跑向室外，这一举动可能会导致不必要的人员伤亡。

如果可以将建筑遭受不同程度地震时的晃动过程通过可视化方法展示出来，就非常有助于建筑物中的居民里了解建筑物地震响应与地震强度之间的关系，从而在真正的地震发生时做出正确的决策。

本研究以新北川县城中一栋医院大楼为例，分别展示建筑物的在常遇地震、设防地震和罕遇地震下的地震响应。根据《建筑抗震设计规范》GB 50011—2010（2016 年版），北川地区的常遇、设防和罕遇地震地面峰值加速度分别为 55gal、150gal 和 310gal。将 2008年汶川地震记录的地震动按上述地面峰值加速度调整加速度幅值，分别构建三种设防等级下该建筑物的地震可视化情景，如图 6.3-22 所示。

(a)

图 6.3-22 医院大楼在三种设防烈度下的最大位移情况（一）

(a) 常遇地震（55gal）

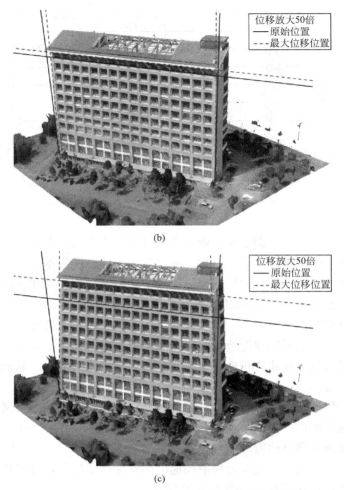

(b)

(c)

图 6.3-22 医院大楼在三种设防烈度下的最大位移情况（二）

（b）设防地震（150gal）；（c）罕遇地震（310gal）

图 6.3-22 展示了医院大楼在常遇地震、设防地震和罕遇地震三种不同烈度地震情景下高真实度、逼真的变形情况。从图中可以看到，建筑物在常遇地震和设防地震的作用下引起的变形很小。根据《建筑抗震设计规范》GB 50011—2010（2016 年版），常遇地震和设防地震 50 年内超越概率分别为 63.3％和 10％。因此这两种水平的地震在建筑物的生命周期内是最有可能出现的。在这两种情况下，建筑物内的人完全不必惊慌或跑到户外避难，因为这两种强度的地震对建筑物的影响非常有限。

而对于罕遇地震，其 50 年内的超越概率为 2％。这种情况下，尽管建筑的变形相对较大，但是也依然不至于倒塌。建筑物内的人只需要进行适当的安全措施保证自身安全即可，比如采取"伏地、遮挡、手抓牢（Drop，cover，hold on）"的避难动作，最大程度上保证自己的生命安全。

因此，本节提出的真实感可视化方法可以帮助居住者理解由不同烈度地震而引起的建筑物响应，从而有助于对地震应急安全行动的决策。

6.3.5　小结

本节提出了一种高真实感的基于倾斜摄影测量模型的城市建筑地震响应可视化方法。并以新北川县城为例，构建了该地区的震害可视化情景：

（1）通过航点抽稀和基于 LOD、纹理压缩的模型轻量化方案，显著减少了城市 3D 模型的体量；

（2）本节提出的基于布尔运算的建筑物分割算法，将建筑物模型从城市 3D 模型中切割出来，这是针对单栋建筑进行震害可视化的基础；

（3）基于 Callback 和城市非线性时程分析的结果，设计了一种建筑群地震动力响应的可视化算法，可以动态地展示建筑群的地震过程；

（4）本节提出的可视化方法可以高真实感地展现城市建筑区地震灾害情景，对于地震安全教育具有广阔的应用前景。

6.4　基于倾斜摄影测量的城市地震次生灾害情景可视化

6.4.1　背景

当城市遭遇地震时，地震巨大的破坏力不仅可能导致建筑物倒塌，而且还可能引起建筑物外立面的一些非结构构件（如阳台栏杆、外墙饰板）脱落形成危害地面人员生命安全的次生坠物。除此以外，地震也可能引起一系列的火灾。因此，真实的地震发生时不仅是建筑的晃动，建筑倒塌、建筑产生的次生坠物和次生火灾等多种灾害也会同时发生。

在本节中，通过多种可视化方法，构建了建筑物倒塌、次生坠物和次生火灾三种灾害情景，提高地震灾后情景重建效果的真实性，让观看者都能够直观地理解、感受到地震灾害的真实情景。

6.4.2　建筑倒塌情景构建

本节基于第三节所述的建筑模型单体化成果，利用 3ds Max 软件实现建筑倒塌的可视化效果。

对于在地震中出现倒塌的建筑物，在 3ds Max 中找到对应的单体模型并为其制作倒塌破碎的可视化效果。本节利用 RayFire 插件结合 MassFX 实现这一效果。

RayFire 是一个 3ds Max 特效插件，可用于模拟引爆、爆破、分解、物体碎裂等多种物体破碎效果。RayFire 插件也提供了基于 PhysX 与 MassFX 的动力学物理引擎。通过与物理引擎结合，RayFire 可以实现真实、精细的物理效果。

MassFX 是 3ds Max 提供的物理模拟工具集。通过为物体添加 MassFX 修改器，3ds Max 可以简单快速、高效而又不失准确地计算物体的物理效果。

首先，为建筑单体模型添加"壳"修改器，使之成为实体模型，便于之后进行对模型进行破碎操作，如图 6.4-1 所示。

之后，将处理后的建筑物模型作动力学/受影响物体（Dynamic/Impact Object）添加到 RayFire 插件中，并对破碎参数进行设置。为了模拟建筑物倒塌后产生的不均匀碎块，

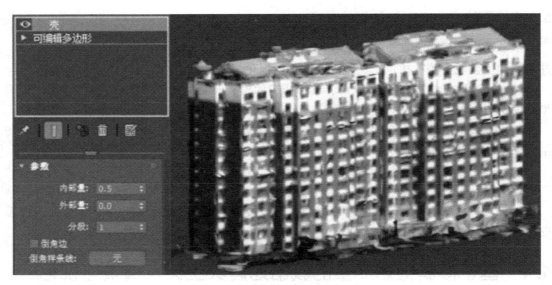

图 6.4-1　使用"壳"修改器处理模型

本节采用不规则（Irregular）模式对模型进行破碎，如图 6.4-2 所示。对建筑物进行破碎后的结果如图 6.4-3 所示。

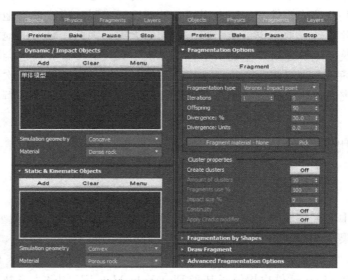

图 6.4-2　将模型添加至 RayFire 插件并设置参数

接下来，为破碎的建筑物模型碎块添加 MassFX 物理属性，将其设置为动态刚体（Dynamic Rigidbody）。物理属性包括质量、重力加速度和碰撞体积等。在 MassFX 中，还可以对物理模拟效果进行更精细的调整，如睡眠设置、高速碰撞等。在高级设置中，可以对模型的接触壳参数进行调整。MassFX 为每一个物体都创建一个外接的多面体接触壳作为物理计算时的物理网格。与原始网格划分相比，接触壳拥有更少的多边形面，这也是 MassFX 可以进行高效物理运算的原因所在。为了避免接触壳之间因为间距过小或重叠而

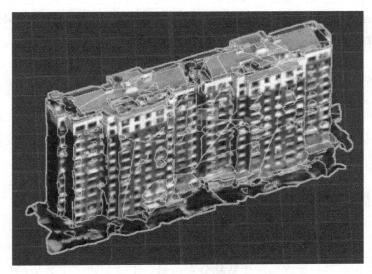

图 6.4-3　建筑物破碎结果

导致的"爆炸"现象，需要对接触壳的接触距离进行调整，使接触壳略小于实际模型。

　　设置完成后，即可利用 MassFX 中"烘焙动画"选项，计算建筑物碎块在自重作用下倒塌的动画效果。最终，实现的建筑物倒塌效果如图 6.4-4 所示（右上角小图为该区域建筑未破坏前的形态）。

扫码看彩图

图 6.4-4　建筑物倒塌场景

6.4.3　次生坠物情景构建

　　本节利用 3ds Max 软件对建筑次生坠物的分布进行模拟。通过与实景模型结合，该情景可以使人更好地了解其对周边环境及疏散人群可能产生的影响。

　　在进行次生坠物模拟前需要构造出建筑物坠物物体。由前所述，次生坠物是建筑物在地震动作用下抛落的受损的非结构构件，这些构件在破坏前也是建筑物的一部分。因此，通过 3ds Max 结合 RayFire 插件，创建碎块作为次生坠物，同样利用 MassFX 实现符合实际的坠物平面分布状态。倒塌坠物碎块如图 6.4-5 所示。

图 6.4-5 倒塌坠物碎块示意图

为了创建具有水平初速度的次生坠物分布情景，本节创建一定数量的、具有物理属性的小碎块并使其在建筑物上方自由落下，利用飞散的碎块结合人工干预，以此来实现具有一定分布范围和分散趋势的次生坠物可视化效果。

首先，在建筑物模型上方创建矩形体并使用之前的方法利用 RayFire 插件对其进行破碎。

之后，为碎块和建筑物模型添加物理属性。由于在次生坠物场景中，建筑物并不需要移动。因此，在 MassFX 中将建筑模型设置为静态刚体（Static Rigidbody），坠物碎块则设置为动态刚体。设置完成后，利用 MassFX 烘焙动画效果，将坠物碎块分布到建筑物周边。对于那些飞溅距离较远的不符合实际的建筑物碎块，可以手动删除它们来实现抱枕次生坠物分布更贴近真实。

最后，修改坠物大小及分布形式，对坠物碎块进行细微的调整，并为其赋予恰当的纹理贴图。材质应与建筑物外立面所使用的贴图相同或相近，以保证拥有较好的真实度。最终构建出的次生坠物场景如图 6.4-6 所示。注意：此图为了突出坠物的效果，将坠物体积放大。在实际展示中，坠物体积应该与建筑匹配。

6.4.4 次生火灾情景构建

本节利用 Unity 中的粒子系统，并结合相应的脚本控制，来实现火灾蔓延动态可视化效果。

6.4.4.1 Unity 粒子系统

粒子系统是 Reeves 于 1983 年提出的一种模拟不规则物体或自然场景效果的方法[17]。这些物体由于具有不同程度的动态性和随机性，因此可以用来模拟烟雾、火焰、雨雪、爆炸等动态效果。

在 Unity 中，每一个粒子都有自己的属性，包括位置、散射、形状、渲染及生命期内受力、大小、旋转等。通过对照这些参数进行修改并赋予恰当的粒子贴图，就可以实现各种各样的粒子效果。

本节基于 Unity 的粒子系统，通过多种基本粒子的组合，构建了一种用于模拟建筑物

图 6.4-6　次生坠物场景

火灾的粒子集，如图 6.4-7 所示。该粒子集中包含火焰、飞火、烟气、火光等多个不同种类的粒子。

图 6.4-7　火灾粒子集示例

在粒子集中，最为重要的两种粒子就是火焰粒子和烟气粒子。本节采用的火焰粒子如图 6.4-8 所示。该粒子在一定大小的圆台范围内随机生成，用于模拟一定范围内的火焰燃烧效果；采用的烟气粒子如图 6.4-9 所示。该粒子在一定高度的圆柱体范围内随机产生，并且具有一定上升速度和飘散方向，可以很好地模拟建筑物起火后产生的烟气。

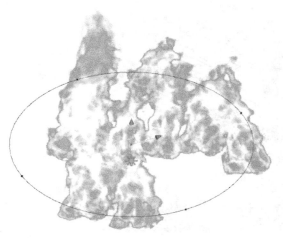

图 6.4-8　火焰粒子示例

图 6.4-9　烟气粒子示例

6.4.4.2　火灾蔓延动画

本节在 Unity 软件中利用实景三维模型构建真实场景下的火灾蔓延动画。

首先，在 Unity 中导入实景三维模型，并根据火灾蔓延模拟结果，在起火建筑物相应位置视建筑物轮廓形状、占地面积等外观参数，根据需要放置一个或多个空物体（Empty GameObject）作为起火点，火灾粒子集将在这些起火点的位置上实例化，如图 6.4-10 所示。

图 6.4-10　在模型中设置起火点

之后，为编写 C♯ 脚本。通过脚本，在火灾蔓延模拟给出的建筑物初始燃烧时刻于相应起火点处实例化火灾粒子集并开始播放粒子动画，实现火灾燃烧、蔓延效果。除此之外，脚本还对粒子集随机进行 0.5～2.0 倍的缩放，增加火焰效果的多样性，提高场景真实感。该脚本的部分代码如下：

```
public class TimeHistroyFireControl : MonoBehaviour {
    public GameObject fireObj;          //火灾粒子
    public GameObject firePoints;       //起火点位置
    // 起火点点火时间
    List<float> timePoints = new List<float> {
        0.0f, 2.0f, 6.29f
    };
    List<Vector3> fireLocations = new List<Vector3> { };
    int timeStep = 0;
    int maxPoint = 150;        //最长燃烧时间
    void Start () {
        timePoints.Sort ();
        int i = 0;
        foreach (Transform child in firePoints.transform) {
            fireLocations.Add (child.gameObject.transform.position); //设置粒子位置
            i++;
        }
        maxPoint = (i< timePoints.Count) ? i : timePoints.Count;
    }


    void Update () {
        if ( (timeStep< maxPoint) && Time.time > timePoints [timeStep] ) {
            GameObject fb =
            //在起火点处创建火灾粒子
            Instantiate (fireObj, fireLocations [timeStep], Quaternion.Euler (0, 0, 0) );
            UnityStandardAssets.Effects.ParticleSystemMultiplier psm =
fb.GetComponent<UnityStandardAssets.Effects.ParticleSystemMultiplier> ();
            //随机缩放火焰粒子大小
            psm.multiplier = Random.Range (50, 200) * psm.multiplier /100;
            }
            timeStep++;
        }
    }
}
```

　　图 6.4-11 展示了利用 Unity 粒子系统实现的实景三维模型火灾蔓延动画。通过与传统的色块模型对比，本节实现的可视化效果更加具有真实感，可以更好地为震后灾害评估或虚拟疏散救援提供科学指导和训练环境。

6.4.5　多灾害情景构建

　　通过上述方法，已经对建筑物倒塌及次生坠物、次生火灾分别构建了可视化情景。要构建多灾害综合情景，需要将这些可视化效果综合。

色块模型　　　　　　　　　　实景模型

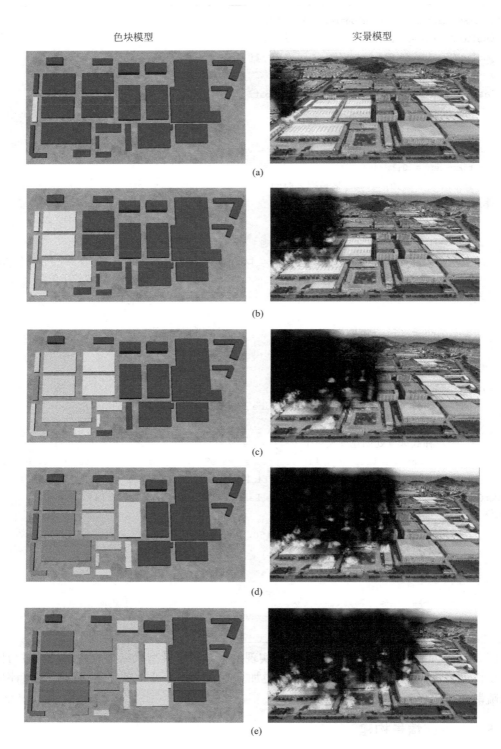

图 6.4-11　火灾蔓延情景对比（一）

(a) $T=0$h；(b) $T=1$h；(c) $T=2$h；(d) $T=3$h；(e) $T=4$h

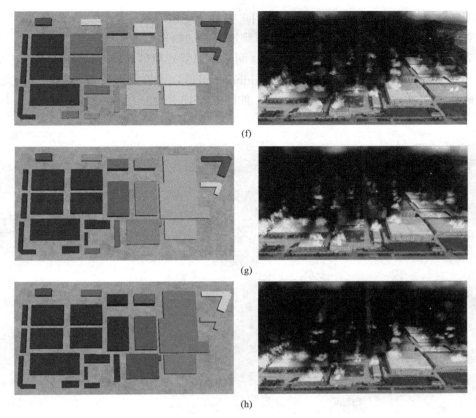

图 6.4-11　火灾蔓延情景对比（二）

(f) $T=5h$；(g) $T=6h$；(h) $T=7h$

由于 Unity 对粒子效果支持更好，并且和 3ds Max 一样具有很强的编辑功能，本节以 Unity 作为多灾害情景构建平台。

对于次生坠物碎块，由于先前已经利用 MassFX 烘焙动画，坠物碎块每一时刻的位置变化都确定并写入文件，因此，只需将坠物分布完成的全部碎块物体导出为 ＊.fbx 文件就可为 Unity 软件所用。为了让坠物碎块具有真实感，截取一栋建筑的外立面作为坠物的纹理。替换纹理后的坠物碎块如图 6.4-12 所示。

图 6.4-12　导出的坠物碎块及碎块纹理

（a）坠物碎块；（b）坠物纹理

对于建筑物倒塌碎块，由于 Unity 使用自带的 Rigidbody（刚体）系统与 3ds Max 的 MassFX 不兼容，因此需要对建筑物倒塌碎块重新添加物理属性。

首先，需要对碎块添加 Mesh Collider（网格碰撞器）组件，使碎块物体具有与其外观相同大小的碰撞体积。之后，为其添加 Rigidbogy 组件，设置倒塌碎块的质量、阻尼等参数，使碎块的运动更加符合实际物理效果，如图 6.4-13 所示。

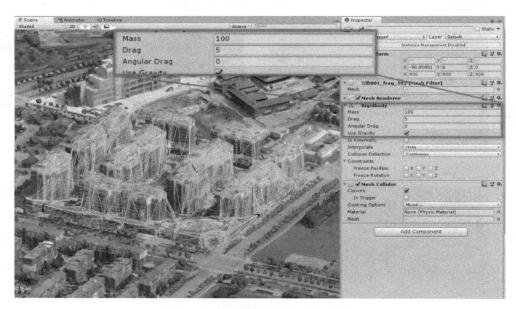

图 6.4-13　在 Unity 中设置物理效果

将 3ds Max 中的成果导入到 Unity 中后，之前的火灾蔓延可视化方法，构建多灾害情景。结合地震后建筑倒塌、次生坠物及次生火灾蔓延的多灾害情景效果如图 6.4-14 所示。

扫码看彩图

图 6.4-14　多灾害情景

6.4.6　小结

本节以建筑单体化模型和震害模拟结果为依托，实现了城市区域地震及次生灾害情景的构建，具体结论如下：

（1）提出了与 RayFire 和 MassFX 插件的建筑物倒塌情景构建方法，利用 3ds Max 软件实现建筑倒塌的可视化效果；

（2）基于 MassFX 插件，模拟建筑次生坠物坠落的分布状态，构建了建筑物次生坠物灾害情景；

（3）提出了基于 Unity 粒子系统的建筑群次生火灾可视化方法，构建了建筑群次生火灾产生和蔓延的情景；

（4）得益于 Unity 脚本功能，用 Unity 实现了建筑物地震灾害情景构建，对灾害场景进行全面的调整控制，使模拟的灾害情景具有更高的真实感；

（5）真实感的地震及多灾害情景极大强化了灾害场景对人员的直观冲击，可以用于安全教育、地震安全演练等，提升人员防震减灾意识。

6.5　基于 GPU 的加速可视化方法

6.5.1　背景

目前，随着结构动力分析问题的复杂性和求解规模的逐步提升，高精细度、大规模的结构动力分析越来越多[18-22]。这些分析的结果数据在不同的时间步长中是时变的。此外，分析通常会产生几十吉字节（GB）的数据，这些数据对于三维可视化[23]来说是巨大的。在通用结构动力分析软件[24-26]（如 MSC. Marc、ANSYS、ABAQUS）的后处理中，对海量时变数据的处理非常缓慢。对大规模分析来说，有时展示一个时间步的结果就要超过 1h。为了流畅地表现整个结构动力过程，大多数结构分析软件将结果转换为预先计算的动画。然而，这种动画大多只是以固定的视角和位置显示动态过程，缺乏必要的交互操作。因此，对海量时变数据进行高速渲染已成为大规模结构动力学分析的一个重要问题。

虽然当前研究已经提出了多种加速大量静态数据绘制过程的方法[27,28]，但绘制大规模结构动力分析的时变数据是一项更为复杂的任务[29,30]。在渲染过程中，静态数据只需要访问一次，而时变数据需要连续访问，才能显示动态过程。因此，必须将时变数据存储在 GPU 内存中，以便在渲染过程中进行快速访问。但是，一般的 GPU 内存大小一般只有几吉字节（GB）[31]，因此海量时变数据无法完全存储在 GPU 内存中。在这种情况下，这些数据需要在渲染过程中不断地从主机内存传输到 GPU 内存。这样的数据传输相对于直接在 GPU 内存中访问要慢很多，大部分渲染时间都消耗在数据传输过程中[32]。这是造成海量时变数据渲染效率低下的主要原因，给大规模结构动力分析的高速可视化带来了挑战。

为了最大限度地减少数据传输速度慢导致的上述问题，需要获得两个关键技术问题的步骤：步骤 1——显著减小时变数据的大小，以满足 GPU 内存容量限制；步骤 2——在渲染过程中有效地重构完整的结构动态过程。

关于步骤 1，关键帧提取方法非常适合用来减少结构动力分析中的海量时变数据。在结构动力分析可视化中，一个时间步被称为一帧。一些关键帧提取的技术被证明也适用于识别动力分析中的代表性时间步[33-40]。所提取的时间步通常只占总时间步长的一小部分，从而大大减少了时变数据的数量[37-40]。然而，在动态过程中，结构可能会产生较大的非线性变形，导致复杂的三维运动。现有的 3D 运动关键帧提取方法主要针对有限数量的预定义对象（例如一些刚体运动）或点运动（例如一些预定义点的运动捕捉数据）[35,36]。因此，它们不适合模拟复杂的 3D 运动。但是，聚类方法[37-40]可以用于关键帧提取，并且具有处理复杂三维运动的优点，非常适合结构动力分析。尽管如此，现有的聚类方法最初并不是为 GPU 渲染而设计的。因此，有必要开发一种针对 GPU 的关键帧提取聚类方法。

关于步骤 2，本节考虑了一种基于 GPU 的帧插值方法。直接从提取的关键帧生成 3D 可视化是不完整的。因此，帧插值对于重建结构整个动态过程是必要的。还需要注意的是，由于过去 GPU 硬件的限制，早期基于 GPU 的帧插值研究不能达到令人满意的性能[41]。自从 2006 年统一架构的 GPU 发布以来，它的计算性能和编程便利性都大大提高了[42]。然而，相关研究表明[43-45]，GPU 内存中数据的访问效率已经成为时变数据帧插值的一个重要瓶颈。这是因为在帧插值的过程中，大量的数据必须从 GPU 内存中连续访问。GPU 具有复杂的内存系统，任何未优化的访问模型都可能导致显著的内存延迟和不可接受的低效率。因此，一种新的数据访问模型对于基于 GPU 的高效率帧插值是非常可取的。该模型应充分考虑结构动力分析中时变数据的特点以及 GPU 存储系统的特点。尽管土木工程中的高速三维可视化已经得到了广泛的研究[46-49]，但尚未提出这种针对 GPU 帧插值的数据访问模型。

因此，本节提出了一套基于 GPU 的大规模结构动力分析中海量时变数据的高速可视化解决方案。首先，针对 GPU 内存限制的问题，设计了一种基于聚类概念的关键帧提取算法，该算法适用于不同的 GPU 平台，能够显著减小时变数据的大小。其次，利用关键帧，设计了一种基于 GPU 的并行帧插值算法来重构完整的结构动态过程，特别是设计了一种考虑数据时变和 GPU 内存特性的新型数据访问模型，进一步提高了插值效率。最后，对石拱桥和高层建筑两个案例进行了研究，证明了该解决方案的优点。

6.5.2　可视化框架

图 6.5-1 展示了大型结构动力分析产生的海量时变数据高速可视化的总体框架。在这个框架中，数据从主机内存传输到 GPU 内存只在渲染前执行一次。因此，关键帧提取和并行帧插值将取代缓慢的数据传输，从而提高时变数据可视化的效率。

该框架使用了三个平台：图形平台、开发平台和硬件平台。采用开源图形引擎 OSG（OpenSceneGraph）作为图形平台，实现了一些深度可视化开发[50]。开发平台采用的是 CUDA（Compute Unified Device Architecture）平台，是通用 GPU 计算开发中使用最广泛的平台[51]。因此，选择采用支持 CUDA 的显卡作为硬件平台，如 Quadro FX 3800（192核，1GB 内存）。利用这些平台，可视化的整个过程可以从软件到硬件完全控制，为解决海量时变数据的可视化问题提供了方便的基础。

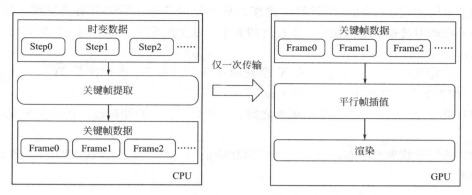

图 6.5-1　大尺度结构动力分析中时变数据的可视化框架

6.5.3　基于聚类的关键帧提取

结构动力分析的时变数据包括位移、应力和速度。请注意，本研究的重点是节点位移数据，其他类型数据的可视化可以参考位移数据。本节所提出的提取算法将整个运动过程划分为几个子过程（即集群）。这些子过程的运动可以用具有代表性的帧表示，而子过程之间的相关性不大。因此，一些关键帧足以表示整个子过程。选择每个聚类的首帧、中间帧和末帧作为关键帧，分别对应于子进程的起始、发展和结束阶段。

结构动力过程的关键帧提取首要目的是满足 GPU 显存需求，因此，提取的关键帧数据规模应小于显存容量。如上所述，一个聚类可以产生三个关键帧（两个边界和一个中间），但是两个相邻的聚类共享相同的边界帧。

因此，假设聚类个数为 N_c，关键帧的数量为 k，则 $k = 2N_c + 1$。总帧的数量和容量分别定义为 N_f 和 V_f。变量 V_v 表示 GPU 内存的容量。考虑到关键帧 kV_f / N_f 的数据量应该小于 V_v，则可以通过公式（6.5-1）计算 N_c 的最大值：

$$N_c^{\max} = \left(\frac{V_v \cdot N}{V} - 1 \right) / 2 \tag{6.5-1}$$

N_c 越大，k 越大，这意味着为了更完整的可视化需要生成更多的关键帧。从理论上讲，应该以 $N_c^{\max}$ 为目标。然而，N_c 在现实中并没有达到 $N_c^{\max}$，因为 GPU 内存也存储其他需要的数据（例如几何模型和纹理），即不随时间步长变化的静态数据。用于静态数据的 GPU 内存大小因渲染问题和 GPU 平台的不同而不同，可以通过一些内存监控软件（如 RivaTuner）来测量。在本研究中，对于案例研究（见 6.5.5 节）和指定的硬件平台（见第 6.5.2 节），N_c 值约为 $0.8N_c^{\max}$。然而，在其他情况下，N_c 的最佳值应该使用 RivaTuner 或其他具有类似功能的软件进行测量。

结构动力分析可以给出每一帧的所有顶点的位置坐标信息。在第 i 帧中，由所有顶点组成的向量被定义为一个帧向量。如果顶点的总数为 n，则两个不同的帧向量之间的距离，即 X_i 和 X_j 可由公式（6.5-2）计算：

$$d(X_i, X_j) = \sqrt{\sum_{l=1}^{n} \left[(x_{i,l} - x_{j,l})^2 + (y_{i,l} - y_{j,l})^2 + (z_{i,l} - z_{j,l})^2 \right]} \tag{6.5-2}$$

其中 $x_{i,l}$，$y_{i,l}$，$z_{i,l}$ 为第 i 帧中第 l 个顶点的三维坐标。

本节采用公式（6.5-2）所计算距离作为聚类划分依据，距离具有明确的实际意义，可以表示在动力过程中结构相对运动程度的大小。基于此准则，本节的关键帧提取算法如下所示：

（1）确定聚类的初始中心：从 N 个帧向量均匀选择 N_c 个帧向量 $\overline{X}_j$，$j = 1$，2，$\cdots N_c$，作为聚类的初始中心。

（2）聚类分配：在两个相邻的聚类之间，必须给到其中心距离较远的聚类分配一个帧向量。

（3）重新计算聚类中心：所有帧分配给相应的聚类后，根据公式（6.5-3）重新计算聚类中心：

$$\overline{X}_j = \frac{1}{N_f^j} \sum_{i=1}^{N_f^j} X_i \quad j = 1，2，\cdots N_c \qquad (6.5\text{-}3)$$

其中，N_f^j 表示聚类 j 的帧向量个数。X_j 表示第 j 个聚类的计算中心。需要注意的是，X_j 是一个均值向量，可能不是一个实帧向量。

（4）循环更新聚类：循环步骤（2）～（4）直到聚类中心 $\overline{X}_j$ 不再发生变化，则聚类划分完成。

（5）确定关键帧：在最终的聚类中，聚类边界以及与聚类中心 X_j 距离最近的帧向量将作为关键帧。

上述关键帧提取过程如图 6.5-2 所示。在图 6.5-2 中，横轴代表等时间分布的帧向量，纵轴表示帧向量距离，不同帧向量距离的变化程度如曲线所示。该曲线可以反映结构位移或变形的剧烈程度，曲线斜率小，变化越平缓，而曲线斜率大，变化越剧烈。从图 6.5-2 中最终划分的聚类结果可以看出，本节聚类方法提取的关键帧在平缓阶段数量较少，在剧烈阶段数量较多。因此，本节聚类方法可以充分地表现结构位移或变形剧烈阶段的情况，反映关键特征。

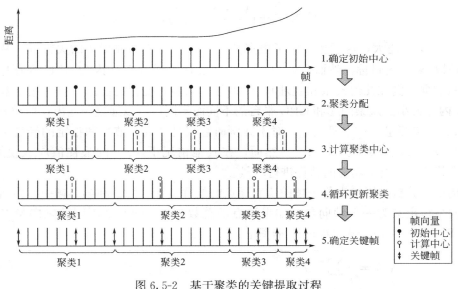

图 6.5-2　基于聚类的关键提取过程

6.5.4　并行帧插值

6.5.4.1　基于 B 样条帧插值模型

基于关键帧数据，通过帧插值方法进行补帧，可以获得完整而流畅的可视化效果。样条曲线插值是一种重要的帧插值方法，在计算机图形学、结构分析、三维结构建模等很多领域有着广泛的应用。本节对比了三种最为常用的样条曲线（Bezier 样条、B 样条和 NURBS 样条），结果表明，Bezier 样条对局部误差过于敏感，而 NURBS 则过于复杂，计算效率低下。三次均匀 B 样条可以合理地模拟复杂的运动曲线，具有较高的计算性能。

假设共有 k 个关键帧，那么共有 $k-1$ 个时间段。假设在第 i 个时间段，结构任意一个结点的三次均匀 B 样条插值的矩阵表达形式如下：

$$P_i(u) = \frac{1}{6} \begin{bmatrix} 1 & u & u^2 & u^3 \end{bmatrix} \begin{bmatrix} 1 & 4 & 1 & 0 \\ -3 & 0 & 3 & 0 \\ 3 & -6 & 3 & 0 \\ -1 & 3 & -3 & 1 \end{bmatrix} \begin{bmatrix} V_i \\ V_{i+1} \\ V_{i+2} \\ V_{i+3} \end{bmatrix} \quad i = 1, 2, \cdots k-1$$

(6.5-4)

其中，$P_i(u)$ 表示第 i 个时间段的曲线上的点，而 u 表示曲线的参数，V_i 到 V_{i+3} 等表示插值控制点。B 样条曲线是局部控制的，4 个相邻的控制点就可以确定一段曲线。

根据关键帧数据，$k-1$ 时间间隔的第 j 个顶点控制点可由公式（6.5-5）求得：

$$\begin{bmatrix} V_{0,j} \\ V_{1,j} \\ V_{2,j} \\ \cdots \\ V_{k-2,j} \\ V_{k-1,j} \\ V_{k,j} \\ V_{k+1,j} \end{bmatrix} = \begin{bmatrix} 1 & 4 & 1 & & & & \\ & 1 & 4 & 1 & & & \\ & & 1 & 4 & 1 & & \\ & & & \cdot & \cdot & \cdot & \\ & & & & 1 & 4 & 1 \\ & & & & & 1 & 4 & 1 \\ 1 & -1 & & & & \\ & & & & & 1 & -1 \end{bmatrix}^{-1} \times \begin{bmatrix} Q_{0,j} \\ Q_{1,j} \\ Q_{2,j} \\ \cdots \\ Q_{k-2,j} \\ Q_{k-1,j} \\ 0 \\ 0 \end{bmatrix}$$

(6.5-5)

其中 $Q_{i,j}$，$i=0, 1, \cdots k-1$ 表示不同关键帧的第 j 个顶点的坐标。

在确定了控制点后，可以使用公式（6.5-4）对第 j 个顶点进行插值。需要注意的是，在重组过程中，对于多个顶点必须重复进行上述插值。因此，对于这种重复的帧插值，高性能的帧计算是必不可少的。

6.5.4.2　基于 GPU 的并行帧插值算法

为了提高计算效率，帧插值必须充分利用 GPU 的并行性能。注意在结构动力分析中有大量的顶点，每个顶点有三个坐标组件，每个组件使用一个线程来实现插值过程。这会导致大量的线程，这有利于最大化 CUDA 的 GPU 并行性能的潜力。

基于上述线程设计，基于 CUDA 的并行插值算法具体如下：

1. 开辟线程

CUDA 中，线程数量主要取决于 Gird 和 Block。由于模型顶点采用一维数组进行存储，CUDA 中 Gird 和 Block 都采用一维组织形式。由于 GPU 硬件限制，每个 Block 开辟的线程必须是 32 的整数倍，一般不超过 512。最优的线程组织模式需要根据算法和 GPU 硬件条件进行讨论。在一般情况下，推荐取每个 Block 开辟 256 个线程[52]。每个顶点有三个坐标分量，每个分量分别用一个线程进行计算，因此，Gird 中 Block 的数量由图形顶点总数的三倍（3n）除以 256 后的整数部分确定，如果有余数则加 1。这种情况下，开辟的线程数量将保证覆盖所有顶点。

2. 定义参数

插值需要三种类型的数据：图形顶点、插值参数和坐标点。图形顶点，命名为 vertices，是存储在 GPU 内存中的一维数组，在插值过程中动态更新。参数 u 是一个从 0 到 1 的浮点参数，可以由当前插值帧和对应的 4 个相邻关键帧来确定。控制点 V_i 存储在位于 GPU 的 Shared Memory 的二维浮点数组中，即 namelys_data[256]，该数组是专门为提高访问效率而设计的（如 6.5.4.3 节所述）。

3. 线程检验

编号大于或等于 3n 的线程，将不参与计算，以避免多余线程造成的错误。

4. 执行插值

每一次插值中，每一个线程处理一个顶点更新过程。所有线程执行的语句都是相同的，不同线程通过线程编号与顶点对应。按照公式（6.5-4），插值的具体执行语句如下：

$$
\begin{aligned}
\text{vertices}[\text{vertIdx}] = 1.0/6.0 * (\ & (1-3*u+3*u*u-u*u*u) * s\_data[\text{threadIdx.x}][0] \\
+ \ & (4-6*u*u+3*u*u*u) * s\_data[\text{threadIdx.x}][1] \\
+ \ & (1+3*u+3*u*u-3*u*u*u) * s\_data[\text{threadIdx.x}][2] \\
+ \ & (u*u*u) * s\_data[\text{threadIdx.x}][3]\ );
\end{aligned}
$$

其中，vertIdx 表示线程的全局 ID，与图形顶点的 ID 是一致的。而 threadIdx.x 是当前 Block 内线程的 ID，s_data 代表当前 Block 中所有线程对应的插值控制点数据，只能在 Block 内部调用。因此，通过 threadIdx.x 调用插值控制点。

完整的帧插值包括插值、映射和渲染三个步骤，如图 6.5-3 所示。首先执行插值，它为顶点提供移动数据。映射是 CUDA 显示交互结果的中间步骤。CUDA 作为一个通用的数值计算平台，与图形渲染没有直接的关系。因此，利用 osgCompute 的 map（）函数，将插值结果作为顶点缓冲对象（VBOs）映射到 OSG 中，是实现映射操作非常方便的方法。渲染步骤将 VBOs 转换为 OSG 平台上的像素，并显示帧插值的结果。以上三个步骤如图 6.5-3 所示，形成了一个插值计算和渲染融合的无缝过程。

6.5.4.3 基于 Shared Memory 优化的访问模型

尽管 GPU 中读取数据要比从内存中读取快得多，但是，数据读取依然是影响 GPU 并行计算速度的最大制约因素。GPU 内存结构非常复杂，共有 6 种不同的存储器，如 Global Memory，Shared Memory 等，不同存储器在容量和访问速度上差异巨大[53]。虽然 GPU 内存中的数据访问速度要快于主机内存与 GPU 内存之间的数据访问速度，但是由于 GPU 复杂的内存系统，任何未优化的访问模型都可能导致插值效率低下。

Global Memory 是 GPU 和主机之间进行数据交换的主要平台。然而，在大约 400~600 个时钟周期内，它有很大的访问延迟。合并访问是降低全局内存访问延迟的一种重要方法[52]。当数据地址是顺序的，每个数据的大小是 4 字节，8 字节或 16 字节，内存访问

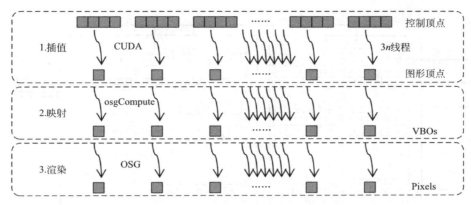

图 6.5-3　完整的帧插值过程

的 16 个相邻的线程将被合并成一个。否则，每个线程单独访问全局内存，会导致访问速度大大降低。

在帧插值中，控制点 V_i 是所有数据中最大的数据集，其访问速度是影响插值效率的主要瓶颈。坐标组件存储在一个一维浮点数组中。因此，每个组件是 4 字节，这满足两个合并访问条件之一。在插值过程中，每个垂直分量需要四个对应的控制点分量，但控制点分量在全局内存中不是顺序的。如图 6.5-4 所示，当控制点数量为 m 时，两个相邻线程访问的内存地址间隔为 m。因此，在这样的组件数据结构中不能满足合并访问。

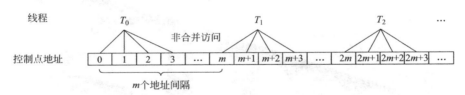

图 6.5-4　Global Memory 中插值顶点数据的非合并访问

基于 Shared Memory 的优化数据访问模型如图 6.5-5 所示。Shared Memory 是 Block 中所有线程共享的高速缓存。假设一个 Block 中有 s 个线程，s 一般可取 256 个。那么在 Block 拥有的共享内容中开辟 $s \times 4$ 的二维数组，以存放 s 个线程各自需要的 4 个插值顶点，如：__shared__ float s_data [s] [4]。在这个数据访问模型中，由于控制点组件在 Shared Memory 中的顺序分布，s_data 的每一行都可以以一种合并的方式访问 Global Memory。复制完 s_data 中的所有数据后，block 中的每个线程都可以快速访问 Shared Memory 中对应的四个控制点组件。该优化模型利用 Shared Memory 作为数据传输平台，实现了全局内存的同步访问，进一步提高了插值效率。

6.5.5　算例与讨论

6.5.5.1　石拱桥高真实感倒塌分析

本节采用一个精细化的石拱桥倒塌分析作为算例，其有限元模型如图 6.5-6 所示。该模型共计 60320 个单元，83846 个结点。该倒塌模拟过程在有限元软件 MSC. Marc 中完成，共输出 832 个时间步数据，时变数据总量超过 12GB。但是，本节所使用的显卡型号

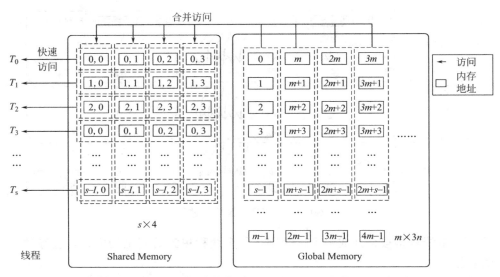

图 6.5-5　Shared Memory 中控制点的优化数据访问模型

是 Quadro FX 3800，显存大小为 1 GB。因此，需要通过本节关键帧提取方法获得满足显存要求的关键帧数据。

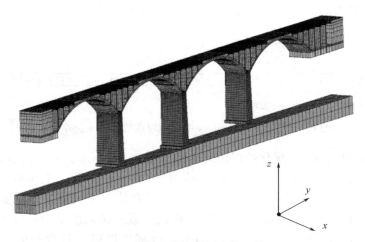

图 6.5-6　精细化石拱桥有限元模型

根据本节基于聚类的关键帧提取方法，从中提取关键帧 56 帧，总大小为 816 MB，完全满足显存大小要求。该方法提取的关键帧仅为总帧数的为 6.7%，充分说明该方法可以显著降低数据规模。

所提取的关键帧可以代表结构变化过程的典型特征。图 6.5-7 将初始聚类中的关键帧与最终聚类中的关键帧在 120 帧范围内进行比较。在初始聚类中，关键帧随时间均匀分布。然而，由于重力加速度和倒塌结构与地面的碰撞，结构运动在倒塌过程的末期变得更加明显。因此，需要一个更密集的关键帧分布，以更好地代表结构运动结束。在最终聚类中，选择的关键帧在变化不明显的阶段稀疏，在接近结束的阶段密集，如图 6.5-7 所示。

图 6.5-8 为提取出的与聚类边界相对应的关键帧。这些典型的关键帧为实现满意的帧插值提供了重要的基础。很明显，当主拱与地面碰撞时，关键的框架能够准确地复制桥梁每一个跨度的倒塌的最后阶段。应该注意的是，将使用纹理用于更真实的可视化。

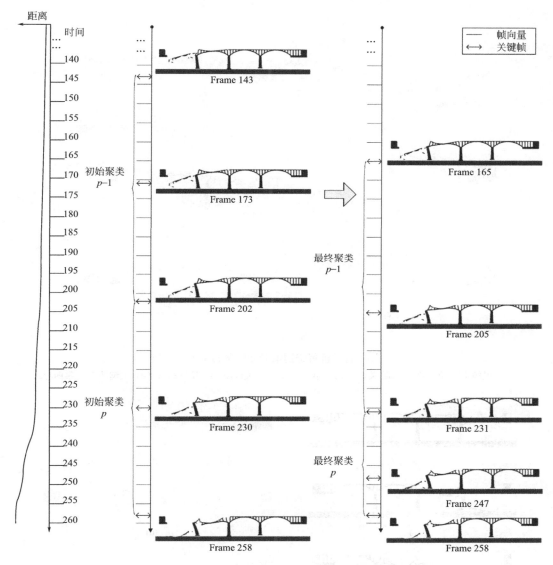

图 6.5-7　比较石桥的初始关键帧和最终关键帧

同时也执行了基于 GPU 的并行帧插值。图 6.5-9 将插值结果与有限元分析结果进行了比较，两者吻合较好。为了进一步验证帧插值的准确性，如图 6.5-10 所示为插值结果与原始有限元数据的两种典型运动曲线比较。主拱是桥梁最重要的构件，其方向代表着桥梁的运动方向。选择主拱沿 y 轴均匀分布的共 50 个点（见图 6.5-6），比较它们在 z 方向的平均位移和最大位移。插值结果与原始数据的相似系数分别为平均位移和最大位移，分别为 0.9999 和 0.9997。这证明了该方法的精度对于结构动力学过程的重构是可以接受的。

基于并行插值算法，对算例中 83846 个顶点（每个顶点都包含 3 个坐标分量，共计

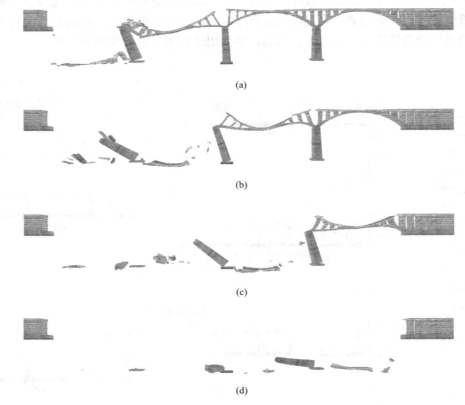

图 6.5-8　石拱桥每跨倒塌最后阶段典型关键框架

（a）关键帧 16（第一跨）；（b）关键帧 29（第二跨）；（c）关键帧 43（第三跨）；（d）关键帧 56（第四跨）

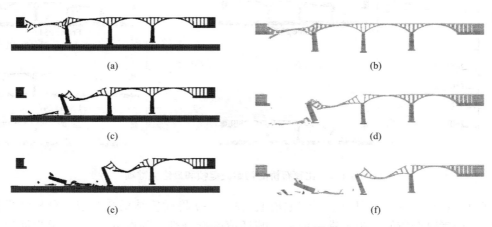

图 6.5-9　石拱桥有限元与插值结果的比较

（a）有限元模拟结果（原 145 帧）；（b）插值结果（插值帧 145 帧）；（c）有限元模拟结果（原 291 帧）；
（d）插值结果（插值帧 291 帧）；（e）有限元模拟结果（原 478 帧）；（f）插值结果（插值帧 478 帧）

251538 个坐标分量）的插值时间仅为每帧 0.0047s，利用优化后的数据访问模型，可以进一步改进为每帧 0.0018s，加速比为 2.6，完全满足高速渲染的要求。

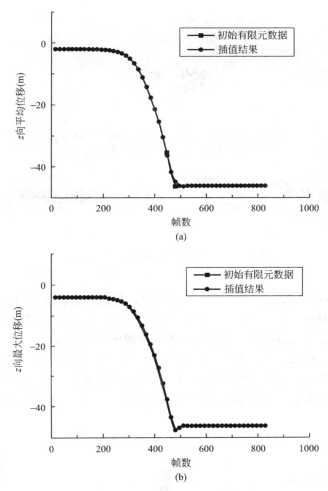

图 6.5-10　石拱桥原始有限元数据与插值结果的比较

(a) 平均位移；(b) 最大位移

石拱桥算例如果在 MSC. Marc 中进行可视化，渲染每一个时间步的结果需要约 3s，倒塌全过程（832 步）的渲染需要花费约 42min。而采用本节基于 GPU 的插值与渲染方法后，该石拱桥渲染过程的帧速为 20 帧/s，每帧渲染耗时 0.05s，全过程渲染只需要 41.6s，渲染效率提升了近 67 倍。这充分了证明了本节基于 GPU 加速方法的具有非常好的加速效果，为结构分析可视化提供了高性能手段，节省了工作时间。

此外，由于良好的实时性，倒塌过程的可视化可以实现同步漫游，方便用户对桥梁倒塌过程进行充分的观察，如图 6.5-11 所示。由此可以看出，本节方法不仅提高了结构动力分析结果的可视化效率，并为分析结果的交互观察提供了便利的环境。

6.5.5.2　超高层建筑动力分析

本小节用 MSC. Marc 对超强地震下的超高层建筑进行了动力分析。该建筑物共 124 层，总高度为 632m，采用了"巨型柱/核心筒/伸臂"混合抗侧力体系。其有限元模型总共包含 86563 个单元、54542 个节点。该分析产生约 20GB 的时程数据，共包含 2001 个时间步。

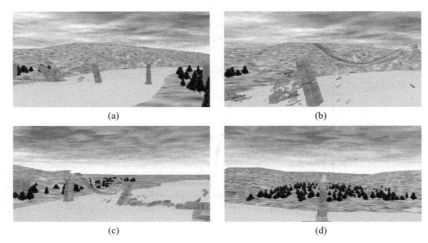

图 6.5-11　石拱桥倒塌过程的同步漫游

（a）远距离观察；（b）近距离观察；（c）侧面观察；（d）纵向观察

考虑到 1GB 显存（Quadro FX 3800）的限制，将整个动态过程分为 42 个聚类，并使用所提出的算法选择了 86 个关键帧的结果，共 832MB，所提取的关键帧仅占总时变数据的 4.3%，这表明所提出的算法在数据提取方面表现出很高的效率。

为了重现完整的动态过程，用基于 GPU 的帧插值方法处理提取的关键帧。如图 6.5-12 所示，通过比较有限元结果与插值结果，发现两者几乎完全一致。此外，图 6.5-13 还比较了该建筑物的整体位移。两组数据之间的相似系数为 0.9996，再次验证了所提出的帧插值方法的合理性。

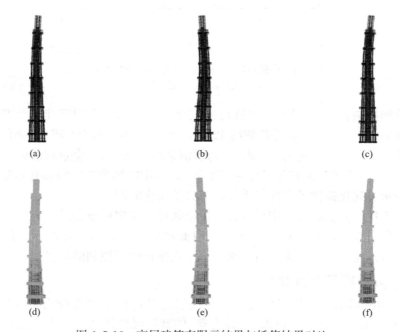

图 6.5-12　高层建筑有限元结果与插值结果对比

（a）有限元结果（第 432 帧）；（b）有限元结果（第 1126 帧）；（c）有限元结果（第 1402 帧）；
（d）插值结果（第 432 帧）；（e）插值结果（第 1126 帧）；（f）插值结果（第 1402 帧）

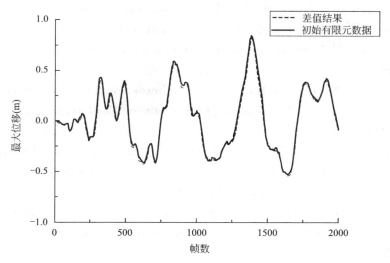

图 6.5-13　超高层建筑顶层位移的有限元结果与插值结果对比

优化的数据访问模型在提高插值效率方面起着重要作用，所有顶点（54542 个顶点，163626 个坐标分量）进行一次插值的时间从 0.0032s 降低为 0.0016s，加速比为 2.0。而且，数据量越大，数据访问模型的加速优势就越明显。

利用 MSC. Marc，在同一栋高层建筑的分析中，渲染时间约为 2s，整个渲染过程（2001 时间步）需要 1h。比较而言，使用所提出的方法，渲染效率达到 30FPS，整个渲染过程只需要 66.7s；这相当于每时间步渲染时间为 0.03s，大约提高了 67 倍。这种改进再次证明了该方法可以成功地实现大规模结构动力分析的高性能可视化。

6.5.6　小结

（1）设计了一种基于聚类概念的关键帧提取算法，有效地减小了数据量，满足了GPU 内存的限制。与已有的相关研究相比，本算法针对 GPU 渲染，能够适应不同的GPU 平台。此外，所提取的关键帧能较好地反映结构动态过程的典型特征。

（2）设计了一种适用于大规模结构动力分析的并行帧插值算法。特别针对时变数据和GPU 内存的特点，提出了一种新的数据访问模型。在某石拱桥和某高层建筑上的实例表明，该算法的绘制效率提高了约 67 倍，结构动态过程的重建结果令人满意且可靠。

（3）整体上，针对传统的海量时变数据绘制效率低下的问题，本小节提出了一种完整的解决方案，为大规模结构动力分析提供了一个高速、交互式的可视化方法。

参考文献

［1］TSAI F，LIN H C. Polygon-based texture mapping for cyber city 3D building models ［J］. International Journal of Geographical Information Science，2007，21（9）：965-981.

［2］LU X，HAN B，HORI M，et al. A coarse-grained parallel approach for seismic damage simulations of urban areas based on refined models and GPU/CPU cooperative-computing [J]. Advances in Engineering Software，2014，70：90-103.

[3] LU X，GUAN H. Earthquake disaster simulation of civil infrastructures [M]. Beijing：Springer and Science Press，2017.

[4] XIONG C，LU X，GUAN H，et al. A nonlinear computational model for regional seismic simulation of tall buildings [J]. Bulletin of Earthquake Engineering，2016，14（4）：1047-1069.

[5] XIONG C，LU X，LIN X，et al. Parameter determination and damage assessment for THA-based regional seismic damage prediction of multi-story buildings [J]. Journal of Earthquake Engineering，2017，21（3）：461-485.

[6] XU Z，LU X，GUAN H，et al. Seismic damage simulation in urban areas based on a high-fidelity structural model and a physics engine [J]. Natural Hazards，2014，71（3）：1679-1693.

[7] XIONG C，LU X，HUANG J，et al. Multi-LOD seismic-damage simulation of urban buildings and case study in Beijing CBD [J]. Bulletin of Earthquake Engineering，2019，17（4）：2037-2057.

[8] NHERI SimCenter. An application framework for regional earthquake simulations [EB/OL]. (2018-08-21) [2020-07-02]. https：//simcenter. designsafe-ci. org/ media/ filer _ public/26/14/26140c39-8063-4037-8781-93a90fdf92c3/workflow _ documentation20180821. pdf.

[9] NEX F，REMONDINO F. UAV for 3D mapping applications：a review [J]. Applied geomatics，2014，6（1）：1-15.

[10] YALCIN G，SELCUK O. 3D city modelling with Oblique Photogrammetry Method [J]. Procedia Technology，2015，19：424-431.

[11] VETRIVEL A，GERKE M，KERLE N，et al. Identification of damage in buildings based on gaps in 3D point clouds from very high resolution oblique airborne images [J]. ISPRS Journal of Photogrammetry and Remote Sensing，2015，105：61-78.

[12] WU B，XIE L，HU H，et al. Integration of aerial oblique imagery and terrestrial imagery for optimized 3D modeling in urbanareas [J]. ISPRS Journal of Photogrammetry and Remote Sensing，2018，139：119-132.

[13] LIANG J，SHEN S，GONG J，et al. Embedding user-generated content into oblique airborne photogrammetry-based 3D city model [J]. International Journal of Geographical Information Science，2017，31（1）：1-16.

[14] XU Z，WU Y，LU X，et al. Photo-realistic visualization of seismic dynamic responses of urban building clusters based on oblique aerial photography [J]. Advanced Engineering Informatics，2020，43：101025.

[15] Bentley Systems. Context Capture 3D Reality Modeling Software [EB/OL]. (2020-02-19) [2020-07-02]. https：//www. bentley. com/en/products/brands/contextcapture.

[16] LU X, GUAN H. Earthquake Disaster Simulation of Civil Infrastructures: From Tall Buildings to Urban Areas [M]. Singapore Springer, 2017.

[17] REEVES W T. Particle systems-a technique for modeling a class of fuzzy objects [J]. ACM Transactions On Graphics (TOG), 1983, 2 (2): 91-108.

[18] SIVASELVAN M V, LAVAN O, DARGUSH G F, et al. Numerical collapse simulation of large-scale structural systems using an optimization-based algorithm [J]. Earthquake engineering & structural dynamics, 2009, 38 (5): 655-677.

[19] XU Z, LU X, GUAN H, et al. Progressive-collapse simulation and critical region identification of a stone arch bridge [J]. Journal of Performance of Constructed Facilities, 2013, 27 (1): 43-52.

[20] LU X, LU X Z, ZHANG W K, et al. Collapse simulation of a super high-rise building subjected to extremely strong earthquakes [J]. Science China Technological Sciences, 2011, 54 (10): 2549.

[21] LU X, LU X, GUAN H, et al. Earthquake-induced collapse simulation of a super-tall mega-braced frame-core tube building [J]. Journal of Constructional Steel Research, 2013, 82: 59-71.

[22] HORI M, ICHIMURA T. Current state of integrated earthquake simulation for earthquake hazard and disaster [J]. Journal of Seismology, 2008, 12 (2): 307-321.

[23] MARC MSC. Marc 2013 User's Guide [J]. DOC10336, MSC Software Corporation, CA, USA, 2013.

[24] CANONSBURG P A. ANSYS Workbench User's Guide [J]. ANSYS Inc, 2013.

[25] Dassault systèmes, ABAQUS. Abaqus/CAE user´smanual [J]. Providence, RI, USA, 2013.

[26] JOHNSON C. Top scientific visualization research problems [J]. IEEE Computer Graphics and Applications, 2004, 24 (4): 13-17.

[27] DIETRICH A, GOBBETTI E, YOON S E. Massive-model rendering techniques: atutorial [J]. IEEE Computer Graphics and Applications, 2007, 27 (6): 20-34.

[28] GOBBETTI E, KASIK D, YOON S. Technical strategies for massive model visualization [C] //Proceedings of the 2008 ACM symposium on Solid and physical modeling. 2008: 405-415.

[29] HANSEN C, JOHNSON C R, The VisualizationHandbook [M]. Waltham: Academic Press, 2004.

[30] NVIDIA Corporation, NVIDIA products and technologies [EB/OL]. (2013) [2020-6-21]. http://www.nvidia.com/page/products.html.

[31] GOKHALE M, COHEN J, YOO A, et al. Hardware technologies for high-performance data-intensive computing [J]. Computer, 2008, 41 (4): 60-68.

[32] SULLIVAN G J, WIEGAND T. Video compression-from concepts to the H. 264/AVCstandard [J]. Proceedings of the IEEE, 2005, 93 (1): 18-31.

[33] GIANLUIGI C，RAIMONDO S. An innovative algorithm for key frame extraction in video summarization [J]. Journal of Real-Time Image Processing，2006，1（1）：69-88.

[34] CALIC J，IZUIERDO E. Efficient key-frame extraction and video analysis [C] //Proceedings. International Conference on Information Technology：Coding and Computing. IEEE，2002：28-33.

[35] HUANG K S，CHANG C F，HSU Y Y，et al. Key probe：a technique for animation keyframe extraction [J]. The Visual Computer，2005，21 (8-10)：532-541.

[36] XIAO J，ZHUANG Y，YANG T，et al. An efficient keyframe extraction from motion capture data [C] //Computer Graphics International Conference. Berlin：Springer，2006：494-501.

[37] ZHUANG Y，RUI Y，HUANG T S，et al. Adaptive key frame extraction using unsupervised clustering [C] //Proceedings 1998 International Conference on Image Processing. ICIP98 (Cat. No. 98CB36269). IEEE，1998，1：866-870.

[38] YANG S，LIN X. Key frame extraction using unsupervised clustering based on a statistical model [J]. Tsinghua Science & Technology，2005，10（2）：169-173.

[39] MUNDUR P，RAO Y，YESHA Y. Keyframe-based video summarization using Delaunay clustering [J]. International Journal on Digital Libraries，2006，6（2）：219-232.

[40] ZENG X，LI W，ZHANG X，et al. Key-frame extraction using dominant-set clustering [C] //2008 IEEE international conference on multimedia and expo. IEEE，2008：1285-1288.

[41] KELLY F，KOKARAM A. Fast image interpolation for motion estimation using graphics hardware [C] //Real-Time Imaging Ⅷ. International Society for Optics and Photonics，2004，5297：184-194.

[42] KIRK D. NVIDIA CUDA software and GPU parallel computing architecture [C] //ISMM. 2007，7：103-104.

[43] NAGAYASU D，INO F，HAGIHARA K. A decompression pipeline for accelerating out-of-core volume rendering of time-varying data [J]. Computers & Graphics，2008，32（3）：350-362.

[44] SMELYANSKIY M，HOLMES D，CHHUGANI J，et al. Mapping high-fidelity volume rendering for medical imaging to CPU，GPU and many-core architectures [J]. IEEE transactions on visualization and computer graphics，2009，15（6）：1563-1570.

[45] MENSMANN J，ROPINSKI T，HINRICHS K. A GPU-supported lossless compression scheme for rendering time-varying volume data [C] //8th IEEE/EG international conference on Volume Graphics，2-3 May 2010，Norrköping，Sweden. IEEE，2010：109-116.

[46] CHENG T，TEIZER J. Real-time resource location data collection and visualization

technology for construction safety and activity monitoring applications [J]. Automation in construction, 2013, 34: 3-15.

[47] CHIU C Y, RUSSELL A D. Design of a construction management data visualization environment: A top-down approach [J]. Automation in Construction, 2011, 20 (4): 399-417.

[48] ESCH G, SCOTT M H, ZHANG E. Graphical 3D visualization of highway bridge ratings [J]. Journal of computing in civil engineering, 2009, 23 (6): 355-362.

[49] XU Z, LU X, GUAN H, et al. Physics engine-driven visualization of deactivated elements and its application in bridge collapse simulation [J]. Automation in construction, 2013, 35: 471-481.

[50] BURNS D, OSFIELD R. Tutorial: open scene graph A: introduction tutorial: open scene graph B: examples and applications [C] //IEEE Virtual Reality 2004. IEEE, 2004: 265-265.

[51] FARBER R. CUDA application design and development [M]. Elsevier, 2011.

[52] NVIDIA Corporation. NVIDIA CUDA C Programming Guide (Version5. 0) [J]. Santa Clara, 2013.

[53] SANDERS J, KANDROT E. CUDA by example: an introduction to general-purpose GPU programming [M]. Addison-Wesley Professional, 2010.

第7章　城市地震损失评估

7.1　概述

韧性是当前建筑抗震的新理念。韧性（resilience）的概念最早源自拉丁语 resi-lire，原意指"恢复到原始状态"。起初被应用于材料力学领域，表示材料在塑性变形和断裂过程中吸收能量的能力，韧性越好，则发生脆性断裂的可能性越小。在城市、建筑防灾领域，联合国国际减灾战略署对韧性的定义为：韧性指暴露于危险中的系统、社区或社会，具有抵御、吸收、适应灾害，有效降低生活、建筑、环境和基础设施等方面的损失或损坏，并及时迅速地从灾害中恢复的能力，包括保护和恢复其重要基本功能[1]。韧性即通过提高灾前的抗灾能力与灾后的恢复效率，从而降低损失，提高恢复能力。

地震损失评估对建筑韧性设计和评估至关重要。1994 年美国北岭发生了 M6.7 级地震，震中距离洛杉矶中心城区仅 30km。此次地震夺去了约 60 人的生命，对于人口密集的中心城市而言，这一数字足以证明地震工程在保护人员生命安全方面取得的长足进步。然而这次中等规模的地震造成的直接经济损失高达 418 亿美元，间接经济损失也高达 77 亿美元[2]。在经历 1960 年 M9.5 级大地震造成的巨大灾难后，智利颁布了非常严格的建筑设计规范。因此，在 2010 年 2 月 27 日发生的 M8.8 级智利大地震中，建造年代在 1985—2009 年的所有 9974 栋建筑中，仅有 4 栋建筑倒塌；在死亡的 562 人中，只有不到 20 人死于按规范设计和施工的房屋毁坏[3]。然而这次地震造成的直接经济损失达 309 亿美元，占 2010 年全球自然灾害总损失（1278 亿美元）的 24.2%[4]。2011 年 2 月 22 日发生在新西兰克赖斯特彻奇的 M6.2 级地震直接经济损失达 150 亿美元。震后，新西兰克赖斯特彻奇中心商业区 70% 的建筑没有修复价值，被迫拆除[5]。

早期的建筑抗震设计主要关注建筑能否经受住地震的考验，实现保障生命安全的基本目标。从上述三次地震可以看出目前这个目标已基本实现，人们更需关注震后具体的损失情况[6]。地震损失值是衡量建筑韧性的关键指标，为建筑韧性设计和评估提供重要的参考依据。

本章将从建筑单体和区域两个尺度，分别介绍地震经济损失的评估方法，其主要内容如下：

1. 基于 BIM 和 FEMA P-58 的建筑单体地震损失评估

一方面，针对 FEMA P-58 无法精确到具体构件、成本数据无法直接应用于我国以及缺乏结果可视化等问题，借助 BIM 构件级数据精度和可视化优势，并利用本地修复定额，提出了基于 BIM 和 FEMA P-58 的地震损失评估方法。另一方面，针对 BIM 不同细节层次模型 LOD 的适应性和建模差异问题，提出了适用于多 LOD 建筑信息模型的地震损失评估方法，并建议了 BIM 建模规则和信息提取方法。

2. 基于 FEAM P-58 的城市地震损失评估

针对更大规模的城市区域尺度建筑群，提出了基于 FEMA P-58 的城市区域建筑损失评估方法，并以某市 D 区新城为例，完成了 D 区新城 6.9 万多栋建筑的震损评估工作，为 D 区建筑抗震韧性设计与评估提供了重要参考。

7.2　基于 BIM 和 FEMA P-58 的建筑单体地震损失评估

7.2.1　背景

1. FEMA P-58 是最系统的地震损失评估方法，但仍有不足

针对建筑地震损失评估，FEMA P-58 为建筑地震损失评估提供了系统的方法。美国联邦应急管理署（Federal Emergency Management Agency，FEMA）提出了下一代性能化设计标准 FEMA P-58，包含了结构、非结构及内部财产的震害和损失数据和计算方法，是当前最全面的建筑地震损失评估方法[7,8]。FEMA P-58 方法以性能组作为震害评估和地震损失评估的基本单元。性能组是根据构件抗震性能划分的构件集合，同一性能组采用相同的易损性曲线和结果函数分别用来评估震害等级和地震损失。其中，易损性曲线可以根据工程需求参数（Earthquake Demand Parameters，EDPs）（如层间位移角、楼层峰值加速度）给出性能组不同震害等级的概率，而结果函数包含了不同震害等级对应的单位损失数据，可以用来评估性能组的地震损失。将全部性能组集成，就可以得到整个建筑的地震损失。

然而，以性能组作为基本评估单元导致 FEMA P-58 方法在损失数据获取和可视化方面受到了限制。在数据获取方面，FEMA P-58 的结果函数数据（也就是单位损失数据）是以 2011 年美国北加利福尼亚的建筑成本统计形成的[9]。如果应用到其他地区，必须获取与当地适应的结果函数，否则必然导致较大偏差。例如，在意大利的拉奎拉地震中，FEMA P-58 评估结果与实际建筑修复成本相差 30%～48%[10]。一般而言，构件的修复成本是可以计算的，但是，性能组的损失数据需要大量统计，获取难度较大。这就限制了FEMA P-58 方法在其他地区的应用。在可视化方面，FEMA P-58 评估不涉及具体构件，因此无法给出震害和损失在建筑中空间分布的可视化结果。即使是相同损失的同类构件，由于空间位置不同，修复策略可能不同。因此，缺乏空间分布的可视化结果可能会影响修复策略的制定。

2. BIM 可以改善 FEMA P-58 方法的不足

建筑信息模型（Building Information Model，BIM）是构件级别的，如果可以将 FEMA P-58 与 BIM 结合，就可以使基本评估单元变为构件，从而解决上述数据获取和可视化两大问题。一方面，BIM 包含了每个构件的详细信息，结合具体地区的修复成本标准（如 CSI code，中国修复标准库[11]），可以计算出构件的修复成本。因此，结合 BIM 可以很好解决 FEMA P-58 损失标准具有地区局限性的问题。另一方面，BIM 本身就具有精细化的三维模型，结合虚拟现实技术后，就可以展现 FEMA P-58 得到的构件震害和损失的三维分布，并为用户修复决策提供更加可交互的三维可视化环境。此外，BIM 致力于实现不同建筑工程领域的信息共享和协同管理，它包含丰富的结构和非结构信息，可为建筑震

损评价提供关键数据支持。

　　然而，将 BIM 应用于基于 FEMA P-58 方法的建筑震损评价时，尚面临两个问题：（1）建筑信息模型中，不同发展程度（Level of Development，LOD）的构件包含的建筑信息的丰富程度不同。需设计一个统一的方法框架处理不同的 LOD，且 LOD 越高，震损结果应当越精确。（2）即使一个建筑信息模型的构件有很高的 LOD，也可能因不同建模者的建模风格不同导致信息提取困难或提取失败。因此需对 BIM 建模过程提出适当的要求，使得所建立的模型能为建筑震损评价提供尽量多的有用数据。

　　因此，本节将提出基于 BIM 和 FEMA P-58 的地震损失评估方法，以解决 FEMA P-58 无法精确到具体构件、成本数据无法直接应用于我国以及缺乏结果可视化等问题；而且，也将提出适用于多 LOD 建筑信息模型的地震损失评估方法，并建议了 BIM 建模规则和信息提取方法，以解决 BIM 不同细节层次模型 LOD 的适应性和建模差异问题。

7.2.2　基于 BIM 和 FEMA P-58 的建筑损失评估

　　本小节提出了基于 BIM 和 FEMA P-58 的地震损失评估方法[12]，该方法框架如图 7.2-1 所示，包括震害评估、损失评估和结果可视化三个步骤。

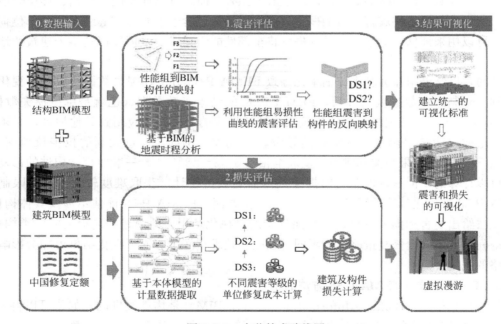

图 7.2-1　本节技术路线图

　　第一步——震害评估：利用 BIM 和 FEMA P-58 对各构件进行地震损伤评估。FEMA P-58 方法只能用于性能组的震害评估，因此，本步骤首先建立了从 BIM 中各要素到 FEMA P-58 中各要素的映射关系。随后，通过基于 BIM 的时程分析得到 EDPs，避免了结构模型的重复建立。随后，利用 FEMA P-58 中的易损性曲线计算性能组的震害。最后，将性能组的损伤状态映射回 BIM 中的构件。从而得到各构件的损伤状态。

第二步——损失评估：使用 BIM 和单位维修成本数据库对各构件的地震损失进行评估。首先，建立基于本体的模型，结合 BIM 中局部单位维修成本数据库的计算规则，提取构件的精确计量数据。随后，基于单位维修成本数据库和 FEMA P-58 方法，计算出各部件不同 DSs 对应的单位维修成本。最后，可以分别计算不同构件和整个建筑的损失。

第三步——结果可视化：利用 BIM 技术展示构件震害和损失的空间分布。首先，建立了震害与损失可视化的统一标准。在此基础上，提出了一种震害和损失可视化算法，以满足多观测要求。最后，开发了一个虚拟现实程序，允许用户在虚拟漫游中观察震害和损失的详细信息和空间分布。

7.2.2.1　基于 BIM 和 FEMA P-58 的震害评估

本节基于 BIM 和 FEMA P-58，开展了建筑构件震害评估的研究，该部分涉及 4 个重要步骤，如图 7.2-2 所示。

步骤 1：建立从 BIM 构件到 FEMA P-58 性能组 PGs 的映射关系；

步骤 2：实现依托 BIM 的时程分析，将 BIM 转换为结构分析模型，通过时程分析获得所需要的 EDPs 和结构变形数据，以支持震害评估（步骤 3）和构件震害反向映射（步骤 4）；

步骤 3：基于 FEMA P-58 易损性数据和 EDPs 评估性能组的震害；

步骤 4：利用时程分析获得结构变形数据，将性能组的震害反向映射到构件上，获得构件的震害等级。

这四个步骤的关键内容将在下文重点阐述。

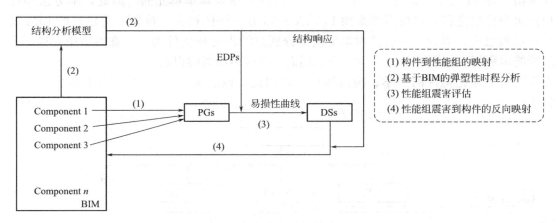

图 7.2-2　构件震害评估流程图

1. 步骤一：BIM 构件到性能组的映射

性能组是一类属性、施工特征、安装方式、损伤模式相近的构件，且具有相同地震需求参数（例如，层间位移角、楼面加速度等）。图 7.2-3 是 FEMA P-58 提供的示例建筑[7]，整栋建筑南北向的剪力墙由于材质、方向、施工方式、损伤模式等属性均一致，所以均属于同一易损性组；但由于所在楼层不同导致地震需求参数有差异，所以不同楼层南北向的剪力墙分别属于三个不同的性能组。

构件到性能组的映射就是要根据 FEMA P-58 的划分准则确定每个构件对应的性能组 ID。性能组的划分标准既考虑了构件的几何、材质等属性信息，又考虑了构造和力学性能

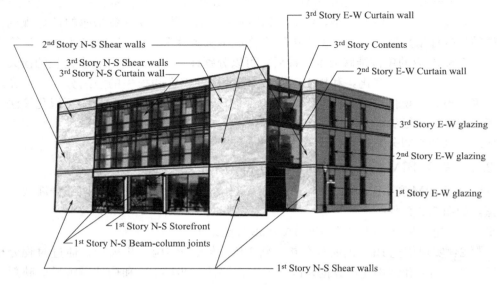

图 7.2-3 FEMA P-58 提供的示例建筑

等详细信息。BIM 一般包括完整的几何、材质等属性信息，但几乎很少包含构造和力学性能信息，因此，本节采用 BIM 与人工结合识别方式来实现构件到性能组的映射。

在本节识别方法中，识别过程分为 4 个层级（图 7.2-4）：建筑、楼层、构件类别和性能组。在 FEMA P-58 中，震害评估都是以楼层作为基本单元的，因此，本方法构件识别也分楼层进行，以便后续采用 FEMA P-58 方法评估震害。首先，将建筑的 BIM 模型按照楼层进行拆分，然后针对单层模型分别过滤出每种构件类别。在本节中，这三个层级的识别都可以依托 BIM 自动完成。然而，性能组层级的识别既需要必要的 BIM 信息，也需要人工补充构件的力学、构造等信息，因此，该层级采用 BIM 与人工结合的识别方式。

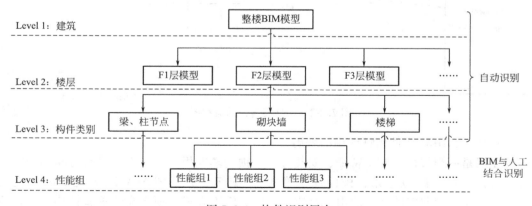

图 7.2-4 构件识别层次

在本节中，采用广泛应用的 Revit 作为 BIM 模型建模和分析平台。各个层级的实现方法如下所示：

Level 1：采用 Revit 建立的建筑和结构模型作为识别基础。

Level 2：使用 Revit API 中的标高过滤器将建筑 BIM 模型按照楼层标高进行提取，将整楼模型拆分为层模型。具体而言，创建一个元素收集器（FilteredElementCollector），使用元素过滤器（ElementCategoryFilter）从模型文档中过滤出所有标高元素；然后遍历所有标高元素，在每一次遍历中，使用标高过滤器（ElementLevelFilter）过滤出对应标高的所有元素，就这可以将整个建筑模型按标高拆分为层模型。

Level 3：在 BIM 建模过程中，不同类别构件的命名差异很大，因此，如何从非规范模型中准确识别构件类别是一个重要问题。本节采用直接读取图元的类参数的方法来识别构件。在 Revit 中，每个类（Category）对应多个族（Family），每个族有多个族类型（Family Symbol），每个族类型对应多个族实例（FamilyInstance），即 Revit 图元。其中，图元的类参数（Category）由 Revit 软件确定，是图元的必要参数，用户无法对其随意删减。因此，可以直接读取每个构件图元的类参数来判定构件的类别。这种方法直接高效，又很好地避免了建模过程中命名不统一的问题。在 Revit API 中，可以直接通过 ElementCategoryFilter 类对图元的 Category 名称进行过滤，从而实现构件类别的识别。

Level 4：构件类别判定后，按照 FEMA P-58 的分类规则，构件力学、构造等信息需人工补充，例如砌块墙是否采用部分灌浆？是否为剪切破坏？构件尺寸、连接关系等信息可以都通过 BIM 获得，例如柱的尺寸与连接梁的数量。尺寸数据可以直接查阅构件的属性表，连接关系可以通过包围盒冲突检测获得。综合力学、构造、尺寸等信息，根据 FEMA P-58 规则可以确定构件对应的性能组 ID。

为保存构件的性能组 ID，利用 Revit API 在每类构件的属性表中都加入了 P-58_ID 字段。值得注意的是，构件和易损性 ID 并不是一一对应的关系。在 FEMA P-58 中，梁板柱是通过它们的共同节点来计算震害的。比如，一个梁可能连接框架的边柱和中柱，而边柱和中柱对应的性能组是不同的，所以该梁对应两个性能组，需要保存两个 P-58_ID。因此，梁板柱等结构构件需要根据连接的节点数量存储多个性能组 ID。

2. 步骤二：基于 BIM 的结构地震时程分析

将 BIM 模型直接转换并导入结构分析软件，可以省去结构分析中繁重的建模工作。目前已经有多款结构分析软件支持 BIM 模型的转换和导入，如 ETABS、Robot、YJK 等软件[13-15]。在本节中，选择 YJK 作为结构地震时程分析的平台，因为 YJK 针对 Revit 中不同结构构件的节点和截面开发了大量预定义模型，转换效率高[16]。

基于 BIM 的地震时程分析的过程如图 7.2-5 所示。首先，使用 Revit 中的 YJK 插件，选择要转换的结构构件，根据构件截面与节点特点匹配对应的结构子模型，并将子模型导出为 ydb 格式；然后，使用 YJK 导入 ydb 文件，集成结构模型；最后，设置结构荷载，选择地震波，设置地震动场景，开展结构地震反应时程分析。结构时程分析完成之后可以得到 EDPs（最大层间位移角、楼层峰值加速度、楼层峰值速度等数据），用于震害评估，也可以得到节点的变形数据，用于后续构件震害状态的反向映射。

3. 步骤三：性能组震害评估

性能组的震害评估需要通过 FEMA P-58 的易损性曲线来确定不同震害等级的概率。FEMA P-58 为多种性能组提供了易损性曲线，如图 7.2-6 所示。可以通过查询易损性曲线来获得不同 EDP 下性能组的震害等级。

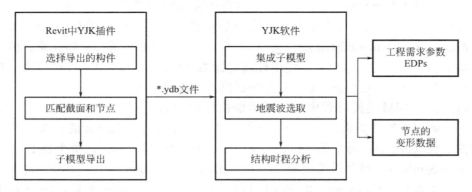

图 7.2-5 　基于 BIM 的结构地震时程分析

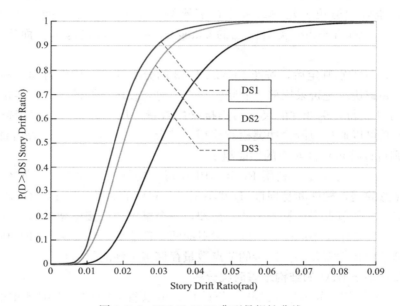

图 7.2-6 　FEMA P-58 典型易损性曲线

由于 FEMA P-58 的易损性函数是针对性能组的，需要获取每一个楼层性能组的种类和数量以及楼层的 EDPs，建立性能组文件。在此基础上，以楼层为单位对整个建筑进行震害评估，如图 7.2-7 所示。首先，读取该楼层性能组总数 N_p 和所需 EDPs，依次对每个性能组进行震害计算。然后，计算性能组每一个震害等级下的概率和数量。对于一个性能组 j，P（DSk）表示 k 等级下的概率，根据易损性曲线获得，N_{DSk}^j 表示 k 等级下的构件数量，由性能组 j 的构件总数 N_j 与 P（DSk）的乘积确定。Max（DS，j）表示性能组 j 的最大震害等级，用来判断所有震害等级的概率和数量是否都被计算完毕。最后，将所有楼层不同性能组的震害数据（包括各性能组震害等级、每种震害等级的概率和数量）以 csv 电子表格的形式输出，用于后续构件震害的分配和损失评估。

4. 步骤四：性能组震害到构件的反向映射

该步骤将所得性能组的不同震害等级分配到具体构件上。尽管同一层的 EDPs 相同，但根据 FEMA P-58 易损性关系，每层同一性能组构件的破坏等级也不同。以同一层的砌

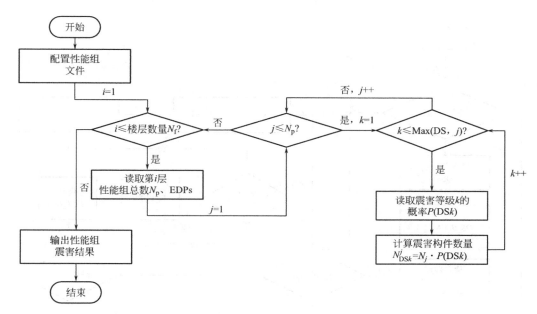

图 7.2-7　建筑性能组震害评估算法

块墙为例，当层间位移角峰值为 0.002 时，FEMA P-58 评估的处于 DS1、DS2 以及无破坏状态的概率分别为 22%、28% 和 50%。但是，FEMA P-58 并不能给出具体某一砌块墙处于何种状态。因此，本节设计了一种从性能组震害到构件的反向映射法，从而确定各构件的破坏状态。

对于非结构构件（如隔墙、楼梯等），其震害分布往往呈现出较大的不确定性[17,18]，因此同一性能组的震害状态可以随机分配到不同的构件上。对于结构构件，震害分布应当与时程分析结果吻合。根据时程分析得到塑性铰转角，将其作为指标，从而将破坏状态映射到结构构件（如梁板柱）的节点上。

性能组震害到构件的反向映射可以逐层实现，如图 7.2-8 所示。首先，引入结构构件节点的 DSs，得到存储某层所有节点（总数为 N_{joint}）的数组 $DS\_J[N_{joint}]$。具体而言，节点的震害等级已经根据塑性铰转角完成了排序，越高的 DSs 对应了 DS_J $[N_{joint}]$ 中具有越大塑性铰转角的节点。随后，创建一个新的 void 数组 $DS[N_{comp}]$ 来存储楼层中所有组件的 DSs（总数为 N_{comp}）。最后，对于构件 j，根据其是否为结构构件，用两种不同的方法确定 $DS[j]$。如果是结构构件，则将为该构件指定节点的最大 DS。具体公式为：$DS[j]=Max(DS\_J[J_1], DS\_J[J_2], \cdots)$，其中 J_1 和 J_2 是该构件的 BIM 属性表中节点的 P-58_ID。如果构件是非结构组件，则根据 P-58_ID 找到对应性能组，随机分配一种震害等级 k。重复上述过程直到该层所有构件都被分配了震害等级。

上述过程通过 Revit API 实现，震害状态将被写入构件的属性表，用于损失计算和可视化。其中，楼层通过类别过滤器 "ElementCategoryFilter（）" 标高元素来识别；构件属性表的 P-58_ID 通过 "Element. get_Parameter（）" 函数获取。构件震害震级的写入主要实现方法为：首先根据共享参数文件使用 "ExternalDefinitonCreationOptions（）"

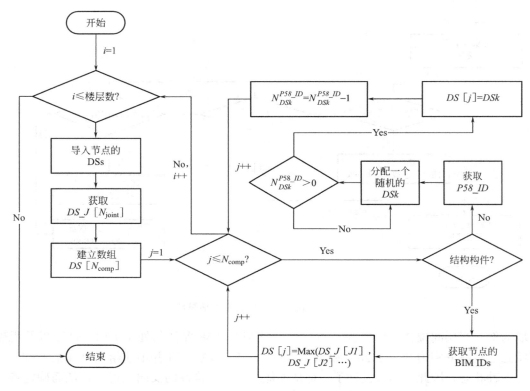

图 7.2-8　构件震害映射流程

函数创建实例参数；然后通过"InstanceBinding（）"函数将其与指定构件类别绑定；最后通过"GetParameters（）"获取参数实例，并通过"Parameter. Set（）"设置参数值，从而完成构件属性数据的写入。

7.2.2.2　基于 BIM 和单位维修成本数据库的损失评估

1. 基于本体的构件计量数据的获取

单位维修成本数据库中规定了大量的构件扣减规则。例如，墙的体积在计算工程量时应减去墙上的门窗洞口体积。本节建立了一个基于本体的模型从而严格依照计算规则对工程量进行计算。

建立基于本体的模型包括两个重要步骤：建立构件的本体关系，定义构件扣减的语义推理规则。

（1）建立本体关系

本节使用免费且开源的本体构建软件 Protégé[19]，采用应用广泛的语义语言 OWL[20] 作为本体描述语言进行建筑本体的构建。使用 Protégé 中的 OWL 创建与地震结构损失相关的构件（如梁、柱和墙）及其附加构件（如门和窗）的本体和实例。其逻辑层次如表 7.2-1 所示。前三级为本体概念，第四级为相关实例，"owl：Thing"是系统默认的最高级别概念，其余所有概念都是它的子类。实例对应于 BIM 中的特定构件。因此，它们是通过从 BIM 导入构件属性（如 ID、面积和体积）的数据来创建的。

本体概念和实例逻辑层次统计表			表 7.2-1
概念			实例
一级	二级	三级	四级
owl：Thing	Wall	Concrete_Wall	Concrete_Wall_1…
		Masonry_Wall	Masonry_Wall_1…
		Other_Wall	Other_Wall_1…
	Beam	Curved_Beam	Curved_Beam_1…
		Founation_Beam	Founation_Beam_1…
		Irregular_Shape_Beam	Irregular_Shape_Beam_1…
		Rectangular_Beam	Rectangular_Beam_1…
		Ring_Beam	Ring_Beam_1…
	Floor	Floor_WithBeam	Floor_WithBeam_1…
		Floor_WithoutBeam	Floor_WithoutBeam_1…
	Column	Irregular_Shape_Columng	Irregular_Shape_Columng_1…
		Rectangular_Column	Rectangular_Column_1…
		Structural_Column	Structural_Column_1…
	Stairs	Cast-in-place_Stairs	Cast-in-place_Stairs_1…
		Prefabricated_Stairs	Prefabricated_Stairs_1…
	Hole	Hole_Door	Hole_Door_1…
		Hole_Window	Hole_Window_1…
		Hole_Other	Hole_Other_1…

表 7.2-1 中组件的本体关系如图 7.2-9 所示。有三种类型的关系：IS-A、Instance-Of 和 Member-Of。IS-A 关系是指 A 是 B 的一个子类，如砖墙是墙的一个子类；而 Instance-

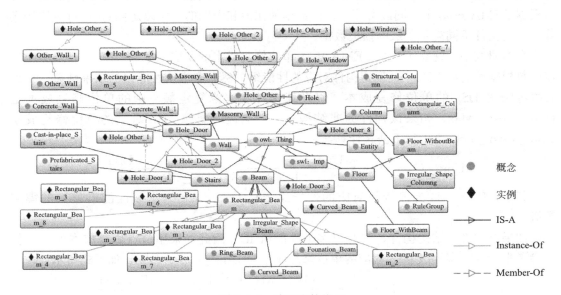

图 7.2-9　建筑本体模型

Of 关系是指 A 是 B 的一个实例。Member-Of 关系是指 A 是 B 的一个成员，如门是墙的一个成员，可用于计算构件之间的扣除。

（2）定义语义推理规则

采用语义 Web 规则语言（Semantic Web Rule Language，SWRL）[21]，在当地单位维修费用数据库的基础上定义不同本体的语义推理规则。以《北京市房屋修缮工程预算定额2012》[11] 为例，要求如果墙上的门窗洞口面积大于 $0.3m^2$，则必须从墙上减去洞口。该条规定的具体 SWRL 规则可以表示为：

Hole（? name）∧ elementID（? name,? element _ ID）∧ holeArea（? name,? area）∧ swrlb：greaterThan（? area，0.3）→deducted（? name，true）

在上述代码的第一行中，Hole 表示本体的一种类型（见表 7.2-1），符号"?"用于提取变量的数据（例如 name、element _ ID 和 area）。此外，"∧"表示逻辑关系"与"。因此，第一行用于获取门窗信息。在第二行中，swrlb：greaterThan（? area，0.3）用于判断洞口面积是否大于 $0.3m^2$，deducted（? name，true）为前半部分条件满足之后执行的操作，即对该洞口进行剪裁。同样，还可以用 SWRL 定义构件的其他扣除规则（如梁应减去其与柱的连接），并根据定义的规则自动计算扣除结果。

按照此方式，可以方便地在 BIM 中提取出准确的构件测量数据。对于大多数构件，选择体积或投影面积作为损失评估的测量单位。在 Revit API 中，每个构件的体积可以通过函数 get _ Paremeter（）获得，而构件的投影面积可以通过函数 get _ BoundingBox（）获得。获得的测量数据将用于后续的损失评估。

2. 构件单位损失数据的确定

很多国家都提供了修复标准数据库，如 CSI code，中国修复标准库[11] 等，这些修复标准可以提供符合当地实际情况的单位修复成本。然而，这些单位修复数据都对应于构件完全破坏状态。FEMA P-58 的结果函数给出了性能组不同破坏等级的单位损失数据。可以根据 FEMA P-58 中不同震害等级损失数据的比值和中国的《修复定额》，通过等比例换算来确定构件不同震害等级的损失数据。

在本研究中，建立了一个 FEMA P-58 单位修复成本的获取函数 F（P58 _ ID，DSn）。该函数根据性能组 P58 _ ID 确定构件对应的性能组，然后查询该性能组的结果函数，获得震害等级为 DSn 的单位修复成本。假设某构件在《修复定额》中的单位修复成本是 Unit _ Cost _ Max，如果该构件为非结构构件，则震害等级 DSn 对应的单位修复成本 Unit _ Cost _ DSn 可由如下公式计算：

$$Unit \_ Cost \_ DSn = \frac{Unit \_ Cost \_ Max \cdot F（P58 \_ ID，DSn）}{F（P58 \_ ID，DS \_ Max）}$$

其中，P-58 _ ID 为该构件对应的性能组 ID，DS _ Max 表示该性能组最大的震害等级。

如果该构件为结构构件，则对应多个性能组 ID。因此，采用节点修复成本的平均值做参考来计算震害等级 DSn 对应的单位修复成本为 Unit _ Cost _ DSn，如下式所示：

$$Unit \_ Cost \_ DSn = \frac{Unit \_ Cost \_ Max \cdot \sum_i^J F（P58 \_ ID_i，DSn）}{\sum_i^J F（P58 \_ ID_i，DS \_ Max）}$$

其中，J 是指连接到该部件的节点数量，P58-ID$_i$ 是节点的性能组 ID。

3. 经济损失评估

对于任意构件 i，假设震害等级为 DSn，修复标准库对应的计量为 V_i，则该构件修复成本 Repair _ Cost$_i$ 为可由下式计算：

$$Repair \_ Cost_i = Unit \_ Cost \_ DSn_i \times V_i$$

整个建筑的修复成本 Repair _ Cost 为所有构件修复成本的和，由下式所计算：

$$Repair \_ Cost = \sum_{i=1}^{N} Repair \_ Cost_i$$

其中，N 为建筑构件总数。

7.2.2.3　震害及损失可视化

该部分需要开展两方面的研究。首先，不同构件的震害和损失各不相同，需要建立统一的可视化标准；然后，实现建筑震害和损失的三维可视化和虚拟漫游，使人员可以深入到建筑内部观察震害和损失的空间分布，以制定更加合理的修复方案。

1. 可视化标准

根据 FEMA P-58 的易损性数据，每种构件的震害等级是不同的。构件（如梁柱节点）最多具有 4 种震害等级，分别采用 DS1～DS4 表示，破坏程度逐步增强。为了更清楚地显示出构件的不同震害等级，本节采用了两种显示方式：绝对模式与相对模式。

在绝对模式中，直接根据构件的震害等级分别显示为 5 种不同颜色，如表 7.2-2 所示。其中，完好状态的构件用半透明白色表示，以便突出其他构件的震害状态。

建筑构件震害状态颜色对照表（绝对模式）　　　　表 7.2-2

构件震害状态	构件颜色	
完好		半透明白色
DS1		绿色
DS2		黄色
DS3		橙色
DS4		红色

绝对模式可以准确展示构件的震害等级，但难以展示构件可修复性。例如，如果梁柱节点和砌块墙都处于 DS2 状态中，梁柱节点是可以修复的，而砌块墙必须拆除重建。因此，需要一种相对模式来展示构件的可修复性。本节对构件的震害等级进行了归一化处理，将震害等级划分为可修复性破坏（通过采取一定修复措施，无需拆除即可修复）和不可修复性破坏（需拆除相应构件并重建）。归一化处理之后，在三维模型中根据构件的震害等级分别显示为 3 种不同颜色，如表 7.2-3 所示。

对于构件的经济损失而言，不同构件的损失相差较大。因此，采用相对模式，根据构件修复成本占建造成本的比例将经济损失划分为 4 个级别，并分别采用表 7.2-4 所示的 4 种不同颜色表示。

建筑构件震害状态颜色对照表（相对模式）　　　　　　　　　　表 7.2-3

构件震害状态	构件颜色	
完好		半透明白色
可修复破坏		黄色
不可修复破坏		红色

建筑构件损失状态颜色对照表　　　　　　　　　　表 7.2-4

修复成本/建造成本	构件颜色	
0～25%		蓝色
25%～50%		绿色
50%～75%		黄色
>75%		红色

2. 震害三维可视化与虚拟漫游

确定震害和损失可视化标准后，可以通过设置构件颜色和透明度的方式来展示震害和损失，并可以通过虚拟现实方法开展虚拟漫游。以震害为例，三维可视化和虚拟漫游过程如图 7.2-10 所示。首先，根据 BIM 中震害属性筛选构件，将构件分组。对于有震害的构件，设置对应震害等级的颜色；对于无震害的构件，设置透明度以突出震害构件。然后，形成带有不同颜色的三维模型，实现了震害的三维可视化。最后，将该模型加载到虚拟现实软件，进行虚拟漫游，从室内更细致观察震害分布。需要说明的是，下文地震损失可视化和虚拟漫游的方式与此处震害可视化部分相同。

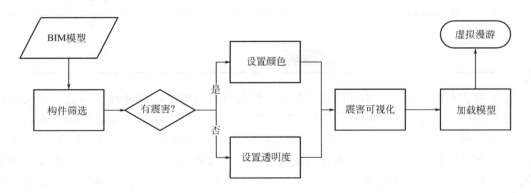

图 7.2-10　震害可视化与虚拟漫游的实现流程

在本节中，通过 Revit API 实现了震害和损失的三维可视化。具体而言，首先通过 FilteredElementCollector 来实现构件筛选。FilteredElementCollector 类根据查询属性中震害情况，将需要颜色填充和设置透明度的构件 ID 发送给 OverrideGraphicSettings 类，利用该类中的 SetProjectionFillColor（）和 SetSurfaceTransparency（）分别设置对应的颜色和透明度。最后，可以通过 IsolateElementsTemporary（）函数对不同震害等级的构件进行分组，可以分别隔离显示完好构件、可修复构件和不可修复构件。

本节利用 Fuzor 来实现建筑震害和损失的三维漫游。Fuzor 是一款将 Revit 与 VR 技术深度结合的软件，能够将 BIM 模型快速转化成带有丰富构件数据的 VR 场景。通过其提供的"Fuzor Plugin"插件可以实现与 Revit 的双向实时互通。在 Revit 中完成了震害评估和可视化处理之后，通过 Revit 中"Fuzor Plugin"插件将 BIM 模型同步至 Fuzor 平台。Fuzor 可以自动识别并导入所有 BIM 材质和属性数据，并且保留震害构件的填充颜色，从而实现高真实度的 VR 漫游。在漫游过程中，可以直接查看任意构件的具体震损情况。

7.2.2.4　算例

本案例选取了一栋位于中国某市的办公楼建筑，该建筑为最为常见的现浇钢筋混凝土框架结构。该建筑长 33.6m，宽 25.2m，占地面积 921m^2，共 6 层，总高度 25.6m。该建筑的 BIM 模型是在 Revit 中建立的，如图 7.2-11 所示。

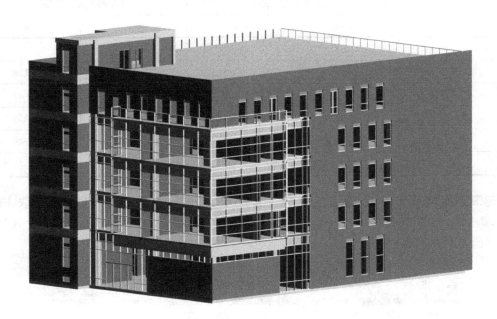

图 7.2-11　算例的 BIM 模型

1. 建筑震害评估

在 Revit 中使用 YJK 的模型导出插件，可将结构 BIM 模型直接导入 YJK 软件，如图 7.2-12 所示。该过程省去了结构建模过程，提升了分析效率。

本算例选取了 El Centro 地震波作为地震动输入，沿结构的 X、Y 方向分别输入，地震峰值加速度 PGA 为 400gal，场地类型为 II 类场地，地震分组为一组。得到的结构地震响应分析结果（EDPs）如表 7.2-5 所示。

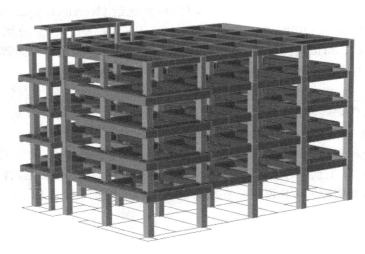

图 7.2-12 转换得到的结构分析模型

结构地震响应分析结果   表 7.2-5

楼层	层间位移角（rad）		楼层峰值加速度（g）	
	X 向	Y 向	X 向	Y 向
1	0.0032	0.0029	0.6606	0.4895
2	0.0048	0.0033	0.7825	0.6138
3	0.0055	0.0028	0.7259	0.5987
4	0.0057	0.0021	0.7665	0.6358
5	0.0020	0.0018	0.8911	0.6749
6	0.0037	0.0031	1.0218	0.7561

建筑结构地震响应分析完成之后，通过本文开发的 Revit 插件程序读取 EDPs（图 7.2-13），并完成建筑性能组提取、震害评估及构件级别的震害映射，并写入 BIM 属性表（图 7.2-14）。

图 7.2-13 本研究开发的震损评估插件

图 7.2-15 是建筑震害评估结果统计图。由于结构构件破坏轻微，建筑整体属于轻微破坏。从图中可以看出，建筑未出现严重的结构破坏问题，梁柱节点基本完好，其中仅 1% 发生可修复性破坏；砌块墙破坏较为严重，大约 16% 发生可修复性破坏，约 51% 发生不可修复性破坏；楼梯大约 70% 发生可修复性破坏。

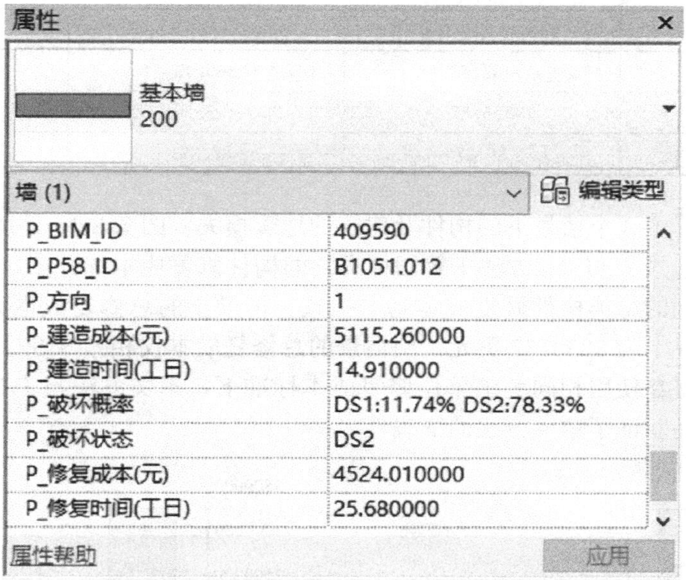

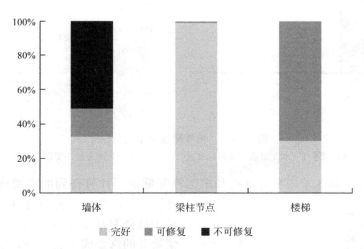

图 7.2-14　本研究添加的构件属性表

图 7.2-15　建筑震害评估结果统计图

2. 建筑损失评估及对比

在得到建筑震害评估结果之后，根据 BIM 模型提取修复工程量，结合建筑构件单位修复成本即可计算出建筑地震损失。本节在计算修复工程量时，采用本体论判断出构件扣减关系，并在计算时进行相应扣减，从而得到较为精确的修复工程量。表 7.2-6 是一层主要结构构件的扣减情况统计表，从表中可以看出，在考虑扣减关系之后，砌块墙扣除了大量门窗洞口，其体积相比于扣减前减少了 20.14%；梁柱节点中扣除了梁的重叠面积之后，其体积也减少了 6.55%；扣减规则对柱体积的计算无影响，所以扣减前后体积无差别，这也进一步说明了本模型扣减的精确性。

一层主要构件扣减情况统计表　　　　　　　　　　表 7.2-6

构件类别	扣减前体积（m³）	扣减后体积（m³）	相差比例（%）
砌块墙	462.63	369.45	20.14
梁	155.37	145.20	6.55
柱	86.27	86.27	0.00

本文分别计算了 3 个情景下的构件及建筑的地震损失。图 7.2-16 是情景 1（本文方法＋美国标准）和情景 2（P-58 方法＋美国标准）的构件修复成本统计图，从图中可以看出两种方法计算得到的每类构件修复成本基本一致。情景 1 的总修复成本为 3267847 美元，情景 2 的总修复成本为 3280737 美元，两情景的总修复成本仅相差 0.39%。从情景 1 和 2 对比结果可以看出在使用相同美国单位修复成本标准下，本文方法与 P-58 方法的计算结果基本一致，从而验证了本文方法的准确性。

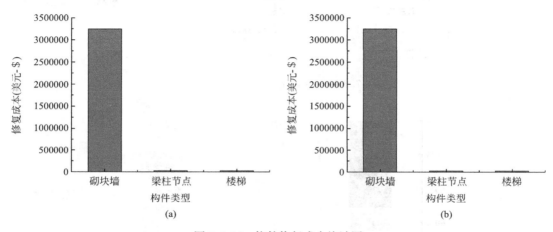

图 7.2-16　构件修复成本统计图
(a) 情景 1（本文方法＋美国标准）；(b) 情景 2（P-58 方法＋美国标准）

图 7.2-17 是情景 3 采用本文方法和中国修复标准库计算得到的各类构件修复成本统

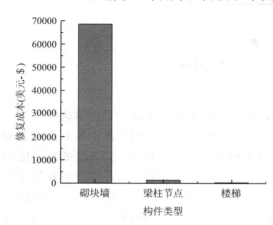

图 7.2-17　情景 3（本文方法＋中国标准）的构件修复成本统计图

计图。从图中可以看出情景 3 和情景 2 的各类构件修复成本分布情况基本一致。但是，情景 3 的修复成本数额则远低于情景 2 的结果。情景 3 的总修复成本仅为 463728 元人民币（按照房屋建成时间——2012 年 6 月 1 日，美元兑人民币汇率 6.6244：1 折算之后为 70003 美元），该数值仅为情景 2 的 2%。

从构件的损失来看，以损失比重最大的砌块墙（P-58 性能组编号为 B1051.012）为例，美国标准给出的单位修复标准是 15800 美元，而中国修复标准给出的单位修复成本是 2211 元人民币（334 美元）[11]。可以看出，该砌块墙中美的单位修复成本相差 47

倍。因此，本文方法和 P-58 方法的巨大差别是由修复标准决定的。

从中国地区的统计数据来看，有学者根据中国历次地震灾害的统计结果，给出了不同结构类型的损失比，其中钢筋混凝土结构在轻微破坏时的结构损失比为 5%～10%[22]。从算例分析结果来看，按照算例建造年份（2012 年）中国北京平均建造成本 1500 元/m^2（227 美元/m^2）估算，该建筑总建造成本为 1204235 美元，修复成本为 70003 美元，所占比例为 5.8%。因此，本方法损失评估比（5.8%）符合调查结果中轻微破坏对应的损失比（5%～10%）。而采用 FEMA P-58 方法得到的结果为 272.4%，远大于该损失比范围，所以本文地震损失评估方法更符合中国实际情况。

3. 建筑震害可视化

本文方法得到的震害可视化结果如图 7.2-18 和图 7.2-19 所示，图 7.2-18 是绝对模式，图 7.2-19 是相对模式。从图中可以直观地看出每个构件的震害等级以及每类破坏构件的空间分布情况。

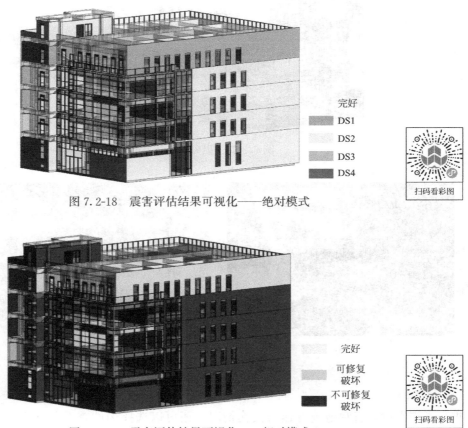

图 7.2-18 震害评估结果可视化——绝对模式

图 7.2-19 震害评估结果可视化——相对模式

通过隔离显示模块可以分别隔离显示不同震害等级的构件，如图 7.2-20 所示。

根据每个构件修复成本所占建造成本的比例设置不同的图元填充颜色，可以得到如图 7.2-21 所示的损失评估结果，可以直观地看出每个构件的损失情况。

将可视化处理之后的 BIM 模型同步至 Fuzor 平台，如图 7.2-22 所示，可在建筑内部

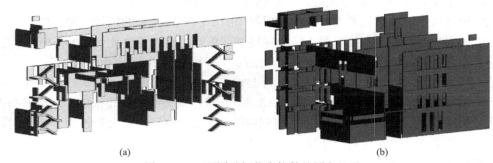

(a)   (b)

图 7.2-20　不同破坏状态构件的隔离显示

（a）可修复性破坏的构件；（b）不可修复性破坏的构件

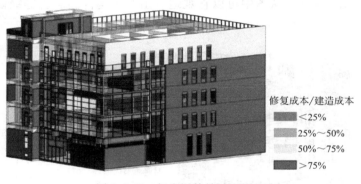

修复成本/建造成本

<25%

25%～50%

50%～75%

>75%

扫码看彩图

图 7.2-21　损失评估结果可视化

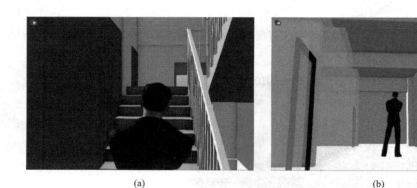

扫码看彩图

(a)   (b)

图 7.2-22　建筑损失情况的 VR 漫游

（a）构件损失空间分布；（b）查看构件损失详细数据

进行虚拟漫游，直观地查看建筑损伤情况，还可以选择构件查看其详细的震害和损失数据。这种内部漫游有利于人员充分了解震害和损失的空间分布，制定更加合理的修复策略。

7.2.3　适用于多 LOD BIM 的地震损失评估

本小节讨论 BIM 模型的多 LOD 和建模规则对于震损评估的影响[23]。首先探讨了 FE-MA P-58 方法的局限性，然后有针对性地提出了改进方案。具体的，结合构件的分类决策树，给出了当信息不全时构件类型的确定以及构件脆弱性函数的建立方法（这一方法既适用于非结构构件，也适用于结构构件），并举例说明了不同 LOD 的构件的脆弱性函数的特征。为了从建筑信息模型中提取尽可能多的有用信息，本小节建议了 BIM 建模规则和基于 Revit 应用编程接口（API）的信息提取方法。最后，以网上公开的一栋办公楼为例，进行了不同信息丰富程度下的地震损失评估。

7.2.3.1　FEMA P-58 方法的局限性

基于 FEMA P-58 方法的结构震损计算步骤如下：

（1）选择合适的地震输入，计算结构的响应（又称为工程需求参数，EDP），包括每层的最大层间位移角、最大楼面加速度等。

（2）对于不发生倒塌且可修复的情形，逐构件计算修复费用：根据构件所在楼层的 EDP 和构件的易损性曲线［图 7.2-23（a）］计算构件的破坏状态，进而根据相应的损失后果函数［图 7.2-23（b）］计算修复费用。

（3）加总各个构件的修复费用，得到整个结构的地震损失，并通过蒙特卡洛模拟考虑结构响应、构件易损性曲线、损失函数的不确定性。

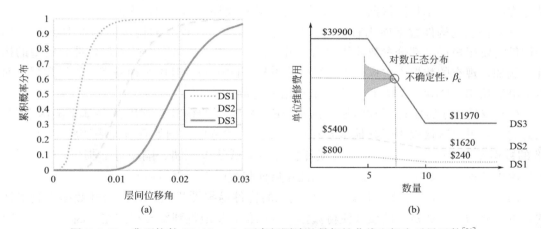

图 7.2-23　典型构件 C1011.001c 石膏板隔墙的易损性曲线和损失后果函数[24]
(a) 易损性曲线；(b) 损失后果函数（维修费用）

为使 FEMA P-58 可以得到实际应用，FEMA[7] 提出了 764 种构件数据库（其中 322 种构件需用户提供部分参数，尚不能直接应用），包括易损性曲线和后果函数等。例如，FEMA P-58 提供了 5 种石膏板隔墙构件，不同构件通过骨架材质、墙体高度、安装信息（上部固定形式）等属性进行分类，其决策树如图 7.2-24 所示，叶节点的易损性分类编码代表一个特定的构件。其中，虚框所示的叶节点代表该构件缺失部分参数，需用户提供，否则无法直接使用。需要说明的是，本节讨论的 FEMA P-58 构件数据库是指目前最新的更新于 2016 年 9 月的版本[25]。

尽管 FEMA[7] 经过 10 年的努力建立了这样一个丰富的构件数据库，但它仍然存在如下局限性：

（a）当信息不全时构件判断失效。从图 7.2-24 中可以看出，如果缺少构件的部分关键信息（例如石膏板隔墙构件的骨架材质未知），某些情况下无法唯一确定构件对应的分

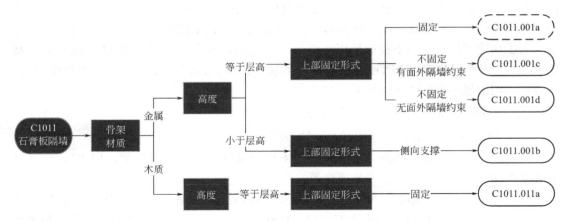

图 7.2-24　FEMA P-58 构件数据库中石膏板隔墙的决策树

类编码，导致 FEMA P-58 分类失败。当分类失败时，一些文献采用某种特定规则选择构件。例如，某些文献直接选用其中抗震性能最好的构件[26]，另一些文献则直接假定了构件分类编码而未给出具体依据[27]，这样可能导致损失评价结果出现误差。

（b）提供的构件数据库仍有待进一步丰富。一方面，现有的构件数据库中仍有 42% 的构件需要用户提供部分参数才能使用，另一方面，构件数据库中尚未包含部分类型的构件。例如，现有的数据库中提供了 4 种升降电梯（D1014），其中 3 种需用户提供数据；而对于电动扶梯（D1021），数据库中尚未有相关记录。

（c）仅适用于特定地区和时期。由于 FEMA P-58 的构件数据库主要基于美国数据，因此它是否可以直接应用于其他国家和地区需要慎重考虑。例如有研究表明将 FEMA P-58 的数据库直接应用于意大利的震损评价将显著低估填充墙、隔墙等的损失[10]。此外，数据库中的损失函数需持续更新，否则几年后便将过时而不再适用[28]。

FEMA P-58 方法定义了开源的、格式化的构件易损性规格，且易损性数据库是灵活的、可扩充的，这些良好的设计使得数据库可以很容易地得到修改和扩充。因此对于（b）和（c）所述问题，可通过全世界的研究者共同的努力得以解决。研究人员开发新的或因地制宜的构件，经同行评审合格后，便可应用于 FEMA P-58 数据库中。例如，已有研究者开发了适用于意大利的 RC 框架梁柱构件和砌体填充墙构件[29,30]。全球地震模型（Global Earthquake Model，GEM）基金会也提出了一系列技术指南，用于指导在全球各区域建立适用于当地的易损性关系[31]。

基于上述原因，本节不讨论（b）和（c）所述问题，而仅针对（a）提出改进方案。具体方法请见本章第 7.2.3.2 节。

7.2.3.2　适用于多 LOD 数据的构件脆弱性函数

1. 方法框架

针对前文所述 FEMA P-58 方法的局限性（a），本节给出的改进方案如下：

（1）确定候选易损性分类编码

当采用决策树确定构件的具体分类时，如果缺少构件的部分关键信息，导致分类过程止于某一节点而无法到达叶节点时，则从该节点的子树中的所有可用的叶节点中随机选取一个叶节点。如图 7.2-25 所示，假定对于一个石膏板隔墙，仅仅已知其为金属骨架材质、高度等于层高，而其他信息未知，则分类过程将会止于节点 3，从而只能判断其为 C1011.001a、C1011.001c 以及 C1011.001d 中的一种。由于 C1011.001a 需要用户指定部分参数 [即上节所述 FEMA P-58 方法的局限性（b）]，因此在信息不充分的情况下，仅从 2 个候选构件类型（即 C1011.001c 与 C1011.001d）中随机挑选一种构件，选中的概率分别为 p_1 和 p_2，其中 $p_1+p_2=1$。本节假定 $p_1=p_2=0.5$，当有其他先验知识时（例如已知"有面外隔墙约束"能更好地模拟内隔墙的易损性），可以对 p_1 和 p_2 的取值作相应调整。

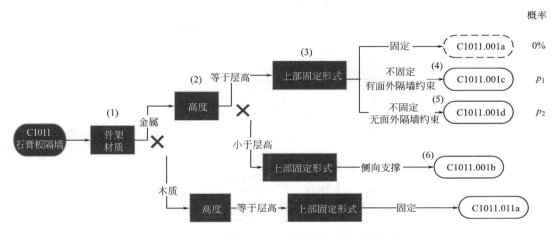

图 7.2-25　当信息不全时构件类型的确定方法

（2）蒙特卡洛模拟

利用蒙特卡洛方法进行大量随机模拟，得到该情形下构件的脆弱性函数（维修费用这一随机变量关于 EDP 的函数，即图 7.2-25 所示易损性曲线和损失后果函数的结合），且所得的脆弱性函数综合了所有候选构件类型（对本例即为 C1011.001c 与 C1011.001d）的特性。这一计算流程如图 7.2-26 所示，令 EDP 在一个感兴趣的范围 [0，上限值] 内每隔 Δ_{edp} 取值。对于一个给定的 EDP$=edp$，进行蒙特卡洛分析，每次分析称之为一次"实现"。在每次实现中，首先随机确定构件易损性分类编码；再根据对应的易损性曲线和 edp，计算构件发生各个破坏状态的概率，并据此随机确定其破坏状态为 ds_i；根据破坏状态 ds_i 对应的损失后果函数，随机确定构件的单位维修费用 $l\,|\,edp$。通过进行多次实现，则可以得到 $l\,|\,edp$ 的多个样本值。这里随机变量 $l\,|\,edp$ 并不服从常见的分布（如正态分布等），且不同 edp 分布的特征也不同。为直观方便起见，采用 $l\,|\,edp$ 的 10% 分位值、中位值、90% 分位值等刻画其分布特征。数值实验表明，当实现次数超过 500 次时，得到的 $l\,|\,edp$ 的分布趋于稳定。由于每次实现的计算耗时并不大（远小于 1ms），本节取实现次数 $=1000$。

建筑信息模型中可能包含不同 LOD 的构件，因此可用信息的丰富程度不同。上述方法的主要优势在于：既可以使用一个基于 FEMA P-58 方法的统一框架处理不同 LOD 构件的损失评价，又能充分利用可用的信息。当信息越充分时，候选的构件类型越少，所对应的脆弱性函数的不确定性越低。

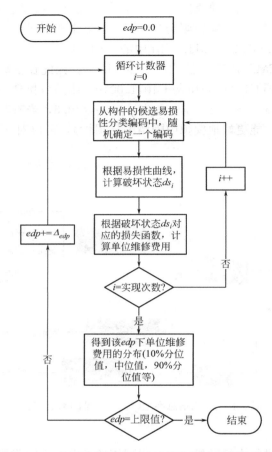

图 7.2-26　使用蒙特卡洛方法计算脆弱性函数的流程图

本节重点聚焦非结构构件的损失评估，但上述构件脆弱性函数建立方法既适用于非结构构件，也适用于结构构件。下面将以几个代表性的结构构件和非结构构件为例，说明不同 LOD 构件的脆弱性函数的建立。

2. 结构构件脆弱性函数确定

结构构件以抗弯钢框架（B1035）为例，FEMA P-58 中提供了 12 种构件，其决策树如图 7.2-27 所示，分类属性包括钢框架节点两侧梁的数量、梁高、钢框架梁柱连接类型、梁端是否为狗骨截面（RBS）等。选择决策树中 6 个节点作为案例进行说明，将其按照深度顺序编号为 1～6 号，计算每个节点的脆弱性函数。FEMA P-58 数据库给出的维修费用与构件数量有关，以考虑规模经济效应［图 7.2-23（b）］，但为讨论方便起见，这里假定一共 10 个构件并取其单价。

计算得到的 1～6 号节点的脆弱性函数如图 7.2-28 所示。抗弯钢框架的 EDP 类型为层间位移角，当它大于 0.08 时，单位维修费用的分布基本趋于稳定。对比不同节点的脆弱性函数，可得到一些有趣的结论：

（1）图 7.2-28（a）表明，即使不知道抗弯钢框架的任何信息，仍可计算其维修费用，只是其不确定性比较大。

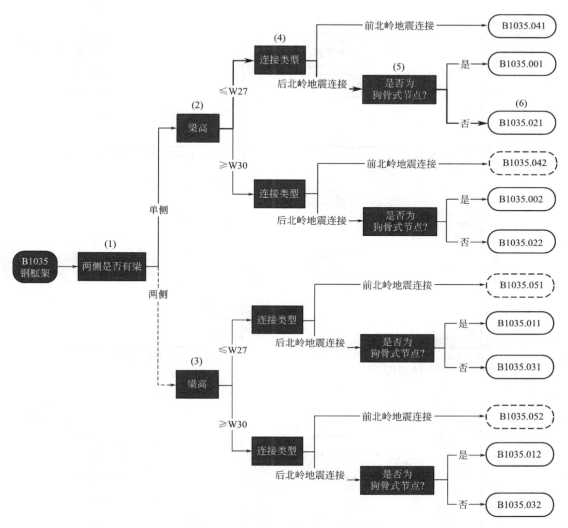

图 7.2-27　FEMA P-58 构件数据库中钢框架的决策树

（2）对比图 7.2-28（d）（e）和（f）可知，随着所提供的信息逐渐丰富，所达节点的深度越深，维修费用的不确定性有减小趋势。因此，更多有用信息能带来更好的震损评估结果。

（3）有些信息（如两侧梁的数量）作用有限，带来的中位值的变化和不确定性的减小都不明显［图 7.2-28（a）和（b）］；而有些信息（如钢框架梁柱连接类型）则可以显著减小不确定性［图 7.2-28（d）和（e）］。因此图 7.2-28 所示决策树中不同节点的脆弱性函数有助于识别影响震损评价的关键属性。

美国建筑师学会（AIA）定义了 LOD 纲要，BIMForum[32] 对其进行了细化。根据BIMForum 中对抗弯钢框架的细化规定，LOD 200 的构件应有定义好的结构网格（布局）；LOD 350 及以上的构件应给出构件尺寸和连接细节。因此 LOD 200 构件可提供构件数量、构件两侧梁数量等信息，从而到达节点 2 或节点 3（例如图 7.2-27 中深色粗虚线所示）；而 LOD 350 及以上构件则包含了所有所需信息，因而可直达叶节点（例如图 7.2-27 中灰

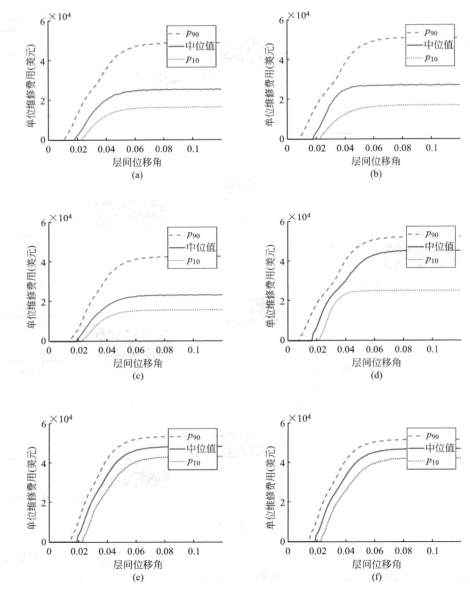

图 7.2-28 抗弯钢框架 1～6 号节点的脆弱性函数（其中 p_{10} 表示 10% 分位值，p_{90} 表示 90% 分位值）
(a) 节点 1；(b) 节点 2；(c) 节点 3；(d) 节点 4；(e) 节点 5；(f) 节点 6

色粗实线所示）。

3. 非结构构件脆弱性函数确定

非结构构件以石膏板隔墙（C1011）为例，其决策树如图 7.2-25 所示。选择决策树中 6 个节点作为案例进行说明，将其按照深度顺序编号为 1～6 号，计算每个节点的脆弱性函数。假定一共 10 个构件并取其单价。结果如图 7.2-29 所示。当层间位移角大于 0.04 时，单位维修费用的分布基本趋于稳定，例外的是节点 1 和节点 3 的中位值。以节点 3 在层间位移角等于 0.06 时的维修费用 $l_3 \mid 0.06$ 为例，它的 2 个候选构件类型，即 C1011.001c

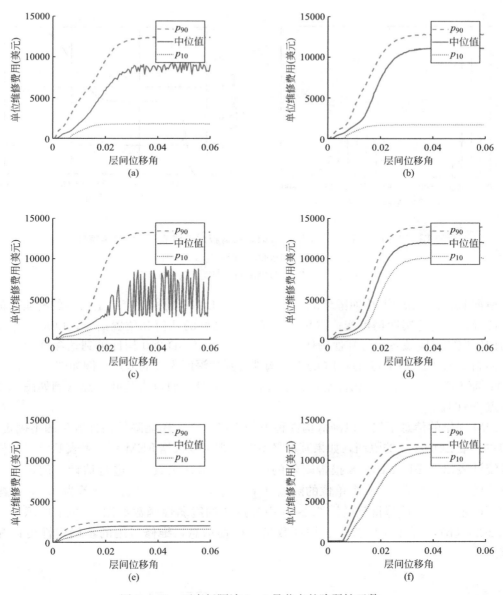

图 7.2-29　石膏板隔墙 1～6 号节点的脆弱性函数。

(a) 节点 1；(b) 节点 2；(c) 节点 3；(d) 节点 4；(e) 节点 5；(f) 节点 6

［图 7.2-29（d）］与 C1011.001d［图 7.2-29（e）］，维修费用相差很大，导致 $l_3\mid 0.06$ 的概率密度有多个峰值，且中位值对应的概率密度很低［图 7.2-30（a）］，即 $l_3\mid 0.06$ 的经验分布函数的中位值的斜率很小［图 7.2-30（b）］，因此会导致波动明显。

　　需要说明的是，当层间位移角为 0.06 时，C1011.001c 与 C1011.001d 都将以几乎 100% 的概率达到各自最大的破坏状态。而 C1011.001c 定义了 3 种破坏状态，C1011.001d 只定义了前两种破坏状态。由于破坏状态 3 对应的维修费用远远大于破坏状态 2 对应的维修费用［图 7.2-23（b）］，因而导致层间位移角为 0.06 时 C1011.001c 的维修费用远大于 C1011.001d。

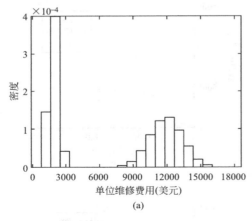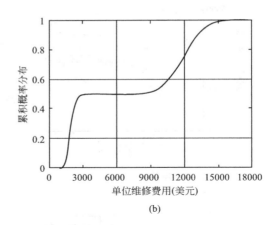

图 7.2-30 层间位移角为 0.06 时，石膏板内隔墙节点 3 的样本特性

（取实现次数为 10000，得到 10000 个样本）

（a）概率密度分布直方图；（b）经验累积分布函数

根据 BIMForum[32] 中对隔墙的细化规定，LOD 200 的构件应有定义好的材质，但布局、位置、高度等属性仍可变；LOD 300 应有定义好的几何和位置信息；LOD 350 及以上的构件应定义隔墙各边与其他物体的交界面。因此 LOD 200 构件可到达深度为 2 的节点（例如图 7.2-25 中节点 2）；LOD 300 构件可到达深度为 3 的节点（例如图 7.2-25 中节点 3）；而 LOD 350 及以上构件则包含了所有所需信息，而可直达叶节点（例如图 7.2-25 中节点 4～6）。

BIM 提供的信息不仅可以降低构件种类的不确定性，还能降低构件数量的不确定性。例如对一个 LOD 200 的隔墙，如果其数量不定，则可以根据 FEMA[7] 附表 F 给出的构件数量统计表以及 FEMA P-58 报告附带的构件数量估计工具[24] 进行估计。例如，一个 900m² 的办公楼约含有 10 个单位的隔墙（单位为 1300ft²），对数标准差为 0.2，考虑数量的不确定性后，计算得到的图 7.2-25 中节点 2 的脆弱性函数如图 7.2-31 所示。对比图 7.2-29（b），可知如果获取了构件数量的确切信息，维修费用的不确定性可以显著降低。

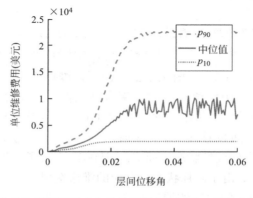

图 7.2-31 考虑构件数量不确定性的石膏板内隔墙 2 号节点的脆弱性函数

7.2.3.3　BIM 建模规则与信息提取

本小节建议的建筑地震损失评价方法可适用于多 LOD 构件，构件中包含的有效信息越丰富，所得的结果不确定性越小。然而，即使一个建筑信息模型的构件有很高的 LOD，也可能因建模者的建模风格不同导致信息提取困难或提取失败。因此需对 BIM 建模过程提出适当的要求，使得所建立的模型能为建筑震损评价提供尽量多的有用数据，且这些数据可以较方便地被获取。

目前 BIM 建模的软件平台很多，为了便于说明，本节所提及的 BIM 建模采用广泛使用的 Autodesk 公司推出的 Revit 2018 软件，而对应的，信息提取则使用 Revit 的 API 2018[33] 完成。

构件的信息提取分为以下 2 个步骤：（1）利用 Revit API 中的过滤器获取建筑信息模型中包含的各类构件数量；（2）获取构件的相关属性。

1. 结构构件

结构构件以抗弯钢框架为例，根据其构件分类决策树，总结分类所需数据需求，如表 7.2-7 所示。通过指定梁柱材料为钢，确定该结构的类型为钢框架。柱两侧梁的数量和梁高只需正常建模，即可通过 API 获取梁的几何属性和位置得到。

抗弯钢框架的信息需求与 BIM 建模规则　　　　　　　　　　　　表 7.2-7

信息需求	信息来源	建模规则
梁柱类型	梁柱材料	使用系统族:结构—框架—钢、结构—柱—钢
梁高	梁几何属性	正常建模
梁数量	梁几何位置	允许梁跨节点定义,允许柱跨层定义
连接类型（方法 1）	钢结构梁柱连接参数	安装官方插件"Autodesk Steel Connections for Revit 2018"。使用其系统族为连接建模。以系统族"Moment connection"为例,指定参数 cut type(焊孔)为 Contour,且下部 backing bar(焊接垫板)为 none,则为后北岭地震连接,否则为前北岭地震连接
连接类型（方法 2）	用户指定参数	使用系统族:结构—连接,在类型属性中,设置"类型标记(Type mark)"参数为: A0—前北岭地震连接;B0 或 B1—后北岭地震连接
连接类型（方法 3）	用户指定参数	用户指定工程的建设年代,2000 年以前的为前北岭地震连接,2000 年及之后的为后北岭地震连接
是否为狗骨式节点(方法 1)	钢结构梁柱连接参数	安装官方插件"Autodesk Steel Connections for Revit 2018"。使用其系统族为连接建模。指定参数 Top 或 Bottom flange cut 为 none 则为非狗骨式节点,否则为狗骨式节点
是否为狗骨式节点(方法 2)	用户指定参数	使用系统族:结构—连接,在类型属性中,设置"类型标记(Type mark)"参数为: B0—狗骨节点;B1—非狗骨节点

对于连接类型属性，情况则相对复杂一些。"连接类型"指前北岭地震连接与后北岭地震连接。这两种连接方式的区别主要体现在细部构造措施上。例如，后北岭地震连接需要移除焊接垫板、改进焊孔形状等[34]。因此可通过判断钢结构连接的细部构造，对连接

类型进行分类。然而，Revit 2018 的系统族中未包括相关族类型，无法直接建立钢结构的细部连接模型。为此，本节建议安装 Autodesk 公司的官方插件"Autodesk Steel Connections for Revit 2018"[35]，并使用其提供的系统族进行建模。以系统族"Moment connection"为例，指定参数 cut type（焊孔）为 Contour，且下部 backing bar（焊接垫板）为 none，则为后北岭地震连接，否则为前北岭地震连接，如图 7.2-32（a）所示。需要说明的是，现有研究对新的连接的构造要求提供了非常细致丰富的建议[34]，而本节此处仅以其中一个典型的构造要求为例进行说明。以上规则总结于表 7.2-7 中。

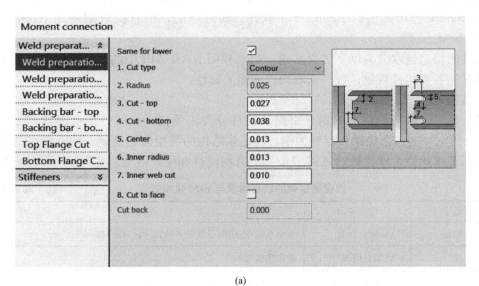

(a)

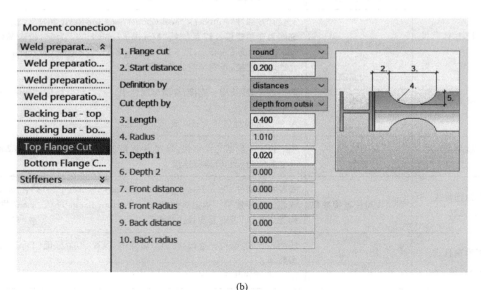

(b)

图 7.2-32　利用 Autodesk Steel Connections for Revit 2018 插件设置钢框架刚性连接细部构造
（a）焊孔形状；（b）狗骨式节点

对于按照上述规则建立的 Revit 模型，可通过 Revit API 提取连接的细部信息，"Autodesk Steel Connections for Revit 2018"插件利用"可扩展存储"技术将这些信息以"schema"数据结构的形式绑定在连接实例中。连接的细部数据提取步骤如下：首先利用 API 提供的一种快速过滤器 ElementClassFilter，获取 Revit 模型中的 StructuralConnectionHandler 元素的集合，此即为 Revit 模型中按上述规则建立的各个刚性连接实例。之后获取这些实例所关联的 schema，schema 中各个字段的值即为连接实例的属性值。图 7.2-33 列出了利用 API 提取 Revit 模型连接细部信息并判断连接类型的部分 C♯代码。

```csharp
string connectionType = "";
FilteredElementCollector fec = new FilteredElementCollector(_document);
ElementClassFilter conHandler = new
    ElementClassFilter(typeof(StructuralConnectionHandler));
fec.WherePasses(conHandler);
foreach (StructuralConnectionHandler connection in fec)
{
    IList<Guid> guids= connection.GetEntitySchemaGuids();
    Schema sch=Schema.Lookup(guids[0]);
    Entity conSchEntity = connection.GetEntity(sch);
    Field f1 = sch.GetField("AS_CONN_PARAM_NAME");
    IList<string> names= conSchEntity.Get<IList<string>>(f1);
    Field f2 = sch.GetField("AS_CONN_PARAM_VALUE");
    IList<string> values = conSchEntity.Get<IList<string>>(f2);
    string BottomCutType = values[names.IndexOf("BottomCutType")];
    string TopCutType = values[names.IndexOf("TopCutType")];
    string BottomBackingBar = values[names.IndexOf ("BottomBackingBar")];
    if (BottomCutType == "1" && TopCutType == "1" && BottomBackingBar == "0")
        connectionType = "PostNorthridge";
    else
        connectionType = "PreNorthridge";
}
```

图 7.2-33　利用 API 提取 Revit 模型连接细部信息并判断连接类型的部分 C♯代码

以上连接类型判断方法（称之为方法 1）要求直接在 Revit 中建立钢框架连接的细部几何构造，可能因过于细致而增大了建模复杂性。当模型中未包含这类细部构造信息时，本节建议了连接类型判断方法 2：用户在系统族"结构—连接"的类型属性中设置"类型标记"，约定 A0 为前北岭地震连接，B0 或 B1 为后北岭地震连接。类似的，对于"梁端是否为狗骨截面"这一属性，本节建议使用"Autodesk Steel Connections for Revit 2018"插件直接建立细部几何构造，如图 7.2-32（b）所示。当模型中不包含这类细部构造时，则应由用户指定这一属性的取值。以上规则总结于表 7.2-7 中。

2. 非结构构件

非结构构件以石膏板隔墙为例，根据其构件分类决策树，总结分类所需数据需求，如表 7.2-8 所示。对于骨架材质属性，本节建议采用如下规则建模，以便于进行信息提取：选择系统族-基本墙，指定功能为"内部"，并选择核心结构材质为金属（"MetalStud Layer"）或木质（"Wood-Stud Layer"）。高度属性只需正常建模，即可通过 API 获取。对于上部固定形式属性，本节建议如下建模规则：在墙体的类型属性中设置"类型标记"，约定 0 为固定，1 为侧向支撑，2 为不固定、有面外隔墙约束，3 为不固定、无面外隔墙约束。

石膏板隔墙的信息需求与 BIM 建模规则　　　　　　　表 7.2-8

信息需求	信息来源	建模规则
骨架材质	隔墙核心结构材质	选择系统族—基本墙；类型为 Interior—Partition；构造—结构—核心结构材质选择金属或木质
高度	隔墙几何属性	正常建模。隔墙不能在非标高处断开
上部固定形式	用户指定参数	用户指定上部固定形式。在墙体类型属性中，设置"类型标记（Type mark）"参数为：0—固定；1—侧向支撑；2—不固定，有面外隔墙约束；3—不固定，无面外隔墙约束

3. 非内置类别

Revit 为大量构件（如梁、柱、墙、管道、喷淋等）预定义了内置类别。对于这种情况，只需使用 Revit API 提供的 ElementCategoryFilter 过滤器，即可从 Revit 模型中提取该类别的所有族类型和族实例。进一步应用 ElementClassFilter（typeof（FamilyInstance））过滤器，即可提取族实例的集合。

然而，依然有部分构件（如电梯、空气处理机组、制冷机组、低压开关柜等），在 Revit 中没有对应的内置类别。对于这种情况，本节以空气处理机组为例，建议了两种方法，对这些构件进行识别。

方法 1：定义族子类别（Subcategory）

以"系统—机械设备"族（BuiltInCategory 为 OST_MechanicalEquipment）为模板自建空气处理机组族和族类型，并新定义一个名为"空气处理机组"的族子类别。自建族内需指定至少一个元素的类别为"空气处理机组"。这样，首先使用 ElementCategoryFilter（typeof（OST_MechanicalEquipment））和 ElementClassFilter（typeof（FamilyInstance））过滤得到所有 OST_MechanicalEquipment 类别的机械设备实例，再判断该实例的族文件中是否包含"空气处理机组"子类别，即可筛选得到"空气处理机组"族实例的集合。

方法 2：手动建立映射关系

针对每一个 Revit 模型，使用 Revit API 过滤器 ElementCategoryFilter（typeof（OST_MechanicalEquipment））和 ElementClassFilter（typeof（ElementType））过滤得到所有 OST_MechanicalEquipment 类别的机械设备类型。并弹出对话框由用户指定哪些类型（Family Symbol，继承自 Element Type）属于"空气处理机组"。这样，通过使用 FamilyInstanceFilter 即可筛选得到指定类型对应的"空气处理机组"族实例的集合。为了方便用户进行上述操作，本节基于 Revit API 和微软基础类库（Microsoft Foundation Classes，MFC），编写了图形用户界面，作为插件集成在 Revit 操作界面中，如图 7.2-34 所示。

方法 1 对自定义的族文件提出了建模要求，按照这种要求建模的自定义族的实例可以被自动识别。而方法 2 对自定义族文件没有要求，因此相对更为灵活，但需要用户进行少量手动操作。

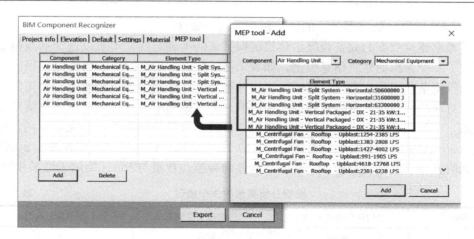

图 7.2-34　用户手动建立所有可用机械设备类型和空气处理机组的映射关系

　　对于其他非结构构件的建模规则与基于 Revit API 的信息提取方法，本节不再详细展开叙述。

7.2.3.4　算例

1. 模型简介

　　本节以一个 2 层钢框架办公楼为例，对所提出的方法进行说明。该办公楼是之前的研究中使用过的一个基准模型[36]，包含了建筑、结构、水电暖通（MEP）全专业模型（图 7.2-35），且这些模型都可以在网上下载[37]，因此本节选择了该建筑作为说明。此外，该建筑没有其他设计信息。本节假定它的抗震设计类别[38] 为 C，许多构件（如天花板、

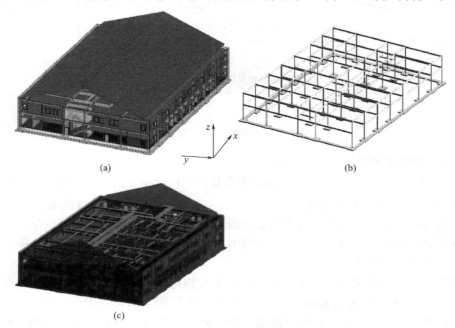

图 7.2-35　示例办公楼的 Revit 模型

（a）建筑模型；（b）结构模型；（c）MEP 模型（仅显示了暖通构件）

管道、HVAC 风管、散流器等）的决策树均含这一属性。

为了考察建筑数据的完备程度给建筑震损带来的不确定性，本节以这个基准模型为基础，建立了 3 个虚拟的建筑信息模型，如表 7.2-9 所示。结构构件的数据完备程度对震损的影响比较复杂，因为它不仅会影响结构构件本身的维修费用，还会影响整个建筑的地震响应从而对非结构构件的维修费用也产生影响。为了控制不确定性的来源，更清晰地讨论分析结果，本节假定 3 个虚拟建筑的结构构件种类和数量是确定的，且完全相同，这些信息通过 Revit API 从基准模型［图 7.2-35（b）］中获取，信息提取流程如图 7.2-36 所示，提取得到的各楼层的抗弯钢框架梁柱连接构件的种类和数量与 Revit 明细表结果相同。

案例分析采用的 3 个模型　　　　　　　　　　　　　　　　　　表 7.2-9

模型编号	结构构件种类和数量	非结构构件种类	非结构构件数量
建筑 A	确定	不确定	不确定
建筑 B	确定	不确定	确定(墙面装修除外)
建筑 C	确定	确定	确定

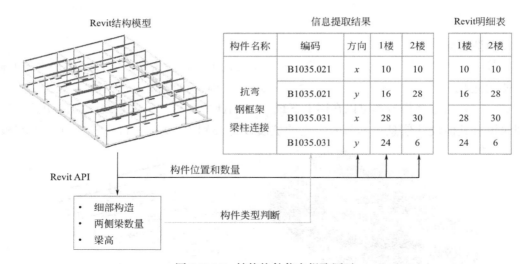

图 7.2-36　结构构件信息提取图示

3 个虚拟建筑的非结构构件设置如下：

建筑 A 是在基准模型的基础上，删去所有非结构构件得到的，因此非结构构件的种类和数量都不确定。建筑 A 的构件分布信息如表 7-2.10 所示，可见由于信息不全，各个构件有较多候选易损性分类编码。构件的数量假定服从对数正态分布[7]，其中位值和对数标准差根据 FEMA P-58[7] 附表 F 给出的构件数量统计表以及 FEMA P-58 报告附带的构件数量估计工具[24] 选取得到。

建筑 B 是在基准模型的基础上，删去所有非结构构件的属性得到的，因此非结构构件的种类不确定，与建筑 A 有相同的候选易损性分类编码。但数量是确定的，通过 Revit API 提取模型信息得到。例外的是"墙面装修"构件，在 Revit 中不是一种独立构件，而是隔墙构件的属性。因此建筑 B 的墙面装修构件的数量也不确定，取其值与建筑 A 相同。建筑 B 的构件分布信息如表 7.2-11 所示。

建筑 C 是在基准模型的基础上，根据上一节所述建模规则，补充所有必要信息，以至于所有构件决策树都能直达叶节点而得到，因此非结构构件的种类和数量都是确定的。建筑 C 的构件分布信息如表 7.2-12 所示，通过 Revit API 提取模型信息得到。以 HVAC 风管构件为例，信息提取流程如图 7.2-37 所示。提取结果与根据 Revit 明细表得到的手动统计结果的对比表明，信息提取算法具有很高的精度。

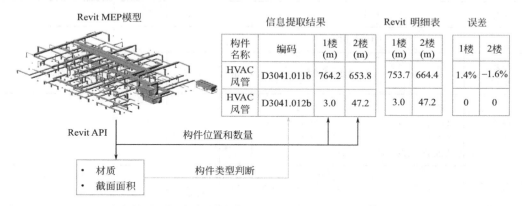

图 7.2-37　HVAC 风管构件信息提取图示

需要说明的是，建筑 C 中一部分提取到的构件未列入表 7.2-12 中，如钢屋面（编码 B301，总面积 1850.9m²）、嵌入灯（RecessedCeilingLighting，编码 C3033，总个数 316）、污水管（SanitaryWastePiping，编码 D2031.022a，总长度 283.9m）等。这些构件目前在 FEMA P-58 构件数据库中没有记录，或需要用户提供部分参数，即本章第 7.2.3.1 节所讨论的 FEMA P-58 方法的局限性（b）。如前文所述，本节暂不针对这一局限性进行讨论。

建筑 A 构件分布　　　　　　　　　　　　　表 7.2-10

构件类别	候选易损性分类编码	单位	构件数量		构件数量对数标准差
			1 楼	2 楼	
抗弯钢框架	B1035.021	个	10 16	10 28	0
抗弯钢框架	B1035.031	个	28 24	30 6	0
外墙	B2011.011a　B2011.011b　B2011.021a B2011.021b　B2011.101　B2011.131	m²	270.0 270.0	270.0 270.0	0.6
内隔墙	C1011.001b　C1011.001c　C1011.001d C1011.011a	m²	1170.0 1170.0	1170.0 1170.0	0.2
墙面装修	C3011.001a　C3011.001b　C3011.001c C3011.001d　C3011.002a　C3011.002b C3011.002c　C3011.002d　C3011.003a	m²	88.5 88.5	88.5 88.5	0.7
楼梯	C2011.001b　C2011.011b	个	1 1	1 1	0.2

续表

构件类别	候选易损性分类编码	单位	构件数量		构件数量对数标准差
			1楼	2楼	
天花板	C3032.001a　C3032.001b C3032.001c　C3032.001d	m²	1746.0	1746.0	0
吊灯	C3034.001　C3034.002	个	290.6	290.6	0.3
电梯	D1014.011	个	0.5	0.5	0.7
冷热水管	D2021.012b　D2021.022a	m	88.6	88.6	0.2
制冷机组	D3031.011a　D3031.011b　D3031.011c D3031.011d　D3031.012b　D3031.012e D3031.012h　D3031.012k　D3031.013b D3031.013e　D3031.013h　D3031.013k	t (US)	55.2	55.2	0.1
HVAC风管	D3041.011b　D3041.021b　D3041.012b	m	442.9 118.1	442.9 118.1	0.2 0.2
HVAC散流器	D3041.031b　D3041.032b	个	174.4	174.4	0.5
变风量空调系统	D3041.041b	个	38.8	38.8	0.5
普通风机	D3041.101a　D3041.102b　D3041.103b	个	0	0	
空气处理机组	D3052.011a　D3052.011b　D3052.011c D3052.011d　D3052.013b　D3052.013e D3052.013h　D3052.013k	CFM	13562.5	13562.5	0.2
消防管道	D4011.022a	m	1181.1	1181.1	0.1
消防喷淋	D4011.032a　D4011.042a	个	174.4	174.4	0.2
开关板	D5012.021a　D5012.021b　D5012.021c D5012.021d　D5012.023b　D5012.023e D5012.023h　D5012.023k	个	5.8	5.8	0.4
配电柜	D5012.031a　D5012.031b　D5012.031c D5012.031d　D5012.033b　D5012.033e D5012.033h　D5012.033k	个	0.8	0.8	0.5

注："构件数量"表格中，如果有两行数据，则第一行表示沿建筑 x 方向的数量，第二行表示沿 y 方向的数量。对于加速度敏感型构件，它们是方向不敏感的，因此仅有1行数据。

建筑 B 构件分布 表 7.2-11

构件类别	候选易损性分类编码	单位	构件数量		构件数量对数标准差
			1楼	2楼	
抗弯钢框架	B1035.021	个	10 16	10 28	0

续表

构件类别	候选易损性分类编码	单位	构件数量		构件数量对数标准差
			1 楼	2 楼	
抗弯钢框架	B1035.031	个	28 24	30 6	0
外墙	B2011.011a　B2011.011b　B2011.021a B2011.021b　B2011.101　B2011.131	m²	399.0 278.6	316.4 239.0	0
内隔墙	C1011.001b　C1011.001c　C1011.001d C1011.011a	m²	1379.9 1295.9	962.3 826.5	0
墙面装修	C3011.001a　C3011.001b　C3011.001c C3011.001d　C3011.002a　C3011.002b C3011.002c　C3011.002d　C3011.003a	m²	88.5 88.5	88.5 88.5	0.7
楼梯	C2011.001b　C2011.011b	个	0 2	0 2	0
天花板	C3032.001a	m²	454	383	0
天花板	C3032.001b	m²	416	167	0
天花板	C3032.001c	m²	259	0	0
天花板	C3032.001d	m²	367	1071	0
吊灯	C3034.001　C3034.002	个	10	4	0
电梯	D1014.011	个	1	1	0
冷热水管	D2021.012b　D2021.022a	m	147.4	143.9	0
制冷机组	D3031.011a　D3031.011b　D3031.011c D3031.011d　D3031.012b　D3031.012e D3031.012h　D3031.012k　D3031.013b D3031.013e　D3031.013h　D3031.013k	个	1	0	0
HVAC 风管	D3041.011b　D3041.012b　D3041.021b	m	767.2	701	0
HVAC 散流器	D3041.031b　D3041.032b	个	149	96	0
变风量 空调系统	D3041.041b	个	13	8	0
普通风机	D3041.101a　D3041.102b　D3041.103b	个	0	1	0
空气处理 机组	D3052.011a　D3052.011b　D3052.011c D3052.011d　D3052.013b　D3052.013e D3052.013h　D3052.013k	个	1	1	0
消防管道	D4011.022a	m	572.4	485.1	0
消防喷淋	D4011.032a　D4011.042a	个	151	141	0
开关板	D5012.021a　D5012.021b　D5012.021c D5012.021d　D5012.023b　D5012.023e D5012.023h　D5012.023k	个	6	3	0
配电柜	D5012.031a　D5012.031b　D5012.031c D5012.031d　D5012.033b　D5012.033e D5012.033h　D5012.033k	个	2	0	0

建筑 C 构件分布   表 7.2-12

构件类别	候选易损性分类编码	单位	构件数量		构件数量对数标准差
			1楼	2楼	
抗弯钢框架	B1035.021	个	10 16	10 28	0
抗弯钢框架	B1035.031	个	28 24	30 6	0
外墙	B2011.011a	m²	399.0 278.6	316.4 239.0	0
内隔墙	C1011.001c	m²	1379.9 1295.9	962.3 826.5	0
墙面装修	—	m²	0 0	0 0	0
楼梯	C2011.001b	个	0 2	0 2	0
天花板	C3032.001a	m²	454	383	0
天花板	C3032.001b	m²	416	167	0
天花板	C3032.001c	m²	259	0	0
天花板	C3032.001d	m²	367	1071	0
吊灯	C3034.001	个	10	4	0
电梯	D1014.011	个	1	1	0
冷热水管	D2021.012b	m	118.1	143.9	0
冷热水管	D2021.022a	m	29.3	0.0	0
制冷机组	D3031.012b	个	1	0	0
HVAC 风管	D3041.011b	m	764.2	653.8	0
HVAC 风管	D3041.012b	m	3.0	47.2	0
HVAC 散流器	D3041.031b	个	149	96	0
变风量空调系统	D3041.041b	个	13	8	0
普通风机	D3041.102b	个	0	1	0
空气处理机组	D3052.013b	个	1	1	0
消防管道	D4011.022a	m	572.4	485.1	0
消防喷淋	D4011.032a	个	151	141	0
开关板	D5012.021a	个	6	3	0
配电柜	D5012.031a	个	2	0	0

2. 结构分析

BIM 在结构领域的应用是一个重要的研究热点，很多已有文献对基于建筑信息模型自动生成结构分析模型进行了探讨[39-41]。本节对此不做进一步讨论，直接利用 Revit 软件导出工业基础类（IFC）格式模型，并导入 ETABS 软件，得到结构分析模型。如图 7.2-38 所示，梁柱等结构构件的布置情况基本可以正确导入，而材料、截面、塑性铰等需手动

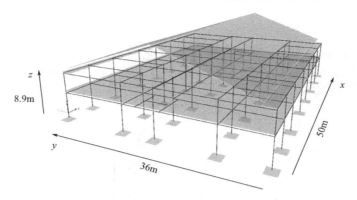

图 7.2-38　利用 IFC 文件接口将 Revit 模型导入至 ETABS 软件

调整。

　　选择广泛使用的 El Centro 地震动为例，PGA 设为 $0.2g$（相当于我国 8 度设防地区的设防地震水平，重现周期为 475 年），从 x 方向和 y 方向输入。选择该地震强度的主要原因有：①中国《建筑抗震设计规范》GB 50011—2010（2016 年版）对设防地震下建筑的性能要求是结构震后可修，因此研究该强度下建筑的修复代价具有较好的实际价值；②美国 ARUP 公司的 REDi 等指南[42] 提出的建筑韧性（Building resilience）评级，也是针对重现周期为 475 年的设防地震。

　　为对比验证导入的结构模型的正确性，同时采用 MSC. Marc 有限元软件手动建立了结构分析模型。非线性时程分析结果对比如图 7.2-39 所示，2 个软件的分析结果吻合较好。由于结构构件尤其是柱的截面较小（梁：$W460 \times 60$，即工字形截面，截面高 455mm，宽 153mm；柱 $W250 \times 67$，即工字形截面，截面高 257mm，宽 204mm），因此虽然是设防地震水准，结构仍然有较大的变形。

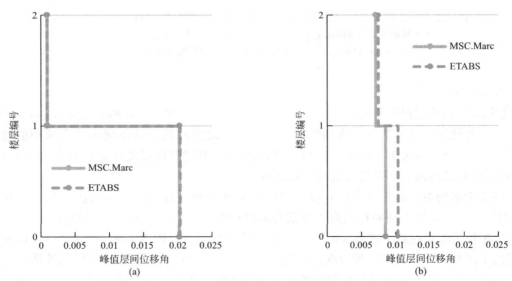

图 7.2-39　非线性时程分析结果及对比（El Centro 地震动，$PGA = 0.2g$）（一）
(a) 峰值层间位移角（x 方向）；(b) 峰值层间位移角（y 方向）

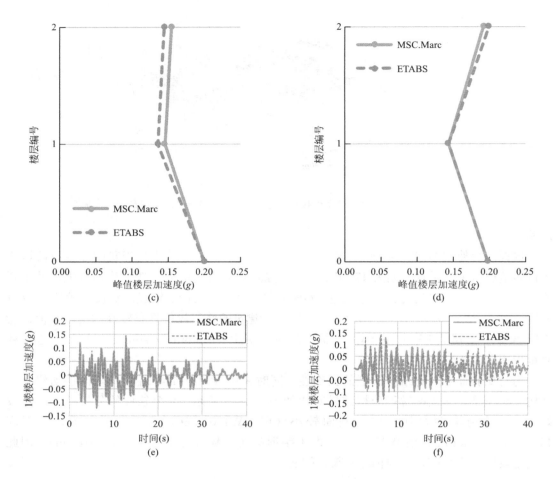

图 7.2-39　非线性时程分析结果及对比（El Centro 地震动，$PGA=0.2g$）（二）
（c）峰值楼层绝对加速度（x 方向）；（d）峰值楼层绝对加速度（y 方向）；
（e）1 层绝对加速度时程（x 方向）；（f）1 层绝对加速度时程（y 方向）

3. 地震损失评价结果

3 栋建筑的地震损失分析结果如图 7.2-40 所示。对比建筑 A、B 和 C［图 7.2-40（a）］可知，随着建筑信息模型中包含的信息不断丰富，地震总损失的不确定性有减小的趋势（对数标准差分别为 0.38、0.28、0.14）。即使仅仅已知建筑抗震设计类别和结构信息（建筑 A），也可以得到一个可用的地震损失结果。

在这个案例中，在非结构种类和数量信息完全未知（建筑 A）或仅已知数量（建筑 B）的情况下，计算得到的总损失中位值与非结构种类和数量信息完全已知（建筑 C）的总损失中位值非常接近。需要说明的是，这只是一个巧合。图 7.2-40（b）进一步展示了建筑内不同构件的损失中位置情况。从图中可以看出，建筑 A 和 B 的非结构外墙损失中位值远低于建筑 C，而隔墙墙面装修的损失中位置远高于建筑 C，这是由于信息不充分带来的误差。具体的，外墙损失的误差主要来自墙体类型信息的缺失，而隔墙墙面装修损失的误差主要来自数量信息的缺失。因此，在建立建筑信息模型时，如果能根据本节建议的

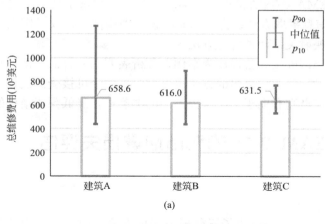

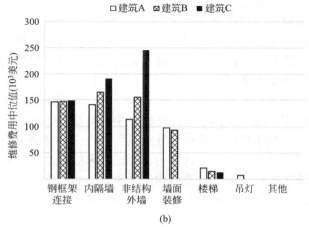

图 7.2-40 3 栋建筑的地震损失分析结果

（a）地震总损失；（b）各个构件的损失中位值

规则建模，使得模型中包含更多有用且可提取的信息，对提高地震损失评价的准确性和精度都有促进作用。

7.2.4 小结

（1）提出了 FEMA P-58 性能组震害到 BIM 构件的多重映射算法，可以得到所有构件的具体震害，将 FEMA P-58 震害预测精度从性能组提升到了构件级别。然后，结合 BIM 与我国修复定额数据，提出了本体论支持的构件智能扣减方法和构件级别的地震损失计算方法，并通过某市一栋六层办公楼的案例计算验证了以上方法的有效性。

（2）提出了构件级别的建筑震害和损失可视化方法，实现了震害和损失的虚拟漫游，弥补了 FEMA P-58 方法无可视化功能的不足，详细地展示出构件震害和损失空间分布，为制定更合理的修复策略提供了可视化的虚拟环境。

（3）提出了候选易损性分类编码方法，使得当可用信息不全而无法对构件进行精确分类时，也能计算脆弱性函数。但随着所提供的信息逐渐丰富，所达分类树节点的深度越深，脆弱性函数的不确定性会有所减小。

（4）整理了 FEMA P-58 方法的信息需求，并据此建议了建筑信息模型的建模规则和基于 Revit API 的信息提取方法。为识别非内置类别构件，建议了定义族子类别和由用户在运行时手动建立映射关系两种处理办法。

（5）以一幢 2 层钢框架办公楼作为案例，分析表明：一方面，即使可用信息非常有限（例如仅知道结构信息），本章提出的方法也可以给出一个可接受的震损预测结果；另一方面，更丰富的可用信息则有助于提高震损预测的准确性，降低预测结果的不确定性。

7.3 基于 FEAM P-58 的城市地震损失评估

7.3.1 背景

FEMA P-58 报告[7,9] 中提出了三种损失评估方法，即基于强度的震损评估、基于情境的震损评估以及基于时间的震损评估。

基于强度的震损评估方法需要使用者指定拟考虑的地震强度。基于情境的和基于时间的震损评估方法以基于强度的震损评估为基础，但这两种方法还需要提供更多的地震危险性信息，例如建筑场地附近的断层信息、地面运动衰减关系，以及场地地震危险性曲线等。这类信息需要通过开展相关的地震学研究得到，而本节重点阐述 FEMA P-58 方法在城市区域范围的推广应用，因此选择了上述三种方法中最基础的基于强度的震损评估方法进行说明。该方法利用全概率思想，将地震导致经济损失这一复杂事件分割成相伴的一系列简单事件，从而计算原事件的概率。具体的，通过考虑给定地震强度下结构地震响应达到某个值的超越概率给定结构响应下各类结构构件和非结构构件达到某个破坏状态的超越概率以及给定破坏状态下构件的维修成本函数，得到建筑在给定地震强度下的地震损失超越概率[7]。

上述过程需要大量（几百甚至一千）地震动输入和非线性时程分析，为了减小非线性时程分析次数，降低计算耗时，学者 Yang[43] 结合蒙特卡洛分析，提出了一套适合于工程应用的实现方法。Yang[43] 的这种方法被 FEMA P-58 报告采纳[7]，并被大量应用于单体建筑的地震损失分析[44-47]。本节进一步探讨如何将该方法从单体建筑的震损分析推广到城市区域。

本节运用 FEMA P-58 建筑地震损失评价方法，提出了一种可行的区域建筑地震损失评估手段，使之能提供一个城市区域内每栋建筑、每个楼层的经济损失情况。为了得到 FEMA P-58 方法所需要的各建筑在地震下的响应，采用了基于多自由度层模型和非线性时程分析的区域建筑震害模拟方法，不仅能得到区域中各建筑每层的峰值层间位移、峰值速度、峰值楼层加速度等结构响应，还能考虑不同地震动对结构响应和地震损失的影响。结构信息和构件数据通过现场调查和结构图纸获取；典型结构和非结构构件的易损性能和维修成本计算则基于 FEMA P-58 根据试验数据、调查统计和专家建议建立的数据库。之后，选择了某市 D 区新城为案例，具体说明了上述方法的实现过程，并对评估结果进行了详细讨论。

7.3.2 整体流程

图 7.3-1 所示是将 FEMA P-58 方法应用于城市区域的一个总体流程，包括三个部分：

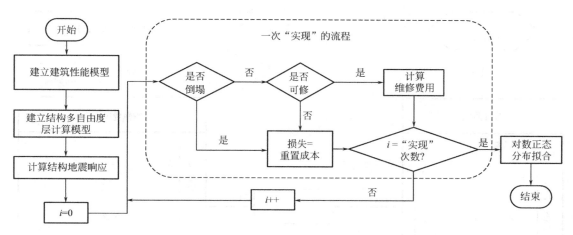

图 7.3-1　FEMA P-58 地震损失评估方法的流程图

①建立建筑性能模型；②分析结构响应；③计算经济损失。

　　建筑性能模型是用于计算建筑地震损失的必要建筑信息集合。它包含建筑基本信息（例如：建筑层数、层高、层面积、结构类型、使用功能等），以及建筑各层的易损结构构件和非结构构件的种类、数量、易损性曲线和维修成本。假定建筑各层的易损构件的地震破坏情况仅与该层的结构响应有关。同一个结构响应对应的易损构件可被归为一组，称之为性能组。通过定义每层所含的性能组，易损结构构件和非结构构件事实上被显式地包含在建筑性能模型中，因此 FEMA P-58 方法可以直接考虑它们的易损特性和地震损失。构件的易损特性由其对应的一系列易损性曲线（假定服从对数正态分布）刻画，易损性曲线则是通过统计数据、试验数据或专家意见得到的。FEMA P-58 中为每类性能组的每种破坏状态定义了后果函数（Consequence Functions），后果函数包括维修成本函数，维修时间函数，以及构件破坏严重导致建筑贴上红色警示牌的概率。给定一个结构响应取值，就可以根据该构件的易损性曲线计算构件发生某个破坏状态的概率。之后，构件的维修费用则根据构件的数量，以及构件所发生的破坏状态对应的维修成本函数计算得到。构件的维修费用的计算过程如图 7.3-2 所示，包含如下步骤：①选定一系列地震动记录作为输入，建立建筑的多自由度层模型，通过非线性时程分析计算结构各层的地震响应；②根据构件的易损性曲线，计算构件发生的破坏状态；③根据构件的总数量和单位维修成本，计算总的维修费用。上述过程的详细描述可参照 FEMA[7] 的第 3 章和第 7 章。

　　地震损失评估所需的结构地震响应包括结构各层的峰值层间位移角、峰值速度、峰值加速度、残余位移角等，这些结构响应又被称为“工程需求参数”。上述结构响应可通过非线性时程分析得到。对一栋建筑，每选取一条地震动进行一次非线性时程分析，就得到它的一组结构响应。学者 Yang[43] 将这样一组结构响应假定为服从多元正态分布的随机向量，并设计了一套算法，根据这个随机向量的若干个样本，估计均值和协方差矩阵，进而随机合成大量新的样本。这样，仅需进行少量结构分析（FEMA P-58 建议 11 次以上），就能获取大量样本，便于后续基于蒙特卡洛方法的损失计算。一次这样的计算称为一个“实现”，其流程如图 7.3-1 中虚线框住的部分。需要指出的是，根据结构的倒塌易损性曲线和修复易损性曲线[7]，如果判断结构发生倒塌或残余变形过大而不可修复，则认为维修

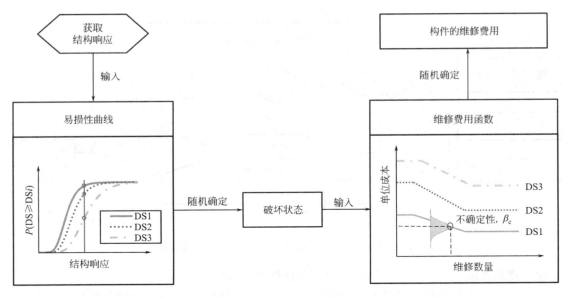

图 7.3-2 构件的地震维修费用计算流程图（图中"DS"指"破坏状态"）

费用等于建筑的重置成本。否则遍历建筑的每个构件，计算其维修费用，加总得到建筑的总地震经济损失。通过执行大量的实现，就能模拟各个随机变量的不确定性，得到大量经济损失的样本。最后假定经济损失服从对数正态分布，根据样本对总体的统计参数进行估计，拟合得到经济损失的分布。

7.3.3 关键方法

FEMA P-58 方法是针对单体建筑的地震损失评价，在将 FEMA P-58 方法从单体建筑推广到区域建筑地震损失评估的过程中，由于建筑数量大大增加，将面临以下三个新的挑战：①建筑群的性能模型建立；②建筑群结构响应的快速计算；③建筑群的倒塌易损性建立。图 7.3-3 列出了建议的解决方法。

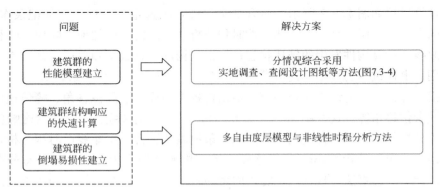

图 7.3-3 将 FEMA P-58 方法从单体建筑推广到区域建筑地震损失评估
的过程中，存在的问题和解决方法

（1）建筑群的性能模型建立

为了建立建筑群的性能模型，应根据建筑的具体情况，综合采用实地调查、查阅设计图纸等方法，获取建筑基本数据和建筑构件数据，如图 7.3-4 所示。建筑的基本数据可以从地理信息系统（GIS）数据库中获取，或通过实地调查和建筑图纸得到。如果目标区域有对应的 GIS 数据库，建筑基本数据通常是比较容易得到的。

建筑群的性能模型建立	
建筑基本数据	• GIS数据库，实地调查，设计图纸，其他资料
结构构件	• 情况A：根据结构的设计图纸； • 情况B：根据附近的近似结构的设计图纸； • 情况C：根据实地调查进行估计
非结构构件	• 区域内几个主要使用功能的建筑(如教室、住宅、办公楼等)：通过实地调查获取非结构构件统计数据； • 其他建筑：根据FEMA P-58提供的"标准数量"表进行估计

图 7.3-4　建筑群的性能模型建立方法

如果无法获取建筑的重置成本，本章建议采用如下相对简单可行的方法进行估算：取建筑内所有构件都达到最大破坏状态时的维修费用中位值的总和，作为建筑的重置成本。为了验证这种方法的计算结果，本章同时采用了 HAZUS 技术手册[48] 建议的重置成本估计方法。HAZUS 方法估算得到的重置成本相对略低，但两种方法的估算结果差别不大，考虑到重置成本存在一定程度的随机特性，因此可以认为两种方法的估算结果均可接受。

对于结构构件的信息获取，本章建议可按照建筑结构资料的完整程度，分三种情况考虑：

情况 A：图纸资料可获取的建筑。如果可以获取建筑的建筑和结构设计图纸，则可从图纸中直接得到结构构件的类型和数量。对于某些城市区域，例如住宅小区等，区域中所含的建筑多是同一批建设的房屋，其结构设计信息基本相同，且依据的设计规范也相同。这种情况下可以其中一栋建筑为代表，以减少工作量。

当得到了结构构件的信息之后，即可根据 FEMA P-58 报告提供的构件易损性数据，计算结构构件的维修费用。需要指出的是，FEMA P-58 项目经过十年的研究，根据统计数据、试验数据和专家建议，提出了 700 多种结构和非结构构件的易损性曲线和后果函数，并用易损性分类编码对这些构件进行分类编号。结构构件的分类依据包括构件材料、构件尺寸、构件力学特性等，不同构件对应不同的易损性分类编码。例如，本章使用的其中一种构件"B1041.041b"，代表尺寸大小为 24ft×24ft 的 RC 框架梁柱节点[9]。构件易损性分类编码和分类依据的详情可以参见 FEMA[9] 的附录 A。

情况 B：图纸资料不完整的建筑。如果目标建筑的图纸资料无法获取或不全，但在同一区域内有建造年代、结构体系和使用功能相近且可以获取设计图纸的类似建筑物，则根据类似建筑物的结构构件总数 Q_0 和总建筑面积 A_0，按照下式估算该建筑的构件数量：

$$Q = A \times \frac{Q_0}{A_0}$$

其中，A 和 Q 分别是目标建筑的楼层面积和结构构件数量。

情况 C：其他建筑。对于其他无法获取结构资料且相近结构的资料也无法获取的建筑，通过实地勘察其结构布置，来估算其结构信息。

对于非结构构件的信息，可对区域建筑的使用功能进行统计，得到几个主要使用功能形式，据此对区域内的建筑进行分组，例如办公楼、住宅、工业建筑等。对这几个主要使用功能，分别选择相同使用功能的若干代表性建筑，进行重要非结构构件（数量多或价值高）分布情况的调查统计，得到统计参数。对于其他难以调查得到的构件（如管线等），则根据 FEMA P-58 附表 F 给出的构件数量统计表[7] 以及 FEMA P-58 报告附带的构件数量估计工具 "Normative Quantity Estimation Tool"[24] 估计其种类和数量。例如，根据 FEMA[7] 的附表 F，办公楼每平方英尺建筑面积的排水管数量大约为 0.057ft，因此，假定一栋占地面积为 1000m² 的办公楼，其楼内所含的排水管大约为每层 187m。对于其他使用功能的建筑，亦可根据 FEMA[7] 的附表 F 和构件数量估计工具估计建筑的非结构构件的种类和数量。

需要说明的是，这种处理方法具有一定的工作量，但它可以分配给多人同时进行调查处理，并且只要求调查人员掌握一些基本的专业背景知识即可。如果区域中的大量建筑有对应的建筑信息模型，则可以通过本章 7.2 节提出的基于 BIM 的地震损失评估方法，从建筑信息模型中提取所需构件数据，自动建立建筑性能模型，从而大大减小工作量。

（2）建筑群结构响应的快速计算

将 FEMA P-58 方法从单体建筑推广到区域建筑面临的另一项挑战是如何快速获取建筑群的结构响应。对于包含成百上千栋建筑的城市区域，建立建筑的精细化结构分析模型是极其耗时的，它要求建模者对结构工程领域专业知识（如梁、柱、剪力墙等的有限元建模方法）有很深的认识。即使能够建立城市区域建筑的精细化有限元模型，其计算工作量也是极其昂贵的[49]。为了解决这一问题，本节采用了学者 Lu[50] 和 Xiong[51,52] 提出的多自由度层模型，来模拟区域建筑的非线性动力响应特性。

使用基于多自由度层模型和非线性时程分析的区域建筑地震响应分析方法，学者 Xu[53] 对包含 7449 栋建筑的中国汕头市进行了分析，使用桌面电脑［Intel 2.8GHz i5 中央处理器（CPU）；4GB 内存］计算，耗时不到 10min，表明该模型具有很高的计算效率，适合用于城市区域的建筑群结构响应的快速计算。对于其他简化多自由度模型，如鱼骨模型[54,55] 等，如果能快速标定大量建筑的模型参数，也可以将其应用于区域建筑地震响应计算。

（3）建筑群的倒塌易损性建立

利用 FEMA P-58 方法进行经济损失计算的时候，为考虑建筑倒塌造成的损失，需要提供建筑的倒塌易损性曲线[7]。由于本书所采用的建筑响应分析方法可以计算建筑在一条地震动作用下是否发生倒塌[50-52]，因此可以直接对建筑的多自由度层模型进行增量动力分析（IDA），得到倒塌易损性曲线。

7.3.4 案例

针对城市区域大面积建筑群，选取了 D 区新城 6.9 万多栋建筑作为案例。首先，根据已有的 GIS 数据，对这 6.9 万多栋建筑进行了基于机器学习的结构类型预测（方法见第 2 章）；然后，基于 FEMA P-58 和非线性时程分析方法，选取三河-平谷地震波对 D 区新城 6.9 万多栋建筑进行震害评估。最后，根据建筑群的性能模型、工程需求参数和 FEMA P-

58 的易损性数据，对区域建筑群的地震损失进行评估。

7.3.4.1 案例区域介绍

D 区位于某市城南，地处东经 116°13′～116°43′，北纬 39°26′～39°50′，全区总面积 1036km²。D 区地质构造较为复杂，地震烈度值较高，全区处在地震烈度 8 度区内。据历史记载 D 区曾发生 6.7 级地震，损失严重。而且，由于地质构造原因 1976 年 7 月 28 日唐山大地震也给 D 区东部地区造成较大人员伤亡和财产损失。

此次分析的对象为 D 区新城区，目标地区一共有 69180 栋建筑。根据已有的 GIS 数据信息，统计得到 1989 年前的建筑数量占到 62%，1989 年到 2001 年的建筑数量占到 32%，2001 年后的建筑数量占到 6%，其建筑年代统计图如图 7.3-5 所示；该区域建筑多为低层建筑，1～2 层的建筑数量占到了总数量的 91%，而 3 层及以上的建筑仅占 9%，其层数统计图如图 7.3-6 所示。

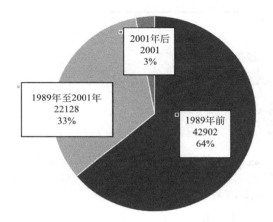
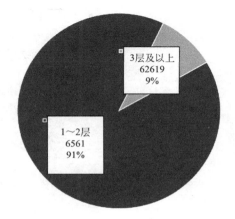

图 7.3-5 建筑年代统计图   图 7.3-6 建筑层数统计图

7.3.4.2 地震动的选取

D 区地震模拟采用由中国地震局地球物理研究所付长华博士生成的该地区的三河—平谷地震作为自由场地表面目标地震动。根据场地模型反演得到基岩输入地震动，进而通过计算得到模型实际自由场地表面地震动，该地震动的加速度时程见第 2 章图 2.2-24，反应谱如图 7.3-7 所示。

三河—平谷地震动场点经纬度坐标为（116.724341°E，39.907637°N），包括东西向和南北向两条加速度时程（地震波数据来自中国地震局地球物理所），两条波分别进行计算，取两个方向下建筑破坏状态包络值，地震动时间间隔为 0.005s，经过模拟得到 D 区新城区建筑 PGA 分布范围为 202～321gal，其 PGA 分布如图 7.3-8 所示。

7.3.4.3 城市区域建筑的震害评估

基于以上区域建筑基本信息及地震动信息，对于中低层建筑，采用多自由度剪切模型进行震害模拟；而对于高层建筑，采用多自由度弯剪模型进行震害模拟。相关模拟结果可见第 2 章 2.2 节案例部分。具体将得到的 D 区的建筑震害模拟可视化结果如图 7.3-9 所示，在地震场景中，不同的颜色代表位移的大小，其中红色表示结构已经倒塌；在震害结果中，不同破坏状态的建筑用不同的颜色表示。

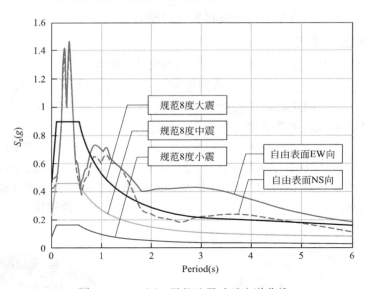

图 7.3-7　三河—平谷地震动反应谱曲线

图例
D区新城PGA分布图—三河平谷波(gal)
- 202~226
- 226~250
- 250~273
- 273~297
- 297~321

图 7.3-8　三河—平谷波 PGA 分布

7.3.4.4　城市区域建筑的损失评估

　　本案例直接采用了本章 7.3.2 节中提出的基于 FEMA P-58 的建筑损失评估方法对 D 区新城进行损失评估。为了方便统计，此案例的货币值均已按通货膨胀折算成 2018 年的

图 7.3-9　D 区新城 6.9 万栋建筑震害模拟结果（三河—平谷地震动作为地震动输入）

（a）区域震害结果整体视角；（b）区域震害结果局部视角

美元值。

　　首先通过已有的 GIS 数据和预测得到的结构类型数据以及相关调研数据，收集到组装建筑性能模型和建立多自由度层模型所需的建筑基本信息，如表 7.3-1 所示（由于数据量太大，此处仅展示 9 栋建筑的信息）。

建筑的基本属性表

表 7.3-1

id	名称	结构类型	年代	功能	层数	层高	面积	重置成本
0	bld-00	S1	1990	warehouse	1	3	136.1632	1.63E+05
1	bld-01	URM	1988	residence	1	3	40.38967	4.17E+04

续表

id	名称	结构类型	年代	功能	层数	层高	面积	重置成本
2	bld-02	S1	1990	warehouse	1	3	246.5189	2.96E+05
3	bld-03	S1	1990	warehouse	1	3	239.2788	2.87E+05
4	bld-04	URM	1988	residence	1	3	38.89453	4.02E+04
5	bld-05	URM	1988	residence	1	3	45.46218	4.69E+04
6	bld-06	URM	1988	residence	1	3	47.19538	4.87E+04
7	bld-07	URM	1988	residence	1	3	173.7654	1.79E+05

由于本节所采用的建筑响应分析方法可以计算建筑在一条地震动作用下是否倒塌，因此可以直接对建筑的多自由度层模型进行增量动力分析（IDA），得到倒塌易损性曲线。建筑的修复易损性曲线则采用 FEMA P-58 建议的值。

本次模拟根据以上震害结果和建筑性能模型进行震害损失模拟。表 7.3-2 所示的是整个区域的损失评估情况，由表中可知总的损失中值约为 160.75 亿美元，p_{10} 和 p_{90} 分别表示超越概率为 10% 和 90% 时的损失值。其中图 7.3-10 是四种不同结构类型建筑的损失中值分别占总损失中值的比例，图 7.3-11 是七种建筑功能的损失中值占总损失中值的比值，图 7.3-12 是不同建造年代的建筑地震损失中值占总损失中值的比例情况。

D 区新城整个区域建筑的损失评估情况　　　　　　表 7.3-2

	损失中值	p_{10}	p_{90}
总计（美元）	16,075,242,101.12	13,229,572,873.18	19,181,643,505.72

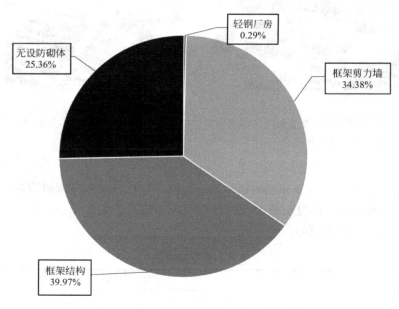

图 7.3-10　不同结构类型的损失占比情况

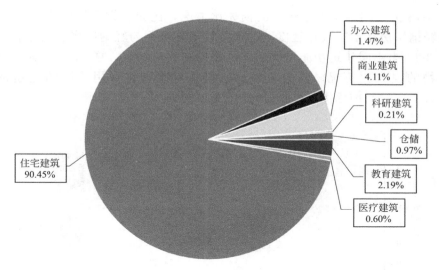

图 7.3-11　不同建筑功能的损失占比情况

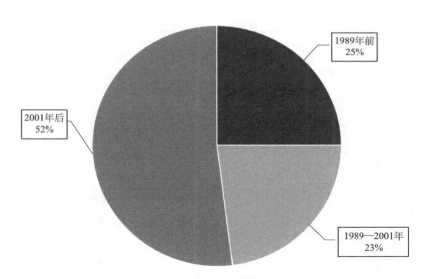

图 7.3-12　不同建造年代的损失占比情况

由以上三个图可知，相比其他三种结构类型的损失情况来看，框架结构的损失值最多，占总损失的 39.97%；相比于其他七类建筑功能，住宅建筑的地震损失值最多，占总损失 90.45%；从建造年代来看，2001 年后的建筑的地震损失值最多，占到总损失的 52%。

总损失比是地震总损失与区域建筑总重置成本（约 597.23 亿美元）的比值。表 7.3-3 分别为损失比中值与超越概率分别为 10% 和 90% 的损失比。

损失比情况　　　　　　　　　　　　　　　　　　　　　　　　　表 7.3-3

	中值	p_{10}	p_{90}
损失比(%)	26.9	22.2	32.1

图 7.3-13 为不同结构类型建筑的损失比情况，比如轻钢厂房的损失比为 1.26％
表示的是轻钢厂房在不同破坏程度下的修复或重建费用与轻钢厂房总的重置成本的比
值。图 7.3-14 为不同建筑功能建筑的建筑物的损失比情况，图 7.3-15 为不同建造年
代的建筑物的损失比情况。其中，总的地震修复或重建费用选取的是超越概率为
90％的损失值，这与前面图 7.3-10 等饼图是不同的。

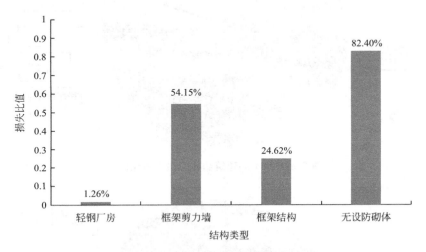

图 7.3-13　不同结构类型建筑的损失比

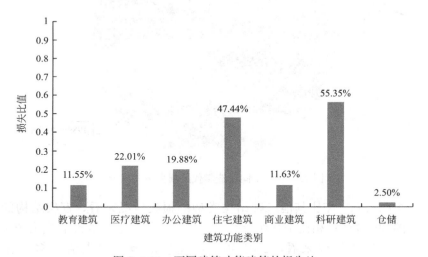

图 7.3-14　不同建筑功能建筑的损失比

由图 7.3-13～图 7.3-15 可知，在四种结构类型中，无设防砌体损失最严重，损失比
达到了 82.40％，框架剪力墙结构的损失程度次之。在七种建筑功能中，科研建筑的损失
最为惨重，损失比达到 55.35％。在不同的建造年代中，1989 年前的建筑物损失比最多，
损失比达到 87.79％。

选取超越概率为 90％的损失值，根据每栋建筑的重置成本，计算每栋建筑的损失比。
图 7.3-16 为每栋建筑损失比的分布情况。

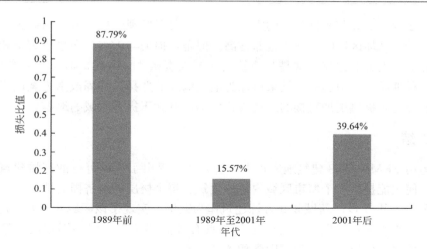

图 7.3-15　不同建造年代建筑的损失比

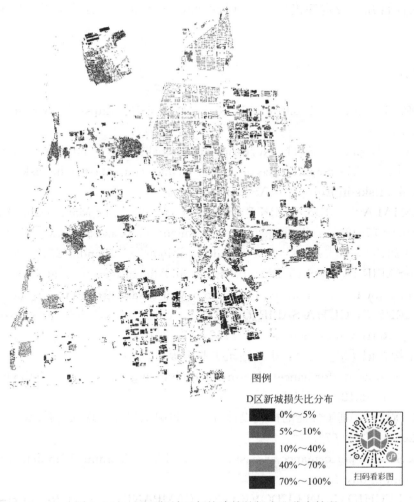

图 7.3-16　D 区新城区每栋建筑的损失比分布情况

对比第 2 章 2.2.3 节案例部分的震害分布结果可以发现，损失分布与震害分布有很强的相关性，严重破坏区域的损失比也非常高。但是，损失与震害分布也不完全相同，存在一些震害轻但损失大的建筑，这是与建筑功能等因素相关。因此，损失的分布更为复杂。而且，相比震害而言，地震损失结果可以为地震保险的选择、加固改造方案的指定、地震韧性目标的设定等提供更加直接的经济决策依据，有助于提升区域的地震韧性水平。

7.3.5 小结

（1）运用 FEMA P-58 建筑地震损失评价方法，提出了一种可行的区域建筑地震损失评估手段，使之能提供一个城市区域内每栋建筑、每个楼层的经济损失情况。

（2）选取了某市 D 区新城 6.9 万栋建筑作为案例，实现了该区域 6.9 万栋建筑的地震损失评估，结果表明：损失分布与震害分布具有较高相关性，但并不相同；除物理震害外，地震损失也与建筑功能类型等因素相关。

（3）精细化的区域地震损失评估方法可为地震保险的选择、加固改造方案的制定、地震韧性目标的设定等提供更加直接的经济决策依据，有助于提升区域的地震韧性水平。

参考文献

[1] UNISDR. Making Cities Resilient [EB/OL]. [2018-06-18]. https：//www. unisdr. org/we/campaign/cities.

[2] PETAK W J，ELAHI S. The Northridge earthquake，USA and its economic and social impacts [C] //Euro-conference on global change and catastrophe risk management，earthquake risks in Europe，IIASA. 2000.

[3] ELNASHAI A S，GENCTURK B，KWON O S，et al. The Maule (Chile) Earthquake of February 27，2010：Consequence Assessment and Case Studies [DB/OL]. (2011-01-12) [2018-05-10]. https：//www. ideals. illinois. edu/handle/2142/18212.

[4] GUHA-SAPIR D，VOS F，BELOW R，et al. Annual disaster statistical review 2010 [J]. Centre for Research on the Epidemiology of Disasters，2011，10：68-73.

[5] PONSERRE S，GUHA-SAPIR D，VOS F，et al. Annual disaster statistical review 2011 [J]. Retrieved on September，2012，28：2012.

[6] 曲哲. 结构札记 [M]. 北京：中国建筑工业出版社，2014.

[7] FEMA. Seismic performance assessment of buildings Volume 1-Methodology [R]. Washington，2012.

[8] 袁一鑫，周新显. 基于性能的抗震设计方法及我国工程应用现状 [J]. 建筑工程技术与设计，2016（13）：674.

[9] FEMA. Seismic performance assessment of buildings Volume 2-Implementation guide [R]. Washington，2012.

[10] DEL VECCHIO C，DI LUDOVICO M，PAMPANIN S，et al. Repair costs of existing RC buildings damaged by the L'aquila earthquake and comparison with FEMA P-

58 predictions [J]. Earthquake Spectra，2018，34（1）：237-263.

[11] 北京市房屋修缮工程定额管理处. 北京市房屋修缮工程预算定额 [M]. 北京：中国建筑工业出版社，2012.

[12] XU Z，ZHANG H，LU X，et al. A prediction method of building seismic loss based on BIM and FEMA P-58 [J]. Automation in Construction，2019，102（JUN.）：245-257.

[13] Civilax. Autodesk Revit 2017 Extension：Export to ETABS [EB/OL].（2016-10-19）[2018-10]. https：//www. civilax. com/autodesk-revit-2017-extension-export-etabs/.

[14] Autodesk. Autodesk Robot structural analysis professional [EB/OL].[2018-5-10]. https：//www. autodesk. com/products/robot-structural-analysis/ overview.

[15] 盈建科. Revit 与盈建科的交互设计 [EB/OL].[2018-5-10]. http：//www. yjk. cn/cms/item/view? table＝prolist&id＝16.

[16] 刘正才，曹勇龙，陈岱林，等. 基于 YJK 软件的某高层结构分析模型选取及参数设置 [J]. 建筑结构，2014（05）：83-86.

[17] KAWAGUCHI K. Damage to non-structural components in large rooms by the Japan earthquake [C] //Structures Congress 2012，2012：1035-1044.

[18] DHAKAL R P. Damage to non-structural components and contents in 2010 Darfield earthquake [J]. Bulletin of the New Zealand Society for Earthquake Engineering，2010，43（4）：404-411.

[19] Stanford. Protégé [EB/OL].[2018-10-18]. https：//protege. stanford. edu/.

[20] W3C. Web Ontology Language（OWL）[EB/OL].（2017-12-12）[2018-10-10]. https：//www. w3. org/OWL/.

[21] W3C，SWRL. A Semantic Web Rule Language Combining OWL and RuleML [EB/OL].（2017-12-12）[2018-10-10]. https：//www. w3. org/Submission/SWRL/.

[22] 郑山锁，相泽辉，郑捷，等. 我国建筑物地震保险制度及保险费率厘定研究 [J]. 灾害学，2016，31（3）：1-7.

[23] XU Z，LU X Z，ZENG X，et al. Seismic loss assessment for buildings with various-lod bim data [J]. Advanced Engineering Informatics，2019，39：112-126.

[24] FEMA. Seismic performance assessment of buildings，volume 3-supporting electronic materials and background documentation [R]. Washington，2012.

[25] Applied Technology Council（ATC）. Development of next-generation performance-based seismic design procedures for new and existing buildings [C] // Applied Technology Council 2016. Atc Redwood City，Ca，2017.

[26] GOBBO G MD，WILLIAMS M S，BLAKEBOROUGH A . Seismic performance assessment of a conventional multi-storey building [J]. International Journal of Disaster Risk Science，2017，8（03）：7-15.

[27] DIMOPOULOS AI，TZIMAS A S，KARAVASILIS T L，et al. Probabilistic economic seismic loss estimation in steel buildings using post-tensioned moment-resisting frames and viscous dampers [J]. Earthquake Engineering & Structural Dynam-

ics，2016，45（11）：1725-1741.

[28] JARRETT J A，JUDD J P，CHARNEY F A . Comparative evaluation of innovative and traditional seismic-resisting systems using the FEMA P-58 procedure［J］. Journal of Constructional Steel Research，2015，105（FEB.）：107-118.

[29] CARDONE D，PERRONE G. Developing fragility curves and loss functions for masonry infill walls［J］. Earthquakes & Structures，2015，9（1）：257-279.

[30] CARDONE D. Fragility curves and loss functions for RC structural components with smooth rebars［J］. Earthquakes & Structures，2016，10（5）：1181-1212.

[31] PORTER K，FAROKHNIA K，VAMVATSIKOS D，et al. Guidelines for component-based analytical vulnerability assessment of buildings and nonstructural elements［J］. Global Vulnerability Consortium，2015.

[32] BIMForum. Level of development specification for building information models Part 1，Version：2017［DB/OL］.（2017-11）［2018-10-10］. https：//bimforum. org/LOD.

[33] Autodesk. Online documentation for the Revit API［EB/OL］.［2018-02］. http：// www. revitapidocs. com/2018/.

[34] FEMA. Recommended seismic design criteria for new steel moment frame buildings （FEMA-350）［R］. Federal Emergency Management Agency. Washington，DC，2000.

[35] Autodesk. Steel connections for Revit［EB/OL］.［2018-02］. https：//knowledge. autodesk. com/support/revit-products/learn-explore/caas/CloudHelp/cloudhelp/2018/ENU/ Revit-AddIns/files/GUID-645A8C55-900A-42A7-8991-BFF6B2C7F6C6-htm. html.

[36] EAST E W，BOGEN C. An experimental platform for building information research ［M］. Computing in Civil Engineering，2012：301-308.

[37] NIBS. Building SMART alliance-common building information model files and tools ［EB/OL］.（2017）［2018-01］. https：//www. nibs. org/.

[38] ASCE. Minimum design loads for buildings and other structures（ASCE/SEI 7-10） ［M］. American Society of Civil Engineers，Reston，Virginia，2010.

[39] HU J，ZHANG Q，JIANG Z，et al. Characteristics of strong ground motions in the 2014 M 6. 5 Ludian earthquake，Yunnan，China［J］. Journal of Seismology，2016， 20（1）：361-373.

[40] OTI A H，TIZANI W，ABANDA F H，et al. Structural sustainability appraisal in BIM［J］. Automation in Construction，2016，69（SEP.）：44-58.

[41] SHIN T S. Building information modeling（BIM）collaboration from the structural engineering perspective［J］. International Journal of Steel Structures，2017，17（1）： 205-214.

[42] ALMUFTI I，WILLFORD M. REDiTM Rating System：Resilience-based earthquake design initiative for the next generation of buildings［J］. ARUP Co，2013.

[43] YANG T Y，MOEHLE J，STOJADINOVIC B，et al. Seismic performance evaluation of facilities：Methodology and implementation［J］. Journal of Structural Engi-

neering，2009，135 （10）：1146-1154.

[44] YANG T Y，MOEHLE J P，BOZORGNIA Y，et al. Performance assessment of tall concrete core-wall building designed using two alternative approaches [J]. Earthquake Engineering & Structural Dynamics，2012，41 （11）：1515-1531.

[45] Yang T Y，Atkinson J C，TOBBER L . Detailed seismic performance assessment of high-value contents laboratory facility [J]. Earthquake Spectra，2014，31 （4）：2117-2135.

[46] YANG T Y，MURPHY M . Performance evaluation of seismic force-resisting systems for low-rise steel buildings in Canada [J]. Earthquake Spectra，2015，31 （4）：1969-1990.

[47] SHORAKA M B，YANG T Y，ELWOOD K J . Seismic loss estimation of non-ductile reinforced concrete buildings [J]. Earthquake Engineering & Structural Dynamics，2013，42 （2）：297-310.

[48] FEMA. Multi-hazard loss estimation methodology-earthquake model （Hazus-MH 2.1，Technical Manual） [DB/OL]. （2013） [2018-10-10]. https：//www. hsdl. org/? view&did=701264 .

[49] SOBHANINEJADG，HORI M，KABEYASAWA T . Enhancing integrated earthquake simulation with high performance computing [J]. Journal of Earthquake and Tsunami，2011，42 （5）：286-292.

[50] LU X，HAN B，HORI M，et al. A coarse-grained parallel approach for seismic damage simulations of urban areas based on refined models and GPU/CPU cooperative computing [J]. Advances in Engineering Software，2014，70：90-103.

[51] XIONG C，LU X Z，GUAN H，et al. A nonlinear computational model for regional seismic simulation of tall buildings [J]. Bulletin of Earthquake Engineering，2016，14 （4）：1047-1069.

[52] XIONG C，LU X Z，LIN X C，et al. Parameter determination and damage assessment for THA-based regional seismic damage prediction of multi-story buildings [J]. Journal of Earthquake Engineering，2017，21 （3）：461-485.

[53] XU Z，LU X Z，GUAN H，et al. Seismic damage simulation in urban areas based on a high-fidelity structural model and a physics engine [J]. Natural Hazards，2014，71 （3）：1679-1693.

[54] LUCO N，MORI Y，FUNAHASHI Y，et al. Evaluation of predictors of non-linear seismic demands using 'fishbone' models of SMRF Buildings [J]. Earthquake Engineering & Structural Dynamics，2003，32 （14）：2267-2288.

[55] NAKASHIMA M，OGAWA K，INOUE K. Generic frame model for simulation of earthquake responses of steel moment frames [J]. Earthquake Engineering & Structural Dynamics，2002，31 （3）：671-692.

第8章 人员避难与疏散安全评估

8.1 概述

人员安全是灾害韧性评估的一个重要指标。当前，关于地震和火灾下的人员安全评估问题的研究已经较为充分。然而，这些研究主要将人员静态化处理，忽略人员的避难和疏散等主观能动性行为。这将导致评估结果有较大误差，因为如果采用科学、合理的避难和疏散行为，人员伤亡的可能性将大大降低。因此，必须开展考虑人员避难和疏散行为的人员安全评估。

由于已有真实灾难下的避难和疏散资料非常有限，开展疏散训练是获取人员避难和疏散行为的重要方式。然而，传统避难与疏散演练无法满足演练的需求。目前，学校、企业等单位会组织人员进行地震及消防演习，希望通过避难与疏散演练来减少灾害下人员伤亡数量。但是由于组织避难与疏散演练时的场景与真实灾害情况有较大差异，大多数演练参与者感受不到灾害来临时的真实感，无法产生紧张情绪，导致演练难以获取人员在真实灾害情况下的反应和决策。而且，演练后期缺乏有效的衡量指标对演练效果进行详细的评估，造成"形式大于效果"的现象，没有起到相应的作用。因此，避难与疏散演练需要增强真实感，并进行安全评估，从而检验预案有效性，提高群体疏散效率，提升应急管理实效性。

虚拟现实技术[1]为提升避难与疏散演练的真实感提供了技术基础。为了能更好地研究人员避难行为，提升疏散安全性，虚拟训练技术逐渐成为人们研究灾害中人类行为的常用方法，其允许在安全的情况下进行研究和试验，同时可以获得大量信息用于避难行为研究。在灾害安全教育和培训方面，虚拟仿真技术可以通过计算机创建人工介质空间，可以模拟得到一个具有高度真实感的灾害虚拟三维场景，将灾害的产生、发展和蔓延的全过程真实地展示出来。使用者可以通过在虚拟场景体验灾害，提高避难安全意识和技能。与传统训练方法相比，通过虚拟现实的沉浸式训练环境学习到的安全知识能在训练者的记忆中有更好的保留，并且有较强的应用能力。虚拟现实技术为灾害逃生疏散训练提供了低成本、低限制、高实效的技术基础，因此，开展基于虚拟现实的人员避难与疏散演练方法研究对防灾安全训练来说具有极其重要的现实意义。

人员避难与疏散安全评估对提高人员避难能力具有重要意义。针对个体训练者的量化考察指标和评估方法对避难演练方法量化评价具有重要意义。传统的应急避难演练主要通过疏散群体整体用时长短、演练秩序与否、人员参与度高低等较为宏观且模糊的指标对演练效果进行评估和总结，然而这些宏观指标并不是针对灾害下的人员伤亡原因提出，无法评估训练者个体在灾害下的伤亡程度，也无法用于指导个体在灾害下的避难决策[2]。而基于虚拟现实技术构建具有科学合理性、高真实感、高互动性的建筑灾害场景进行虚拟避难演练，并提出针对避难训练者个体的人员伤害评估模型，从而为人员避难演练提供更准确的评估指标，提高人员的避难能力，对于降低人员伤害、减少灾害下的伤亡具有重要价值。

　　本章针对地震、火灾，结合虚拟现实技术进行人员避难与疏散安全评估，为提升灾害下的人员安全提供了重要技术支撑，具体架构及主要内容如下：

　　8.2 节为基于 VR 的建筑地震避难虚拟演练与安全评估。采用虚拟现实设备实现对虚拟人体模型的运动行为控制，演练人员可通过虚拟现实设备（如 HTC VIVE 等），控制人物模型在室内虚拟震害场景中完成避难行为。同时采用损伤动能为指标对在室内震害虚拟环境中人员模型的人体损伤易损性进行评估，对人员个体的避难行为作用结果进行客观的量化评价，从而准确地指导人员进行室内地震避难的行为。

　　8.3 节为考虑人员物理碰撞的建筑火灾疏散虚拟演练与安全评估。该小节提出了一种考虑人员物理交互的室内火灾疏散虚拟演练方法。首先，建立有效的室内火灾虚拟场景，并且结合疏散模拟和骨骼动画，提供多人员疏散的动态场景。然后，基于物理引擎建立了训练者与其他疏散人员之间的物理碰撞模型。最后，以一个宿舍楼为例，使训练者能够在虚拟多人员疏散演习中充分体验人员物理交互，并对不同疏散路径的人员安全性做出了评估。

8.2　基于 VR 的建筑地震避难虚拟演练与安全评估

8.2.1　研究架构

　　地震下人员避难安全演练与伤害评估模型主要分为三个步骤，如图 8.2-1 所示。步骤（1）：基于 HTC VIVE 人员控制技术，在虚拟场景中构建虚拟人体模型，并添加合理的碰撞体，通过 HTC VIVE 的头戴设备和手柄控制虚拟人体模型的运动和位置；步骤（2）：提出了基于损伤动能的人体伤害评估方法，通过检测身体不同部位与场景中物体发生碰撞时的动能，判断是否超越了人体皮肤侵彻极限动能和骨骼侵彻极限动能，并进行量化评估；步骤（3）：在虚拟人体模型中的头部、躯干、四肢添加碰撞损伤动能检测脚本，在虚拟震害场景中进行不同地震安全避难策略实验，并进行伤害评估。

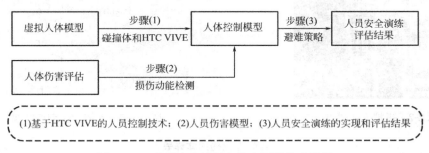

图 8.2-1　虚拟安全演练与伤害评估技术路线

8.2.2　基于 HTC VIVE 的人员控制技术

8.2.2.1　虚拟人体模型

　　在虚拟环境中构建虚拟人体模型来展示避难演练人员在虚拟场景中的动作，在虚拟安全演练过程中，参与人员通过控制 HTC VIVE 头戴设备来控制人物的视角，通过控制手柄来控制虚拟人体模型的上肢动作。在虚拟人体模型的头部、躯干、四肢分别绑定碰撞盒用以检测人体模型在虚拟地震场景下的坠落、倾倒物体的物理碰撞，物理碰撞检测不仅用于完成人体模型与虚拟场景之间的交互，而且用于评价演练过程中的人体伤害评估。

本研究中的虚拟人体模型如图 8.2-2 所示，模型中包含了人体骨骼的主要节点，包括：骨盆、脊柱、胸部、肩膀、上臂、前臂、手部、大腿、小腿、脚部、脖子、头部等，如图 8.2-3 所示。这些身体节点在虚拟场景中会与物体发生碰撞，为了使人体模型与虚拟场景里的物体互动更加真实，人体模型的每一部分都添加了与身体部位形状相适应的碰撞体，由于手部与虚拟场景内构件发生交互的频率较高，因此需要编辑更精细的碰撞体，不同部位的碰撞体如表 8.2-1 所示。

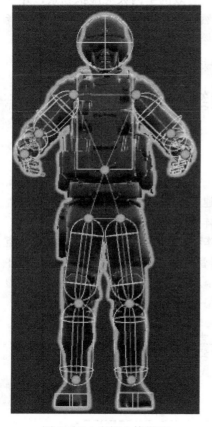

图 8.2-2　虚拟人体模型

```
▼ Pelvis
   ▼ LLegUpper
      ▼ LLegCalf
         ▼ LLegAnkle
            LLegToe1
   ▼ RLegUpper
      ▼ RLegCalf
         ▼ RLegAnkle
            RLegToe1
   ▼ Spine1
      ▼ Spine2
         ▼ Spine3
            ▼ LArmCollarbone
               ▼ LArmUpper1
                  ▼ LArmUpper2
                     ▼ LArmForearm1
                        ▼ LArmForearm2
                           ▶ LArmHand
            ▼ Neck1
               ▶ NeckHead
            ▼ RArmCollarbone
               ▼ RArmUpper1
                  ▼ RArmUpper2
                     ▼ RArmForearm1
                        ▼ RArmForearm2
                           ▶ RArmHand
```

图 8.2-3　人体骨骼节点结构

身体部位碰撞体详表　　　　　　　　　　　　　　　　表 8.2-1

部位	碰撞体	示意图
头部	球形碰撞体	

部位	碰撞体	示意图
胳膊	胶囊碰撞体	
手部	胶囊碰撞体、盒子碰撞体	
躯干	盒子碰撞体	
腿部	胶囊碰撞体	
脚部	盒子碰撞体	

8.2.2.2 人体运动和位置追踪

在安全演练过程中，演练人员可通过 HTC VIVE 头戴设备转动头部观看室内虚拟震害场景的不同角度，通过双手控制手柄来控制虚拟人体模型在虚拟场景中的动作和实现交互。

HTC VIVE 头戴设备与手柄上有大量的定位控制点，通过两个 Lightinghouse 定位追踪基站实时进行位置追踪。由于 HTC VIVE 设备只包含头戴设备和两个控制手柄，并不包含躯干和下肢的控制设备，躯干和下肢的运动状态不受演练人员动作控制。为了使虚拟人体模型每个部位的运动更加合理，对虚拟人体模型应用反向动力学算法（Inverse Kinematics algorithm，后简称 IK）。人体运动和控制实现流程如图 8.2-4 所示。

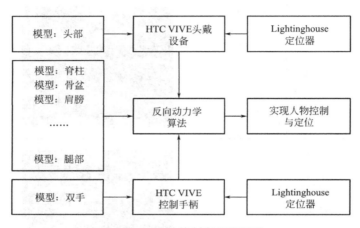

图 8.2-4　人物控制实现流程图

为实现 HTC VIVE 对虚拟人体模型头部和手部的运动控制，首先将 HTC VIVE 的头戴设备、控制手柄与电脑主机相连，选定实验区域后，将两个 Lightinghouse 定位器部署在试验区域对角线处。然后，将虚拟人物模型导入 Unity 3D 场景中，在场景中导入各种软件开发工具包（SDK），为人体骨骼模型添加 VRIK 组件，并将人体骨骼节点添加至 VRIK 组件下的选项卡中，实现了 HTC VIVE 头戴设备、控制手柄与人体模型头部视角、双手的连接。最后，为提高虚拟人体模型整体运动的真实性、合理性，在人体骨骼模型的根目录上添加 Full Body Biped IK 组件，并在对应的选项卡中添加响应的骨骼节点，以实现人体其他骨骼节点的反向动力学控制。

在父骨骼的方位的基础上对子骨骼进行位置的相对变换，从而正向推导出子级骨骼的位置，称为正向动力学（Forward Kinematics，后简称 FK），但是 IK 算法是先确定子级骨骼的方位，反向推导运算出在这条继承链上各父物体的方位。因此可通过追踪头戴设备和手柄的位置变化，通过反向动力学中几何分析法、循环坐标下降（CCD）或者雅克比矩阵方法求解，从而运算出虚拟人体模型中各个节点的实时运动状态，使虚拟人体模型中的人体动作更加真实合理。由于虚拟人体模型的骨骼架构通常比较复杂，几何分析和 CCD 方法很难使用，因此通常使用数值方法进行求解，也就是通过雅克比矩阵来运算每一个时间节点时每一个骨骼节点的角度及位置。

在反向动力学[3] 中，雅克比矩阵也就是 X 点的位置信息到 Y 的速度的位置信息，如公式（8.2-1）所示，在某个时间节点 i 时，雅克比矩阵就是针对 X_i 的函数，在下一个时间节点时，X_i 发生了变化，雅克比矩阵也发生了变化。在人体骨骼的反向动力学中，向量 X 表示关节的位置与朝向，输出向量 Y 表示终端关节的位置与朝向，如公式（8.2-2）和公式（8.2-3）所示。

$$\dot{Y}=J(X)\dot{X} \tag{8.2-1}$$

$$=|\,p'_x \quad p'_y \quad p'_z \quad a'_x \quad a'_y \quad a'_z\,|^{\mathrm{T}} \tag{8.2-2}$$

$$X=|\,p'_x \quad p'_y \quad p'_z \quad a'_x \quad a'_y \quad a'_z\,|^{\mathrm{T}} \tag{8.2-3}$$

此时，雅克比矩阵代表各个关节角度的变化率 $\dot{\theta}$ 与终端关节的位置朝向 $\dot{Y}$ 的关系，向量 V 是终端关节的线速度和角速度，如公式（8.2-4）和公式（8.2-5）所示，雅克比矩阵 J 如公式（8.2-7）所示。

$$V=\dot{Y}=J(\theta)\dot{\theta} \tag{8.2-4}$$

$$V=|\,v_x \quad v_y \quad v_z \quad \omega_x \quad \omega_y \quad \omega_z\,| \tag{8.2-5}$$

$$\dot{\theta}=|\,\dot{\theta}_1 \quad \dot{\theta}_2 \quad \dot{\theta}_3 \cdots \dot{\theta}_n\,|^{\mathrm{T}} \tag{8.2-6}$$

$$J=\begin{bmatrix} \dfrac{\partial p_x}{\partial \theta_1} & \dfrac{\partial p_x}{\partial \theta_2} & \cdots & \dfrac{\partial p_x}{\partial \theta_n} \\[2mm] \dfrac{\partial p_y}{\partial \theta_1} & \dfrac{\partial p_y}{\partial \theta_2} & \cdots & \dfrac{\partial p_y}{\partial \theta_n} \\[2mm] \dfrac{\partial p_z}{\partial \theta_1} & \dfrac{\partial p_z}{\partial \theta_2} & \cdots & \dfrac{\partial p_z}{\partial \theta_n} \\[2mm] \cdots & \cdots & \cdots & \cdots \\[2mm] \dfrac{\partial a_z}{\partial \theta_1} & \dfrac{\partial a_z}{\partial \theta_2} & \cdots & \dfrac{\partial a_z}{\partial \theta_n} \end{bmatrix} \tag{8.2-7}$$

根据公式（8.2-4），要求解 $\dot{\theta}$，则需要对矩阵 $J(\theta)$ 求逆矩阵，如公式（8.2-8）所示。

$$J^{-1}V=\dot{\theta} \tag{8.2-8}$$

通常雅克比矩阵不一定是 $n\times n$ 形式的，因此需要通过矩阵的广义逆来进行求解，即有矩阵 J^+ 可以使得：

$$J^+J=I_n(n\leqslant m) \tag{8.2-9}$$

$$JJ^+=I_m(m\leqslant n) \tag{8.2-10}$$

而 J^+ 的值为：

$$A^+=(J^{\mathrm{T}}J)^{-1}J^{\mathrm{T}}(n\leqslant m) \tag{8.2-11}$$

$$J^+=J^{\mathrm{T}}(JJ^{\mathrm{T}})^{-1}(m\leqslant n) \tag{8.2-12}$$

假设 $m\leqslant n$，则：

$$J^+V=J^+J\dot{\theta} \tag{8.2-13}$$

将公式（8.2-12）代入公式（8.2-13）内得到：

$$J^+V=J^{\mathrm{T}}(JJ^{\mathrm{T}})^{-1}J\dot{\theta} \tag{8.2-14}$$

将 $(JJ^T)^{-1} = (J^T)^{-1} J^{-1}$ 代入公式（8.2-14）中，可得到：

$$J^T(JJ^T)^{-1}V = \dot{\theta} \qquad (8.2\text{-}15)$$

令 $\beta = (JJ^T)^{-1}V$，并且进行 LU 分解，可得到：

$$(JJ^T)\beta = V \qquad (8.2\text{-}16)$$

最终可得到：

$$J^T\beta = \dot{\theta} \qquad (8.2\text{-}17)$$

通过 HTC VIVE 头戴设备和控制手柄只能对头部、双手三个骨骼节点进行控制，获得终端节点的位置信息，通过引用反向动力学算法，可对虚拟人体模型全身骨骼节点的位置信息进行实时推算，从而使虚拟人物的动作更真实。

8.2.2.3 虚拟地震安全演练

为了帮助居住者在地震发生时免受非结构构件引起人身伤害，本节进行了基于第 5 章第 5.3 节构建的虚拟室内地震场景进行安全演练，在本节的演练中，由于 HTC VIVE 可通过 API OpenVR 轻松连接至 Unity 3D 中，将虚拟现实内容呈现在 HTC VIVE 设备中，因此使用 HTC VIVE 让受训者进行虚拟地震安全演练。在演练过程中，演练人员可通过 HTC VIVE 头戴设备以第一人称视角体验三维虚拟室内地震场景，并且通过追踪器实时追踪演练人员的头部及手柄的动作和位置。此外，演练过程也可通过第三人称视角进行输出，以观察演练人员的避难决策和避难动作，如图 8.2-5 所示。

本节在相同的地震场景和相同的演练人员的前提下进行了两次不同避难策略的演练实验。在第一次演练中，如图 8.2-6 所示，演练人员并未充分意识到潜在的非结构构件的危险，因此并没有及时避开倾覆的书柜而被书柜击中；在第二次演练中，如图 8.2-7 所示，演练人员已经意识到了非结构构件的危险，主动降低身体姿态并向桌子移动寻求掩体进行避难，从而避免了被倾覆的书柜击中使自身免受伤害。从两次演练的对比中可以发现，构建虚拟室内震害场景能够有效提高演练人员对非结构构件危害的认知，从而帮助演练人员选择合理的避难策略。

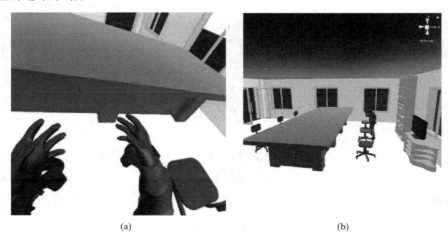

(a) (b)

图 8.2-5 地震安全演练示意图（一）

（a）第一人称视角；（b）第三人称视角

(c)

图 8.2-5　地震安全演练示意图（二）

（c）HTC VIVE 演练示意图

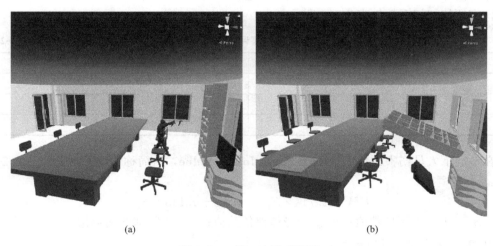

(a)　　　　　　　　　　　　　　　(b)

图 8.2-6　第一次避难演练

（a）人员反应；（b）避难结果

8.2.3　人员伤害评估模型

8.2.3.1　人员伤害部位加权系数

对于人员伤害评价，分别有头部 HIC 评价方法、胸部压缩量评价方法和大腿骨轴向压力评价方法，为了评价系统的整体性，1990 年通用公司引入加权因子，将各种伤害指标用加权的方法综合到一起，得到一个交通事故下的正则化的伤害评估值 WTC，如公

(a)   (b)

图 8.2-7　第二次避难演练

（a）人员反应；（b）避难结果

式（8.2-18）所示。

$$WTC = 0.6 \times S_{head} + 0.35 \times S_{body} + 0.05 \times S_{leg} \qquad (8.2-18)$$

其中：S_{head} 为头部评估数值；S_{body} 为身体评估数值；S_{leg} 为腿部评估数值。参考交通事故伤害评价指标 WTC[4] 的加权系数，且突出地震下人体不同部位所受到威胁不同，地震下人员伤害评估加权系数如表 8.2-2 所示。

地震人员伤害评估加权系数　　　　　　　　　　　　　　　　　　表 8.2-2

部位	加权系数
头部	1.714
躯干	1
腿部	0.143

在地震下人员伤害评估值（Earthquake Injury Value，后简称 EIV）公式如（8.2-19）所示：

$$EIV = 1.714 \times S_{head} + S_{body} + 0.143 \times S_{leg} \qquad (8.2-19)$$

其中：S_{head} 为头部评估数值；S_{body} 为身体评估数值；S_{leg} 为腿部评估数值。

8.2.3.2　身体部位评估方法

人体在发生碰撞伤害时，受伤部位主要有皮肤及外部软组织、骨骼两大部分。

对于皮肤及外部软组织，其结构类型与弹性体相似，当碰撞侵彻体速度小于某一速度 v_{gr} 时，将从目标面弹回，该速度与侵彻体的断面密度有关，这说明这些材料存在一个能量密度临界值 E_{gr}'，如果侵彻体的能量密度大于该临界值，皮肤被撕裂，侵彻体进入皮肤及软组织内。但是如果侵彻体能够穿过皮肤，其所消耗的能量要小于该临界值[5]，即如公式（8.2-20）所示：

$$E_{ds} = E_a - E_{ad} < E_{gr} = E_{gr}' \times A \qquad (8.2-20)$$

其中，E_a 为侵彻体的撞击能量；E_{ds} 是侵彻体穿过皮肤所消耗的能量；E_{ad} 是侵彻体穿过皮肤后剩余的能量；E'_{gr} 为能量密度临界值（J/mm²）；A 为侵彻体与皮肤的接触面积。

Sellier[6] 研究表明，穿透皮肤的临界能量密度为 0.1J/mm²。但是能量密度无法直接测量，在应用中采用临界速度来表征侵彻体能否穿透皮肤。学者 Sperrazza 和 Kokinakis 得到了侵彻皮肤的临界速度公式，如公式（8.2-21）所示：

$$v_{gr} = \frac{1.25}{q} + 22 \tag{8.2-21}$$

其中，q 为枪弹的断面密度（g/mm²）。

在虚拟地震场景中，使用材料的断面密度 q' 来代替枪弹的断面密度。即当非结构构件在发生碰撞时的动能大于临界速度时的能量时发生皮肤侵彻。即：

$$E_k = \frac{1}{2}mv^2 > \frac{1}{2}mv_{gr}^2 \tag{8.2-22}$$

对于骨骼这种力学性能优异的复合材料，它既能避免材料过硬而导致脆性破坏，又能避免材料过软而过早屈服，骨骼也存在一个临界速度或临界能量，学者 Huelke 和 Harger[7] 研究得到了一些枪弹侵入骨骼的临界能量和临界能量密度，如表 8.2-3 所示。

枪弹侵入骨骼的临界能量和临界能量密度　　　　　　　　　　　　　　表 8.2-3

枪弹类型	临界能量(J)	临界能量密度(J/mm²)
6.35Browing	6.0	0.19
7.65Browing	8.7	0.19
9mm Luger	14.0	0.22

对临界能量密度进行加权平均计算，得到临界能量密度的值为 $E_{bone} = 0.2032$J/mm²，即碰撞接触面的能量密度大于 0.2032J/mm² 时会造成骨折的发生。天花板厚度为 30mm，假设碰撞接触面积为直径为 30mm 的圆形区域，则碰撞能量大于 143.62J 时即发生骨折。

身体部位的评价细则如下所示：

（1）计算碰撞物体的临界速度：

$$v_{gr} = \frac{1.25}{q'} + 22 \tag{8.2-23}$$

其中，q' 为非结构材料的断面密度（g/mm²）。

（2）计算皮肤临界动能、骨骼临界动能和非结构构件动能：

$$E_k = \frac{1}{2}mv^2 \tag{8.2-24}$$

$$E_{skin} = \frac{1}{2}mv_{gr}^2 \tag{8.2-25}$$

$$E_{bone} = 143.62J \tag{8.2-26}$$

（3）动能比评分：

$$S_0 = 100 \times \left(1 - \frac{E_k}{E_{skin}}\right) \tag{8.2-27}$$

$$S_1 = 100 \times \left(1 - \frac{E_k}{E_{bone}}\right) \tag{8.2-28}$$

（4）整体伤害评估值：

$$EIV=1.714\times S_{head}+S_{body}+0.143\times S_{leg} \tag{8.2-29}$$

人体损伤部位影响判定优先级，尽管在 EIV 评分中引入了加权系数来区分不同部位受伤程度对整体评分的影响程度，但是此加权系数无法反映不同部位受伤对人体生命活性的影响，因此，对 EIV 评分引入伤害对生命活性影响的优先级评价。

（1）第一优先级：头部损伤

头部是人体的神经中枢，是人体最重要的部位，当头部受到严重损伤时，人体的生命活性受到严重影响甚至死亡。参考科研人员在建立冲击波的第三杀伤标准时，影响人员在碰撞撞击过程中导致损伤的因素有很多，为简化问题，假设撞击的对象为表面目标，撞击致伤仅与撞击速度有关。White 等人给出了冲击波第三杀伤标准如表 8.2-4 所示。

冲击波的第三方杀伤标准速度阈值（头部受到撞击）   表 8.2-4

整个身体撞击伤害程度	撞击速度（m/s）
基本安全	3.05
死亡临界值	4.52
50%死亡	5.49
接近100%死亡	7.01

根据调查，成年人头颅质量约占总体重的 7.7%，假设成年人体重为 75kg，身体与地面碰撞后速度在 0.2s 内衰减为 0，头部受到的力如表 8.2-5 所示。

头部受到的力阈值   表 8.2-5

整个头部撞击伤害程度	力（N）
基本安全	88.06
死亡临界值	130.52
50%死亡	158.52
接近100%死亡	202.41

因此规定，当头部受到的力大于 130.52N 时，即超出了头部受力死亡的临界值，整体伤害评估值 EIV 直接输出为 0。

（2）第二优先级：躯干伤害

身体部分由于占到了身体比例最高，因此身体部分受伤也有较高的受伤影响优先级。在身体的损伤评估中引入美国 Allen 和 Sperrazza 提出的使用球形和立方形破片人员杀伤准则。

$$P_{I/H}=1-e^{-\alpha(91.7mv^{\beta}-b)^{n}} \tag{8.2-30}$$

其中，$P_{I/H}$ 表示破片的某一随机命中执行给定战术任务的士兵丧失战斗力的条件概率；m 为破片的质量（g）；v 为速度（m/s）；α、b、n、β 是对应不同战术情况及从手上到失去战斗力的时间的实验系数。

在地震情况下，人员的首要是进行避难动作，然后并进行疏散逃离。对比战术情况，采用防御战术状态下稳定破片的 α、b、n 值，β 值依据统计结果选取 1.5，取值如表 8.2-6 所示。

杀伤准则参数取值

表 8.2-6

α	b	n
0.55311×10^{-3}	15000	0.44371

当 $P_{1/H} > 50\%$ 时，即可认为人员生存状态接近于 50% 死亡状态。整体伤害评估值 EIV 直接输出为 0。

（3）第三优先级：下肢伤害

下肢的损伤死亡率不高，但是致残是主要原因，下肢损伤程度一般为 AIS1～AIS3，即轻度、中度和较重。

AIS1：擦伤或软组织轻微损伤，绝大部分的腿部损伤为 AIS1；

AIS2：关节囊、韧带或半月板产生严重的拉伸或扭曲变形，膝盖骨骨折，胫骨错位型骨折或膝关节错位等；

AIS3：股骨末端骨折，胫骨粉碎性骨折或韧带断裂。

在地震时有非结构构件破坏的情况下，绝大部分处于 AIS1 损伤状态，即便出现骨折现象，也不会导致避难人员直接死亡，因此，即使腿部直接评分值降为 0，也不会直接导致人员死亡，对人体生命活性无决定性影响，因此处于最低的第三优先级。

8.2.4 人员安全演练的实现

8.2.4.1 人员安全演练实现流程

在地震人员安全演练过程中，演练人员可控制虚拟人体模型，在虚拟室内震害场景内，在意识到地震发生后选择不同的避难策略，控制虚拟人体模型做出不同的避难动作，利用人体伤害模型完成不同避难策略下人体伤害的评估，并根据评估结果对比不同的避难策略的优劣。

人员安全演练实现流程如图 8.2-8 所示。

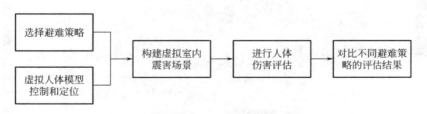

图 8.2-8 人员安全演练实现流程图

8.2.4.2 地震避难策略的选择

在地震发生时，人员选择不同的避难和疏散策略对人员能否保证生命安全具有决定性作用，因此需要对演练人员在地震发生时的不同避难和疏散策略进行评价。南加州地震中心的提出的避难指南中提出了 Drop、Cover、Hold on[8] 三种避难策略。

（1）Drop 避难策略

在地震发生时，无论人员在哪里，双膝跪地且双手伏地，降低身体姿态，可保护人员免受地震下家具及其他物体的冲击，且便于就近寻找掩体进行避难。

（2）Cover 避难策略

在地震发生时，用一只手和一条胳膊保护住自己的头部和颈部，双膝跪地，另一只手伏地，弯腰保护其他重要器官。当附近有坚固的桌子等家具时，可爬行至下边以便进行避难，当附近没有坚固的可避难家具时，则可爬到远离窗户的内墙旁边进行避难。

（3）Hold on 避难策略

在地震发生时，如果附近有可庇护物体，人员需用一只手握住它，如果避难物体发生移动，人员应与庇护物体一起移动，如没有庇护物体，下蹲双手保护头部和颈部。

同时，南加州地震中心也给出了三个建议：①不要靠近门口：在传统的老旧平房中，地震发生后即便是墙体和屋顶倒塌后，门框的位置也有较大概率是未受到破坏的，但是在现代建筑中，在门框位置无法保护人员受到飞落的物体的伤害。②不要立即向室外奔跑：在地震中，建筑晃动严重，玻璃、砖块或其他建筑构件可能会发生掉落，奔跑会更容易跌倒，受到飞落的物体砸伤的概率更大。③不要躲避在"避难三角区"内。

8.2.4.3　人员安全演练结果

为了更加真实、更加贴合实际的地震避难环境，本节在办公楼的 5 层，构建了虚拟办公室室内场景，如图 8.2-9（a）所示。在本场景中布置了悬挂式天花板和多种可移动家具使用 El Centro 地震波，在 PGA 值为 0.4g 的情况下进行结构时程分析，弹塑性时程分析结果如第 5 章 5.3.4 节中所示。

在该虚拟室内震害场景中，演练人员采用 Drop ＋ Cover 两种避难策略评价如图 8.2-9（b）所示，避难三角区的避难策略评价如图 8.2-9（c）所示，发生地震时立刻向门外奔跑的避难策略如图 8.2-9（d）所示，最后由 8.2.3 节中提出的人体损伤判定方法进行评价。

(a)

图 8.2-9　办公室场景及模拟结果（一）

（a）原始场景

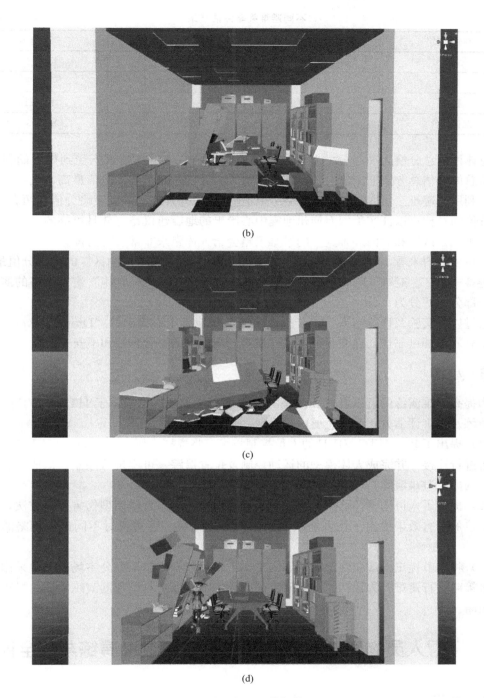

(b)

(c)

(d)

图 8.2-9　办公室场景及模拟结果（二）
(b) Drop+Cover；(c) 避难三角区；(d) 向外奔跑

　　"Drop＋Cover""避难三角区""向外奔跑"三种不同避难策略下不同的身体部位评分结果如表 8.2-7 所示。

评估部位	Drop+Cover	避难三角区	向外奔跑
头部	184.854	126.267	180.714
躯干	99.860	27.366	0
腿部	13.697	0	14.221
总体评价	298.411	153.633	194.935

总体评估总分值为 300 分，总体评价分值越高则在该地震情景下受到伤害的程度越低。从总体评估总分值上比较来看，"Drop+Cover"的避难策略的分值最高，几乎接近于总分，利用"避难三角区"的避难策略分值最低，"向外奔跑"避难策略分值在两者之间。通过分值的对比可以证实美国南加州地震中心给出的地震建议是有效且可靠的，最不建议的"避难三角区"和"向外奔跑"的避难策略会给人体带来非常大的伤害。

就单项分值来看，"Drop+Cover"的头部分值最高，"避难三角区"的头部分值最低。且"避难三角区"避难策略中腿部的评分为 0 分，而选择"向外奔跑"避难策略的演练人员躯干部分的评分为 0 分。

通过以上实验及评价结果，初步验证了南加州地震中心提出的"Drop+Cover"避难策略的有效性和可靠性，也初步证实了"避难三角区"的不合理性和不安全性。

8.2.5   小结

为提高避难演练的可重复性和演练的作用价值，本节提出了基于 HTC VIVE 的虚拟安全演练及伤害评估方法，其主要内容包括：

（1）提出了基于 HTC VIVE 的人员控制技术，将虚拟人体模型与 HTC VIVE 虚拟现实设备进行连接，并完成人体模型的运动控制及位置追踪，可实现低限制、低成本、可重复性强的虚拟避难演练；

（2）提出了人员伤害评估模型，提出了基于损伤动能的人体模型伤害评估方法，结合不同部位的伤害效果提出了伤害加权系数和伤害优先级，可实现对不同避难策略的量化评估；

（3）将本节提出的虚拟演练方法和人员伤害评估模型应用于办公室场景中，采用不同的避难策略进行避难行为评估，案例研究表明，本节的方法可以帮助演练人员选择正确的避难策略。

8.3   考虑人员物理碰撞的建筑火灾疏散虚拟演练与安全评估

8.3.1   背景

当室内发生火灾时，安全疏散是一个重要的问题。室内火灾疏散虚拟演练可以让居住者体验真实的火灾场景，帮助他们提高安全疏散的能力[8,10]。例如，Silva 等人[11] 开发了面向医护人员的虚拟消防疏散演练工具，用于医院和医疗建筑的消防疏散演练。演习结果表明，训练者在复杂室内环境下的消防安全疏散意识和技能提高了。

目前，已经有大量关于室内火灾疏散虚拟演习的研究。例如，Cha 等人[12] 提出了烟雾和火焰的实时可视化方法，构建了虚拟疏散演习的动态火灾场景。Xu 等人[13] 建立了烟雾危害综合评估模型，对不同虚拟疏散路径的安全性进行评估，使训练人员能够学习识别最安全的路径。此外，社会因素对虚拟消防疏散演习的影响也有一些研究[12,14]。

然而，在现有的虚拟火灾疏散演习研究中，很少考虑人员物理碰撞（人员物理交互）。目前，研究的主要是人员的避碰行为[16]。不过，在实际的室内火灾疏散过程中，人员物理交互频繁发生，会影响居住者的正常疏散行为，降低其疏散效率[16-18]。因此，人员物理交互作为室内火灾疏散的关键因素之一，需要在虚拟火灾疏散演练中加以考虑。

为了实现考虑人员物理交互的室内火灾疏散虚拟演习，需要解决以下三个挑战：

1. 建设有效的室内火灾现场

有效的室内火灾场景需要火灾计算流体力学（Computational Fluid Dynamics，CFD）模拟的支持。需要在虚拟场景及其 CFD 仿真中分别创建一致的建筑模型，以确保仿真和场景之间的精确映射。同时，需要利用 CFD 仿真结果在虚拟场景中准确地创建火灾蔓延的动态过程。因此，构建有效的火灾场景需要一个综合的解决方案。

2. 非玩家角色（Non-Player Characters，NPCs）疏散过程展示

NPC 为训练者提供了一个多人员疏散的环境。因此，NPC 的疏散过程需要在虚拟演练中展示。请注意，NPC 疏散过程应该通过疏散模拟来创造一个有效的演练环境。此外，为了获得更好的演练体验，NPC 也需要具有较高的真实感。因此，展示 NPC 疏散过程的方法值得进一步研究。

3. 建立训练者与 NPC 之间的人员物理交互模型

为了模拟训练者和 NPC 之间的人员物理交互，需要建立身体的物理模型、碰撞机制和相应的实现方法。此外，为了精确地仿真人员物理交互，还需要确定模型的关键参数。

为了解决挑战 1，可以采用建筑信息模型（BIM）技术和火灾 CFD 模拟。BIM 技术可以快速生成火灾模拟和虚拟场景共享的构件级三维建筑模型[19,20]。这些节省了重复的建模工作，并保持了模拟和场景之间的一致性。例如，Xu 等人[21] 提出了一种将 BIM 模型转换为火灾模拟 CFD 模型的方法，而 Silva 等人[11] 将 BIM 模型导入虚拟现实（VR）平台进行疏散演习。火灾 CFD 模拟的结果也可以用来重建火灾蔓延的动态过程。例如，Xu 等人[13] 提出了一种基于体绘制和 CFD 结果的烟雾可视化方法。因此，BIM 与 CFD 模拟相结合的解决方案可以构建一个有效的室内火灾场景。

为了解决挑战 2，结合疏散模拟和骨骼动画的解决方案可以用来展示 NPC 的疏散过程。疏散模拟可以为 NPC 提供有效的时空疏散路径。目前，疏散模拟的方法[22-25] 已经很成熟，大量的软件[26,27] 可以有效地模拟室内火灾中人员的疏散过程，如美国国家标准与技术研究院（NIST）[26] 开发的火灾动力学仿真器（FDS）。利用这些软件，可以获得时空疏散路径。相比之下，骨骼动画作为 VR 领域中广泛使用的角色动画技术[28,29]，可以用来表现 NPC 的疏散过程。例如，Tang 和 Ren[30] 在 VR 平台上使用骨骼动画演示了带有现实人物动作的疏散过程。然而，如何将疏散模拟和骨骼动画结合起来，以合理而真实地疏散 NPC 还需要进一步研究。

为了解决挑战 3，物理引擎提供了一个工具来模拟训练人员和 NPC 之间的人员物理交互。物理引擎是一种计算机程序，专门计算对象的复杂运动，具有实时效率[31,32]。因此，它们被用于虚拟疏散演习[33] 中的碰撞模拟。然而，现有的物理引擎的研究主要集中在训练者与建筑构件之间的碰撞，而不是基于人员物理交互的碰撞。因此，需要基于物理引擎开发一个特定的人员物理交互物理模型。目前，大多数著名的物理引擎（如 Havok、Bullet 和 PhysX）[34] 都是开源代码，这有助于人员物理交互模型的开发。

此外，还需要进行碰撞实验来确定所开发的人员物理交互模型的关键参数。碰撞实验是车辆碰撞模型[35] 关键参数确定的常规方法。同样，以人体为对象的碰撞实验也可以确定人员物理交互模型的关键参数。然而，这类测试在现有文献中几乎没有发现，因此本研究需要进行此类测试。

针对上述三个挑战，提出了一种考虑人员物理交互的室内火灾疏散虚拟演练方法。首先，分别设计基于 BIM 的建模方案和基于 CFD 模拟的烟气可视化算法，建立有效的室内火灾虚拟场景。随后，设计了基于 NPC 疏散动画的算法，结合疏散模拟和骨骼动画，提供多人员疏散的动态场景。最后，基于物理引擎建立了训练者与 NPC 之间的物理碰撞模型，并通过真实的人体碰撞实验确定了模型的关键参数，从而有效地模拟了人员物理交互。对宿舍楼虚拟疏散的实例研究表明，考虑人员物理交互后，最安全疏散路径发生显著变化。本研究的结果使训练者能够在虚拟多人员疏散演习中充分体验人员物理交互，并开展安全评估，帮助他们做出安全疏散决策。

8.3.2　系统框架

虚拟疏散训练的框架如图 8.3-1 所示，分为三个部分：（1）火灾疏散场景；（2）NPC 动画；（3）人员物理碰撞模型。

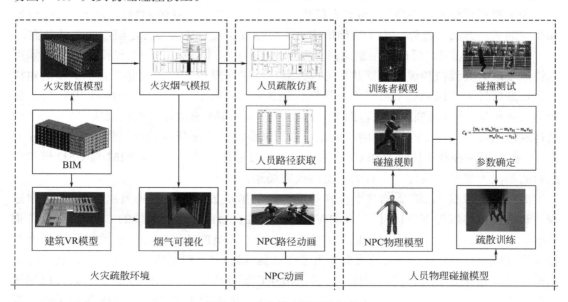

图 8.3-1　虚拟疏散系统框架

第一部分首先创建建筑 BIM 模型，并将其转换为 CFD 模型和 VR 模型，保证两种模型的完全对应。随后，对火灾蔓延过程进行了模拟，为火灾场景的构建提供了有效的结果。最后，基于仿真结果和虚拟现实模型，设计了一种烟雾可视化算法，实现了火灾场景的可视化，由此构建了一个良好的基础和现实的火灾场景。

第二部分，首先进行了疏散模拟，以获得详细的疏散路径的 NPC。然后设计解码算法，将二进制疏散路径转换为可读数据，生成疏散动画。最后，采用骨骼动画技术，基于解码后的疏散路径，在虚拟场景中实现 NPC 的疏散动画。

第三部分，首先基于物理引擎建立了训练者和 NPC 的多刚体模型。然后，建立了 NPC 和训练者之间的碰撞规则。为了确定碰撞规则的关键参数，进行了人体碰撞实验。因此，在疏散演习中可以有效地模拟 NPC 与训练者之间的人员物理交互。

综合以上三部分，实现考虑人员物理交互的室内火灾疏散虚拟演练。

8.3.3　火灾场景建立

1. 基于 BIM 的建模方案

本研究采用应用广泛的 BIM 软件 Revit 生成详细的建筑物三维信息模型。使用著名的图形引擎 Unity 进行场景构建。Unity 只可以直接导入 FBX 格式的模型作为 VR 模型，而 Revit 可以导出 FBX 格式的 BIM 模型。因此，BIM 模型可以通过 FBX 格式转换为 VR 模型。

由美国国家标准与技术研究院（NIST）开发的火灾模拟程序 FDS 在火灾模拟中广泛应用[24]。要将 Revit 中的 BIM 模型转换为 FDS 数值分析所需的 CFD 模型，需要考虑建筑的几何属性和材料属性，因为它们分别决定了建筑构件的火灾蔓延的空间约束和燃烧特性。对于几何模型，通过 FDS 的前处理程序 Pyrosim 可以将 Revit 导出的 FBX 模型转换为 FDS 中的三维几何模型。虽然这种由 Pyrosim 转换的几何模型保留了建筑构件的几何图形和 ID，但缺少材料信息。建筑构件属性表中包含的材料类信息可以在 BIM 模型中使用 Revit API 提取，并根据所提取构件的 ID 补充到 FDS 模型中。

除了上述基于 Revit API 的转换解决方案外，行业基础类（Industry Foundation Classes，IFC）是 BIM[36] 的一种平台中立且广泛使用的文件格式规范，也可用于 BIM 向 FDS 模型的转换[37-41]。Dimyadi 等人[41] 提出了两种基于 IFC 的 FDS 建模方法，为实现上述转换提供了技术细节。

2. 烟气可视化

本研究以火灾 CFD 模拟为基础，结合粒子系统网格，对虚拟训练系统中烟气的发展过程进行可视化，以建立一个科学的火灾场景。

在火灾 CFD 模拟中，模拟空间被划分为具有特定热物理特性的离散网格，而模拟时间则被自动划分为多个时间步。因此，每个时间步的每个网格的烟气密度都是可获得的[13]。

在虚拟现实场景中，粒子系统中粒子很小，在网格中以贴图显示并不断移动，以呈现烟气和火焰的效果。按照 CFD 模拟中划分的网格，在虚拟现实场景中创建粒子系统的网格，实现烟气蔓延可视化。此外，使粒子系统更新的时间步长等于 CFD 模拟的时间步长。因此，在计算流体动力学模拟中，保证了虚拟现实场景中的粒子系统具有精确的时空网格映射。当某一时刻网格的烟气密度大于零时，网格中的粒子系统将被激活以呈现烟雾的效果。在所有的时间步骤中，粒子系统不断激活，以显示烟气扩散的过程，如图 8.3-2 所示。

在 Unity 中，从粒子系统组件中选取预制烟气用于创建烟雾的粒子系统以及烟雾的功

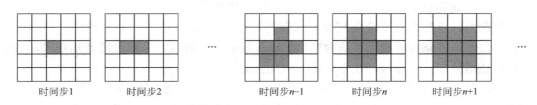

图 8.3-2　烟气可视化方法

能。通过修改粒子系统组件的 Transform 可以将粒子系统复制到不同的网格。基于上述方法，通过 smoke.startdelay 函数依次激活这些网格中的粒子系统，以实现烟气的扩散过程。

8.3.4　NPC 疏散动画

合理、真实感的 NPC 疏散动画是虚拟疏散中体现训练者物理交互作用的重要基础。因此，一方面需要获取基于数值模拟的疏散路径，另一方面需要根据疏散路径在 VR 平台上实现三维任务的疏散动画。

1. 疏散路径获取

为了获取合理的 NPC 疏散路径，本节采用 FDS 软件进行室内火灾疏散模拟。这是因为 FDS 可以完全考虑人员疏散过程中的火灾影响（如烟雾危害、低能见度等），从而模拟出合适的疏散路径。

然而，FDS 数值计算所得人员疏散路径无法直接读取。在 FDS 中，为了节省存储空间和提高效率，疏散结果数据存放于二进制文件"＊.prt5"内。这样的文件必须被解码，以便能够为 NPC 的疏散动画提取时空路径。

虽然 FDS 为 ＊.prt5 文件提供了基于 MATLAB 的解码程序，但该程序仅针对喷水灭火系统的结果设计，未能对疏散文件进行解码。在本研究中，经过多次测试，成功解码出疏散路径的 ＊.prt5 文件，如表 8.3-1 所示。

＊.prt5 文件格式分析表　　　　　　　　　　　表 8.3-1

时间	人员位置			
T_1	1 号人员位置 1	2 号人员位置 1	…	i 号人员位置 1
T_2	1 号人员位置 2	2 号人员位置 2	…	i 号人员位置 2
…	…	…	…	…
T_n	1 号人员位置 n	2 号人员位置 n	…	i 号人员位置 n

基于上述解码写入规则提取疏散路径的算法如图 8.3-3 所示。首先，利用 FDS 提供的 MATLAB 设计程序用来读取二进制文件，以将 ＊.prt5 转化为可读取的 ASCII 编码。然后，从 ASCII 码中读取疏散的关键信息，包括人员疏散模拟的人数（Num）、时间（T）和时间步（T_s），最后，根据图 8.3-3 所示的流程提取每个人员的空间路径。具体来说，每个人员在每个时间步的位置（即疏散路径）可由人员 ID 和时间步的嵌套循环读取。每个人员的疏散路径可以存储在一个单独的文件中，以实现后续人员疏散动画。

2. 疏散路径动画

NPC 疏散路径动画包括三个关键步骤：①三维人物模型：为 NPC 建立具有真实感的

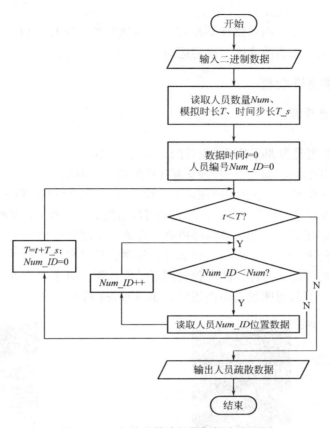

图 8.3-3　人员疏散路径数据提取流程图

三维人物模型；②路径移动：使 NPC 可以按照规定的路径进行移动；③动作控制：使 NPC 在按路径移动过程中具有相应的动作。

（1）三维人物模型

在这项研究中，3D 人物是通过骨骼和蒙皮网格创建的。骨骼用于运动控制，而蒙皮网格可以创建真实的人物（例如，工人、行政人员和学生）。3D 角色的骨骼和蒙皮网格可以通过 3ds Max[42] 建模，然后使用 FBX 格式导出到 Unity 中，用于后续动画控制。

（2）路径动画

Unity 的插件 iTween[43] 可以根据给定的疏散路径移动 NPC 的 3D 角色。iTween 可以在相邻的疏散位置之间自动插入帧，从而实现流畅的动画效果。为了实现路径动画，通过 iTween 映射 NPC 的疏散路径和 3D 模型，调用 iTween.MoveTo（）函数来执行 NPC 的路径动画。

（3）动作控制

NPC 的动作（如行走或奔跑）应与疏散速度相匹配。采用混合树[43] 实现运动的自动切换。在这个树中，有两种状态（行走和奔跑），使用一个混合值（0-1）来切换状态。一般情况下，正常成年人的平均步行速度小于 1.5m/s，因此，疏散仿真中 1.5m/s 与最大速度之比可定义为阈值。混合值可以定义当前速度和最大速度的比值。因此，如果混合值小于阈值，则 NPC 的运动状态为行走，否则，运动状态将切换为奔跑。上面的混合树可以通过在 Unity 中使用类 Animator 来定义。

需要注意的是，运动控制和路径动画都是单独执行的，这样 NPC 就可以在跟随给定的疏散路径移动时显示与当前速度一致的运动。

8.3.5　人员碰撞物理模型

1. 人员物理交互模型

（1）训练者

身体的高精细模型是为训练者提供更好的人员物理交互体验所必需的。然而，在虚拟疏散中，高精细体模型可能会降低人员物理交互计算的效率。因此，精细度和效率之间的平衡是一个问题。此外，训练者的胳膊和腿在疏散过程中移动时也会有局部摆动动作。在训练者的身体模型中需要考虑这种局部运动，因为它们可能会造成局部碰撞，从而影响疏散。

在本研究中，使用几个形状简单的碰撞器组合成一个刚体模型，用来表示训练者的碰撞边界。这是因为简单刚体具有很高的碰撞计算效率。具体来说，一个球体和一个盒子分别用于模拟训练者的头部和身体，四个胶囊用于手臂和腿。对于训练者的人员物理交互仿真，装配好的刚体模型具有明确的碰撞边界，如图 8.3-4 所示。

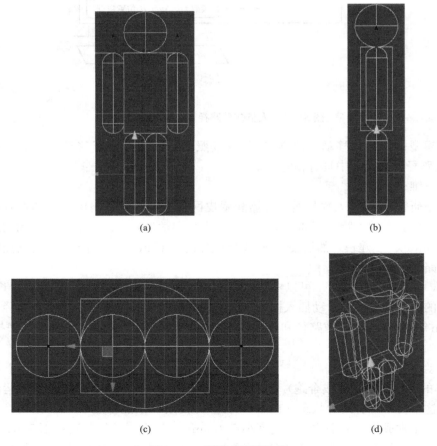

(a)　　　　　　　　　　　　　(b)

(c)　　　　　　　　　　　　　(d)

图 8.3-4　训练者碰撞边界

（a）立面图；（b）侧视图；（c）俯视图；（d）立体图

基于已有文献 [45]，这些刚体的尺寸汇总如表 8.3-2 所示。

训练者碰撞边界几何参数　　　　　　　　　表 8.3-2

身体部位	碰撞器类型	几何参数
头部	球形	半径 0.2m
躯干	盒形	长 0.4m，宽 0.3m，高 0.8m
手臂	胶囊形	高度 0.8m，半径 0.1m
腿部	胶囊形	高度 0.8m，半径 0.1m

为了使身体的局部可以运动，在 Physx 中采用角色关节连接手臂和腿。以手臂为例，首先在手臂和主体之间的关节处定义旋转轴。然后将相应的允许旋转范围添加到角色关节的属性中，使手臂可以围绕肩部摆动，如图 8.3-5 所示。

（2）NPC

尽管 NPC 参与了人员物理交互的计算，但其疏散不受人员物理交互的影响（由疏散模拟结果决定）。因此，NPC 不需要采用复杂的模型。此外，虚拟疏散中 NPC 数量较多，如果采用高精细度模型，会导致虚拟疏散中的交互性能下降。因此，本研究采用简单的胶囊作为 NPC 的碰撞边界，如图 8.3-6 所示。包膜的大小由骨骼在不同运动状态下的最大边界空间决定。

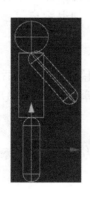

(a)　　　　　　(b)

图 8.3-5　手臂的局部摆动　　　　　图 8.3-6　NPC 人物模型
　　　　　　　　　　　　　　　　（a）站立姿态；（b）跑动姿态

在 Unity 中，NPC 使用胶囊碰撞器来计算与受训者的人员物理交互，而在 NPC 中则使用角色控制器来保持固定的疏散路径。因此，NPC 可以参与人员物理交互的计算，但他们不使用人员物理交互的结果。

2. 碰撞规则

在非弹性碰撞条件下，训练者和 NPC 之间的人员物理交互遵循非弹性碰撞规则。假设 m_t 和 m_n 分别是训练者的质量和 NPC 的质量。将受训者在碰撞前后的速度分别记为 v_{t1} 和 v_{t2}，从而 v_{t2} 可由式（8.3-1）计算：

$$v_{t2} = \frac{C_R m_n (v_{n1} - v_{t1}) + m_t v_{t1} + m_n v_{n1}}{(m_t + m_n)} \tag{8.3-1}$$

其中，C_R 为恢复系数。

当碰撞发生时，训练者受到沿相反方向的瞬时力，这可能导致向后移动。这种向后的运动是很难模拟的，因为它包含了胳膊和腿的复杂行为。故引入等效阻力，包括训练者的摩擦和复杂的行为阻力，简化了反向运动的模拟。因此，反推运动被认为是一种隐含的过程，其初始速度在等效阻力下滑动，直到静止。后向距离 s 可由式（8.3-2）计算：

$$s = \frac{v_{t2}^2}{2g\mu} \tag{8.3-2}$$

其中，μ 是一个等效摩擦系数，可用于计算等效阻力造成的对运动的影响。

要在 PhysX 中实现上述规则，首先要使用 OnCollisionEnter（）函数来识别 NPC 和训练者之间的冲突。然后通过式（8.3-1）计算出的反向速度可以通过 setVelocity（）函数对受训者进行处理。此外，如果在刚体属性表中定义了等效摩擦系数，则公式（8.3-2）中的向后距离将由 PhysX 自动计算。

8.3.6 人员物理碰撞实验

在训练者与 NPC 的碰撞模型中，训练者与 NPC 的弹性系数 C_R 和等效摩擦阻力系数 μ 是碰撞计算的关键参数。为碰撞模拟的准确性，本研究采用人员碰撞实验方法来标定两个参数。

在本实验中，两人员发生正面碰撞，通过摄影机记录碰撞全过程，然后结合场地标记物，通过对视频中图像进行分析，从而获得人员碰撞前后的速度、倒退距离等参数。根据这些参数可以计算出性系数 C_R 和等效摩擦阻力系数 μ。

1. 实验原理

两个人员分别代表训练者和 NPC，质量分别为 m_t 和 m_n。训练者碰撞前后速度分别为 v_{t1} 和 v_{t2}，NPC 碰撞前速度为 v_{n1}。根据式（8.3-1），C_R 的计算如式（8.3-3）所示：

$$C_R = \frac{(m_t + m_n)v_{t2} - m_t v_{t1} - m_n v_{n1}}{m_n(v_{n1} - v_{t1})} \tag{8.3-3}$$

碰撞后，训练者在自然状态下发生倒退行为，测得倒退距离为 s，则等效摩擦阻力系数 μ 可以由式（8.3-4）计算：

$$\mu = \frac{v_{t2}^2}{2gs} \tag{8.3-4}$$

2. 实验方案

为了测量相关物理量（如速度和距离），设计了如下实验方案，如图 8.3-7 所示。在摄像机的记录范围内，两名试验人员沿着跑道奔跑并面对面碰撞。距离标志位于可能的碰撞区域内，用于后续的图像测量。本研究采用 3 组不同质量的人员进行碰撞，每组随机采用 4 次不同速度的碰撞，共计 12 组结果，均采用视频记录。

距离和速度的计算包括两个步骤。首先，确定真实距离和图像距离之间的比例 k。在本实验中，两个相邻符号的实际距离为 1m，而这两个符号对应的图像距离记为 d_s，可以通过图像测量得到。请注意，Adobe Premiere 用于视频中的图像测量。因此，比值 k 可按式（8.3-5）计算。

$$k = \frac{1}{d_s} \tag{8.3-5}$$

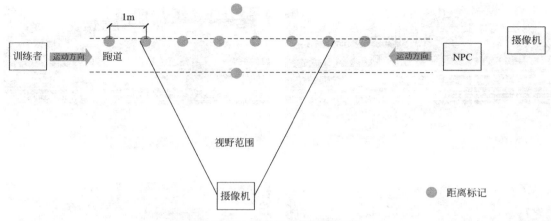

图 8.3-7　实验场地布置平面图

然后，计算训练者的运动速度。视频由多帧组成，相邻两帧之间的时间间隔为 Δt，一般来说，Δt 是一个非常小的数字，取决于摄像机的频率。假设训练者在某帧中的位置 A，并在下一帧中移动到位置 B，则测得视频中从 A 到 B 的距离（表示为 d_{AB}）。因此，可通过式（8.3-6）计算该框架中的实际速度。

$$v = \frac{k \times d_{AB}}{\Delta t} \tag{8.3-6}$$

3. 实验结果

训练者与 NPC 之间的典型碰撞过程如图 8.3-8 所示。从图 8.3-8 可以明显观察到碰撞造成的训练者后移，说明 NPC 与训练者之间的物理作用对疏散有显著影响。

实验中两个试验者的运动变量都是通过记录的视频来测量的，因此，关键参数可以通过公式（8.3-3）和公式（8.3-4）计算，见表 8.3-3。

人员碰撞实验参数与计算结果　　　　　　　　　　　　　　表 8.3-3

组号	序号	m_t	m_n	v_{t1}	v_{n1}	v_{t2}	s	C_R	μ
A	1	70	68	1.75	−2.75	−1.25	1.66	0.35	0.05
	2	70	68	1.19	−1.57	−1.02	1.22	0.63	0.04
	3	70	68	1.25	−2.5	−1.38	1.10	0.42	0.09
	4	70	68	1.63	−2.94	−1.69	2.07	0.47	0.07
B	1	55	72	2	−2.13	−1.06	1.22	0.31	0.05
	2	55	72	2	−2.38	−1.06	1.22	0.26	0.05
	3	55	72	1.94	−2.19	−1.1	1.31	0.30	0.05
	4	55	72	1.62	−1.93	−0.92	1.11	0.26	0.04
C	1	60	72	2.1	−2.41	−1.25	1.22	0.36	0.07
	2	60	72	1.25	−2	−1.12	1.13	0.34	0.06
	3	60	72	1.25	−1.62	−0.94	0.75	0.40	0.06
	4	60	72	1.94	−2.19	−0.81	0.75	0.22	0.04

图 8.3-8　人员碰撞典型过程（左侧人员模拟训练者，右侧人员模拟 NPC）

（a）碰撞场地及标记；（b）相向运动；（c）碰撞；（d）倒退行为

根据表 8.3-3，弹性系数 C_R 的均值和方差分别为 0.36 和 0.08，而等效摩擦系数 μ 的均值和方差分别为 0.05 和 0.01。本节采用这两个参数的平均值。

4. 碰撞模拟

基于所提出的人员物理交互模型和试验确定的关键参数，模拟了一组 NPC 和训练者之间的碰撞，如图 8.3-9 所示。本次模拟为 NPC 组和训练者互相冲撞。

NPC 的路径动画使其具有详细的三维特征和适当的运行运动，使得整个碰撞过程有高真实度［图 8.3-9（a）和（b）］。训练者采用精细化物理模型来模拟与 NPC 的复杂碰撞［图 8.3-9（c）］。另外，碰撞实验确定了关键参数 C_R 和 μ，保证了碰撞模拟的合理性。训练者在碰撞后有明显的后退距离［图 8.3-9（d）］。由于训练者与 NPC 之间的碰撞是具有角度的，所以后向距离也具有角度，这表明所提出的碰撞规则是合理的。

8.3.7　算例

1. 算例介绍

本研究以某六层宿舍为例，其 BIM 如图 8.3-10 所示。该建筑总高度为 21.60m，层高 3.6m，其总建筑面积为 9600m²。对于火灾疏散模拟，本小节提出的建模方案将 BIM 转换为 FDS 模型，如图 8.3-11 所示。

在火灾疏散模拟中，可燃物为两个 2.0m×1.5m 的床垫，由海绵和针织物组成（图 8.3-11），燃烧反应类型为聚氨酯反应。本算例假设每个房间有两名居住者，当建筑物起火时，假设第五层所有居住者都在房间内。该层有两个楼梯作为出口，因此，所有人员

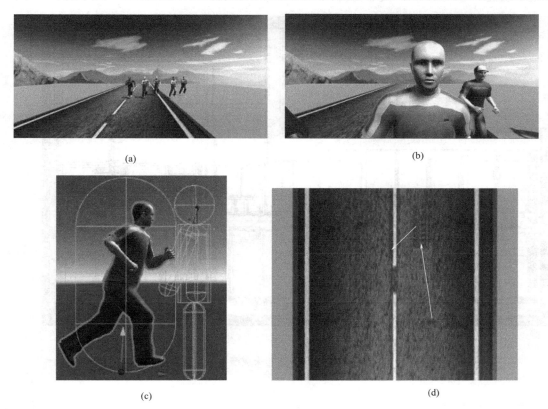

图 8.3-9　碰撞模拟过程

（a）初始场景；（b）碰撞发生；（c）碰撞器接触；（d）倒退行为

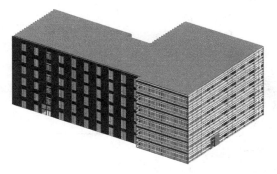

图 8.3-10　宿舍楼 BIM 模型

都需要通过这两个出口逃生。

在虚拟疏散训练中，训练者位于与起火房间相邻的房间（图 8.3-11）。在虚拟演习中，NPC 的运动遵循疏散模拟的结果，而训练者是自我控制的，NPC 可能会与训练人员发生碰撞。因此，在本案例研究中，主要考虑此类碰撞对训练人员的影响。

2. 火灾疏散模拟

火灾疏散模拟是基于所提出的建模框架构建的 CFD 模型来进行模拟的，如图 8.3-12 所示。将烟气扩散和疏散路径的结果输出以支持后续火灾场景建立和 NPC 的路径动画实现。

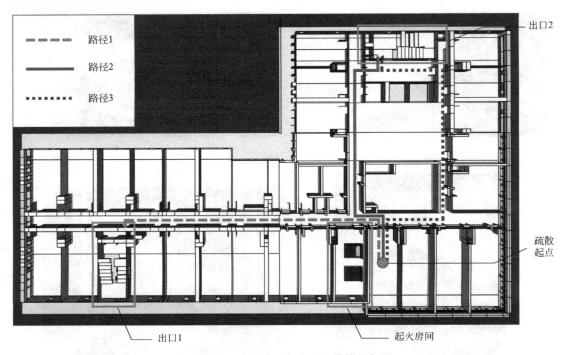

图 8.3-11　FDS 模型与火灾疏散模拟场景

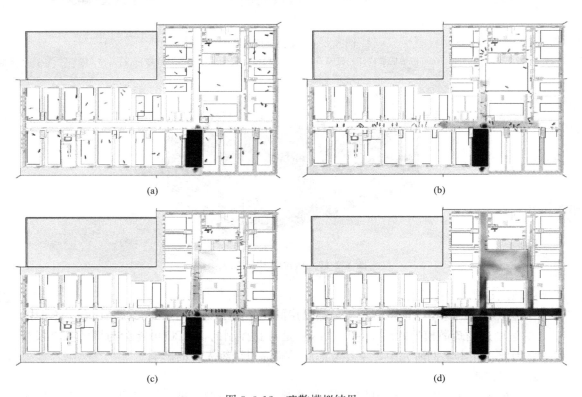

图 8.3-12　疏散模拟结果

（a）火灾发展早期（25s）；（b）开始逃离房间（50s）；（c）走廊和路口产生拥挤（75s）；（d）疏散结束（125s）

3. 考虑人员物理交互的虚拟疏散训练

基于上述模拟结果，采用所述方法建立烟气场景和 NPC 的路径动画。因此，为虚拟演习创建了一个合理、真实的疏散场景。然后，为训练者和 NPC 建立了所提出的人员物理交互规则。

如图 8.3-11 所示，从原位置到出口有三条疏散通道。为了确定最安全的路径，训练者分别在三个不同的路径上进行训练。最终形成的疏散轨迹如图 8.3-13 所示。

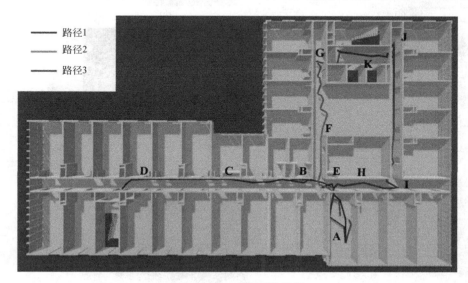

图 8.3-13 疏散训练结果

以上三条路径中的特征点（图 8.3-13）的对应场景如图 8.3-14 所示。

对于路径 1，可以观察到路径轨迹在 B 点附近有往复的现象。这是因为训练者与 NPC 的正面碰撞而被迫反向移动，如图 8.3-14（b）所示。相反，在 C 和 D 位置附近的训练人员路径轨迹非常平滑，因为此阶段内训练者没有与 NPC 发生碰撞［图 8.3-14（c）和（d）］。

同样，路径 2 中从点 F 到 G 的轨迹也是由于人员间物理交互作用而呈现波浪形的，如图 8.3-14（f）和（g）所示。路径 3 的轨迹表明，训练者在点 H 和 I 附近转弯时移动了很长的距离。如图 8.3-14（h）和（i）所示，当训练者想要转弯时，与大量 NPC 在点 H 和 I 产生拥挤现象，而人员间的物理作用使训练者转弯困难。

综上所述，三条训练者路径轨迹表明，虚拟疏散训练对训练者的安全疏散有着重要的影响。

4. 最安全疏散路径

在本节中，为了评估不同疏散路径的安全性，采用了综合危险剂量分数 IHD 进行安全评价[10]。IHD 以 0 到 1 的值评估由火灾烟气毒性和火灾热释放引起的整体危险。IHD 数值越高表示人员越危险。当 $IHD=1.0$ 时，认为是致命的。

在虚拟疏散中，IHD 会沿着不同的路径（即 IHD^{path}）的计算公式如下：

$$IHD^{\mathrm{path}} = \max(FED^{\mathrm{path}}_{\mathrm{6\text{-}Gas'}},\ FED^{\mathrm{path}}_{\mathrm{heat}})\tag{8.3-7}$$

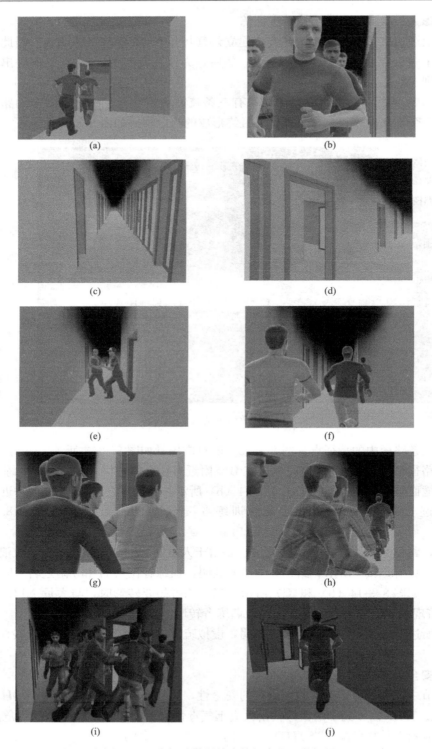

图 8.3-14　虚拟疏散训练中特征点的疏散场景

（a）A 点（疏散起点）；（b）B 点（路径 1）；（c）C 点（路径 1）；（d）D 点（路径 1）；（e）E 点（路径 2）；
（f）F 点（路径 2）；（g）G 点（路径 2）；（h）H 点（路径 3）；（i）I 点（路径 3）；（j）J 点（路径 3）

其中 $FED_{6\text{-}Gas}^{path}$ 和 FED_{heat}^{path} 表示危险指数（分别由有毒气体和热引起的分级有效剂量 (FED)[10]）。FED_{heat}^{path} 是根据辐射通量和温度计算的，而 $FED_{6\text{-}Gas}^{path}$ 是根据通常出现在烟雾中的 6 种气体（即 CO、CO_2、HCN、O_2、HCl 和 HBr）的大气浓度计算的。从火灾 CFD 模拟结果中可以得到所需的计算参数，计算细节可参考 Xu 等[10] 的工作。计算上述三条道路疏散过程中的 IHD^{path}，如图 8.3-15 所示。可以看出，路径 1 和路径 3 的疏散时间远大于路径 2 的疏散时间。这是因为在这两条路径上，与 NPC 的正面碰撞频繁（参见图 8.3-13 和图 8.3-14 中相应的轨迹和场景）。相比之下，路径 2 上的人员物理影响比其他路径上的少，因此路径 2 的疏散时间最短。此外，由于长时间暴露于烟雾危害中，路径 1 和路径 3 的 IHD^{path} 值也比路径 2 大得多。因此，在考虑到人员物理碰撞影响的多人疏散场景中，路径 2 是最安全的路径。

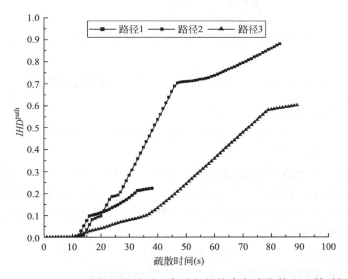

图 8.3-15　有人员物理影响时三条路径的综合危险指数和疏散时间

5. 无人员影响下疏散

为了进一步评估人员物理影响对最安全路径的影响，在没有 NPC 的情况下进行了虚拟疏散训练。火灾场景与有 NPC 时的情况相同。在无人员影响场景中，分别按照三条路径进行虚拟疏散演习，并计算相应的 IHD^{path} 值，如图 8.3-16 所示。

对比图 8.3-15 和图 8.3-16，发现三条没有 NPC 影响的路径的平均疏散时间和 IHD^{path} 值分别比那些有 NPC 影响的路径小。这表明人员物理影响大大降低了疏散的效率和安全性。此外，根据图 8.3-16 中的 IHD^{path} 值可以看出，路径 1 是最安全的路径，这与有 NPC 的情况不同。这表明人员物理影响会影响最安全疏散路线。因此，在考虑人员物理影响时，最安全疏散路径会发生变化。

8.3.8　小结

在本研究中，提出了一种考虑人员物理交互的室内火灾疏散虚拟演练方法，并以某六层宿舍楼为例，进行虚拟疏散演练和人员安全评估。本小节结论如下：

（1）利用设计的基于 BIM 的建模解决方案、烟雾可视化算法和 NPC 动画算法，可以

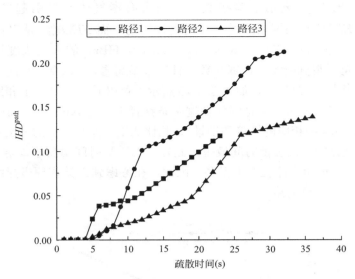

图 8.3-16　无人员影响时三条路径的综合危险指数和疏散时间

构建一个合理、真实的多人员火灾疏散场景。

（2）利用所建立的物理模型和人体真实碰撞实验确定的相应关键参数，可以有效地模拟疏散演练中的人员物理交互。

（3）虚拟演练与非 NPC 的比较表明，人员物理交互显著降低了疏散的效率和安全性。此外，人员物理交互还可以改变最安全的疏散路径，从而影响选择最安全路径的决策。

（4）该方法使训练者能够在虚拟多人员疏散演练中充分体验人员物理交互，并开展安全评估，帮助他们做出安全疏散决策。

注意，本研究中构建多人员火灾疏散场景的设计方案是基于广泛使用的 FDS 平台。虽然采用其他的火灾 CFD 模拟平台，其技术细节有所不同，但本研究的现场搭建框架仍是可行的。在未来，所提出的虚拟演习方法将应用于 Web 或移动设备上，使人们可以方便地使用该方法来提高考虑人员物理交互的火灾疏散能力。同时收集演习中的疏散路径，分析疏散特征，以根据这些特征指导人员进行安全疏散。

参考文献

［1］LI C Y，LIANG W，QUIGLEY C，et al. Earthquake safety training through virtual drills［J］. IEEE Transactions on Visualization and Computer Graphics，2017，23（4）：1275-1284.

［2］孟凡馨，王婧颖，格桑扎西. 人员密集场所地震应急疏散演练策略研究［J］. 四川地震，2019（01）：44-47.

［3］孟宪云，李提建，徐亚军. 应用反向动力学实现液压支架的三维虚拟仿真［J］. 煤矿开采，2009，14（3）：78-80.

［4］王宇航. 轿车与行人碰撞及行人保护的仿真研究［D］. 武汉理工大学，2009.

［5］张金洋，温垚珂，陈箐，等. 人体易损性建模及其评估技术研究［J］. 兵器装备工程学

报，2016，37（04）：165-168.

[6] EISLER R D，CHATTERJEE A K，BURGHART G H，et al. Simulates the tissue damage from small arms projectiles and fragments penetrating the musculoskeletal system [R]. California：Mission Research Corporation Fountain Valley，1998.

[7] BEVERLY W B. A human ballistic mortality model [R]. US Army Armament Research and Development Command，1978.

[8] TILLY B. Affirmation of " drop，cover，and hold on" [J]. Biochemical Journal，1975，149（1）：49-55.

[9] KINATEDER M，RONCHI E，Nilsson D，et al. Virtual reality for fire evacuation research [C] //2014 Federated Conference on Computer Science and Information Systems. IEEE，2014：313-321.

[10] WANG B，LI H，REZGUI Y，et al. BIM based virtual environment for fire emergency evacuation [J]. The Scientific World Journal，2014.

[11] SILVA J F，ALMEIDA J E，ROSSETTI R J F，et al. A serious game for EVAcuation training [C] //2013 IEEE 2nd International Conference on Serious Games and Applications for Health (SeGAH). IEEE，2013：1-6.

[12] CHA M，HAN S，LEE J，et al. A virtual reality based fire training simulator integrated with fire dynamics data [J]. Fire Safety Journal，2012，50：12-24.

[13] XU Z，LU X Z，GUAN H，et al. A virtual reality based fire training simulator with smoke hazard assessment capacity [J]. Advances in engineering software，2014，68：1-8.

[14] KINATEDER M，MÜLLER M，JOST M，et al. Social influence in a virtual tunnel fire-influence of conflicting information on evacuation behavior [J]. Applied ergonomics，2014，45（6）：1649-1659.

[15] KINATEDER M，RONCHI E，GROMER D，et al. Social influence on route choice in a virtual reality tunnel fire [J]. Transportation research part F：traffic psychology and behaviour，2014，26：116-125.

[16] CHEN L，TANG T Q，HUANG H J，et al. Modeling pedestrian flow accounting for collision avoidance during evacuation [J]. Simulation Modelling Practice and Theory，2018，82：1-11.

[17] SHI X，YE Z，SHIWAKOTI N，et al. Empirical investigation on safety constraints of merging pedestrian crowd through macroscopic and microscopic analysis [J]. Accident Analysis & Prevention，2016，95：405-416.

[18] GRONER N E. Intentional systems representations are useful alternatives to physical systems representations of fire-related human behavior [J]. Safety science，2001，38（2）：85-94.

[19] DING L，ZHOU Y，AKINCI B. Building Information Modeling (BIM) application framework：The process of expanding from 3D to computable nD [J]. Automation in construction，2014，46：82-93.

［20］WANG S H，WANG W C，WANG K C，et al. Applying building information modeling to support fire safety management ［J］. Automation in construction，2015，59：158-167.

［21］XU Z，ZHANG Z，LU X Z，et al. Post-earthquake fire simulation considering overall seismic damage of sprinkler systems based on BIM and FEMA P-58 ［J］. Automation in Construction，2018，90：9-22.

［22］KULIGOWSKI E. Predicting human behavior during fires ［J］. Fire Technology，2013，49（1）：101-120.

［23］SHI J，REN A，CHEN C. Agent-based evacuation model of large public buildings under fire conditions ［J］. Automation in Construction，2009，18（3）：338-347.

［24］KORHONEN T，Heliövaara S. FDS+Evac：herding behavior and exit selection ［J］. Fire Safety Science，2011，10：723-734.

［25］PIRES T T. An approach for modeling human cognitive behavior in evacuationmodels ［J］. Fire safety journal，2005，40（2）：177-189.

［26］National Institute of Standards and Technology（NIST）. Fire Dynamics Simulator（FDS）and Smokeview（SMV）［EB/OL］.（2018）［2020-6-21］. https：//www. nist. gov/services-resources/software/fds-and-smokeview.

［27］Thunderhead Engineering Consultants. Agent based evacuation simulation ［EB/OL］.（2018）［2020-6-21］. https：//www. thunderheadeng. com/pathfinder/.

［28］MUKUNDAN R. Advanced methods in computer graphics：with examples in OpenGL ［M］. Springer Science & Business Media，2012.

［29］LE B H，DENG Z. Robust and accurate skeletal rigging from mesh sequences ［J］. ACM Transactions on Graphics（TOG），2014，33（4）：1-10.

［30］TANG F，REN A. GIS-based 3D evacuation simulation for indoor fire ［J］. Building and Environment，2012，49：193-202.

［31］MILLINGTON I. Game physics engine development ［M］. CRC Press，2007.

［32］XU Z，LU X Z，GUAN H，et al. Physics engine-driven visualization of deactivated elements and its application in bridge collapse simulation ［J］. Automation in construction，2013，35：471-481.

［33］LI C，LIANG W，QUIGLEY C，et al. Earthquake safety training through virtualdrills ［J］. IEEE transactions on visualization and computer graphics，2017，23（4）：1275-1284.

［34］EREZ T，TASSA Y，TODOROV E. Simulation tools for model-based robotics：Comparison of bullet，havok，mujoco，ode and physx ［C］//2015 IEEE international conference on robotics and automation（ICRA）. IEEE，2015：4397-4404.

［35］HUANG M，JONES N. Vehicle crash mechanics ［M］. CRC press，2003.

［36］buildingSMART International，Ltd. Industry Foundation Classes（IFC）- an Introduction ［EB/OL］.（2019）［2020-6-21］. https：//technical. buildingsmart. org/standards/ifc/.

[37] DIMYADI J，SPEARPOINT M，AMOR R. Sharing building information using the IFC data model for FDS fire simulation [J]. Fire Safety Science，2008，9：1329-1340.

[38] SPEARPOINT M. Extracting fire engineering simulation data from the IFC building information model [M] //Handbook of Research on Building Information Modeling and Construction Informatics：Concepts and Technologies. IGI Global，2010：212-238.

[39] DIMYADI J，SPEARPOINT M，AMOR R. Generating fire dynamics simulator geometrical input using an IFC-based building information model [J]. 2007.

[40] MIRAHADI F，MCCABE B，SHAHI A. IFC-centric performance-based evaluation of building evacuations using fire dynamics simulation and agent-based modeling [J]. Automation in Construction，2019，101：1-16.

[41] DIMYADI J，SOLIHIN W，AMOR R. Using IFC to support enclosure fire dynamics simulation [C] //Workshop of the European Group for Intelligent Computing in Engineering. Springer，Cham，2018：339-360.

[42] GAHAN A. 3ds Max Modeling for Games：Insider's guide to game character, vehicle，and environment modeling [M]. CRC Press，2013.

[43] Unity. Unity User Manual [EB/OL]. (2018) [2020-6-21]. https：//docs. unity3d. com/2018. 4/Documentation/ Manual/.

[44] BÄCHER M，BICKEL B，JAMES D L，et al. Fabricating articulated characters from skinned meshes [J]. ACM Transactions on Graphics (TOG)，2012，31 (4)：1-9.

[45] 国家技术监督局. GB 10000—88 中国成年人人体尺寸 [S]. 北京：中国标准出版社，1988.

第 9 章 城市建筑与道路功能地震影响评估

9.1 概述

近年来，韧性是当今防灾减灾工程领域研究发展的主流方向。城市抗震韧性的一大特点就是不仅关注承灾体的物理震害，还要关注物理震害对承灾体功能的影响，包括丧失和恢复情况。本章将介绍地震对城市建筑和道路功能影响的评估方法。

对于城市建筑，除了强调灾前的抗震能力外，还应该重视其灾后的恢复能力，以使建筑承担的功能尽快恢复。如果能开展建筑震后的修复过程模拟，将可以量化建筑震后恢复能力，并发现建筑修复过程中的薄弱环节，这对建筑韧性设计和评估都至关重要。

对于城市路网，在关注道路自身物理震害的同时，也从全局角度考虑建筑倒塌对道路的影响，进而全面评估城市路网的通行性，为地震应急等提供关键决策依据。城市道路网络构成了城市的主体框架，是城市社会经济活动以及城市交通运输的必备基础设施，它保证着城市交通系统的平稳运行。而在地震发生后，道路网络的重要性显得更为突出，担负着震后应急救援、避震疏散、灾区人员安置等一系列生死攸关的重任。因此，城市路网的震后通行性评估具有重要意义。

然而，当前震后城市建筑修复和震后城市路网通行性的研究还存在以下问题：

（1）对于受损建筑修复过程方面的研究非常有限。虽然有部分学者对古建筑修复有了初步的研究[1,2]，但是此类研究成果并不适用于建筑的震后修复。此外，虽然基于 BIM 施工管理[3,4] 以及施工模拟[5,6] 方面已有很多深入的研究和成功运用案例，但主要是针对新建建筑，在建筑修复过程的方面研究很少。

（2）在城市路网震后通行性方面，已经有较多学者进行研究[7-9]，但这些研究并几乎没有考虑震后周边建筑的倒塌对于道路通行性的影响。

因此，本章对于城市建筑，提出了基于 BIM 的修复过程 5D 模拟方法，给出了详细的修复策略、修复时间和修复成本，为修复决策提供了关键决策依据；同时，对于城市道路网络，提出了考虑建筑倒塌的城市震后路网通行性评估方法，给出了更加全面的城市路网通行性结果，为震后应急决策提供了关键参考依据。

9.2 基于 BIM 的建筑单体修复过程 5D 模拟

9.2.1 背景

随着地震工程研究和抗震设计规范的发展，建筑物的抗震性能有了显著提高，建筑物倒塌的概率也随之降低。例如，在 2010 年 2 月 27 日发生的 8.8 级智利大地震中，建造年代在 1985—2009 年的所有 9974 栋建筑中，仅有 4 栋建筑倒塌[10]，然而这次地震造成的直接经济损失达 300 亿美元，占 2010 年全球自然灾害总损失（1239 亿美元）的 24.2%[11]，严重影响了灾后的恢复重建，无法满足韧性需求。因此，这就迫使建筑设计需要更多地考虑建筑抗震韧性[12] 需求，关注其震后的修复过程。

建筑震后的修复过程模拟无论是对建筑韧性设计和评估还是灾后建筑的修复决策都至关重要。具体而言，修复过程是建筑韧性过程中的重要部分，结合修复过程给出精细化的损失和修复时间，可以为建筑韧性设计和韧性评估提供准确依据。而且，修复过程模拟可以帮助梳理韧性恢复的机理，发现影响修复过程的关键因素，从而进一步提高建筑韧性；此外，修复过程模拟可以给出修复过程的具体人力、资源、资金等需求，为灾后恢复重建决策提供依据。

目前，针对建筑震后修复过程 5D 模拟的研究非常有限。Charalambos[13] 等学者研究了不同级别地震烈度作用下构件的损坏状态、修复成本与时间，但没有涉及具体的修复方案与修复过程。Xiong[14]，Lin 和 Wang[15] 等学者针对城市规模研究了建筑物震后维修优先级，并提出修复顺序的工作流程。Longman 和 Miles[16] 等学者开发了新仿真模型编程库，针对资金和劳动力分配对社区震后重建进行了研究。然而，现有的震后修复仿真研究大多是在城市和社区级别上进行的，而不是针对单体建筑进行相关研究。为了获得与震后修复相关的高精细结果，必须对单体建筑进行震后修复过程的模拟。

对建筑震害进行评估是震后修复过程模拟的重要前提。当前，构件级别的建筑震害可以通过震前评估或震后调查获得。很多学者[17-21] 都提出了精细震害预测方法以及震后调查方法，例如，Xu[22] 等学者提出了基于建筑信息模型 BIM 和新一代性能化标准 FEMA P-58 的震害预测方法，可以计算每一个构件的震害等级（详见第 7 章 7.2 节）。在拥有精细化的建筑震害情况下，开展建筑震后修复模拟需要解决以下三个挑战：

（1）如何确定受损构件的最优修复方案。对于某一地震损伤状态，一类构件可能有几十种修复方案，每种方案都有不同的修复信息，如成本、工日、施工复杂度、大型设备依赖度等，而且决策者的偏好也差异很大，因此，快速确定最优的维修方案尤为困难。

（2）如何自动制定修复进度计划。修复方案确定后，需要制定相应的修复进度计划。修复进度计划的目的是在有限的人力和资源条件下，尽快完成震后修缮工作。然而，由于需要确定各种类型的施工工艺和大量的参数（如工作面、修复工日和修复工序），制定一个最优的修复进度计划既复杂又耗时。

（3）如何对震后修复过程进行 5D 模拟。修复过程模拟不仅需要用建筑物的三维模型真实地显示修复过程，还需要给出包括修复时间和成本等详细结果，以发现修复过程中可能出现的问题。然而，现有的建筑修复过程的 5D 模拟研究[5,23-31] 非常有限。

针对挑战（1），根据震害情况选择最优修复方案有关的研究[32-34] 非常有限。Eid 和 El-Adaway[32] 提出了一种可持续的社区灾后恢复决策工具，将经济脆弱性评估工具集成到利益相关者的目标函数中，从而更好地指导重建工作。Lounis 和 McAllister[33] 考虑可持续性和韧性，提出了一个针对基础设施生命周期性能的风险决策框架，有助于制定修复方案。Koliou 和 Lindt[34] 通过功能脆弱性对不同建筑类型的建筑功能进行量化，并预测了灾后建筑的修复时间和成本，可进一步应用于风险决策。然而，这些研究并不针对地震灾害，不同灾害的修复方案存在较大差异。因此，需要一种专门的方法来确定建筑的震后修复方案。

针对挑战（2），目前有许多学者[35-37]进行了施工进度计划自动化编制的研究。Nguyen[38]讲述了一个多层建筑施工计划编制框架，可以帮助施工规划师和调度员根据建筑构件之间的空间关系自动生成多层建筑的施工计划。Mohammadi[39]等学者基于BIM施工模拟，研究了有限的资源对建设项目工日和成本的影响。Park和Cai[40]创建了BIM元素和计划工作分解结构（WBS）之间的匹配机制，通过该机制可以自动生成详细的施工进度计划。Tauscher[41]等学者结合BIM与4D可视化，实现了施工进度计划自动化编制。Yeoh[42]等学者利用查询语言使项目信息能够嵌入到施工需求说明中，并自动生成施工进度计划。然而，当前建筑震后修复计划的研究有限。建筑震后修复计划与拟建建筑的正常施工计划有很大不同。例如，修复过程通常从拆除严重破坏的构件开始，而施工过程通常从建立基础开始。因此，有必要对修复计划的编制进行深入的研究。

针对挑战（3），BIM技术可广泛用于施工过程5D模拟[23,24]。Yun[5]等学者通过开发三维显示平台实现了基于BIM的施工过程模拟。此外，一些学者[26-29]将虚拟现实技术与BIM相结合，实现了高真实感的施工模拟。为了降低施工过程中成本的不确定性，Wen[26]和Xu[30]在基于BIM的施工过程5D模拟和BP人工神经网络的基础上，建立了精确的成本管理系统。Zhou[31]学者表明施工过程模拟可以识别建设项目的潜在问题。然而，目前对施工过程5D模拟的研究主要集中在拟建建筑上，而不是针对受损建筑。因此，修复过程5D模拟方法有待深入探索。

针对上述三个挑战，本节提出了基于BIM的建筑震后修复过程5D模拟方法，该方法可以将建筑震后修复过程与三维模型、时间和成本相关联。首先，建立基于可能度的区间型指标修复方案决策模型，以确定受损建筑的最优修复方案。然后，依据分别流水施工方法设计施工进度计划自动化编制算法。最后，设计BIM构件搜索集算法，通过构件与工序自动挂靠实现修复过程5D模拟。以一个六层办公楼为例，采用提出的5D模拟方法，展示了详细的震后修复过程。

9.2.2　技术路线

本节所提出的基于BIM的建筑震后修复过程5D模拟方法的研究架构如图9.2-1所示，包括三个步骤：

（1）确定最优震后修复方案。以成本、工日、工艺复杂度、大型设备依赖度、修复效果为评价指标，确定最优修复方案。另外，考虑到方案评价指标取值的不确定性，构造区间数决策矩阵来描述不同方案的属性。随后采用主客观组合权重向量，建立基于可能度的区间型指标方案优选模型。利用区间数决策矩阵和相应的权重向量计算出所有维修方案的可能度，并通过可能度的排序，确定最优修复方案。

（2）自动编制修复计划。本节采用分别流水施工方法制定修复计划，在此基础上，计算分别流水施工的关键参数（工作面、流水节拍与流水步距），确定修复计划的具体内容，最后基于BIM平台设计修复进度计划自动编制算法。

（3）震后修复过程5D模拟。首先将BIM模型与修复计划集成到仿真平台中，随后利用BIM中的过滤器设计BIM构件与工序任务的自动挂靠算法。最后对建筑修复过程进行模拟，展示修复过程的细节（如人工费、材料费、机械费等）。

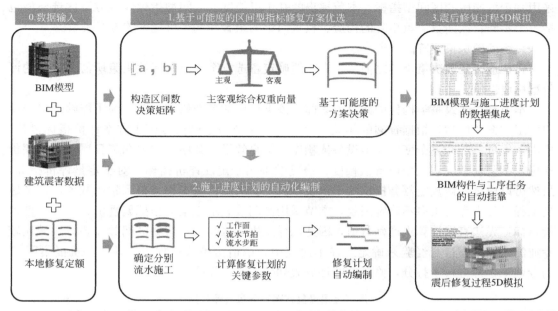

图 9.2-1　技术路线图

为了实现 5D 模拟，本书方法需要一些数据。首先需要建筑的 BIM 模型，可以通过 Revit、MicroStation 等建立。其次，还需要建筑震害数据，包括发生破坏的具体构件的损坏状态及修复工程量。这些数据是可以通过结合 BIM 和 FEMA P-58 的地震损失预测方法获取的[22]，根据建筑地震时程分析和 FEMA P-58 的易损性曲线得到具体构件的地震损坏状态，并通过建筑构件扣减关系计算出精确的建筑修复工程量。注意如果是建筑震后情况，可以通过现场调查得到每个构件的震害数据。最后，为了修复的成本符合本地化规律，本方法还需要结合具体地区的修复或建设成本标准（如 CSI 标准[43,44]，中国修复标准库[45]），用来计算具体的修复成本。

9.2.3　关键方法

9.2.3.1　基于可能度的区间型指标修复方案优选

对于因地震而损坏的建筑，根据其震害状态和性能标准（例如，FEMA P-58），其构件可分为完好的、可修复的、不可修复的构件[22]，不同类别的构件有不同的修复解决方案。具体来说，完好的构件不需要修复；不可修复的构件需要被拆除并重建；对于可修复的构件，可以使用各种修复方案[45]。例如，根据《北京市房屋修缮工程预算定额》（下文简称为《修复定额》）[45]，一根梁有 20 多种维修方案。因此，如何确定最优修复方案是一个重要的问题。

本节提出了基于可能度的区间型指标修复方案优选模型，用于确定最优修复方案。基于可能度的区间型指标能够充分考虑决策过程中的不确定性，是一种应用广泛的针对多属性决策问题的数学模型[46-49]。该方法利用区间型指标对方案的不确定性属性进行量化，并根据区间型指标计算方案优于其他方案的可能度，利用可能度对方案进行排序，从而确定最优方案。在本节算例中，修复方案的属性和决策者的偏好都具有较大的不确定性，因此采用基于可能度的区间型指标。本节提出的基于可能度的区间型指标修复方案优选模型包括三个步骤：区间数决策矩阵的构造、权重向量的组合和基于可能度的方案决策。

1. 区间数决策矩阵的构造

在构造区间数决策矩阵之前，首先需要确定备选方案以及多属性决策所需要考虑的评价指标属性值。

本节针对建筑每类构件的修复方案即为该类构件的备选修复方案。为了能够准确地反映施工方案的优劣，根据查阅的相关文献[50-52]，本节考虑的修复施工方案评价指标包括：成本、工日、工艺复杂度、大型设备依赖度、修复效果。其中，成本和工日属于定量评价指标，工艺复杂度、大型设备依赖度、修复效果属于定性评价指标。对于定量评价指标，虽然可以通过《修复定额》提供的单价及单位工日乘以修复工程量得到精确数值，但考虑到工程过程中存在很多不确定因素，本节采用区间数表示方案的指标属性值；对于定性评价指标，无法直接计算出准确数值，因此同样适用于区间数，这些区间数需要该领域比较专业的人员根据自身经验来确定。在本研究中，邀请房屋改造加固企业——筑福集团[53]的专业工程师进行了打分，修复方案评分表如表9.2-1所示。

混凝土梁修复方案评分表（部分）　　　　　　　　　　　　　　　表 9.2-1

序号	修复方案		工艺复杂度 （复杂）1～10分(简单)	大型设备依赖度 （高）1～10分(低)	修复效果 （差）1～10分(好)
1	梁增大截面	现拌混凝土	[5.5～6.5]	[4.5～5.5]	[6.5～7.5]
2		预拌混凝土	[7.5～8.5]	[5.5～6.5]	[7.5～8.5]
3	梁加腋	现拌混凝土	[5.5～6.5]	[4.5～5.5]	[6.5～7.5]
4		预拌混凝土	[7.5～8.5]	[5.5～6.5]	[7.5～8.5]
5	梁粘贴钢板加固	梁面双层板厚 4mm+4mm	[6.5～7.5]	[4.5～5.5]	[7.5～8.5]
6		U形箍板 板厚4mm	[5.5～6.5]	[4.5～5.5]	[6.5～7.5]

在备选方案和评价指标属性值确定之后即可构造区间数决策矩阵。以钢筋混凝土梁为例，从《修复定额》[45]中的所有修复方案中选择了6种修复方案，分别记为A_1、A_2、A_3、A_4、A_5、A_6，需要注意的是，为了讲述本节提出的方法，只选择了6种修复方案，在实际计算中可以考虑更多的修复方案。同时将五项评价指标：成本、工日、工艺复杂度、大型设备依赖度、修复效果分别记为E_1、E_2、E_3、E_4、E_5，各项数据取假设值，如表9.2-2所示。

混凝土梁备选方案指标值　　　　　　　　　　　　　　　　　　　表 9.2-2

备选方案		A_1	A_2	A_3	A_4	A_5	A_6
评价指标	E_1	[1200,1260]	[1100,1155]	[1500,1575]	[900,945]	[1300,1365]	[1400,1470]
	E_2	[4,5]	[5,6]	[3,4]	[6,7]	[4,5]	[3,4]
	E_3	[5.5,6.5]	[7.5,8.5]	[5.5,6.5]	[7.5,8.5]	[6.5,7.5]	[5.5,6.5]
	E_4	[4.5,5.5]	[5.5,6.5]	[4.5,5.5]	[5.5,6.5]	[4.5,5.5]	[4.5,5.5]
	E_5	[6.5,7.5]	[7.5,8.5]	[6.5,7.5]	[7.5,8.5]	[7.5,8.5]	[6.5,7.5]

表 9.2-2 中的数据采用矩阵的形式可以表示为式 (9.2-1)。

$$
\boldsymbol{D} = \begin{bmatrix}
[1200,\ 1260] & [1100,\ 1155] & [1500,\ 1575] & [900,\ 945] & [1300,\ 1365] & [1400,\ 1470] \\
[4,\ 5] & [5,\ 6] & [3,\ 4] & [6,\ 7] & [4,\ 5] & [3,\ 4] \\
[5.5,\ 6.5] & [7.5,\ 8.5] & [5.5,\ 6.5] & [7.5,\ 8.5] & [6.5,\ 7.5] & [5.5,\ 6.5] \\
[4.5,\ 5.5] & [5.5,\ 6.5] & [4.5,\ 5.5] & [5.5,\ 6.5] & [4.5,\ 5.5] & [4.5,\ 5.5] \\
[6.5,\ 7.5] & [7.5,\ 8.5] & [6.5,\ 7.5] & [7.5,\ 8.5] & [7.5,\ 8.5] & [6.5,\ 7.5]
\end{bmatrix}
$$

$$(9.2\text{-}1)$$

假设评价指标数量为 m，备选方案数量为 n，记 $\boldsymbol{D} = (d_{ij})_{m \times n}$，$d_{ij}$ 为方案 A_j 对评价指标 E_i 的取值，其中 $d_{ij} = [d_{ij}^{\mathrm{L}},\ d_{ij}^{\mathrm{U}}]$，$d_{ij}^{\mathrm{L}}$ 和 d_{ij}^{U} 为区间型指标的上限和下限。

由于评价指标的量纲不完全相同，导致不同类型的指标值在数量级上具有显著的差异，此差异会影响决策的准确性，因此还需要对矩阵 $\boldsymbol{D}$ 的各指标进行统一折算，即标准化处理。在对评价指标进行标准化处理时，需要将评价指标区分为费用型指标和效益型指标，不同类型的评价指标都有各自的标准化方法。具体来说，成本和工日属于费用型指标，工艺复杂度、大型设备依赖度、修复效果属于效益型指标。一般而言，决策者倾向于选择效益型指标较高且费用型指标较低的方案。因此，效益型指标采用式 (9.2-2) 进行处理，费用型指标需要对式 (9.2-2) 的分子、分母分别进行倒数变换，采用式 (9.2-3) 进行处理。

$$
r_{ij}^{\mathrm{L}} = d_{ij}^{\mathrm{L}} \Big/ \sqrt{\sum_{j=1}^{n} (d_{ij}^{\mathrm{U}})^2}\ ,\quad r_{ij}^{\mathrm{U}} = d_{ij}^{\mathrm{U}} \Big/ \sqrt{\sum_{j=1}^{n} (d_{ij}^{\mathrm{L}})^2}
\tag{9.2-2}
$$

$$
r_{ij}^{\mathrm{L}} = \frac{1}{d_{ij}^{\mathrm{U}}} \Big/ \sqrt{\sum_{j=1}^{n} \left(\frac{1}{d_{ij}^{\mathrm{L}}} \right)^2}\ ,\quad r_{ij}^{\mathrm{U}} = \frac{1}{d_{ij}^{\mathrm{L}}} \Big/ \sqrt{\sum_{j=1}^{n} \left(\frac{1}{d_{ij}^{\mathrm{U}}} \right)^2}
\tag{9.2-3}
$$

通过以上标准化公式 (9.2-2) 和公式 (9.2-3)，对初始区间数决策矩阵 $\boldsymbol{D}$ 进行标准化处理之后的区间数决策矩阵 $\boldsymbol{R}$ 如式 (9.2-4) 所示。

$$
\boldsymbol{R} = \begin{bmatrix}
[0.383,\ 0.422] & [0.417,\ 0.460] & [0.306,\ 0.337] & [0.510,\ 0.562] & [0.353,\ 0.389] & [0.328,\ 0.362] \\
[0.310,\ 0.497] & [0.259,\ 0.397] & [0.388,\ 0.662] & [0.222,\ 0.331] & [0.310,\ 0.497] & [0.388,\ 0.662] \\
[0.304,\ 0.415] & [0.414,\ 0.542] & [0.304,\ 0.415] & [0.414,\ 0.542] & [0.359,\ 0.479] & [0.304,\ 0.415] \\
[0.314,\ 0.462] & [0.384,\ 0.546] & [0.314,\ 0.462] & [0.384,\ 0.546] & [0.314,\ 0.462] & [0.314,\ 0.462] \\
[0.331,\ 0.436] & [0.382,\ 0.494] & [0.331,\ 0.436] & [0.382,\ 0.494] & [0.382,\ 0.494] & [0.331,\ 0.436]
\end{bmatrix}
$$

$$(9.2\text{-}4)$$

2. 综合权重向量

一般来说，主观权重过多地依赖于决策者的偏好，而客观权重过多地依赖于样本数据[54]。本节采用主客观权重结合的方法，具体来说，采用区间层次分析法 (IAHP)[55] 确定主观权重向量 $\boldsymbol{\omega}_1$，熵权法 (EWM)[56] 确定客观权重向量 $\boldsymbol{\omega}_2$，利用组合赋权法确定综合权重向量 $\boldsymbol{\omega}$。

(1) 区间层次分析法确定主观权重向量

在实际工程中，不同情况下，决策者对每类属性（即评价指标）的关注度不一样。在传统的层次分析法中，用 1～9 之间的整数及其倒数来表示评价指标之间的相对重要性因子，相对重要性因子越大，决策者对相应评价指标的偏好越高。本节利用区间数来考虑相对重要性因子的不确定性。因此，基于区间层次分析法构造区间判断矩阵 $\boldsymbol{A}$。以上述钢筋混凝土梁为例，根据区间层次分析法计算矩阵 $\boldsymbol{A}$，如式（9.2-5）所示。

$$\boldsymbol{A}=\begin{bmatrix}[1,\ 1] & [2.833,\ 3.167] & [4.833,\ 5.167] & [5.833,\ 6.167] & [1.833,\ 2.167] \\ [0.316,\ 0.353] & [1,\ 1] & [2.833,\ 3.167] & [3.833,\ 4.167] & [0.462,\ 0.545] \\ [0.194,\ 0.207] & [0.316,\ 0.353] & [1,\ 1] & [1.833,\ 2.167] & [0.240,\ 0.261] \\ [0.162,\ 0.171] & [0.240,\ 0.261] & [0.462,\ 0.545] & [1,\ 1] & [0.194,\ 0.207] \\ [0.462,\ 0.545] & [1.833,\ 2.167] & [3.833,\ 4.167] & [4.833,\ 5.167] & [1,\ 1]\end{bmatrix}$$

(9.2-5)

记 $\boldsymbol{A}=(a_{ij})_{m\times m}$，其中 $a_{ij}=[\underline{a_{ij}},\ \overline{a_{ij}}]$ 表示属性 E_i 与 E_j 的相对重要程度，$1\leqslant i$，$j\leqslant m$。

采用区间特征根法（IEM）[55] 计算区间判断矩阵排序的权重区间。记 $\boldsymbol{A}=[\underline{\boldsymbol{A}},\ \overline{\boldsymbol{A}}]$，分别计算矩阵 $\underline{\boldsymbol{A}}$、$\overline{\boldsymbol{A}}$ 的最大特征值所对应的归一化特征向量 $\underline{\boldsymbol{x}}$、$\overline{\boldsymbol{x}}$。对于式（9.2-5）中的矩阵 $\boldsymbol{A}$，其归一化特征向量 $\underline{\boldsymbol{x}}$ 和 $\overline{\boldsymbol{x}}$ 如式（9.2-6）所示。

$$\underline{\boldsymbol{x}}=[0.4270,\ 0.1734,\ 0.0764,\ 0.0512,\ 0.2719]$$
$$\overline{\boldsymbol{x}}=[0.4266,\ 0.1734,\ 0.0762,\ 0.0500,\ 0.2738]$$

(9.2-6)

在区间特征根法中，参数 M 和 N 用于计算区间权重向量，如式（9.2-7）所示。

$$\boldsymbol{W}=[M\underline{\boldsymbol{x}},\ N\overline{\boldsymbol{x}}]=(W_1,\ W_2,\ \cdots,\ W_n)^{\mathrm{T}}$$

(9.2-7)

其中 M 和 N 由式（9.2-8）计算。

$$M=\sqrt{\sum_{j=1}^{m}\frac{1}{\sum_{i=1}^{m}\overline{a_{ij}}}},\ N=\sqrt{\sum_{j=1}^{m}\frac{1}{\sum_{i=1}^{m}\underline{a_{ij}}}}$$

(9.2-8)

由式（9.2-7）和式（9.2-8）计算矩阵 $\boldsymbol{A}$ 的区间权重向量，如：

$$\boldsymbol{W}=[[0.4155,\ 0.4334][0.1688,\ 0.1761][0.0744,\ 0.0774][0.0498,\ 0.0508][0.2646,\ 0.2782]]$$

由于本节评价指标没有子层次结构，因此不需要对各层元素权重进行组合，选择区间权重向量的中值作为主观权重向量，对于式（9.2-5）中的矩阵 $\boldsymbol{A}$，其主观权重向量为 $\boldsymbol{\omega}_1=(0.420,\ 0.171,\ 0.075,\ 0.065,\ 0.269)^{\mathrm{T}}$。

（2）熵权法确定客观权重向量

熵权法[56] 是一种常用的计算权重的方法，用于反映属性值的离散度，计算信息熵之前，需要将区间数决策矩阵 $\boldsymbol{R}$ 归一化处理，即式（9.2-9）。

$$r_{ij}^{\mathrm{L}}\Rightarrow r_{ij}^{\mathrm{L}}/\sum_{j=1}^{n}r_{ij}^{\mathrm{L}},\ r_{ij}^{\mathrm{U}}\Rightarrow r_{ij}^{\mathrm{U}}/\sum_{j=1}^{n}r_{ij}^{\mathrm{U}}$$

(9.2-9)

对于区间数而言，计算指标输出的熵值应先分别计算区间上下限所对应的熵值，如式（9.2-10）所示，然后取两者的平均值作为该指标的信息熵，如式（9.2-11）所示，最后根据式（9.2-12）计算各指标熵权系数。

$$H_i^{\mathrm{L}}=-\frac{1}{\ln(n)}\sum_{j=1}^{n}r_{ij}^{\mathrm{L}}\ln(r_{ij}^{\mathrm{L}}),\ H_i^{\mathrm{U}}=-\frac{1}{\ln(n)}\sum_{j=1}^{n}r_{ij}^{\mathrm{U}}\ln(r_{ij}^{\mathrm{U}})$$

(9.2-10)

$$H_i=(H_i^{\mathrm{L}}+H_i^{\mathrm{U}})/2$$

(9.2-11)

$$\rho_i=\frac{1-H_i}{m-\sum_{i=1}^{m}H_i}$$

(9.2-12)

对于式（9.2-4）中的矩阵 $\boldsymbol{R}$，利用指标熵权系数 ρ_i 计算客观权重向量，如：

$$\boldsymbol{\omega_2} = (\rho_1, \rho_2, \cdots, \rho_m) = (0.274, 0.454, 0.159, 0.072, 0.041)^{\mathrm{T}}$$

（3）组合赋权法确定综合权重向量

利用线性方程确定评价指标的综合权重值，如式（9.2-13）所示。

$$\boldsymbol{\omega} = \beta\boldsymbol{\omega_1} + (1-\beta)\boldsymbol{\omega_2}, \ 0 \leqslant \beta \leqslant 1 \tag{9.2-13}$$

式中，对于比例相等的组合，取 $\beta=0.5$。

最后，修复方案的综合属性值（即 z_i）可以由区间数决策矩阵与综合权重向量的乘积计算得到，如式（9.2-14）所示。

$$z_i = \sum_{i=1}^{m} r_{ij}\omega_i \tag{9.2-14}$$

根据式（9.2-13）和式（9.2-14）分别计算出矩阵 $\boldsymbol{R}$ 对应的综合权重向量和修复方案的综合属性值，如式（9.2-15）和式（9.2-16）所示。

$$\boldsymbol{\omega} = (0.347, 0.313, 0.117, 0.068, 0.155) \tag{9.2-15}$$

$$\boldsymbol{z} = [[0.338, 0.449][0.360, 0.461][0.336, 0.472][0.380, 0.476][0.342, 0.455][0.343, 0.480]] \tag{9.2-16}$$

3. 基于可能度的评价模型的建立

由于方案指标属性值以区间形式表现，无法直接根据数值比较方案的优劣，因此本节设计了基于可能度的决策算法[57,58] 来确定最优修复方案。

对于方案 a 和 b，设其方案综合属性分别为 $\boldsymbol{a} = [a^{\mathrm{L}}, a^{\mathrm{U}}]$ 和 $\boldsymbol{b} = [b^{\mathrm{L}}, b^{\mathrm{U}}]$，记 $L(a) = a^{\mathrm{U}} - a^{\mathrm{L}}$，$L(b) = b^{\mathrm{U}} - b^{\mathrm{L}}$，则方案 a 优于方案 b 的可能度可由式（9.2-17）计算。

$$p(a \geqslant b) = \begin{cases} 1 & b^{\mathrm{L}} \leqslant b^{\mathrm{U}} \leqslant a^{\mathrm{L}} \leqslant a^{\mathrm{U}} \\ 1 - \dfrac{(b^{\mathrm{U}} - a^{\mathrm{L}})^2}{2L(a)L(b)} & b^{\mathrm{L}} \leqslant a^{\mathrm{L}} < b^{\mathrm{U}} \leqslant a^{\mathrm{U}} \\ \dfrac{a^{\mathrm{L}} + a^{\mathrm{U}} - 2b^{\mathrm{L}}}{2L(b)} & b^{\mathrm{L}} \leqslant a^{\mathrm{L}} \leqslant a^{\mathrm{U}} < b^{\mathrm{U}} \\ \dfrac{2a^{\mathrm{U}} - b^{\mathrm{L}} - b^{\mathrm{U}}}{2L(a)} & a^{\mathrm{L}} \leqslant b^{\mathrm{L}} \leqslant b^{\mathrm{U}} \leqslant a^{\mathrm{U}} \\ \dfrac{(a^{\mathrm{U}} - b^{\mathrm{L}})^2}{2L(a)L(b)} & a^{\mathrm{L}} < b^{\mathrm{L}} \leqslant a^{\mathrm{U}} \leqslant b^{\mathrm{U}} \\ 0 & a^{\mathrm{L}} < a^{\mathrm{U}} < b^{\mathrm{L}} < b^{\mathrm{U}} \end{cases} \tag{9.2-17}$$

根据式（9.2-17）建立可能度互补矩阵 $\boldsymbol{P} = (p_{ij})_{n \times n}$，其中 p_{ij} 表示方案 i 优于方案 j 的可能度。最后根据可能度矩阵排序公式（9.2-18）计算可能度矩阵排序向量 $\boldsymbol{k}$，并用于确定最优修复方案。

$$k_i = \frac{1}{n(n-1)}\left(\sum_{j=1}^{n} p_{ij} + \frac{n}{2} - 1\right) \tag{9.2-18}$$

由式（9.2-17）和式（9.2-18）计算钢筋混凝土梁的 6 种修复方案的可能度矩阵排序向量，即 $\boldsymbol{k} = (0.144, 0.171, 0.161, 0.199, 0.152, 0.173)$，其中最大值为 0.199，即针对混凝土梁的 6 个修复方案中第 4 种修复方案最优。同样，利用基于可能度的区间型指标修复方案优选模型，也可以确定其他构件的最优修复方案。

9.2.3.2 修复施工计划的自动化编制

1. 施工进度计划的分类及选择

施工进度计划按照其开展顺序可分为依次施工、平行施工、流水施工三种类型[59]。依次施工主要适用于施工场地小、工作面不充分、工期要求较为宽裕、资源供应不足的情况；平行施工适用于工期较短、工作面较为充足的情况；对于大多数工程来说，工作面和施工工期都是有限的，流水施工能充分利用时间和空间，因而得到了广泛应用。

按照流水节拍及步距，流水施工可以归纳为如图 9.2-2 最右侧所示的三种组织方式[60]。

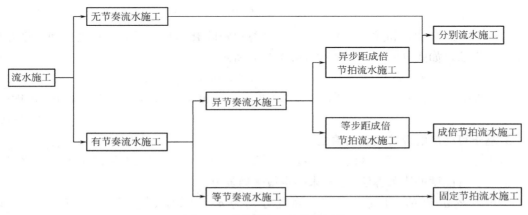

图 9.2-2　流水施工的种类划分

一般来说，固定节拍、成倍节拍流水施工通常只适用于一个分部或分项工程，且结构上下层布置需要相对规整统一。对于建筑震后修复工程，不同楼层破坏差别较大，往往很难要求按照相同的或成倍的时间参数组织流水施工。而分别流水施工的组织方式没有固定约束，允许某些施工过程的施工段闲置，因此能够适应各种结构各异、规模不等、复杂程度不同的工程对象，具有更广泛的应用范围。综上所述，本节按照流水施工中的分别流水施工方法进行修复施工进度计划的编制。

2. 分别流水施工参数确定

在组织工程项目流水施工时，常用流水施工参数包括工艺流程、空间布置和时间安排三方面。

工艺参数用以表达流水施工在施工工艺上开展顺序及其特征，具体指一组流水施工中施工过程的个数，可以根据修复方案决定。

空间参数主要包括工作面、施工段数和施工层，用以表达流水施工在空间布置上所处状态。其中工作面是指现场施工时所需的必要活动空间。施工段为将施工对象在平面上划分形成的劳动量大致相等的若干段，通常每一个施工段在某一段时间内只供给一个施工过程使用。施工层则是将建筑物在竖向划分为若干个操作层，一般按照结构层划分。一般情况下，不同工作项目的工作面可以根据施工规范[61] 等统计结果获得，如表 9.2-3 列出了主要专业工种工作面参考数据。

主要工序工作面参考数据	表 9.2-3
工作项目	每个技工的工作面
砌砖墙	8.5m/人
现浇钢筋混凝土柱	2.5m³/人
现浇钢筋混凝土梁	3.2m³/人
现浇钢筋混凝土板	5.3m³/人

时间参数主要包括流水节拍、流水步距、工期等，用以表达流水施工的时间排序。其中施工工期可在确定流水节拍和流水步距后计算，具体见 9.2.3.3 小节，因此流水节拍和流水步距对于制定施工进度计划至关重要，具体如下：

（1）流水节拍

流水节拍是指在一个施工段完成某一工序所必须消耗的时间，可以按下式计算：

$$t_j^i = \frac{Q_j^i H_j^i}{R_j^i N_j^i} \tag{9.2-19}$$

式中，t_j^i 为某专业施工队在施工段 i 上完成施工过程 j 的流水节拍；Q_j^i 为工序 j 在施工段 i 上的工程量，通过 BIM 模型[22] 可直接确定构件长度、体积等参数；H_j^i 为工序 j 人工定额，参考当地建设工程劳动定额[61] 确定此参数；R_j^i 为工序 j 的专业施工队人数，既要满足最小劳动组合人数要求又要满足最小工作面的要求；N_j^i 为工序 j 的专业施工队每天工作班次，本节采用一班制。

注意，结构构件的修复工程量（即 Q_j^i）根据本地扣减规则[22] 计算。例如，柱的体积应包括梁柱节点，而梁的体积应减去梁柱节点，从而获得精确的构件修复工程量，以创建修复计划。

（2）流水步距

流水步距是指为了保证施工的连续性，相邻工序相继开始进行施工的最小时间间隔。本节采用潘特考夫斯基法[62] 进行计算，具体步骤如下所示。

首先计算各施工过程在各个施工段上流水节拍的累加数列：

$$a_{i,j} = \sum_{i=1}^{m} t_j^i (1 \leqslant j \leqslant n, i \leqslant m) \tag{9.2-20}$$

式中，m 为施工段的数目；n 为施工层的数目；$a_{i,j}$ 为第 j 个施工过程的累加数列第 i 项的值。

随后计算相邻施工工序间的差数列：

$$\Delta a_{j,j+1}^i = a_{j,i} - a_{j+1,i-1} (1 \leqslant j \leqslant n, i \leqslant m) \tag{9.2-21}$$

式中，$\Delta a_{j,j+1}^i$ 为差数列的第 i 项值；$a_{j,i}$ 为流水节拍累加数列 j 的第 i 项值；$a_{j+1,i-1}$ 为流水节拍累加数列 $j+1$ 的第 $i-1$ 项值。

最后根据式（9.2-22）确定相邻两个施工过程的流水步距。

$$K_{j,j+1} = \max(\Delta a_{j,j+1}^i)(1 \leqslant j \leqslant n-1, i \leqslant m) \tag{9.2-22}$$

式中，$K_{j,j+1}$ 为施工过程 j 和 $j+1$ 之间的流水步距。

3. 修复进度计划自动编制

创建修复进度计划的算法如图 9.2-3 所示。假定修复工序和楼层的数量分别为 $Num\_$

procedure 和 *Num_floor*。创建三个二维数组（即 *startTime* ［*i*，*j*］、*endTime* ［*i*，*j*］ 和 *rhythm* ［*i*，*j*］），分别表示在第 *j* 楼层第 *i* 道修复工序的开始时间、结束时间和流水节拍，并创建一个一维数组（*pace* ［*i*］），表示第 *i* 道和第 *i*＋1 道修复工序之间的流水步距。

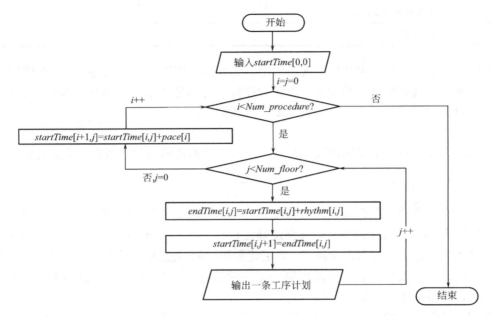

图 9.2-3 修复进度计划编制流程图

首先，修复进度计划的开始时间（即 *startTime* ［0，0］）由第一道工序的开始时间确定。随后，根据分别流水施工的修复计划，依次进行修复工序。因此，下一道工序的开始时间等于当前工序的开始时间与其流水步距之和，即 *startTime* ［*i*＋1，*j*］ ＝ *startTime* ［*i*，*j*］ ＋ *pace* ［*i*］。对于多层建筑，每个修复工序将逐层执行。这样，工序在当前楼层上的结束时间等于其开始时间和流水节拍之和（即 *endTime* ［*i*，*j*］ ＝ *startTime* ［*i*，*j*］ ＋ *rhythm* ［*i*，*j*］），也等于下一楼层工序的开始时间（即 *startTime* ［*i*，*j*＋1］ ＝ *endTime* ［*i*，*j*］）。最后，重复上述步骤，直到计算出所有工序的开始和结束时间，从而确定修复进度计划。

为了自动化的实现施工进度计划编制，本节采用 BIM 建模主流平台 Revit 平台进行二次开发。图 9.2-3 的核心代码如图 9.2-4 所示，通过 *AddDays* () 函数根据设计的算法更新不同工序的开始和结束时间，然后依次输出工序 ID、名称、开始时间、结束时间、工序类型、人材机成本，生成修复进度计划。

9.2.3.3 修复过程 5D 模拟

在震后修复过程的 5D 模拟中，BIM 模型、修复时间（4D）和修复成本（5D）是最基础的数据。修复进度计划中详细列出了建筑的总修复时间和破坏构件的子修复时间，其可以通过 Revit API 中的算法自动创建。在修复计划中，每种破坏构件的修复过程根据其修复方案划分为若干个工序。建筑的总修复成本等于所有破坏构件的成本之和，而构件的修复成本等于所有子工序的成本之和。此外，一个工序的总成本由材料、人工和机械成本组

```
for (int j = 0; j < Num_floor; j++)
{
    //当 j 楼层的工序所需时间非零时，执行下面语句
    if (rhythm [i, j]! = 0)
    {
    //第 j 楼层工序的结束时间（endTime [i, j]）等于第 j 楼层工序的开始时间（startTime [i, j]）加上
流水节拍（rhythm [i, j]）
    endTime [i, j] = startTime [i, j]. AddDays (rhythm [i, j]);
    //下一楼层工序的开始时间（startTime [i, j+1]）等于当前楼层工序的结束时间（endTime [i, j]）
    startTime [i, j+1] = endTime [i, j];
    //在名为"repairPlan"的输出文件中添加工序 ID、工序名称、开始时间、结束时间、工序类型、人材机成本
    repairPlan + = repairItemID + ", F" + (j + 1) + Name [repairItemID] + startTime [i, j]. ToString
(" d") + "," + endTime [i, j]. ToString (" d") + "," + Task_type [repairItemID] + repairCost [0,
j] + "," + repairCost [1, j] + "," + repairCost [2, j] + " \r\n";
    repairItemID + +;
    }
}
```

图 9.2-4　进度计划编制代码（部分）

成，可以用式（9.2-23）～式（9.2-26）来计算。

$$Total\_cost = Material\_cost + Labor\_cost + Equipment\_cost \qquad (9.2\text{-}23)$$

$$Material\_cost = Q_j^i C_1 \qquad (9.2\text{-}24)$$

$$Labor\_cost = t_j^i R_j^i C_2 \qquad (9.2\text{-}25)$$

$$Equipment\_cost = Q_j^i C_3 \qquad (9.2\text{-}26)$$

式中，Q_j^i 为工序 j 在施工段 i 上的修复工程量，t_j^i 为某专业施工队在施工段 i 上完成施工过程 j 的流水节拍；R_j^i 为在施工段 i 上工序 j 的专业施工队人数；C_1、C_2 和 C_3 分别为单位工程量的材料、人工和机械成本，可从当地的修复或建设成本标准（如 CSI 标准[43,44]，中国修复标准库[45]）中获得。

　　在获得 BIM 模型、修复时间和修复成本后，建筑修复过程的 5D 模拟流程主要包括三个关键部分：①BIM 模型与修复进度计划数据的集成；②BIM 构件与工序任务的自动挂靠；③建筑修复过程的 5D 模拟。

1. BIM 模型与修复进度数据集成

　　在进行建筑修复过程的 5D 模拟之前，需要集成 BIM 模型与施工进度计划数据，本节选取 Autodesk 公司的 Navisworks[63] 平台进行数据集成。Navisworks 平台可以与 Revit 创建的 BIM 模型无缝衔接，并广泛应用于施工过程模拟。

　　针对 BIM 模型，在 Revit 中将 BIM 模型导出为 *.nwc 格式文件，然后通过模型附加的方式导入 Navisworks 平台。此外，根据 Navisworks 的要求，修复计划可以存储为 *.csv 格式，然后 Navisworks 将通过 *.csv 文件导入整个计划。通过上述解决方案，BIM 模型和修复进度计划可以集成到 Navisworks 中。

2. BIM 构件与工序任务的自动挂靠

　　在 Navisworks 平台按照常规方式进行 5D 施工模拟时，大约 80% 以上的工作量用于

BIM 构件与工序任务的挂靠。该步骤一般都是手动完成，费时费力，且容易出现构件挂靠错误的情况。

为了解决上述问题，本节提出了 BIM 构件与工序任务自动挂靠的解决方案。该方案有两个关键点：①BIM 构件集的自动生成；②构件集与工序任务的自动挂靠。请注意，修复工序通常涉及一组构件。例如，墙的拆除工序意味着楼层上受损严重的墙将被拆除。因此，需要按照工序生成相应的构件集。

（1）BIM 构件集的自动生成

本节基于 Revit 开发了构件搜索集自动生成插件，通过该插件可以导出搜索集文件，便于在 Navisworks 平台中自动创建与工序相对应的构件集。

图 9.2-5 所示为搜索集生成过程。首先获取第 i 道工序所要求的构件类型和破坏状态。随后，根据所需类型和破坏状态过滤构件。最后，将过滤后的构件定义为一个搜索集，并输出其 ID 以自动生成构件集。重复以上步骤，直到形成所有工序的搜索集。

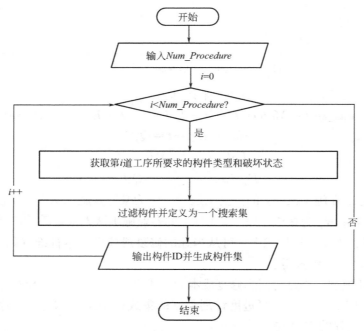

图 9.2-5　构件搜索集导出流程

图 9.2-5 的核心代码如图 9.2-6 所示，通过 *ElementCategoryFilter* 及属性名称过滤各楼层不同类型构件，并根据构件破坏状态筛选出相应工序的构件集合。最终输出包括工序任务名称、构件 ID 的 ∗.xml 文件，然后，将该搜索集文件导入 Navisworks 平台，平台将会根据文件自动生成与工序任务名称一一对应的构件集。

（2）构件集与工序任务的自动挂靠

由于工序任务名称与构件集名称一一对应，所以可以直接通过 Navisworks 平台提供的自动映射功能，如图 9.2-7 所示，工序任务与构件集同名（图 9.2-7 中的蓝色字），因此每个任务可以自动附加到相应集合中的构件，从而节省了大量的手工映射工作量。

```
//获取第 i 道工序所要求的构件类型
ElementCategoryFilter structuralBeamFilter = new ElementCategoryFilter (BuiltInCategory.OST _ Structural-
Framing);
unlevelElementCollector.WherePasses (structuralBeamFilter);
IList<Element> elementBeam = (from el in unlevelElementCollector where el.get _ Parameter (BuiltInParame-
ter.INSTANCE _ REFERENCE _ LEVEL _ PARAM).AsValueString () = = upLevelName select el).ToList ();
foreach (Element element in elementBeam)
    {
    //获取第 i 道工序所要求的破坏状态
    IList<Parameter> list _ P _ State = element.GetParameters ("P _ 破坏状态");
    Parameterparam _ P _ State = list _ P _ State [0];
    //将 ID 添加到对应搜索集
    if (param _ P _ State.AsString () = = "DS1" || param _ P _ State.AsString () = = "DS2")
    {elementIDs _ 1.Add (element.Id);}
    else if (param _ P _ State.AsString () = = "DS3")
    {elementIDs _ 2.Add (element.Id);}
    }
//将过滤的构件定义为搜索集并输出构件 ID，用于生成构件集
SelectionSet (elementIDs _ 1, levelName, "混凝土梁-加固");
SelectionSet (elementIDs _ 2, levelName, "混凝土梁-拆除");
SelectionSet (elementIDs _ 2, levelName, "混凝土梁-重建");
```

图 9.2-6　构件搜索集代码（部分）

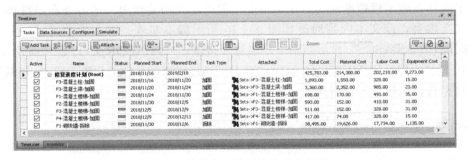

图 9.2-7　工序与构件挂接完成界面

3. 建筑修复过程的 5D 模拟

为了实现震后修复过程的 5D 模拟，在 Revit 中开发了一个名为"修复过程 5D 模拟"的插件，提供了包括进度计划和搜索集的必要数据，如图 9.2-8 所示。通过开发的插件，可以定义修复计划的开始时间，并自动以 *.csv 格式为 Navisworks 创建详细的修复计划（包括每道工序的 ID、名称、开始时间、结束时间、任务类型、人材机成本），同时，相应工序的搜索集也会输出到 Navisworks 中。

在 Navisworks 中构件集和工序任务之间的映射完成后，需要进行两个可视化预处理工作，以实现震后修复过程的 5D 模拟。建筑修复的工序任务中，对应多种不同的任务类型，为了在 5D 模拟时能够区分出这些任务类型，需要为每种任务配置不同的显示状态。如图 9.2-9 所示，完好构件以半透明模式显示，待修复构件显示为黄色，拆除阶段显示为

Autodesk Revit 2017
修复过程5D模拟
Architecture
Structure
Systems
修复时间设置
修复进度计划表
选择集数据
修复过程5D模拟

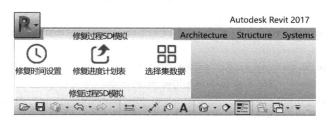

图 9.2-8　修复过程 5D 模拟插件

红色，重建阶段显示为绿色，加固阶段显示为紫色，修复完成之后直接显示模型的真实外观。

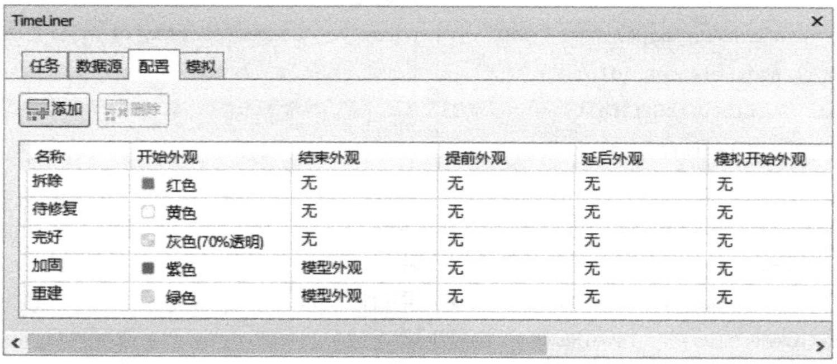

TimeLiner
任务
数据源
配置
模拟
添加
删除
名称 | 开始外观 | 结束外观 | 提前外观 | 延后外观 | 模拟开始外观
拆除 | 红色 | 无 | 无 | 无 | 无
待修复 | 黄色 | 无 | 无 | 无 | 无
完好 | 灰色(70%透明) | 无 | 无 | 无 | 无
加固 | 紫色 | 模型外观 | 无 | 无 | 无
重建 | 绿色 | 模型外观 | 无 | 无 | 无

图 9.2-9　任务显示状态配置界面

为了能够在施工模拟期间实时显示当前工程进度及相关费用，还需要在三维界面添加相应的文本内容，该文本内容通过如图 9.2-10 所示脚本实现。脚本中“%x%a”显示实时模拟时间，“$TASKS”显示当前工序名称及进度，“$LABOR_COST”“$MATERIAL_COST”“$EQUIPMENT_COST”“$TOTAL_COST$COLOR_RED”分别显示人工费、材料费、机械费和总费用。

```
%x%a 第 $DAY 天第 $WEEK 周 $COLOR_BLACK
$TASKS $COLOR_BLACK
人工费：$LABOR_COST $COLOR_BLUE
材料费：$MATERIAL_COST $COLOR_BLUE
机械费：$EQUIPMENT_COST $COLOR_BLUE
总费用：$TOTAL_COST $COLOR_RED
```

图 9.2-10　添加施工进度信息

以上设置完成之后，切换到模拟控制界面即可开始建筑修复过程的 5D 模拟。具体见下文算例部分。

9.2.4　算例

9.2.4.1　修复方案的智能优选

本节采用第 7 章 7.2.2 节中 6 层钢筋混凝土框架结构为算例，该算例中，砌块墙同时发生了可修复性和不可修复性破坏，梁柱节点和楼梯主要发生了可修复的轻微破坏。对于不可修复性破坏，需拆除相应构件并重建，不同类型构件的单位修复成本和时间可从当地的修复或建设成本标准（如 CSI 标准[43,44]、中国修复标准库[45]）中获得，然后从 BIM模型中获得不可修复构件的修复工程量（如体积和长度），将单位定额与修复工程量相乘，计算出这些构件的修复成本和时间。对于可修复性破坏构件，需采取《修复定额》[45] 中相应的修复措施。经统计，各类构件都有数十种修复方案可供选择，因此，采用基于可能度的区间型指标方案优选模型来确定可修复构件的最优修复方案。

如前文所述，选择五项评价指标（即修复成本、工日、工序复杂度、大型设备依赖度、修复效果）进行决策。不同方案的成本和时间由《修复定额》[45] 获得，考虑到工程过程中存在很多不确定因素，本节将精确数值上下浮动 5%，采用区间数表示方案的指标属性值；同时，邀请房屋改造加固企业——筑福集团的专业工程师对各方案的工序复杂度、大型设备依赖度、修复效果进行了打分，从而获取方案的评价指标，构建方案决策矩阵。

在考虑主客观综合权重的基础上，利用所提出的方法计算了不同方案的可能度，并进行了排序，确定了破坏构件的最优修复方案，如表 9.2-4 所示。请注意，表 9.2-4 中列出的最优修复方案并不是成本最优，也不是时间最优，而是综合了主客观权重的决策结果。在本研究中，主观权重向量为 $\omega_1 = (0.420, 0.171, 0.075, 0.065, 0.269)^T$，说明修复成本是决策者的重要关注因素。以柱为例，客观权重向量为 $\omega_2 = (0.527, 0.383, 0.024, 0.056, 0.010)^T$，表明修复成本的指标属性差异最大。通过主客观权重相结合，综合权重向量为 $\omega = (0.474, 0.277, 0.049, 0.060, 0.139)^T$。由此可见，修复成本的权重最大，因此表 9.2-4 中柱的修复方案在主客观权重相结合的综合结果中趋于成本最优。

建筑构件最优修复方案 表 9.2-4

构件类别	破坏状态	修复方案
墙	不可修复	拆除重建
	可修复	裂缝压力灌浆-聚乙烯醇溶液水泥砂浆聚合物
梁	可修复	混凝土梁-粘贴碳纤维布加固
板	可修复	混凝土板-粘贴碳纤维布加固
柱	可修复	混凝土柱-粘贴碳纤维布加固
楼梯	可修复	混凝土裂缝修复

9.2.4.2　施工进度自动编制

利用本节开发的"修复过程 5D 模拟"插件，在设置修复起始时间之后，通过"修复进度计划表导出"功能，就可以自动得到如下流水施工参数及施工进度计划数据。通过本节插件自动编制并导出施工进度计划表部分内容如表 9.2-5 所示。使用本节开发的程序，只需 10s 就可以创建修复计划，可以节省大量人工工作。

施工进度计划表（部分）　　　　　　　　　　　　　　　　　　　表 9. 2-5

ID	工序	开始时间	结束时间	任务类型	人工费(元)	材料费(元)	机械费(元)
0	F3-结构柱-加固	2018/11/16	2018/11/20	加固	328	1550	15
1	F3-梁-加固	2018/11/20	2018/11/24	加固	985	2352	23
2	F1-楼梯-加固	2018/11/24	2018/11/30	加固	493	170	35
3	F2-楼梯-加固	2018/11/30	2018/12/5	加固	410	152	31
…	…	…	…	…	…	…	…
20	F3-砌块墙-加固	2019/2/2	2019/2/7	加固	5747	5466	243
21	F4-砌块墙-加固	2019/2/7	2019/2/12	加固	3284	3027	134
22	F5-砌块墙-加固	2019/2/12	2019/2/17	加固	6978	6618	294
23	F6-砌块墙-加固	2019/2/17	2019/2/18	加固	82	74	3
总计		2018/11/16	2019/2/18	—	202210	214300	9273

9.2.4.3　修复过程 5D 模拟

将 BIM 模型和修复进度计划分别以 *.nwc 和 *.csv 格式导入 Navisworks 平台如图 9.2-11 所示。

通过本节开发的插件从 Revit 软件中导出 BIM 构件搜索集文件，然后将该文件导入 Navisworks 平台，平台将根据导入文件自动创建构件集合，并实现 BIM 构件集与工序任务的自动挂靠，如图 9.2-11 所示。值得说明的是，构件挂靠是施工模拟最为关键和耗时的工作。本节算例，如果采用人工方式，需要将构件和共需任务一一对应，估计要花费至少 3h，而采用本节研发程序，则只需要 1min。因此，本节研究方法具有极高的效率，解决了修复过程施工模拟的重要问题。

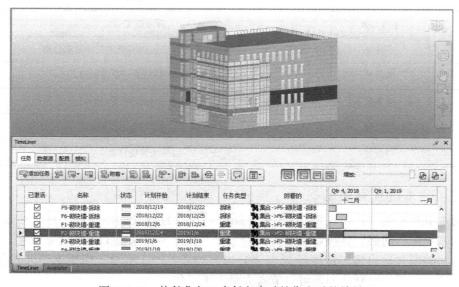

图 9.2-11　构件集与工序任务自动挂靠之后的效果

　　在完成模型状态颜色设置和显示内容脚本编辑之后，即可进行建筑修复过程的 5D 模拟。建筑修复过程 5D 模拟的主界面如图 9.2-12 所示，左上角实时显示当前模拟时间、工序进度、人材机费用，在三维视图区域动态显示每个构件的实时状态，底部为当前工序的横道图。图 9.2-13 是修复过程 5D 模拟不同时间节点的截图，从图中可以直观地看出建筑的实时修复进度计划。

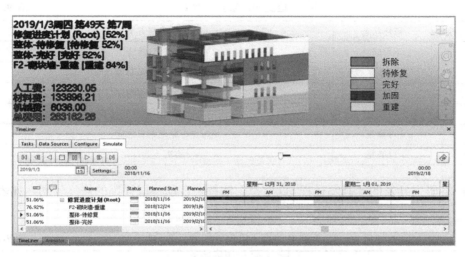

图 9.2-12　建筑修复过程 5D 模拟主界面

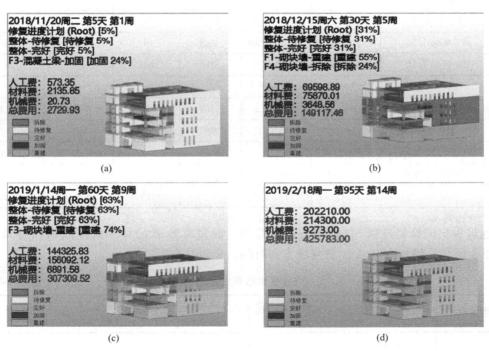

图 9.2-13　5D 模拟不同时间节点截图

（a）第 5 天；（b）第 30 天；（c）第 60 天；（d）第 95 天

9.2.4.4 讨论

为了验证所提出的修复方案（即方案 A），本节选择了另一组修复方案（即方案 B）。目前对于如何确定受损建筑的震后修复方案的研究非常有限，因此筑福集团的专业工程师根据他们的工程经验，为本研究推荐了方案 B，如表 9.2-6 所示。

建筑构件修复方案 B 表 9.2-6

构件类别	破坏状态	修复方案
墙	不可修复	拆除重建
	可修复	裂缝压力灌浆-砂浆灌浆
梁	可修复	粘贴钢板加固
板	可修复	板顶附加叠合层
柱	可修复	粘贴钢板加固
楼梯	可修复	混凝土裂缝修复

利用本研究开发的"修复过程 5D 模拟"插件，自动生成详细的修复计划，如表 9.2-7 所示。

方案 B 的施工进度计划表（部分） 表 9.2-7

ID	工序	开始时间	结束时间	任务类型	人工费(元)	材料费(元)	机械费(元)
0	F3-结构柱-加固	2018/11/16	2018/11/20	加固	1642	5946	93
1	F3-梁-加固	2018/11/20	2018/11/24	加固	12151	32216	447
2	F1-楼梯-加固	2018/11/24	2018/11/30	加固	985	170	35
3	F2-楼梯-加固	2018/11/30	2018/12/5	加固	821	152	31
…	…	…	…	…	…	…	…
20	F3-砌块墙-加固	2019/1/30	2019/2/5	加固	6896	6693	243
21	F4-砌块墙-加固	2019/2/5	2019/2/11	加固	3941	3706	134
22	F5-砌块墙-加固	2019/2/11	2019/2/17	加固	8374	8103	294
23	F6-砌块墙-加固	2019/2/17	2019/2/19	加固	164	91	3
总计		2018/11/16	2019/2/19	—	221669	253836	9775

通过提出的修复过程 5D 模拟方法，得到了修复方案 B 的详细修复成本和时间，如表 9.2-8 所示。修复方案 A 的修复成本和时间也见表 9.2-8。

5D 模拟结果统计表 表 9.2-8

修复方案	人工费(元)	材料费(元)	机械费(元)	总费用(元)	工期(天)
A	202210	214300	9273	425783	95
B	221669	253836	9775	485280	96

通过表 9.2-8 可以看出，A、B 两种修复方案的总修复费用分别为 425783 元和 485280

元，与方案 B 相比，本文方法节省了总费用的 12.26%，而两种方案的修复时间基本相同。

在本算例中，可修复构件在所有破坏构件中所占的比例仅接近 1/4，因此总的修复成本和时间主要取决于拆除和重建不可修复构件的工序，而这与修复方案决策无关。如果只比较可修复构件，方案 A 和 B 的费用分别为 57151 元和 116648 元，如图 9.2-14 所示。在这种情况下，该方法相较于修复方案 B 节省了 51% 的费用，方案 A 和 B 中可修复构件的修复时间分别为 54d 和 60d，如图 9.2-15 所示。该方法相较于修复方案 B 节省了 10% 的时间。

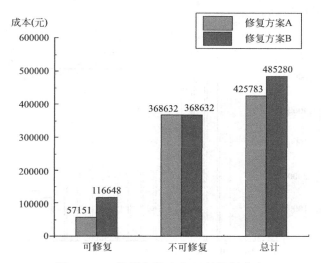

图 9.2-14　修复方案 A 和 B 的修复成本

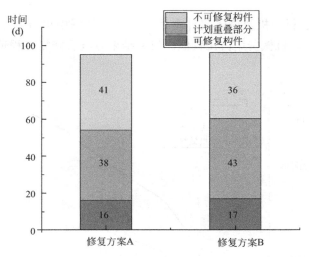

图 9.2-15　修复方案 A 和 B 的修复时间

先前研究[22] 表明，如果直接采用定额默认修复方法，相同震害的同一建筑的总修复成本为 463728 元。由于在选择修复方案时，更为关注修复成本，通过修复方案智能优选，本节方法比直接定额方法节省了约 8.18% 的费用。

　　修复成本与时间是衡量建筑抗震能力的重要指标。采用本文提出的方法，对 A、B 两种修复方案的详细修复费用和修复时间进行了量化，通过对两种修复方案的比较，可以发现不同的修复方案对受损建筑的抗震性能有显著影响。该方法可以量化这种影响，有助于决策者选择最优的修复方案，以提高建筑物的抗震能力。

　　而且，本节 5D 模拟还可以给出更实际的工期以及工期中详细的成本变化。通过 5D 模拟，可以得到如图 9.2-16 所示的不同阶段修复成本统计图，从图中可以看出建筑不同阶段的修复成本呈两低中高的"山"形分布，这意味着修复过程所需的成本在开始和结束阶段较低，在中间阶段较高。

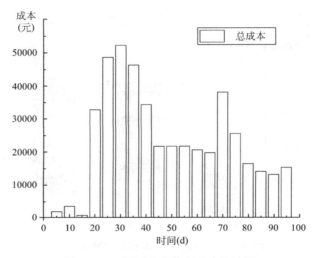

图 9.2-16　不同阶段修复成本统计图

　　图 9.2-17 为人、材、机及总体累计费用统计图，从图中可以看出建筑的主要修复成本为人工费及材料费，机械费用占比较低。研究结果对震后修复工程造价管理有一定的指导意义。

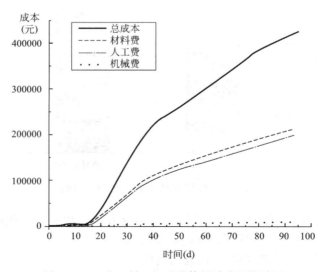

图 9.2-17　人、材、机及总体累计费用统计图

修复过程的 5D 模拟不仅以三维逼真的方式呈现了修复动画，而且提供了修复期间详细费用的变化过程。这些仿真结果显示了修复过程中对人工、机械和材料的动态需求，对于发现关键修复需求至关重要。通过优化关键修复需求，可以缩短修复工期，从而提高建筑物的韧性。因此，对震后修复过程的 5D 模拟也有助于建筑抗震性能决策。

9.2.5 小结

本节提出了基于 BIM 的建筑震后修复过程 5D 模拟方法，并针对某市的六层办公楼进行了修复过程模拟的案例研究。得出以下结论：

（1）通过基于可能度的区间型指标修复方案决策模型，可以针对震害情况，根据利益相关者的目标要求及样本数据选择合理的修复方案。

（2）使用施工进度计划自动化编制算法，能够适应各种规模不等、复杂程度不同的工程对象，有效地根据修复方案实现施工进度计划自动编制。

（3）通过建筑震后修复过程 5D 模拟，考虑构件自动挂靠，节省了大量人力工作，提高了效率，并实时给出精确修复成本、修复时间和所需资源数据。

（4）提出的 5D 模拟方法可以通过量化修复成本和修复时间来评估建筑物的抗震能力。在实例分析中，与传统的修复方案相比，该方法节省了 12.26% 的总成本。此外，该方法还可以对修复过程提供详细的指导，有利于建筑抗震决策。

值得注意的是，本节仅研究了结构构件，而未考虑非结构构件［如窗、门和机械、电气和管道（MEP）］。实际上，本节方法也适用于非结构构件，只需要获得它们的震害和相应的备选修复方案。未来将针对包括结构构件和非结构构件的建筑进行震后修复的 5D 模拟，为抗震决策提供完整的指导。

9.3 考虑建筑倒塌的城市震后路网通行性评估

9.3.1 背景

当一个城市遭受强烈地震时，倒塌的建筑物[64]可能会阻塞道路，从而影响路网的通行性。同时，路网的震后通行性对于城市的应急响应决策（例如救援或撤离）至关重要[65]。例如，通往重要建筑物的震后最佳救援路径可能与正常情况完全不同。在路径选择上的错误决策会严重延误救援工作的进行。因此，考虑建筑物倒塌的城市震后路网通行能力分析方法非常必要。

现阶段已经有许多学者对城市路网的震后通行性进行了研究[66,67]。例如，Sakak-ibara[67]提出了一种拓扑指数方法来量化路网在地震中遭受严重破坏后的可靠性。在现阶段研究中，一些学者已经考虑了建筑物倒塌的影响[68,69]。Argyroudi 等[68]提出了一种考虑空间地震危险的路网系统风险概率分析的综合方法，通过该方法分析了地震中相邻建筑物倒塌造成的道路阻塞的可能性。Nishino 等[69]提出了一种基于假设的三角分布的道路阻塞概率模型，通过该模型可以预测由于建筑物倒塌而导致的倒塌碎片的范围。但是，现有的研究并未充分考虑如何确定倒塌的建筑物。

现有研究为地震损伤模拟提供了许多理论方法[70-74]。高精度的城市地震损伤模拟既可以准确预测倒塌建筑物的分布，又可用于路网的震后通行性分析。Lu 等[75] 为高精度城市地震损伤模拟提出了一种多自由度（MDOF）模型，该模型可以预测每座建筑物每个楼层的地震破坏情况[76]。

与现有研究中不能确定倒塌建筑物这一不足相比，本研究可以使用基于 MDOF 模型的高精度城市地震损伤模拟来确定市区倒塌建筑物的详细分布，从而提出了一种完整、准确的考虑建筑物倒塌的路网震后通行性分析方法。并且以某大学校园为例，分析了在虚拟地震情况下建筑物倒塌对道路网通行性的影响，并确定了从校园入口到避难场所的最佳路径。

9.3.2 关键方法

9.3.2.1 整体思路

本节提出的考虑建筑物倒塌的路网震后通行性分析方法包括四个主要步骤，如图 9.3-1 所示。

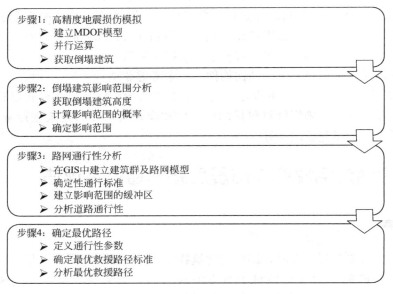

图 9.3-1 方法流程图

步骤 1：使用 MDOF 模型进行高精度城市地震损伤模拟，以预测倒塌建筑物的分布。

步骤 2：根据碎片分布的概率模型分析倒塌建筑物的影响范围。

步骤 3：在地理信息系统（GIS）平台上分析路网的通行性。

步骤 4：根据路网地震后的通行性确定最佳救援路径。

以下各小节将介绍每个主要步骤中的详细技术方法。

9.3.2.2 高精度的城市震害模拟

1. 创建 MDOF 模型

在地震中，绝大多数倒塌的建筑物是单层或多层的砖石或钢筋混凝土框架结构[77]，因此本节采用了非线性 MDOF 剪切模型来进行城市震害模拟。

2. 并行运算

城市中成千上万栋建筑物的地震模拟是一个计算难题。本节将图形处理单元（GPU）[78] 用于基于 MDOF 模型的仿真模拟，来进行并行计算，从而加快了建筑群的地震损伤仿真模拟速度。

3. 获取倒塌建筑

上述的高精度震害模拟可以输出倒塌的建筑物。此外，倒塌建筑物的分布可以通过逼真的 3D 方式进行可视化展示[79]。

9.3.2.3　倒塌影响范围分析

1. 获取倒塌建筑物的高度

对于任何倒塌的建筑物，需要获得其高度（表示为 H）。

2. 计算影响范围的概率

基于对阪神大地震的调查，Nishino[69] 提出了由倒塌建筑物引起的碎片分布的概率模型，如图 9.3-2 所示。

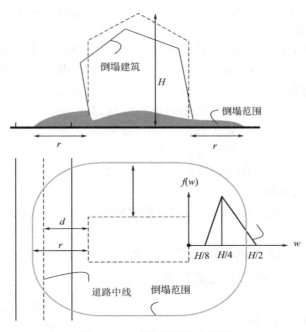

图 9.3-2　建筑倒塌影响范围

坠物影响宽度 w 由以下三角形分布描述，其最小值 a，最大值 b 和中位值 c 分别为 $H/8$，$H/2$ 和 $H/4$。超越概率 p_l 表示距建筑物边界距离为 l 的位置是否被碎片覆盖的概率，可以按照式（9.3-1）计算：

$$p_l = 1 - P_r(w \leqslant l) = \begin{cases} 1 - \dfrac{(l-a)^2}{(b-a)(c-a)} & (a \leqslant l \leqslant c) \\ \dfrac{(b-l)^2}{(b-a)(b-c)} & (c \leqslant l \leqslant b) \end{cases} \tag{9.3-1}$$

根据式（9.3-1），倒塌建筑物造成的最大和最小影响范围分别为 $H/2$ 和 $H/8$。而平均范围（即 $p_l = 50\%$）为 $0.23H$。

3. 确定影响范围

一般使用平均影响范围来分析道路通行性。但在本节的案例研究中，采用了最大影响范围（即 $w = H/2$），以突出显示由于建筑物倒塌对路网通行性所造成的影响。

9.3.2.4 道路通行性分析

1. 在 GIS 中创建道路和建筑物模型

本节采用了当下应用广泛的 ArcGIS 平台。分别在 ArcGIS 中创建建筑物和道路网络模型，具体步骤如下：

步骤 1：根据区域卫星影像图，使用 ArcGIS 中的多边形功能绘制建筑物的轮廓。

步骤 2：使用 ArcGIS 中的属性表功能，输入建筑物的相应属性信息（例如，结构类型和高度）。

步骤 3：使用 ArcGIS 中的线功能，根据区域卫星图像绘制路网。

步骤 4：通过在 ArcGIS 中断开交叉线，将道路网络划分为不同的路段。

步骤 5：使用 ArcGIS 中的属性表功能，输入路段的相应属性信息（例如，宽度和长度）。

2. 确定通行性标准

假设道路的宽度为 r，建筑物边界到道路边界的距离为 d，如果影响范围 $w < d$，则倒塌的建筑物对道路没有影响（即正常状态）；如果影响范围 $w > d$ 但不超过道路的一半宽度（即 $r/2$），则道路的通行能力受到限制（即处于受限状态）；如果 w 超出道路的一半宽度，则认为该道路处于阻塞状态（即阻塞状态）。可以通过式（9.3-2）表示上述标准：

$$\begin{cases} 正常状态, & w < d \\ 受限状态, & d \leqslant w < d + r/2 \\ 阻塞状态, & d + r/2 \leqslant w \end{cases} \qquad (9.3\text{-}2)$$

3. 创建影响范围缓冲区

通过使用 ArcGIS 中的缓冲区功能，可以创建倒塌建筑物影响范围的缓冲区域。

4. 通行性叠加分析

利用影响范围和道路宽度的缓冲区域进行叠加分析（图 9.3-3）。基于叠加结果和公式（9.3-2），可以在 ArcGIS 中确定道路网络的通行性。

9.3.2.5 最优路径的选择

路网由许多路段组成，每个路段都有其属性（例如，距离和行驶速度）。在本节研究中，依据通行性分析结果，对各路段属性进行设置：对于正常的路段，其距离和行驶速度不做改变；对于通行受到限制的路段，其距离不变，但行进速度降低到原始值的 1/3；对于阻塞路段，其距离被认为是无限的，而速度被设置为零。

在最优路径选择方面，本节使用 Arc-

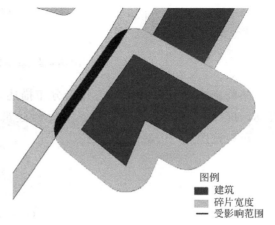

图例
■ 建筑
▨ 碎片宽度
— 受影响范围

图 9.3-3 影响范围和道路的叠加分析

GIS 地理信息系统，在 ArcGIS 中根据实际测量数据建立精确建筑模型和路网模型，根据上述方法对路段属性进行设置，最后通过在 GIS 系统中建立距离与时间双属性网络数据集，根据震后路网受影响状况计算救援车辆到达地震紧急避难地点的最优路径。

9.3.3　算例

　　根据上述方法，以某高校校园为地震受灾区域，模拟 1999 年台湾集集地震地震波、地震峰值加速度为 800 gal。分析计算极限情况下（地震建筑倒塌影响范围取 1/2 建筑高度）校园震后路网通行能力，并假设以某高校附小操场为地震紧急避难区域，校园西门、西南门、南门为救援车辆进入校园入口，计算并选择震后救援车辆到达紧急避难区域的最优路径。

　　首先，使用 ArcGIS 地理信息系统，在 ArcGIS 中根据实际测量数据建立精确建筑模型和路网模型，如图 9.3-4 所示。

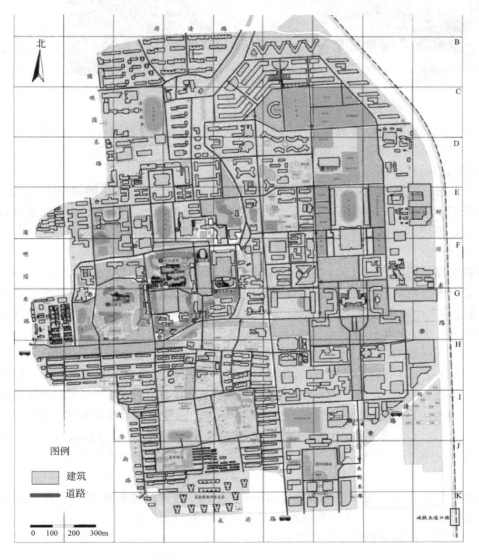

扫码看彩图

图 9.3-4　建筑模型与路网模型

使用 MDOF 模型，模拟该校园中所有建筑物的高精度地震破坏，并确定倒塌的建筑物，如图 9.3-5 所示。

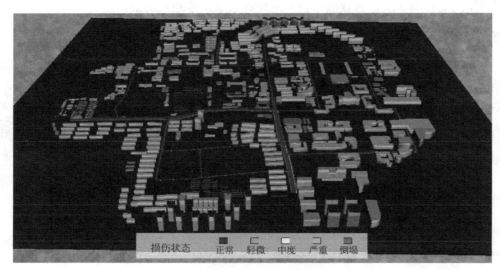

图 9.3-5　建筑物震后破坏情况

根据文中提出的方法可以计算出倒塌残骸的影响范围。通过建筑倒塌影响范围、建筑到道路的距离以及路面宽度计算道路是否受到建筑倒塌带来的影响、影响情况是否严重，给出地震后路网的通行性结果，如图 9.3-6 所示。

图 9.3-6 中绿色道路表示畅通道路，并未受到地震导致建筑破坏、倒塌所带来的影响；黄色路段表示受到了建筑破坏、倒塌带来的影响，但影响较小，救援车辆行驶速度可能会受到影响，但仍然可以通过；红色路段表示受建筑破坏、倒塌带来的影响较大，无法允许救援车辆通过。

为了分析道路通行性对最佳救援路径的影响，对地震前后的最佳救援路径进行比较。假定操场是紧急避难所，校园的西大门和西南大门是该避难所的入口（图中粉红色远点所处位置），通过前文中提出的方法，分别计算了地震前和地震后从大门到避难所的最佳救援路径，如图 9.3-7 中蓝色线段所示。

结果表明，震后路网的通行性会改变最优救援路径，对震后应急响应具有重要影响。地震之前，图 9.3-7（a）表明最佳的救援路径是从西南大门到操场，因为西南大门比西大门要近得多。但是，地震后，最佳的救援路径是从西门到操场，见图 9.3-7（b），这是因为从附近的西南大门到操场的道路被倒塌的建筑物阻塞。如果没有本节研究的分析结果，通常将选择图 9.3-7（a）中的正常路径，但是这条道路将无法通行，将导致救援延误。相反，借助本节研究的分析结果，将选择一条最佳的救援路径，从而避免倒塌建筑物的影响。

另一方面，震后路网的通行性也表明了加固可能倒塌的建筑物的必要性。通过比较图 9.3-5 和图 9.3-6，可以发现校园西南地区倒塌的建筑物比其他地方多，所以路网的通行性也更差。因此，道路通行性分析的结果与地震破坏的分布相吻合。当倒塌的建筑物减少时，路网的震后通行性会更好，这为震后应急响应提供了便利。

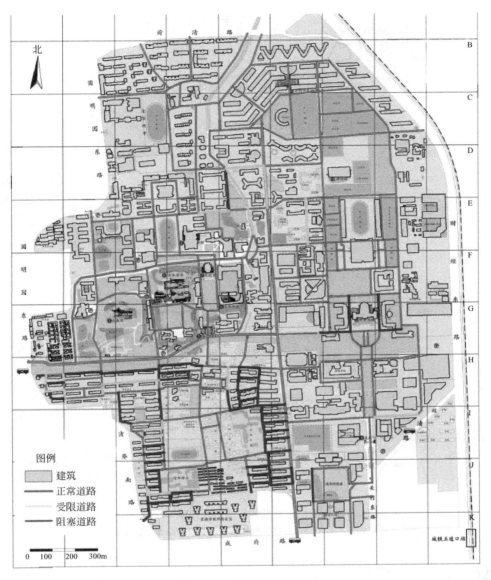

图 9.3-6 路网震后通行性

9.3.4 小结

本节提出了基于精细震害模拟和 ArcGIS 平台的建筑倒塌对路网通行性分析方法，并以某高校校园为例，评价了假设地震情景下路网的通行性，给出了考虑建筑倒塌影响的救援最优路径。

利用该方法可以模拟城市建筑物的地震破坏，从而分析建筑物倒塌对路网通行性的影响。基于地震后的道路通行性，可以确定最佳救援路径。案例研究结果表明，建筑物倒塌可以改变最佳救援路径，这对地震后的应急响应具有重大影响。因此，本节内容可为地震后应急响应决策提供重要参考。

图 9.3-7　两种情况下最优救援路径比较
（a）震前应急避难点到外界最短路径；（b）震后救援出发点到避难点最优路径

参考文献

[1] 安津冬，朱蓉蓉，袁文岑. BIM 技术在欧洲古建修复工程中的应用 [J]. 建筑机械化，
　　 2016，37（12）：50-54.

[2] 周恬，朱梦夏. 基于 BIM 技术的上海传统民居三维修复研究 [J]. 城市建筑，2016
　　 (18)：243-244.

[3] 陈甫亮. 基于 BIM 技术的施工方案优化研究 [D]. 长沙理工大学，2014.

[4] 舒畅，陈甫亮. 基于 BIM 技术的施工方案优化研究 [J]. 湖南城市学院学报（自然科
　　 学版），2016，25（01）：5-7.

[5] YUN S H，JUN K H，SON C B，et al. Preliminary study for performance analysis of
　　 BIM-based building construction simulation system [J]. Ksce Journal of Civil Engi-

neering，2014，18（2）：531-540.

[6] JUN K H，YUN S H. Performance measurement method and case study for BIM based construction simulation system [J]. Korean Journal of Construction Engineering & Management，2013，14（4）：15-23.

[7] BRACONIER H，PISU M. Road connectivity and the border effect：Evidence from Europe [J]. 2013.

[8] 王培宏. 城市交通事件应急管理系统及其理论问题的研究 [D]. 天津大学，2005.

[9] 兰日清，丰彪，王自法. 震后公路桥梁通行能力快速评估技术研究 [J]. 世界地震工程，2009（2）：81-87.

[10] ELNASHAI A S，GENCTURK B，KWON O S，et al. The Maule（Chile）Earthquake of February 27，2010：Consequence assessment and case studies [R]. Mid-America Earthquake Center，2010.

[11] GUHA-SAPIR D，VOS F，BELOW R，et al. Annual disaster statistical review 2010：The numbers and trends [R]. Brussels：Centre for Research on the Epidemiology of Disasters，2011.

[12] BRUNEAU M，CHANG S E，EGUCHI R T，et al. A framework to quantitatively assess and enhance the seismic resilience of communities [J]. Earthquake Spectra，2003，19（4）：733-752.

[13] CHARALAMBOS G，DIMITRIOS V，SYMEON C. Damage assessment，cost estimating，and scheduling for post-earthquake building rehabilitation using BIM [C] // 2014 International Conference on Computing in Civil and Building Engineering，American Society of Civil Engineers，Reston，VA：ASCE，2014：398-405.

[14] XIONG C，HUANG J，LU X Z. Framework for city-scale building seismic resilience simulation and repair scheduling with labor constraints driven by time-history analysis [J]. Computer-Aided Civil and Infrastructure Engineering，2020，35（4）：322-341.

[15] LIN P H，WANG N Y. Stochastic post-disaster functionality recovery of community building portfolios I：Modeling [J]. Structural Safety，2017，69：96-105.

[16] LONGMAN M，MILES S B. Using discrete event simulation to build a housing recovery simulation model for the 2015 Nepal earthquake [J]. International Journal of Disaster Risk Reduction，2019，35：101075.

[17] POWELL G H，ALLAHABADI R. Seismic damage prediction by deterministic methods：concepts and procedures [J]. Earthquake Engineering & Structural Dynamics，1988，16（5）：719-734.

[18] HU S Q，SUN B T，WANG D M. A method for earthquake damage prediction of building group considering building vulnerability classification [J]. Key Engineering Materials，2010，452-453（3）：217-220.

[19] XIONG C，LU X Z，LIN X C，et al. Parameter determination and damage assessment for THA-based regional seismic damage prediction of multi-story buildings

[J]. Journal of Earthquake Engineering，2017，21（3）：461-485.

[20] YUE J G，QIAN J，BESKOS D E. A generalized multi-level seismic damage model for RC framed structures [J]. Soil Dynamics and Earthquake Engineering，2016，80：25-39.

[21] HOFER L，ZAMPIERI P，ZANINI M A，et al. Seismic damage survey and empirical fragility curves for churches after the August 24, 2016 Central Italy earthquake [J]. Soil Dynamics and Earthquake Engineering. 2018，111：98-109.

[22] XU Z，ZHANG H Z，LU X Z，et al. A prediction method of building seismic loss based on BIM and FEMA P-58 [J]. Automation in Construction，2019，102：245-257.

[23] ABOURIZK S. Role of simulation in construction engineering and management [J]. Journal of Construction Engineering and Management，2010，136（10）：1140-1153.

[24] GOODRUM P M，MCLAREN M A，DURFEE A. The application of active radio frequency identification technology for tool tracking on construction job sites [J]. Automation in construction，2006，15（3）：292-302.

[25] XU Z，JIN W，ZHENG M. An analysis method on post-earthquake traversability of road network considering building collapse [J]. International Journal of Engineering，2019，32（11）：1584-1590.

[26] XU J. Research on application of BIM 5D technology in central grand project [J]. Procedia Engineering，2017，174：600-610.

[27] WANG S. Integrated digital building delivery system based on BIM and VR technology [J]. Applied Mechanics and Materials，2013，380-384：3193-3197.

[28] HILFERT T，KÖNIG M. Low-cost virtual reality environment for engineering and construction [J]. Visualization in Engineering，2016，4（1）：2.

[29] BARAZZETTI L，BANFI F. Historic BIM for mobile VR/AR applications [M] // Ioannides M，Magnenat-Thalmann N，Papagiannakis G. Mixed Reality and Gamification for Cultural Heritage. Springer，Cham. 2017，271-290.

[30] WEN Y. Research on cost control of construction project based on the theory of lean construction and BIM：Case study [J]. Open Construction and Building Technology Journal，2015，8（1）：382-388.

[31] ZHOU Y，DING L Y，WANG X Y，et al. Applicability of 4D modeling for resource allocation in mega liquefied natural gas plant construction [J]. Automation in Construction，2015，50：50-63.

[32] EID M S，EL-ADAWAY I H. Sustainable disaster recovery decision-making support tool：Integrating economic vulnerability into the objective functions of the associated stakeholders [J]. Journal of Management in Engineering，2017，33（2）：04016041.

[33] LOUNIS Z，MCALLISTER T P. Risk-based decision making for sustainable and resilient infrastructure systems [J]. Journal of Structural Engineering，2016，142（9）：F4016005.

［34］ KOLIOU M，LINDT J W V D. Development of building restoration functions for use in community recovery planning to tornadoes ［J］. Natural Hazards Review，2020，21（2）：04020004.

［35］ TORRES-CALDERON W，CHI Y，AMER F，et al. Automated mining of construction schedules for easy and quick assembly of 4D BIM simulations ［C］// ASCE International Conference on Computing in Civil Engineering 2019，Reston，VA：ASCE，2019：432-438.

［36］ LI D，YI C，LU M. Automation of project planning and resource scheduling on a rough grading project ［C］// ASCE International Workshop on Computing in Civil Engineering 2017，Reston，VA：ASCE，2017：376-383.

［37］ HAMLEDARI H，MCCABE B，DAVARI S，et al. Automated schedule and progress updating of IFC-Based 4D BIMs ［J］. Journal of Computing in Civil Engineering，2017，31（4）：04017012.

［38］ NGUYEN T H. Automated construction planning for multi-story buildings ［C］// Construction Research Congress 2005，Reston，VA：ASCE，2005：1-10.

［39］ MOHAMMADI S，TAVAKOLAN M，ZAHRAIE B. Automated planning of building construction considering the amount of available floor formwork ［C］// Construction Research Congress 2016，Reston，VA：ASCE，2016：2197-2206.

［40］ PARK J，CAI H. Automatic construction schedule generation method through BIM model creation ［C］//2015 International Workshop on Computing in Civil Engineering，Reston，VA：ASCE，2015：620-627.

［41］ TAUSCHER E，SMARSLY K，M. KÖNIG，et al. Automated generation of construction sequences using Building Information Models ［C］// International Conference on Computing in Civil and Building Engineering，Reston，VA：ASCE，2014：745-752.

［42］ YEOH J K W，NGUYEN T Q，ABBOTT E L S. Construction method models using context aware construction requirements for automated schedule generation ［C］// ASCE International Workshop on Computing in Civil Engineering 2017，Reston，VA：ASCE，2017：60-67.

［43］ Construction Specifications Institute（CSI）and Construction Specifications Canada（CSC）. Master format-master list of numbers and titles for the construction industry ［S］. Builder's Book，Los Angeles，2016.

［44］ CHRISTODOULOU S，VAMVATSIKOS D，GEORGIOU C. A BIM-based framework for forecasting and visualizing seismic damage，cost and time to repair ［C］// eWork and eBusiness in Architecture，Engineering and Construction：Proceedings of the European Conference on Product and Process Modelling，2010：33-38.

［45］ 北京市房屋修缮工程定额管理处. 北京市房屋修缮工程预算定额 ［M］. 北京：中国建筑工业出版社，2012.

［46］ YANG Y M，PENG J X，CAI C S，et al. Improved interval evidence theory-based fuzzy AHP approach for comprehensive condition assessment of long-span PSC continuous box-girder bridges [J]. Journal of Bridge Engineering. 2019，24（12）：04019113.

[47] LIU G F, ZHOU Z, XU M Z. Interval grey fuzzy uncertain linguistic sets and their application to ranking of construction project risk factors [J]. Journal of Highway and Transportation Research and Development，2018，12（2）：73-80.

[48] GE L J, WANG S X, JIANG X Y. A combined interval AHP-entropy method for power user evaluation in smart electrical utilization systems [C] // 2016 IEEE Power and Energy Society General Meeting (PESGM)，IEEE，2016：1-5.

[49] WANG Y M, YANG J B, XU D L. A two-stage logarithmic goal programming method for generating weights from interval comparison matrices [J]. Fuzzy Setsand Systems，2005，152（3）：475-498.

[50] LIN C C, WANG W C, YU W D. Improving AHP for Construction with an Adaptive AHP Approach（A³）[J]. Automation in Construction，2008，17（2）：180-187.

[51] LU Q Q, WON J S, CHENG C P. A financial decision making framework for construction projects based on 5D Building Information Modeling (BIM) [J]. International Journal of Project Management，2016，34（1）：3-21.

[52] SCHEUER C, KEOLEIAN G, REPPE P. Life cycle energy and environmental performance of a new university building：modeling challenges and design implications [J]. Energy and Buildings，2003，35（10）：1049-1064.

[53] 筑福集团. 关于筑福 [EB/OL]. [2018-10-13]. http：//www. aeido. cn/.

[54] JAHAN A, BAHRAMINASAB M, EDWARDS K L. A target-based normalization technique for materials selection [J]. Materials & Design，2012，35：647-654.

[55] 吴育华，诸为，李新全，等. 区间层次分析法——IAHP [J]. 天津大学学报，1995（05）：700-705.

[56] WANG B, LIU J. Comprehensive evaluation and analysis of maritime soft power based on the Entropy Weight Method (EWM) [C] //Journal of Physics：Conference Series. IOP Publishing，2019，1168（3）：032108.

[57] WAN S P, DONG J Y. A possibility degree method for interval-valued intuitionistic fuzzy multi-attribute group decision making [J]. Journal of Computer and System Sciences，2014，80（1）：237-256.

[58] YE J. Multiple attribute decision-making method based on the possibility degree ranking method and ordered weighted aggregation operators of interval neutrosophic numbers [J]. Journal of Intelligent and Fuzzy Systems，2015，28（3）：1307-1317.

[59] LEE G, KIM J. Parallel vs. Sequential cascading MEP coordination strategies：A pharmaceutical building case study [J]. Automation in Construction，2014，43：170-179.

[60] 祝冰青，宋文学. 流水施工研究 [J]. 安阳工学院学报，2016，15（02）：51-53.

[61] 中华人民共和国住房和城乡建设部. LD/T 72.1～11—2008 建设工程劳动定额 [S]. 北京：中国计划出版社，2009.

［62］于英霞，郑志辉. 潘特考夫斯基法在无节奏流水施工中的应用［J］. 山西建筑，2004 (18)：90-91.

［63］KALYAN T, ZADEH P, STAUB-FRENCH S, et al. Construction quality assessment using 3D as-built models generated with project Tango［J］. Procedia Engineering，2016，145：1416-1423.

［64］NATEGHI F. The effect of local damage on energy absorption of steel frame buildings during earthquake［J］. International Journal of Engineering，2013，26 (2)：143-152.

［65］BISWAS R R. Evaluating seismic effects on a water supply network and quantifying post-earthquake recovery［J］. International Journal of Engineering-Transactions B：Applications，2019，32 (5)：654-660.

［66］BONO F, GUTIÉRREZ E. A network-based analysis of the impact of structural damage on urban accessibility following a disaster：the case of the seismically damaged Port Au Prince and Carrefour urban road networks［J］. Journal of Transport Geography，2011，19 (6)：1443-1455.

［67］SAKAKIBARA H, KAJITANI Y, OKADA N. Road network robustness for avoiding functional isolation in disasters［J］. Journal of transportation Engineering，2004，130 (5)：560-567.

［68］ARGYROUDIS S, SELVA J, GEHL P, et al. Systemic seismic risk assessment of road networks considering interactions with the built environment［J］. Computer-Aided Civil and Infrastructure Engineering，2015，30 (7)：524-540.

［69］NISHINO T, TANAKA T, HOKUGO A. An evaluation method for the urban post-earthquake fire risk considering multiple scenarios of fire spread and evacuation［J］. Fire Safety Journal，2012，54：167-180.

［70］NAJAFGHOLIPOUR M, SOODBAKHSH N. Modified differential transform method for solving vibration equations of MDOF systems［J］. Civil Engineering Journal，2016，2 (4)：123-139.

［71］RASTEGARIAN S, SHARIFI A. An investigation on the correlation of inter-story drift and performance objectives in conventional RC frames［J］. Emerging Science Journal，2018，2 (3)：140-147.

［72］ELHOZAYEN A, LAISSY M Y, ATTIA W A. Investigation of high-velocity projectile penetrating concrete blocks reinforced by layers of high toughness and energy absorption materials［J］. Civil Engineering Journal，2019，5：1518-1532.

［73］FORCELLINI D, TANGANELLI M, VITI S. Response site analyses of 3D homogeneous soil models［J］. Emerging Science Journal，2018，2 (5)：238-250.

［74］PENG M, CUI W J. Study on seismic dynamic response of shallow-buried subway station structure and ancillary facilities［J］. Civil Engineering Journal，2018，4 (12)：2853-2863.

［75］LU X Z, GUAN H. Earthquake disaster simulation of civil infrastructures［M］.

Beijing: Springer and Science Press, 2017.

[76] LU X Z, HAN B, HORI M, et al. A coarse-grained parallel approach for seismic damage simulations of urban areas based on refined models and GPU/CPU cooperative computing [J]. Advances in Engineering Software, 2014, 70: 90-103.

[77] TABNAK A, DEHGHANI A, Nateghi F. Seismic damage and disaster management maps (a case study) [J]. International Journal of Engineering, 2008, 21 (4): 337-344.

[78] XU Z, LU X Z, LAW K H. A computational framework for regional seismic simulation of buildings with multiple fidelity models [J]. Advances in Engineering Software, 2016, 99: 100-110.

[79] XU Z, LU X Z, GUAN H, et al. Seismic damage simulation in urban areas based on a high-fidelity structural model and a physics engine [J]. Natural Hazards, 2014, 71 (3): 1679-1693.

第 10 章　城市震后灾情评估

10.1　概述

城市震后灾情评估有很多种方式。其中，震害现场调查是指对房屋建筑、道路桥梁等基础设施在地震中受到的损伤进行实地调查，并对所获得的资料进行统计与分析的过程，从而对震害情况进行即时、准确的判断，为政府组织抗震救灾提供参考依据，为工程师进行结构抗震分析提供第一手资料。

较大地震发生后，政府往往会组织相关部门和学者前往现场调查震害，获得以房屋受损情况为主的震害数据，如鲁甸地震、玉树地震、尼泊尔地震等。尽管随着科技的进步，不断有新的科技手段被运用到实践中，如卫星测控、光学遥感、无人机拍摄等，但这些调查手段难以获得具体到每一幢房屋震害指标，准确的房屋震害等级判断依然离不开实地调研和考察。

然而，目前震害现场调查人员尚缺乏智能化调查工具以及合理的评估方法，多数沿袭着传统的数据搜集和信息处理方式，常用纸笔记录信息，用手机拍摄照片，用电子表格处理信息数据[1-7]。灾后实际走访调查工作中，传统方式往往代表着较强的可实施性和可靠性，但是传统模式不可避免地存在着以下问题：①数据结构关联性低：震害数据包括地理位置信息、图片、音频、视频、文字等多种形式的数据，由于缺少结构化的数据管理，导致信息整理难度较大。②数据分析人工量大：由于数据采集时缺乏结构化，要让这些数据发挥作用就必然要求大量的人工操作。传统方式常用电子表格作为数据管理工具，很难满足实际震害调查中大量数据的管理需求。③数据缺乏共享平台：一次震害调研，往往是多支小分队同时作业。由于缺乏数据共享的信息平台，同一栋房屋可能被多支队伍重复调查。

智能手机为解决上述震害现场调查的问题提供了解决方案。当前，越来越多的先进设备进入到人们的生活之中，为人们的生活带来了极大的便利，其中就包括智能手机设备。利用智能手机的多媒体数据采集、定位、计算、实时通信等功能，可以帮助震害现场调查形成结构化的调查数据，快速分析结果，并实时反馈给多参与方，将显著提升震害现场调查的效率。

此外，随着智能手机的推广，微博等社交软件应运而生，也为震后灾情评估提供了新的可能性。作为当今主流的网络社交平台，微博已成为人们获取实时资讯的重要途径。将智能手机、微博等信息时代的产物运用于城市灾情评估中，将进一步丰富灾害内涵，更全面的支撑灾后决策。

本章将介绍智能手机在震害调查中的研究应用，通过智能手机调查系统以及微博数据来进行灾后灾情评估，主要内容如下：

　　10.2 节为基于智能手机的建筑震害现场调查系统。针对震害调查中数据分离、检索难度大以及难以实时共享等问题，提出并开发了一个基于智能手机和 Web 技术的建筑震害调查系统。建立了一个以建筑为中心的数据结构，使得建筑成为信息采集和管理基本单元，符合建筑震害调查需求；建立了手机端和 Web 端数据交互机制，考虑了多种情景的数据容错；提出了基于多线程异步匹配的图片智能解析算法，有效识别了图片的地理信息，为检索增加了便利。

　　10.3 节为基于微博数据的震后灾情评估探索。以 2019 年宜宾 6.0 级地震为例，通过分析微博微指数，实时捕捉事件舆论走向，并基于微博关键词数据，开展词云分析，从发生区域和发生时段两个方面比较关键词差异，总结地震舆情特征。

10.2　基于智能手机的建筑震害现场调查系统

10.2.1　背景

　　如前文所述，当前建筑震害现场调查主要采用手工填表和拍照相结合的方式[1-7]。而智能手机为提高建筑震害现场调查效率提供了重要技术工具。首先，智能手机可以用来完成建筑物地震破坏的调查表格，并收集多媒体数据（例如照片、音频和视频）。此外，建筑调查数据和采集的多媒体数据可以借助智能手机与建筑对象绑定，这将省去大量数据与建筑对象的人工识别工作；其次，智能手机可以存储照片的全球定位系统（GPS）坐标，因此收集的照片可以根据其位置进行索引。根据德克萨斯大学奥斯汀分校 2017 年发布的最新 GPS 性能分析报告[8]，全球定位系统的定位服务覆盖了 99% 以上的地球表面，因此，地震区大多可以被 GPS 覆盖；最后，震害调查数据可以利用手机通信网络，将数据传输到服务器的数据库，实现及时的数据多方共享，以支持快速决策。值得注意的是，震害现场调查通常是在紧急救援结束后进行的，因此灾区的移动网络在调查期间通常可以恢复。

　　因此，本节建立了一种基于智能手机的建筑震害现场调查系统。在架构上，该系统采用了智能手机进行分布式数据采集，采用 Web 浏览器用于集中数据管理。在具体技术上，本研究设计了面向建筑物的数据库，建立所采集数据与相应建筑物之间的链接，从而避免了耗时的数据识别工作；还建立了智能手机与网络服务器之间的数据交换机制，对系统的各种用例具有令人满意的容错水平；设计了一种基于多线程的照片反向地址检索算法，方便地根据照片的地址对照片进行索引。该系统用于 T 大学校园虚拟调查和 2015 年尼泊尔地震西藏地区实际调查，这些案例研究表明，该系统为震后建筑损伤调查提供了一种智能化、高效、网络化的工具。

10.2.2　系统架构

　　本系统架构如图 10.2-1 所示。系统由智能手机、Web 浏览器、Web 服务器、数据库和云服务五部分构成。其中，智能手机和数据库分别用于建筑震害现场调查中建筑物震害数据的收集和存储；Web 浏览器用于管理和显示所收集的数据；Web 服务器用于数据交换和处理；云服务将为该系统提供地图平台和地址数据。

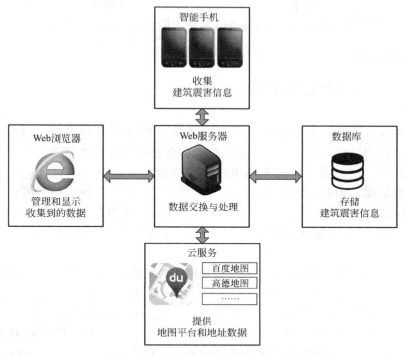

图 10.2-1 建筑震害现场调查系统的架构图

在此框架下可以很容易地实现分布式数据收集和集中数据管理。具体来说，用户可以使用许多智能手机执行并行数据收集任务，以便进行高效率的调查；由于所有收集的数据都转移到服务器上，因此可以使用 Web 浏览器及时向地震应急指挥中心提供综合调查结果。因此，该框架非常适合于建筑震害现场调查。

为了实施上述框架，需要应对三个与数据有关的关键挑战：

1. 数据组织

建筑震害现场调查涉及各种类型的多源数据。例如，可能有大量用户，每个用户都可能收集不同类型的数据（例如建筑信息、位置、照片、视频和音频）。如何组织这些复杂的数据是一项相当具有挑战性的任务。由于建筑物是调查期间数据收集的基本要素，因此有必要建立一个面向建筑物的数据库，以解决数据组织问题。

2. 数据交换

建筑震害现场调查可能涉及许多用户，每个用户在智能手机和 Web 服务器之间可能有不同的数据交换的工作场景。这种复杂的数据交换可能会导致数据冲突或重复。例如，两个用户可以向 Web 服务器提交同一建筑物的不同名称，或者一个用户上传相同的照片两次。因此，需要在智能手机和 Web 服务器之间建立一种具有良好容错能力的数据交换机制。

3. 数据索引

照片是建筑震害现场调查中记录建筑物损坏的最重要数据。根据照片的地址方便地对照片进行索引是一项具有挑战性的任务，因为照片中包含的 GPS 坐标很难用作用户的搜索词。通常，人们熟悉地址而不是 GPS 坐标，因此需要对照片进行反向地址检索，以便将 GPS 坐标转换为地址。此外，由于建筑震害现场调查中拍摄了大量照片，因此照片的反向地址检索过程必须是高效的，以便及时与地震应急指挥中心共享调查结果。

10.2.3 关键技术

10.2.3.1 面向建筑物的数据库

1. 数据库设计

首先，要确定数据库要存储的数据。拟建系统数据有六种类型：建筑、用户、位置、照片、音频和视频。具体来说，建筑物数据包括调查表格的信息，而用户数据包括姓名、ID、账户、密码等。在该系统中，智能手机在对建筑物进行调查时，会将 GPS 坐标发送到数据库。因此，数据库中的位置数据包括 GPS 坐标和记录时间，这些数据只用于记录建筑物的位置。此外，在调查期间还生成了大量建筑物的多媒体数据（即照片、音频和视频）。这些数据包括文件及其相关的基本信息（例如，文件的名称、ID、存储路径）。

数据库的体系结构是根据上述六种类型数据的关系确定的。若与某建筑物有关的多媒体数据的个数为 N，则多媒体数据与该建筑物的关系为 $N:1$。一个建筑物只有一个位置，所以该位置与建筑物的关系为 $1:1$。由于一个用户可以调查许多建筑物，一个建筑物也可以被许多用户调查，所以建筑物和用户之间的关系是 $L:M$，其中 L 和 M 分别是建筑物和用户的数目。鉴于网络数据库主要适用于 $1:N$ 的对应关系[9]，因此在所提出的系统中不能采用这样的网络数据库。此外，分层数据库[10]也不适合于该系统，因为调查数据没有自上而下的层次关系。因此，本系统选择了一个关系数据库[11]。在关系数据库中，每种类型的数据都被创建为一个实体，每个实体都有自己的存储方案。使用关系数据库，所有数据的复杂关系可以用几个两实体对应关系来描述，这对于数据索引是十分有效的。

2. 实现手段

MySQL[12]是目前应用最广泛的关系型数据库之一。数据库的设计数据结构如图 10.2-2 所示。实体建筑是所有实体的中心。实体构建与视频、照片和音频之间的关系均为 $1:N$。实体构建与用户之间的关系为 $L:M$。在 MySQL 中，建立了一个实体建筑来存储建筑震害现场调查的数据。应该注意的是，每个建筑物都有一个唯一的 ID。建立实体照片、音频和视频来存储在调查中收集到的照片、音频和视频。这些实体包括三个常见的关键信息项：文件 ID、文件路径和建筑物 ID。每个文件都以唯一的 ID 命名。这些文件存储在数据库所在的计算机中的某个路径中。因此，通过文件 ID 和文件路径，数据库可以访问任何收集到的文件。为了建立与建筑物的相应关系，实体（即照片、音频和视频）必须有建筑 ID。应该注意的是，如果一个建筑物的 ID 发生变化，所有具有该建筑物 ID 的实体都应该相应地进行更改。为每个用户创建一个具有唯一用户 ID 的实体用户，建立用户与建筑的 $L:M$ 对应关系，实体建筑需要包含一组用户 ID，实体用户也需要有一组建筑 ID。

此外，还创建了具有唯一 ID 的实体位置，以存储建筑物的 GPS 坐标。需要注意的是，照片也有其 GPS 坐标，但这些照片的坐标存储在实体照片中，而不是实体位置。实体建筑物的位置是固定的，因此它有唯一的位置 ID。根据建筑物 ID，设计的数据库可以将所有收集到的数据与建筑物链接起来，形成一个结构化的数据集。

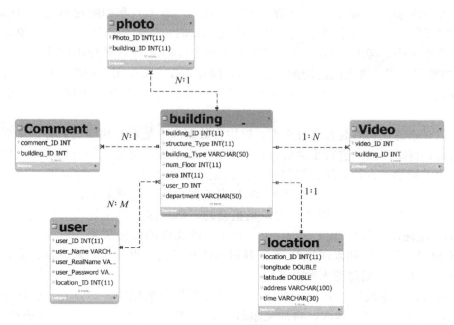

图 10.2-2　设计的面向建筑物的数据库

10.2.3.2　数据交换机制

该提案涉及智能手机、Web 服务器、Web 浏览器、数据库和云服务之间的数据交换，如图 10.2-1 所示。云服务提供商（例如百度地图[13] 和高德地图[14]）具有与 Web 服务器进行数据交换的固定接口。此外，广泛使用的第三方框架 Primefaces of JavaServer Faces (JSF)[15] 用于 Web 服务器和浏览器之间的通信。因此，本工作的重点是智能手机、Web 服务器和数据库之间的数据交换机制。

本系统将 Web 服务器作为智能手机与数据库之间的数据交换枢纽，进行容错处理。具体来说，只有 Web 服务器可以访问数据库，而智能手机不允许直接访问数据库，以避免错误的数据操作。一般情况下，智能手机首先将收集到的数据上传到 Web 服务器，然后 Web 服务器对上传的数据进行处理（如照片的容错判断和反向地址检索）。最后，Web 服务器将处理后的数据写入数据库。上述过程通过考虑容错的数据交换机制实现，具体如下：

1. 一种考虑容错的数据交换机制

在设计的数据交换机制中，容错算法只在 Web 服务器中执行，不影响智能手机的数据采集工作。在 Web 服务器中构建一个包括待确认事件的待定列表。所有因为上传的智能手机数据而涉及潜在冲突的事件都将被添加到这个列表中。在待定列表中确认事件之前，相应的数据不会写入数据库，但智能手机的数据收集可以继续进行，不受任何影响。此外，如果智能手机无法使用网络，仍然可以执行收集数据的任务，但上传数据的过程将暂停。一旦网络恢复，智能手机中收集的数据就可以通过容错处理上传到 Web 服务器。冲突事件在 Web 服务器确认后，智能手机和数据库将同步更新确认的数据。

智能手机和 Web 服务器之间的数据交换有四个用例：创建一个新的建筑对象（Case

A)，修改建筑数据（Case B），上传收集到的文件（Case C）和删除建筑对象（Case D），如图 10.2-3 所示。当建立新的建筑对象（Case A）时，需要检查同一建筑对象是否已经存在。在该系统中，考虑到 GPS 在智能手机中的定位精度[16]，区分不同建筑位置的精度为 5m。如果两个建筑物之间的距离小于 5m，则在调查中可以用它们的名称来区分这些建筑物。因此，提出了一种利用建筑物名称和位置进行双重检查的方法来识别重复的建筑物。

首先，对新建筑物的名称进行索引，以检查数据库中是否有相同的名称。如果是，事件将被发送到待定列表中进行手动检查。否则，所有的地点对建筑物进行检查，以确定重复的建筑物。特别地，如果新建筑与现有建筑之间的距离小于 5m，则认为这座新建筑可能是重复的。随后，此事件还将发送到 Web 服务器中的待定列表，并等待手动检查。最后，如果一个建筑物被 Web 服务器确认是重复的，那么这个新建筑物对象就采用现有的建筑物 ID。任何建筑数据冲突（Case B）和收集的文件的任何重复（Case C）也需要检查，如图 10.2-3 所示。如果通过 Web 服务器确认新建筑不再重复，新建筑将会被分配一个新建筑 ID，相关数据将写入数据库。

如果需要修改建筑物的数据（Case B），则需要检查数据冲突。首先，应该遍历构建对象数据，以识别冲突；其次，将冲突事件添加到 Web 服务器中的待定列表中；最后，通过 Web 服务器手动判断后，将确认的数据写入数据库，如图 10.2-3 所示。

当一个新的文件上传到 Web 服务器（Case C）时，需要检查上传的文件是否重复。消息摘要算法 MD5 是一种广泛使用的验证数据唯一性的方法[17]，用于揭示重复的文件。如果重复上传的文件，该文件将被拒绝存储在数据库中，并向智能手机发送提醒消息，如图 10.2-3 所示。

当需要删除建筑物对象（Case D）时，删除事件将发送到待定列表，Web 服务器将决定是否应该删除建筑物。

通过这种机制，不确定的事件将在 Web 服务器中手动确认，而某些事件（如文件复制）将自动处理。因此，这种机制可以平衡数据交换过程中的准确性和高效性。

2. 算法实现

本系统采用一种适合大文件传输的方法，保证了从智能手机到 Web 服务器的照片、视频和音频的高效传输。Socket 机制[18]通常是智能手机和 Web 服务器之间通信的一种广泛使用的方法。由于 Socket 机制在传输大文件方面较弱，因此不适合本系统。另一种选择是使用开源框架 AsyncHttpClient[19]在智能手机和 Web 服务器之间传输数据。在智能手机中，使用 AsyncHttpClient 中的 Get 和 Post 方法将数据传输的超文本传输协议（hypertexttransfer protocol，HTTP）请求发送到 Web 服务器；在 Web 服务器中，针对不同的 HTTP 请求开发了多种 Servlet 程序来接收智能手机上传的数据。AsyncHttpClient 的 Servlet 程序适用于大文件，易于多线程传输，可以满足多用户上传大文件的要求。另外，本系统采用了 Java 数据库连接（JDBC）标准[20]作为 Web 和数据库之间的通信方式。

10.2.3.3　反向地址检索照片

为从采集的照片中获取地址，本小节提出了一种照片反向地址检索算法，并实现了相应的计算机代码，具体如下：

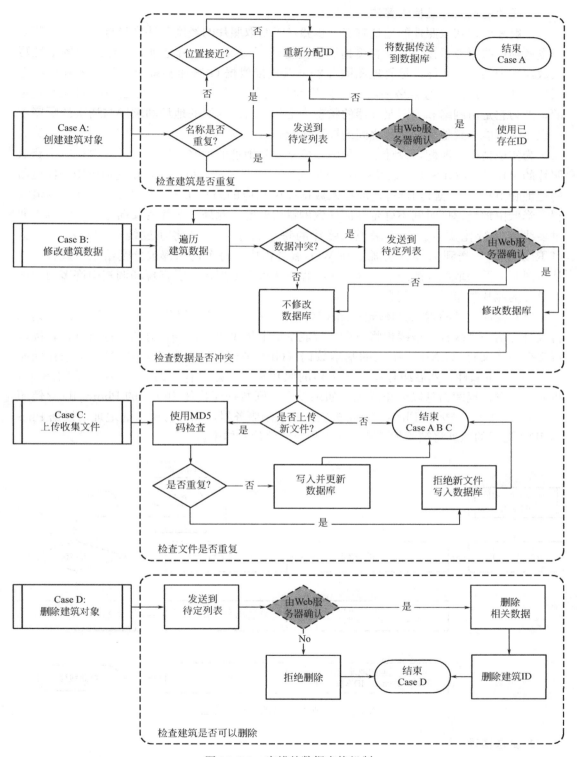

图 10.2-3　容错的数据交换机制

1. 照片的反向地址检索算法

一般来说，获取照片的地址有三个步骤：①获取照片的经度和纬度坐标；②将这些坐标发送到地图服务器接口（如百度地图和高德地图），请求照片地址；③将返回的地址写入数据库中的照片实体。尽管地图服务器可以直接根据 GPS 坐标提供地址，但是要将返回的地址与照片匹配仍然是一项具有挑战性的任务。请注意，地址的返回时间是不确定的，因为它是由网络和地图服务器的状态决定的，所以返回的地址的顺序与请求的顺序不一致，这可能导致地址和照片之间的错误匹配。

为实现精确的匹配，设计了一种两步检索照片地址的策略。第一步是从数据库中获取照片的 ID，并将 GPS 坐标以及照片 ID 发送到地图服务器。第二步，接受地图服务器返回的地址和 ID，并根据其 ID 将地址写入数据库中相应的照片实体。使用照片 ID 可以最大程度降低由地址返回时间不确定性而导致的错误匹配。此外，照片的反向地址检索可以通过多线程并行化实现。具体来说，照片的每个检索任务都将通过统一的资源定位器（URL）请求发送到 Web 服务器。在 Web 服务器中，每个请求都被分配给一个线程，以从地图服务器获取照片的地址。这种多线程方法可以处理建筑震害现场调查中许多用户同时上传的照片数量过多的问题。

照片反向地址检索的具体算法如图 10.2-4 所示。在 Web 服务器中，每个 HTTP 请求将被分配给一个线程，该线程将执行从智能手机上传照片的任务。对照片进行分析，提取可交换图像文件（EXIF）格式的基本数据（GPS 坐标、用户和拍摄时间），用来存储照片[21] 的基本属性。然后线程将检查上传的照片是否与已经存在的照片相同。如果相同，将向用户发送提醒消息以终止线程。如果没有，则数据库将使用唯一的 Photo_ID 存储照片。最后，GPS 坐标和 Photo_ID 将被发送到地图服务器，以获得所需的地址。根据 Photo_ID，返回的地址将被添加到数据库中相应的照片实体中。

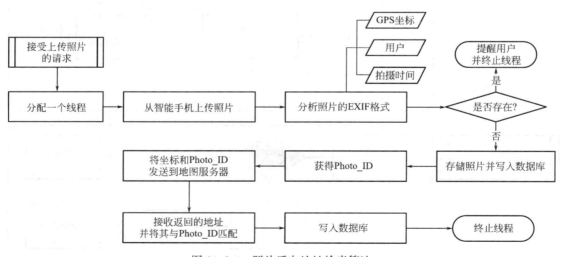

图 10.2-4　照片反向地址检索算法

2. 算法实现

在该系统中，照片和其他文件是使用 Primefaces 的组件 FileUpload 上传的。Java 中的 ImageMetadataReader 类用于分析照片的 EXIF 格式。另外，本小节提出的照片反向地址检索算法涉及多线程，在编写数据库之前使用了 Java 中的 synchronized（）函数，避免了线程之间的冲突。

10.2.4　案例研究

本研究以 T 大学校园虚拟地震和西藏地区真实地震两个案例为研究对象。值得一提的是，案例一有很好的网络支持，可以及时共享数据，而案例二没有网络。

10.2.4.1　案例一：T 大学校园的虚拟调查

T 大学是典型的中国大学校园，占地 389.4 公顷，有 600 多栋不同结构类型的建筑。假设校园受到地震的袭击，使用该系统进行建筑物损坏的虚拟震后调查。

首先，通过本节开发的智能手机应用程序收集建筑地震损伤的多媒体数据（例如照片、音频和视频），并存入专门设计的面向建筑的数据库。如图 10.2-5 所示，在智能手机上创建建筑物对象时，不仅可以在线填写调查表格，还可以将收集到的多媒体数据自动链接到相应的建筑物上，从而生成结构化的数据集。与传统的震后调查方法相比，该系统无需人工识别数据与建筑物之间的对应关系，提高了工作效率。

图 10.2-5　基于设计的面向建筑物的数据库进行数据收集

（a）建筑基础数据；（b）收集的多媒体数据

T 校园快速稳定的 4G 网络保证了智能手机与 Web 服务器之间的实时数据交换。在数据交换的过程中，可以保持建筑物与数据之间的结构化关系。同时，该系统的容错能力也达到了令人满意的水平。

通过 Web 服务器中的数据处理，获取上传照片的地址，使照片检索更加方便。如图 10.2-6 所示，在系统中搜索关键字"T"作为地址，就可以找到所有在 T 校园拍摄的照片。此外，照片还可以通过其他选项进行索引，例如结构类型、用户、拍摄时间和建筑物名称，这提高了管理震后调查数据的效率。

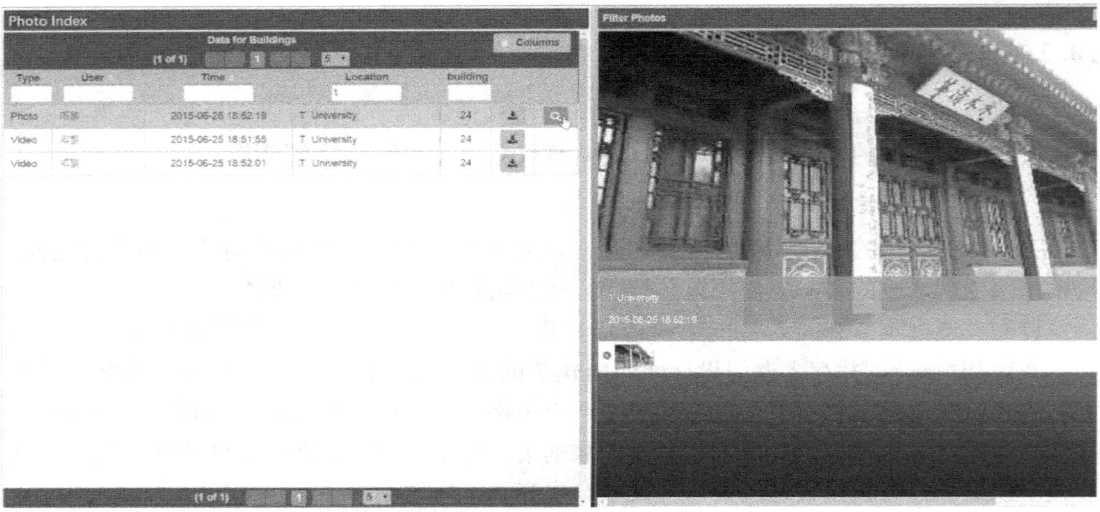

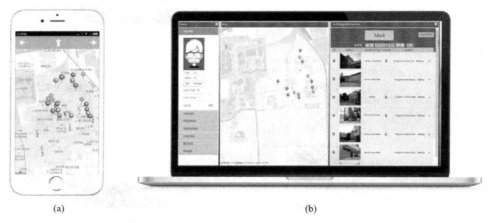

图 10.2-6　根据地址搜索照片

在建筑抗震破坏调查中，每栋建筑都需要标注一个破坏等级。该系统能够通过 Web 浏览器或智能手机将[22] 预测的建筑地震破坏等级在地图上可视化，如图 10.2-7 所示。这为决策者提供了及时的震害分布情况，为有效地规划灾后恢复提供了依据。

| (a) | (b) |

图 10.2-7　智能手机和网络浏览器中建筑震害分布
(a) 使用智能手机进行可视化；(b) 使用 Web 浏览器进行可视化

10.2.4.2　案例二：2015 年尼泊尔地震西藏地区的实际调查

2015 年 4 月尼泊尔发生地震，波及我国西藏部分地区。中国住房和城乡建设部的专家对该地区的建筑破坏情况进行了调查。鉴于西藏农村地区 4G 网络有限，智能手机采集的建筑损坏多媒体数据不能直接上传到 Web 服务器。上传工作是在专家返回基地后连夜完成的。然而，收集到的数据仍然保持了与建筑物的正确匹配关系，如图 10.2-8 所示，为后续的数据管理提供了重要的基础。

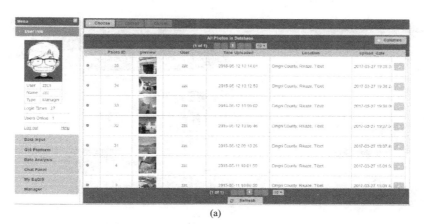

(a)

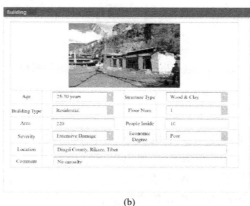

(b)

图 10.2-8　采集到的西藏地区震害调查照片

（a）建筑物震害照片一览表；（b）照片关联的数据

　　此外，通过在 Web 服务器中进行反向地址检索，获得了上传照片的地址。在此基础上，可以对地址和其他相关信息进行交叉搜索。例如，如图 10.2-9 所示，定日县破坏状态为"严重"的建筑物可以通过交叉搜索系统中的地址和破坏状态来列出，这对于地震破坏数据的管理是非常有用的。而且，收集到的照片也可以根据其地址显示在地图上，如图 10.2-10 所示，清晰地展示了该地区建筑物的空间分布和直观的地震破坏细节。

Photo	ID	State Extensive	Severity	Structure Type	Building Type	Floor Num	Location Dingri	Age	Comment
	37	Extensive Damage		Frame	Residential	1	Dingri County, Rikaze, Tibet	< 5 years	
	42	Extensive Damage		Frame	Residential	1	Dingri County, Rikaze, Tibet	< 5 years	
	43	Extensive Damage		Frame	Residential	1	Dingri County, Rikaze, Tibet	< 5 years	
	153	Extensive Damage		Stone & Clay	Residential	2	Dingri County, Rikaze, Tibet	20-30 years	No casualty

图 10.2-9　具有地址和地震损伤水平的交叉搜索

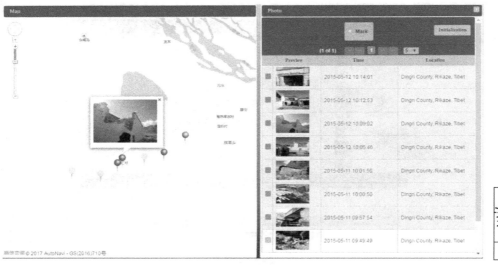

图 10.2-10 建筑地震破坏的分布与地图上显示的照片

10.2.5 小结

本研究提出了一种新的基于智能手机的建筑损伤震后调查系统。通过对 T 大学校园的虚拟案例研究和对西藏地区的实际调查，得出以下结论：

（1）提出了一个由智能手机、Web 服务器、Web 浏览器、数据库和云服务组成的框架，非常适合建筑震害现场调查中的分布式收集和集中管理。

（2）专门设计了一个面向建筑物的数据库，为调查数据的收集和存储提供一种合理的组织方法。

（3）建立了智能手机与网络服务器之间的数据交换机制，在本章调查案例中达到了令人满意的容错水平。

（4）开发了一种基于多线程的照片反向地址检索算法，方便地对照片进行地址索引，从而提高了该系统的实用性和效率。

（5）该系统为建筑物地震损伤调查提供了一个智能化、高效、网络化的工具，有助于灾后恢复重建活动的决策。

值得一提的是，本系统的架构也可以用于当前越来越普及的微信小程序。微信小程序为轻型 App，无需下载安装，使用方便，因此，一经推出即受到广泛关注。本节的基于智能手机的建筑损伤震后调查系统，可以完全开发成微信小程序。这种情况下，程序不必开发 Android 或 iOS 版本，而使用者也可以不必专门安装此程序，应用会更加便捷。

10.3 基于微博数据的震后灾情评估探索

10.3.1 背景

近年来，随着互联网自媒体的快速发展，人们越来越倾向于通过微博、微信、抖音等移动社交平台发表自己的观点、分享新鲜事。当热点事件发生时，这些平台中的相应内容也会呈现一定爆发式的增长。

当地震发生后，民众会通过网络发布灾情相关的描述、评论等数据。这些数据在发布时间、发布地点、情感倾向、关注问题上都有很明显的时空分布特征。通过分析和挖掘这些数据，可能会获得震后灾情的重要信息，辅助城市地震应急指挥。

本节抓取新浪微博中宜宾地震发生后指定时间内的微博数据，并且通过对微指数以及微博内容关键词词频的分析，探索揭示网络舆情体现出的地震灾情特征。

10.3.2　结合长宁地震的微博灾情评估

10.3.2.1　微博数据获取

2019 年 6 月 17 日 22 时 55 分，四川省宜宾市长宁县发生里氏 6.0 级地震，震源深度 16km。四川、重庆、云南多地对此次地震有感。截至 2019 年 6 月 26 日，共记录到里氏 2.0 级以上余震 162 次[23]。

本研究获取到的微博数据内容包括关键词、微博发布者 ID、微博内容、发布时间、发布来源等，还可根据发布者所处的地理位置进行筛选。

为了分析地震发生后一段时间内全国及宜宾当地对于这一事件的反应，获取微博数据时设置的检索条件如表 10.3-1 所示。

微博数据检索条件　　　　**表 10.3-1**

检索项	检索设置
关键词	地震/宜宾（此次地震震中在长宁，但地震最开始网络上被广泛使用的是“宜宾”，因此以“宜宾”作为关键词）
时间范围	长宁地震发生后约 2h 内（即 2019 年 6 月 17 日 22 时 55 分至次日 1 时）以及地震发生后次日上午（截至 2019 年 6 月 18 日 11 时）两个时间段
地点	宜宾及全国范围
微博类型	用户原创以及转发

针对本次地震，共获取有效数据 2885 条。其中全国范围内的微博数据 1697 条，宜宾当地的微博数据 1188 条，如图 10.3-1 所示。

亲嘴烧少女	#成都震感##宜宾地震# 接到了舅舅舅妈来自江西的慰问，地震已经让四川人民心连心手牵手，一起阔步向前走 麻烦发	06月17日 23:53
beauty7Luo	视频是宜宾长宁，我幺姨在巡场已经被吓惨了，声音撕裂，这应该是他们经历最吓人的一次，愿都能远离灾难，人与自然	06月17日 23:53
Lj弄啥嘞	#宜宾地震# 要人肉出这种人渣@宜宾公安 @宜宾交通 @宜宾快报 @宜宾那些事儿 @宜宾生活播报 @宜宾日报	06月17日 23:53
南瓜女侠爱葡萄	#宜宾地震# 我一个孕妇真的经不住吓啊从家里跑出来两次了。吓死了周围邻居都不敢睡觉了，在坝坝里摆龙门阵。 宜宾	06月17日 23:52
叫趙兜兜的阿蘭	地震 朋友圈都炸了 第二次感受到地震 今晚这次把我吓惨了 现在我的腿都还是软的 太吓人了#宜宾地震#	06月17日 23:52
七號7樓	感受地殼變動敬畏大自然！不以訛傳訛不人云亦云一切平安晚安 #四川宜宾长宁地震#	06月17日 23:52
疾风风之狼	这是刚刚#四川宜宾市长宁县6级地震# 地震后，在四川广汉中国民航飞行学院操场上打活滚的飞行学员。小伙子心理素质不	06月17日 23:52
宜宾生活播报	【四川长宁6.0级地震】震中距珙县22公里、距长宁县27公里、距兴文县33公里、距高县39公里、距筠连县43公里，距宜宾	06月17日 23:51
M_Susie_M	#宜宾地震#直接把我摇醒了，过了半小时刚躺下准备继续睡，又余震，街上全是人，睡不了	06月17日 23:51
么么么么薇爱纠结	#宜宾地震# 就跟病毒一样、还传染。要不要人睡了、我真的很困、但是我更怕	06月17日 23:50
宜宾公安	#四川长宁6.0级地震#震中距珙县22公里、距长宁县27公里、距兴文县33公里、距高县39公里、距筠连县43公里，距宜宾市5	06月17日 23:50
不吃草蘑菇	#宜宾地震#记得512地震后，地理老师给我们说，要好好珍惜这次难得的体验，因为地震百年难得一遇。所以老师你给我出	06月17日 23:50
來好運_好運來	四川宜宾22:55，6.1级地震；四川人民朋友圈，10级！！！炸...	06月17日 23:50
今日宜宾	【　宜宾长宁县发生发生5.8级 网友实拍鱼缸水洒一地】据中国地震台网自动测定：06月17日22时55分在四川宜宾市长宁县	06月17日 23:50
QAQ为什么昵称总	#宜宾地震#去年想来四川旅游，时间不够，结果九寨沟地震了，，，今年有时间了，来成都，结果宜宾地震了，，	06月17日 23:50

图 10.3-1　获取的微博数据

10.3.2.2　词云分析

词云（Word Cloud）是关键词的可视化描述，也就是一种由语料库中提取的关键词组成的、具有各式色彩和形状的图像。在词云图中，列出了针对某一主题范围内所有的关键词，关键词的大小由该关键词在语料库中出现的次数、权重等信息确定。通过词云图，可以将语料库中大量杂乱的文本信息转换成人们更易理解、更容易提取到重点的图片形式，从而准确地掌握语料库中文本的重点。通过对比某一话题不同时间段词云图之间的差异，可以体现出热点事件不同阶段人们关注点之间的差异。本节借助 Python，对获取的微博内容信息进行过滤和关键词提取，以制作关键词词云。

在进行过滤和提取之前，首先需要对微博内容进行预处理，包括使用 Jieba 分词、去停用词处理以及自定义词典。

Jieba（结巴）[24] 是一款优秀的用于中文分词的 Python 第三方库，支持精确模式、全模式和搜索引擎模式三种分词方式，如图 10.3-2 所示。本研究采用精确模式对微博内容进行分词处理，即将语句进行最精确的切分，不存在冗余数据。

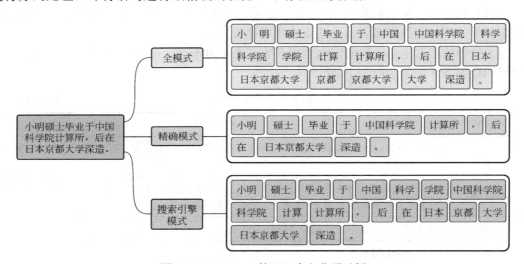

图 10.3-2　Jieba（结巴）中文分词示例

停用词是指在信息检索中，为节省存储空间和提高搜索效率，在处理自然语言数据（或文本）之前或之后会自动过滤掉某些字或词，这些字或词即被称为停用词。在本研究中，停用词包括"视频""秒拍""全文"等与灾害无关的词；"的""了"等语气助词；"♯""，"等标点和符号。

自定义词典是指通过添加原词库中没有的新词，提高整体分词的准确率。本研究中将"震源""四川省""宜宾市"等作为新词添加到词库中。

经过上述处理后，将微博内容拆分为若干关键词词组。如"今天宜宾地震，从来没有感觉过生命这么脆弱"这一条微博被拆分为"今天/宜宾/地震/，/从来/没有/感觉/过/生命/这么/脆弱"。

汇总全国及宜宾地区范围内相应时间段的微博数据，根据微博内容分词结果统计各关键词出现频率，按照关键词出现频率的高低决定其在词云图中的大小，如图 10.3-3 所示。

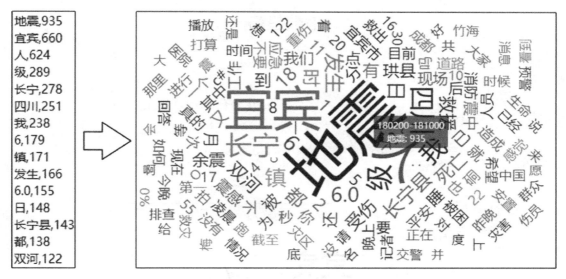

图 10.3-3　根据关键词词频（左）生成词云图（右）

10.3.3　数据分析

10.3.3.1　微博微指数分析

新浪微博微指数是对微博的提及量、阅读量、互动量加权得出的综合指数，更加全面地体现关键词在微博上的热度情况。微指数实时捕捉社会热点事件、热点话题等，快速响应舆论走向，对政府、企业、个人和机构的舆情研究提供重要的数据服务支持[25]。

通过微指数，搜索"地震"＋"宜宾"关键词，可以 2019 年 6 月 17 日 21 时至 2019 年 6 月 18 日 17 时的微指数发展趋势，如图 10.3-4 所示。

可以看出，发文量在地震发生后 2h 后出现了第一个峰值，然后入夜逐渐平静。第二日清晨起到中午 13：00 后形成第二个高峰，之后迅速衰减。

因此，此次长宁 6.0 级地震的微博热度基本上只维持了十几个小时。

10.3.3.2　微博关键词地域差异

本研究分别获得全国范围和宜宾区域在地震发生后到第二日上午的微博数据。

全国范围的微博词云图如图 10.3-5 所示。

宜宾区域的微博词云图如图 10.3-6 所示。

为了精细比较，将两个区域的高频词排序（除去"的""了"等无意义词汇），如图 10.3-7 所示。

通过对比发现，全国范围和宜宾地区的微博高频词还是具有一定差异的：

（1）全国范围中"预警"是一个显著的亮点，而宜宾区域"预警"的频度并没有全国范围的高。这是由地震预警机理决定的：由于预警时间与地震波传播距离有关，远离震中的地区预警效果明显，而震中地区预警效果不突出。

（2）宜宾地区的高频词非常能体现民众的自身感受和破坏情况。例如，"震感"排名很高，而双河镇位于此次地震震中，因此"双河"词频也很高。

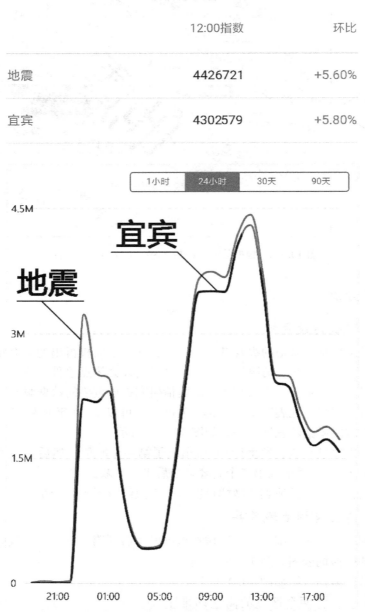

图 10.3-4　宜宾长宁地震微博指数趋势

　　因此，从震害评估角度，宜宾区域的微博信息更具有价值。

10.3.3.3　微博关键词时间差异

　　选择宜宾地区的微博数据，分为地震发生后 2h 和第二日上午的两个时段进行对比。

　　宜宾地区地震后 2h 微博词云如图 10.3-8 所示。

图 10.3-5　全国范围地震发生后到第二日上午的微博数据词云图

图 10.3-6　宜宾区域地震发生后到第二日上午的微博数据词云图

全国范围		宜宾地区	
地震	1687	地震	2150
人	968	宜宾地区	1605
宜宾	953	人	760
四川	601	级	491
级	535	四川	475
长宁	396	长宁	4403
6	372	发生	301
发生	338	6	274
6.0	313	长宁县	269
[祈祷]	310	6.0	260
长兴县	221	镇	233
救援	211	震感	197
收起	208	睡	181
18	203	救援	180
宜宾市	199	到	179
预警	191	双河	169
秒	182	月	162
死亡	180	真的	133

图 10.3-7　全国范围与宜宾地区地震发生后到第二日上午的微博数据关键词及词频

图 10.3-8　宜宾地区地震发生后 2h 微博数据词云图

宜宾地区地震后第二日上午微博词云如图 10.3-9 所示。

为了精细比较，把两个时段的高频词排序，如图 10.3-10 所示。

震后 2h 与第二日上午微博高频词的差异也很明显：

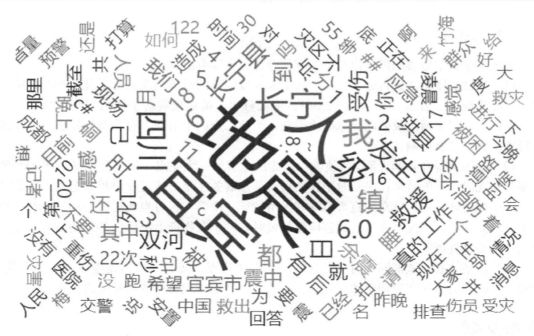

图 10.3-9　宜宾地区地震发生后第二日上午微博数据词云图

宜宾震后2小时		宜宾震后第二日上午	
地震	579	地震	935
宜宾	4426	宜宾	660
我	255	人	624
都	110	级	289
跑	70	长宁	278
四川	65	四川	251
级	61	我	238
成都	61	6	179
真的	55	镇	171
发生	47	发生	166
就	47	6.0	155
震感	44	日	148
还	46	长宁县	143
度	44	都	138
感觉	43	双河	122
长宁县	42	18	119
到	41	死亡	118
吓	38	救援	117

图 10.3-10　宜宾地区地震发生后 2h 和第二日上午微博数据关键词及词频

（1）震后 2h 内，微博主要表达了群众对于地震的主观感受，如"跑""震感""感觉""吓"等；

（2）震后第二日上午，微博主要表达了群众对灾情和救援的关注，如"双河"表示震中位置的关注，"死亡"表示对人员伤亡的关注，"救援"表示对防灾减灾的关注。

10.3.4 小结

通过对于长宁地震的微博内容的关键词分析，可以看出：

（1）通过对微指数进行分析，四川长宁6.0级地震的微博热度只有十几个小时，关注度最高峰出现在震后第二天的12—13时。由此看出，虽然地震对于当地民众的生活带来了一定影响，但是通过及时的应急抢险措施，当地民众的生活秩序很快就恢复正常，未造成特别重大的社会影响。

（2）全国微博高频词表明，"预警"是此次地震的一大亮点，说明我国地震预警系统正逐步体现出应有的效果，民众对于这类预警信息的关注度、认可度也越来越高；宜宾地区的高频词更体现灾区民众的直观感受和灾情特征，说明灾害对当地居民心理健康状态产生了一定的影响。因此，在进行灾害应急处置时，除了在物资上予以支持外还需要关注当地民众的心理健康需求。

（3）从整体看，微博网友对于此次地震的关注重点，随时间推移发生了较大的变化。地震发生初期的微博高频词更体现民众直观感受，后期体现对灾情和救援的关注。

参考文献

[1] ANAGNOSTOPOULOS S, MORETTI M. Post-earthquake emergency assessment of building damage, safety and usability—Part 2: Organisation [J]. Soil Dynamics and Earthquake Engineering, 2008, 28 (3): 233-244.

[2] PLATT S, DRINKWATER B D. Post-earthquake decision making in Turkey: Studies of Van and Izmir [J]. International Journal of Disaster Risk Reduction, 2016, 17: 220-237.

[3] LU X Z, YE L P, MA Y H, et al. Lessons from the collapse of typical R C frames in Xuankou School during the great Wenchuan Earthquake [J]. Advances in Structural Engineering, 2012, 15 (1): 139-153.

[4] MENG Q X, XU W Y. Ya' an earthquake of 20 April 2013: introduction and reflections [J]. Natural hazards, 2014, 70 (1): 941-949.

[5] XIONG C, LU X, LIN X, et al. Parameter determination and damage assessment for THA-based regional seismic damage prediction of multi-story buildings [J]. Journal of Earthquake Engineering, 2017, 21 (3): 461-485.

[6] ELWOOD K J, MARQUIS F, KIM J H. Post-earthquake assessment and repairability of RC buildings: lessons from Canterbury and emerging challenges [C] //10th Pacific Conference on Earthquake Engineering: Build an Earthquake-Resilient Pacific. 2015: 6-8.

[7] TSUKIMATA Y, MUKAI T, KINUGASA H. Damage evaluation for SRC apartment building suffered from earthquake and investigation on post earthquake functional use [J]. AIJ Journal of Technology and Design, 2016, 22 (50): 105-108.

[8] STOKOE R M. Putting people at the centre of tornado warnings: how perception a-

nalysis can cut fatalities［J］. International Journal of Disaster Risk Reduction，2016，17：137-153.

［9］ PAPADIAS D，ZHANG J，MAMOULIS N，et al. Query processing in spatial network databases［C］//Proceedings 2003 VLDB Conference. Morgan Kaufmann，2003：802-813.

［10］ BLACK J，ELLIS T，MAKRIS D. A hierarchical database for visual surveillance applications，in：Proceedings of the IEEE International Conference on Multimedia and Expo，2004.

［11］ VICKNAIR C，MACIAS M，ZHAO Z，et al. A comparison of a graph database and a relational database：a data provenance perspective［C］//Proceedings of the 48th annual Southeast regional conference. 2010：1-6.

［12］ Oracle. MySQL［EB/OL］.［2020-6-21］. https：//www. mysql. com/.

［13］ Baidu. Develop Platform of Baidu Map［EB/OL］.［2020-6-21］. http：//lbsyun. baidu. com/.

［14］ Amap. Develop Platform of Amap［EB/OL］.［2020-6-21］. http：//lbs. amap. com/.

［15］ Primefaces. PrimeFaces：Ultimate UI framework for Java EE［EB/OL］.［2020-6-21］. http：//primefaces. org/.

［16］ National Coordination Office for Space-Based Positioning，Navigation，and Timing. GPS Accuracy［EB/OL］.（2016-02-23）［2020-6-21］. http：//www. gps. gov/systems/gps/performance/accuracy/.

［17］ Wikipedia. MD5［EB/OL］.［2020-6-21］. https：//en. wikipedia. org/wiki/MD5/.

［18］ Javaworld. Sockets Programming in Java：A tutorial［EB/OL］.［2020-6-21］. http：//www. javaworld. com/　article/2077322/core-java/core-java-sockets-programming-in-java-a-tutorial. html.

［19］ Github. AsyncHttpClient［EB/OL］.［2020-6-21］. https：//github. com/AsyncHttpClient/async-http-client/.

［20］ Oracle. The Java Database Connectivity（JDBC）［EB/OL］.［2020-6-21］. http：//www. oracle. com/ technetwork/java/javase/tech/index-jsp-136101. html.

［21］ Wikipedia. EXIF［EB/OL］.［2020-6-21］. https：//en. wikipedia. org/wiki/Exif/.

［22］ LU X，GUAN H. Earthquake disaster simulation of civil infrastructures［M］. Beijing：Springer and Science Press，2017.

［23］ 易桂喜，龙锋，梁明剑，等. 2019 年 6 月 17 日四川长宁 M_S6. 0 地震序列震源机制解与发震构造分析［J］. 地球物理学报，2019，62（09）：3432-3447.

［24］ JUNYI SUN. 结巴中文分词［EB/OL］.（2020-01-20）［2020-07-02］. https：//github. com/fxsjy/jieba，2020-06-13.

［25］ 新浪微博. 微指数［EB/OL］.（2018-08-29）［2020-07-02］. https：//data. weibo. com/index.

第 11 章 总结与展望

11.1 本书总结

"城市综合数字防灾"是一个很大的研究领域，本书仅介绍了作者在"城市地震及次生灾害情景仿真与韧性评估"方面的初步研究。具体来说，本书系统阐述了"城市地震及次生灾害情景仿真与韧性评估"中数据获取、高性能计算、次生火灾分析、次生坠物分析、真实感可视化、损失评估、人员安全评估、功能影响评估以及震后灾情评估等九方面的问题，供读者参考。

在城市规模建筑数据获取方面，本书介绍了基于半监督机器学习的城市建筑结构类型获取方法。借助机器学习等信息技术，实现了城市规模的建筑结构类型的自动化获取。其中，结构类型在一般城市基本数据中普遍缺乏，因此，本书方法具有很大的应用空间。

在城市震害高性能计算方面，本书介绍了基于 GPU 集群的分布式计算架构及实现方法，可为城市规模建筑群抗震弹塑性时程分析提供了高性能计算手段。值得一提的是，GPU 集群分布式计算架构也可适用于其他粗颗粒度的并行计算问题，因此也具有较大的应用前景。

在地震次生火灾分析方面，本书从建筑单体和城市区域两个尺度上建立了次生火灾分析模型。在建筑单体尺度上，提出了 BIM 支持的、考虑消防设施破坏的地震次生火灾分析方法，为建筑多灾害设计提供了可行的方法；在城市区域尺度上，提出了考虑高程和精细建筑震害的火灾蔓延模型，可以更加准确地预测火灾和地震次生火灾的蔓延范围。

在地震次生坠物分析方面，本书同样从建筑单体和城市区域两个尺度上提出了对应的分析方法。在建筑单体尺度上，提出了物理引擎支持建筑室内坠物及结构倒塌坠物运动仿真方法，计算了坠物的抛落运动和接触碰撞，在室内地震避难、倒塌事故还原等方面都有成功应用；在城市区域尺度上，提出了基于弹塑性时程分析的建筑群地震次生坠物分布仿真方法，给出了建筑周边坠物的概率分布，为室外避难场所选址问题提供了决策依据，也有助于城市综合防灾能力的提升。

在城市震害情景真实感可视化方面，针对无倾斜摄影数据的城市，提出了城市建筑群地震情景 2.5D 可视化，可通过城市基础 GIS 数据进行建筑拉伸，用 2.5D 方式、准确、动态地展示城市建筑群地震反应过程；针对具有倾斜摄影数据的城市，提出了基于倾斜摄影数据的城市地震及次生灾害情景可视化方法，可实现照片级真实感的地震情景动态展示；并且针对城市大规模情景可视化的海量渲染难题，还提出了基于 GPU 的加速可视化方法，显著提升了大规模情景可视化的渲染效率。

在城市地震损失评估方面，同样从建筑单体和城市区域两个尺度上提出了对应的评估方法。在建筑单体尺度上，提出了基于 BIM 和 FEMA P-58 的建筑单体地震损失评估方法，实现了构件级别的损失评估，可支持业主精细化的韧性决策；在城市区域尺度上，提出了基于 FEAM P-58 和弹塑性时程分析的城市地震损失评估方法，可实现精细化的区域地震经济损失预测，为韧性城市建设提供决策依据。

在人员避难与疏散安全评估方面，主要通过虚拟现实手段，提出了建筑内人员地震安全和火灾安全的评估方法，并对人员在地震和火灾下的室内避难和疏散策略进行了评测，给出了安全的避难和疏散建议。本书方法最大的特点就是利用虚拟现实手段考虑了人员在灾难下的反应，从而给出了更加综合的伤亡评估，为确保人员安全提供了科学指导。

在城市功能地震影响评估方面，对于城市建筑，提出了基于 BIM 的修复过程 5D 模拟方法，给出了详细的修复策略、修复时间和修复成本，为准确评估建筑的地震韧性提供了关键依据；同时，对于城市路网，提出了考虑建筑倒塌的城市震后路网通行性评估方法，给出了综合考虑建筑地震倒塌的城市震后道路通行性，为城市震后应急决策提供了关键决策依据。

在城市震后灾情评估方面，提出了基于智能手机的建筑震害现场调查方法，利用智能手机开展城市建筑震害现场调查，可实现现场照片与调查建筑自动匹配、实时展示调查结果等多种功能，提升震后现场调查效率。而且，本书还提出了基于微博数据的震后灾情评估手段，尝试从微博舆情层面分析震害特征，多渠道获取信息，辅助城市震后应急管理和恢复。

从本书工作可以看出，数字化技术在城市防灾减灾中能够发挥重要的作用。充分结合防灾减灾工程专业知识和先进数字化技术，发展"城市综合数字防灾"方向，将有利于城市防灾减灾能力和韧性水平的提升。

11.2　未来展望

未来，基于智慧城市或数字孪生城市的抗震韧性研究可能会成为"城市综合数字防灾"方向的研究热点之一。

1. 单一学科的现有理论和技术手段无法实现城市抗震韧性

目前，国际上已有一些学者对城市抗震韧性开展了研究，并且取得了初步成果，先后提出了社区韧性定量评估方法、城市韧性评价框架等。我国学者已经针对单体建筑开展了抗震韧性评估。此外，国内外各类管理机构也相继推出了研究报告与指导方案，并制定了相应的研究计划，包括：奥雅纳公司发布的《面向下一代建筑的基于韧性抗震设计的倡议》；世界银行组织发布的《增强城市韧性报告》；美国国家研究委员会发布的《国家抗震韧性》报告；日本提出的"国土强韧化"计划等。

但整体上，城市尺度的抗震韧性研究仍处于起步阶段。城市是一个复杂的"系统的系统"，是一个"生长的有机体"，影响城市抗震韧性的因素众多，存在诸多问题，如：城市抗震韧性概念不统一；数据复杂难融合；灾害单一环节研究多，全过程研究少；单一尺度研究多，多尺度研究少；震害直接影响研究多，次生灾害影响研究少；单一系统、实体系统研究多，耦合作用、非实体系统研究少；静态问题研究多，动态过程研究少等。由此看来，城市抗震韧性研究涉及城市空间的多个系统、城市数据的多个尺度、灾害分析的多个环节以及城市信息的即时更新，是一项跨学科多领域的复杂工作，需要强大的数据存储能力、动态数据接入与管理能力和计算分析能力。因此，单一学科的现有理论和技术手段无法实现城市抗震韧性。

2. 智慧城市或数字孪生城市是破解城市抗震韧性难题的新手段

智慧城市是在城市全面数字化基础之上建立的可视、可量测、可感知、可分析、可控制的智能化城市管理与运营机制，包括城市的网络、传感器、计算资源等基础设施，以及在此基础上通过对实时信息和数据的分析而建立的城市信息管理与综合决策支撑等平台。而数字孪生城市是智慧城市的基础，是与现实城市相同的数字虚拟城市。

当前，智慧城市或数字孪生城市建设所依赖的先进科技（如大数据、人工智能、物联网等）正飞速发展，理论日趋成熟，应用也愈发广泛。而且，智慧城市所需要的数据积累也日益丰富，如建筑信息模型（BIM）、地理信息系统（GIS）、城市信息模型（CIM）等。因此，智慧城市和数字孪生城市发展迅速。目前，智慧城市在欧盟、美国、中国等都得到了政府政策支持；我国已有超过 500 个城市均明确提出或正在建设智慧城市；自然资源部办公厅印发《智慧城市时空大数据平台建设技术大纲（2019 版）》推动构建城市时空大数据平台；腾讯、百度、华为、阿里等诸多企业参与建立智慧城市数字平台。

智慧城市或数字孪生城市作为实现城市信息化的有效载体，可以为城市抗震韧性研究提供重要数据支撑。智慧城市或数字孪生城市平台集成了从构件-建筑单体-社区-城市不同尺度的数据，关联了居住、交通、医疗等城市各个系统的数据模型，并且通过物联网等技术实时监控城市各系统内外部关键变量，可以为城市抗震韧性研究提供多尺度、多系统、实时动态的数据支持以及感知、分析、可视化、控制等平台支持，进而高效、可靠地开展韧性推演工作，揭示城市运行的潜在规律。因此，充分利用现有智慧城市或数字孪生城市的积累，有助于解决城市复杂系统的数据获取与动态更新难题，可以为发展城市抗震韧性研究提供重要数据与技术平台。

3. 基于智慧城市或数字孪生城市的抗震韧性研究展望

基于智慧城市或数字孪生城市的抗震韧性研究具有巨大的研究潜力。早在 2017 年，清华大学方东平教授牵头获批了国家自然科学基金联合基金项目——《韧性视角下智慧城市基础设施系统安全与防护基础理论与关键技术》，开展了基于智慧城市的灾害韧性研究。该项目类别为"新应用领域中的基础研究"，资助金额为 200 万元，这也表明了国家自然基金委对于基于智慧城市的灾害韧性研究这一方向的认可。

2020 年 3 月 4 日，中共中央政治局常务委员会召开会议，提出加快 5G 网络、数据中心等新型基础设施建设进度。"新基建"战略的实施会为智慧城市以及数字孪生城市提供更加强大的数字动力，加速其建设进程。另一方面，随着世界范围城市化进程的不断推进和城市群的不断发展，高人口和财富密度的城市始终面临灾害韧性的强烈需求。北京、上海、雄安等重要城市也将城市抗震韧性作为未来城市建设的重要工作内容之一。建设抗震韧性城市是城市发展的大趋势。

因此，基于智慧城市或数字孪生城市的抗震韧性研究会成为城市综合数字防灾方向的研究热点，未来大有可为。进一步明确城市抗震韧性需求，建立统一韧性概念；结合智慧城市平台，充分利用新一代信息技术，为城市抗震韧性研究提供数据支撑；重视发展城市多系统模型，研发全过程灾变演化模型，实现城市韧性动态化评估等，都可能是基于智慧城市或数字孪生城市的抗震韧性研究的关键问题。

期待读者及业内同仁一起努力，发展"城市综合数字防灾"方向，建立韧性城市，用科技成果造福国家的防灾减灾事业。